AF543554

Krankheiten der
Wald- und Parkbäume

Heinz Butin

Krankheiten der Wald- und Parkbäume

Diagnose – Biologie – Bekämpfung

2., aktualisierte Auflage

140 Abbildungen
4 Sporentafeln

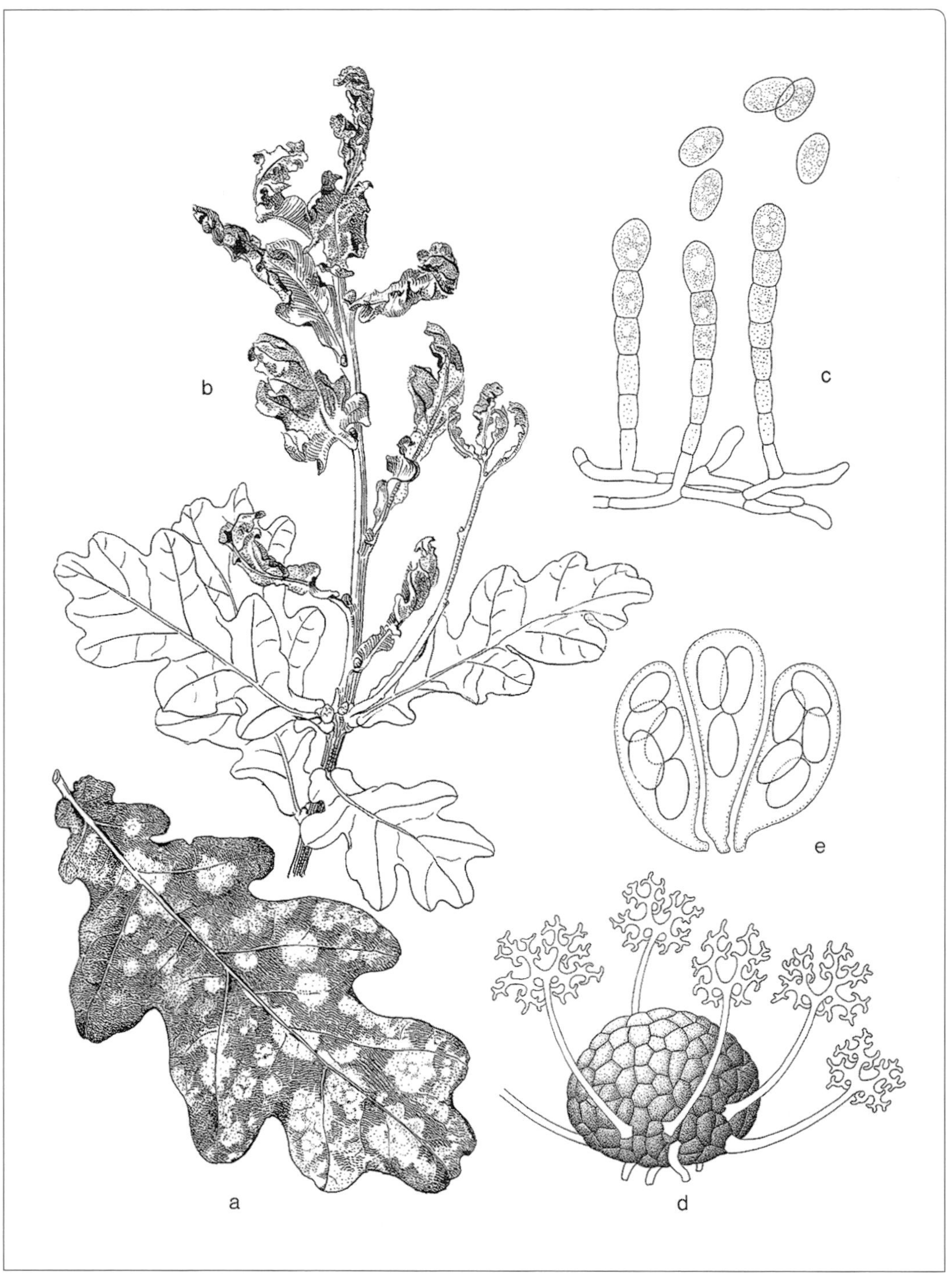

Eichenmehltau.

Inhaltsverzeichnis

Vorwort und Einleitung

Nachdem 1983 erstmals die „Krankheiten der Wald- und Parkbäume" erschienen sind, konnte das Lehrbuch stetig erweitert und auf den jeweilig neuesten Erkenntnisstand der Baumpathologie gebracht werden. Der Autor hofft, dass auch die jetzt vorliegende 2. Auflage beim Ulmer Verlag wiederum den Ansprüchen der Leser – sei es als Lehrbuch, Bestimmungsbuch oder Nachschlagewerk – gerecht wird.

Um keine Irritationen aufkommen zu lassen, sei darauf hingewiesen, dass es sich bei dem hier als 2. Auflage bezeichneten Buch *de facto* um die 5. Auflage handelt. Der Neuanfang in der Auflagenzählung war – nach Verlagswechsel – sowohl verlagsintern als auch nach den Regeln der Deutschen Nationalbibliothek unumgänglich.

Um den neuen Benutzern einen kurzen Überblick über Inhalt und Zweck des Pathologiebuches zu geben, seien hier nochmals die wichtigsten Aspekte wiedergegeben, die sich seit der 1. Auflage kaum verändert haben.

Inhaltlich entspricht das Thema dem Stoffgebiet der klassischen Forstpathologie. Behandelt werden in erster Linie botanische Faktoren mit ihren spezifischen Krankheitsbildern, also Viren, Bakterien, Pilze und parasitische Blütenpflanzen. Schließlich werden auch auffällige abiotische Schadfaktoren (z. B. Frost, Dürre) sowie Mangelkrankheiten berücksichtigt.

Die Gliederung des Stoffes richtet sich nach dem Ort der Schädigung am Baum. So wird z. B. zwischen Blattkrankheiten, Nadelkrankheiten, Rindenschäden oder Holzschäden usw. unterschieden. Jede wichtige Krankheit erhält dabei ein eigenes Kapitel mit ausführlichem Text über das Schadbild sowie Angaben zur Morphologie, Biologie und Bekämpfung des Erregers. Ergänzt werden die Ausführungen durch Zeichnungen, die sowohl makroskopische Merkmale der Schädigung als auch mikroskopische Daten des Erregers wiedergeben. Für die Freunde des Mikroskops sind schließlich die vier Sporentafeln gedacht, die dem Diagnostiker mehr Sicherheit bei der Bestimmung eines Schaderregers geben können.

Um dem Leser die Möglichkeit zu geben, tiefer in die Materie einzudringen, finden sich an den gegebenen Stellen des Textes weiterführende Literaturangaben. Hierbei wurden vor allem neuere Forschungsergebnisse berücksichtigt. So wurden einige neue Krankheiten und Krankheitserreger aufgenommen, die erst in den letzten Jahren in Deutschland beobachtet worden sind. Aus praktischen Gründen wurde auch das Register neu gestaltet, indem jetzt die wissenschaftlichen Namen und die deutschen Begriffe in zwei getrennten Verzeichnissen aufgeführt werden. Schließlich mussten auch die wissenschaftlichen

Namen auf den neuesten Stand gebracht werden. In den meisten Fällen sind wir hierbei den Empfehlungen des Index Fungorum (Stand 1. Juli 2018) gefolgt. Für einige spezielle Pilzgruppen haben wir die Namen allerdings renommierten Handbüchern entnommen (z. B. Klenke und Scholler 2015). Um den Bezug zur forstlichen Praxis nicht abreißen zu lassen, sind zusätzlich Synonyme mit aufgenommen worden. Dies gilt besonders für die Bezeichnung von Baumkrankheiten, deren eingeführte Begriffe – im Gegensatz zur wechselhaften Anwendung der wissenschaftlichen Namen – für eine gewisse Stabilität in der forstpathologischen Nomenklatur sorgen sollen.

Wer im vorliegenden Buch vergeblich nach farbigen Abbildungen sucht, findet einen Ausgleich in zwei ergänzenden Veröffentlichungen, die wegen der zahlreichen Fotos und kurzen Texte auch dem Nichtfachmann gefallen könnten. Es sind dies der „Farbatlas Waldschäden“ sowie der „Farbatlas Gehölzkrankheiten“, beide erschienen im Verlag Eugen Ulmer, Stuttgart.

Wenn heute die „Krankheiten der Wald- und Parkbäume“ inzwischen einen festen Platz in der Literatur der Forstpathologie erlangt haben, so sollte hier nochmals erwähnt werden, dass an dem Zustandekommen und dem Erfolg des Buches im Laufe der Zeit zahlreiche Kollegen und helfende Hände mitgewirkt haben. Besonders hervorheben möchte ich die Mitarbeit von Frau A. Krischbin sowie Herrn R. Kliefoth, die wesentlichen Anteil an der Bildgestaltung des Buches gehabt haben. Dem Verlag Eugen Ulmer bin ich für das Entgegenkommen und sein Verständnis für die Fortführung des Buches zu Dank verpflichtet. Bedanken möchte ich mich schließlich auch bei meiner Frau, Dr. Bärbel Butin, für ihren unermüdlichen Einsatz bei der Fertigstellung des Manuskriptes.

Wolfenbüttel, im Januar 2019 Heinz Butin

1 Schäden an Blüten und Blütenständen

Blüten und Blütenstände besitzen im Vergleich zu anderen Teilen des Baumes eine relativ kurze Lebensdauer, die oft nur wenige Tage oder Wochen umfasst. Trotzdem entgehen sie nicht immer der Einwirkung abiotischer oder auch biotischer Schadfaktoren. – Zu den wichtigsten **abiotischen Faktoren**, die weiträumig Schäden an Blüten oder Blütenständen verursachen können, gehören besondere Witterungsereignisse, vor allem **Spätfröste**. Betroffen sind hiervon in erster Linie Frühblüher wie Walnuss, Esskastanie, Rotbuche und Eiche. Bei diesen Baumarten wird der Schaden meist erst am ausbleibenden Samenertrag bemerkt. Bei Zierbäumen, z. B. bei der Magnolie, kommt es dagegen oft schon nach der ersten Frostnacht zu spektakulären Veränderungen: Die ehemals weißen Blütenblätter werden unansehnlich braun und hängen schlaff herab. Von den **biotischen Krankheitserregern**, die Veränderungen an Blüten oder Blütenständen hervorrufen können, sind folgende **Pilze** sowie **Bakterien** erwähnenswert:

- *Erwinia amylovora:* bakterieller Erreger des „Feuerbrandes" von Rosaceen (s. Kap. 5.2.17); befällt zunächst Blüten oder Blütenstände, die braun werden und vertrocknen; später können auch Triebe und Blätter in Mitleidenschaft gezogen werden.
- *Botrytis cinerea* Pers. „Grauschimmel": kann in feuchten Jahren zur Welke und zur völligen Vernichtung von Blüten bei verschiedenen

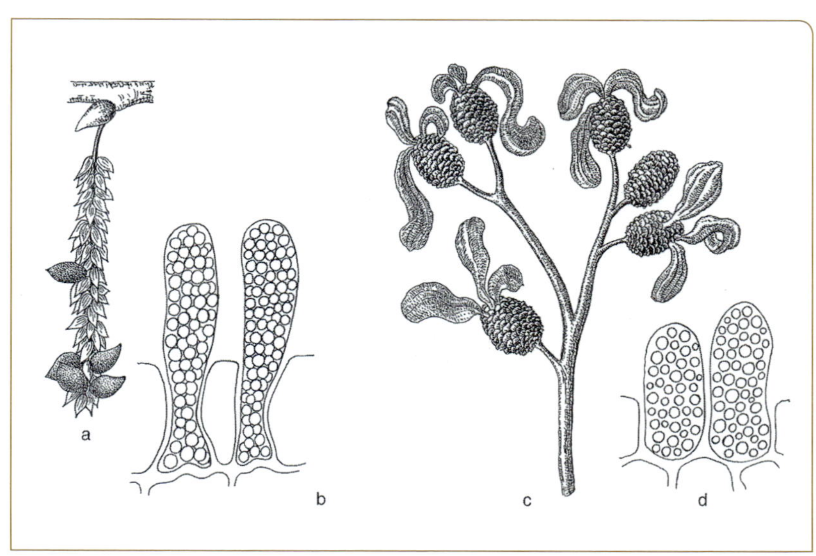

Abb. 1. Schäden an Blüten. **a, b** *Taphrina johansonii:* **a** befallener weiblicher Blütenstand der Zitterpappel, **b** Asci; **c, d** *Taphrina alni:* **c** befallene Blütenstände der Grau-Erle, **d** Asci (**b, d** nach Mix 1969; **c** nach Hartig 1900).

Ziergehölzen *(Magnolia, Syringa,* Zierformen von *Prunus)* führen; sonst wirtsunspezifischer Schwächeparasit (Abb. 67 c).

- *Monilia laxa* (Ehrenb.) Sacc. & Voglino, „Monilia-Welke“: verursacht bei verschiedenen *Prunus*-Arten, z. B. bei *Prunus triloba,* eine Blütenfäule mit nachfolgendem Absterben ganzer Triebe; an befallenen Pflanzenteilen stellenweise feiner grauer Pilzrasen mit zitronenförmigen Konidien, die in einfachen oder verzweigten Ketten gebildet werden; befallene Pflanzenteile sind sofort zu entfernen (Abb. 78).
- *Taphrina alni* (Berk. & Broome) Gjaerum (Syn. *Taphrina amentorum*), „Kätzchenkrankheit der Erle“: Der zu den „Wucherlingen“ (Taphrinales) gehörende Pilz verursacht rötliche, zungenartige Auswüchse an den weiblichen Kätzchen von *Alnus incana* und anderen Erlenarten (Abb. 1 c, d).
- *Taphrina johansonii* Sadeb.: befällt die weiblichen Blüten von *Populus tremula* und verwandten Arten, wobei einzelne Fruchtanlagen in blasig aufgetriebene goldgelbe, sterile Fruchtkapseln („Narrentaschen“) umgewandelt werden; die Asci sind 60–140 µm lang, im mikroskopischen Schnitt an der Basis kaum wurzelartig verlängert (Abb. 1 a, b).
- *Taphrina rhizophora* Johanson: Urheber ebenfalls goldgelber, blasenartiger Deformationen einzelner Fruchtanlagen weiblicher Kätzchen, jedoch nur auf *Populus alba*; Asci 80–100 µm lang, an der Basis wurzelartig schmal ausgezogen (Mix 1969).
- *Chrysomyxa pyrolata* G. Winter, „Gelber Zapfenrost“: heterözischer Rostpilz mit Entwicklung auf den Zapfen der Fichte (Haplontenwirt) und den Blättern von *Pyrola*-Arten (Dikaryontenwirt). Die gelben bis goldgelben Äcidien finden sich in Gestalt weniger, 1–2 mm großer,

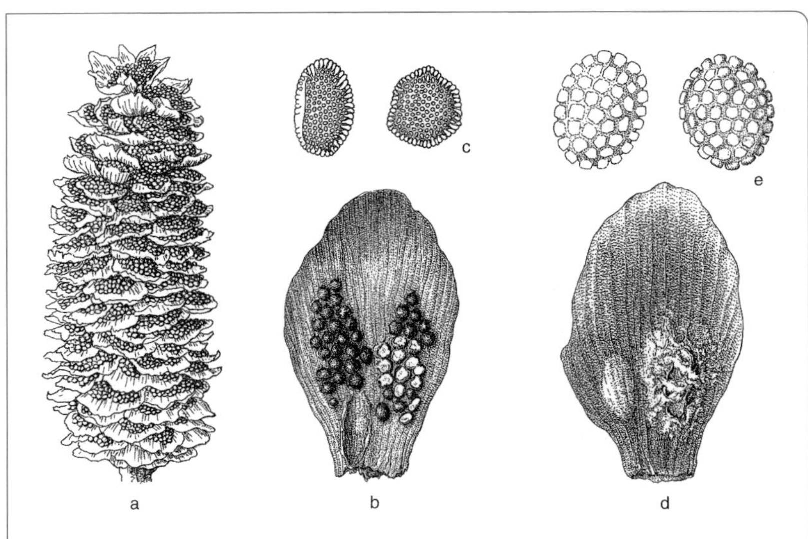

Abb. 2. Schäden an Fichtenzapfen. **a–c** *Thekopsora areolata:* **a** befallener Zapfen, **b** Deckschuppe mit Äcidien, **c** Äcidiosporen; **d, e** *Chrysomyxa pyrolata:* **d** Deckschuppe mit Äcidien, **e** Äcidiosporen (**a** nach Ferdinandsen und Jørgensen 1938/39).

blasiger Anschwellungen auf der Außenseite der Zapfenschuppen. Die Äcidiosporen sind grobwarzig, rundlich bis elliptisch und 25–36 × 20–30 µm groß (Abb. 2 d, e). Erkrankte Zapfen werden vorzeitig braun und bilden keine oder nur wenige Samen aus. Vorkommen im Verbreitungsgebiet von *Pyrola*-Arten, z. B. im Voralpenraum.

- *Thekopsora areolata* (Fr.) Magnus (Syn. *Pucciniastrum areolatum*), „Kugeliger Zapfenrost": heterözischer Rostpilz auf Zapfen und jungen Trieben der Fichte (Haplontenwirt) und Blättern der Traubenkirsche (Dikaryontenwirt). Auf der Fichte durchwuchert das Myzel zunächst den gesamten weiblichen Blütenstand; im Sommer werden auf der Ober- und Unterseite der sperrig abstehenden Zapfenschuppen kugelige Äcidien mit feinwarzigen, polyedrischen und 21–28 × 17–20 µm großen Äcidiosporen ausgebildet (Abb. 2 a–c). Nach der Sporenentlassung und dem Abbröckeln der schwarzbraunen Peridie bleibt auf den Zapfenschuppen eine gleichmäßig strukturierte Oberfläche zurück. Werden junge Triebe infiziert, so kommt es zu einseitigen Rindennekrosen und zu Triebkrümmungen. Auf der abgestorbenen Rinde werden schließlich Spermogonien ausgebildet. Die weitere Entwicklung des wirtswechselnden Rostpilzes läuft überwiegend auf der Gewöhnlichen Traubenkirsche *(Prunus padus)* ab, wo es zur Ausbildung mobiler, farbloser Uredosporen und fest sitzender Teleutosporen kommt. Die Neuinfektion der Fichtenzapfen erfolgt schließlich durch die auf dem Dikaryontenwirt gebildeten Basidiosporen. Wirtschaftlich von Bedeutung ist der Kugelige Zapfenrost nur in Samenplantagen, wo ein Befall den Samenertrag beeinträchtigen kann. Auf der Traubenkirsche kommt es nicht selten zur Abstoßung infizierter Blattbereiche, sodass das Blatt siebartig durchlöchert erscheint (Gäumann 1959).

2 Schäden an Samen

Schäden an Samen können sowohl durch abiotische als auch biotische Faktoren verursacht werden. Zu den nichtparasitischen, **abiotischen Schadfaktoren** gehören hohe Temperaturen oder eine unsachgemäße Anwendung von Beizmitteln bei der Saatgutaufbereitung. Bleibt trotz optimaler Behandlung der Samen die Keimung aus, so kann es sich um Verwendung zu alten (überlagerten) Saatgutes handeln, wobei die Lebensdauer von Samen je nach Baumart zwischen wenigen Wochen (Pappel, Weide) und mehreren Jahren (Fichte, Kiefer, Robinie) liegt. Diese natürliche Zeitspanne der Keimfähigkeit kann durch bestimmte Verfahren bei der Saatgutaufbereitung durch Samentrocknung oder -aufbewahrung bei niedrigen Temperaturen erheblich verlängert werden. Nicht zu verwechseln mit der natürlichen Samenalterung ist die ebenfalls physiologisch bedingte Keimruhe (Dormanz), die bei einigen Samen durch Anwendung tiefer Temperaturen vorzeitig aufgehoben werden kann.

Für die an Samen auftretenden **parasitären Schäden** sind fast ausschließlich Pilze verantwortlich. Bei den hier vorkommenden Pilzarten lassen sich grundsätzlich zwei biologische Gruppen unterscheiden. Die eine umfasst zahlreiche unspezifische „Schimmelpilze“, die bei hoher Luftfeuchtigkeit nur die äußere Samenschale besiedeln oder erst nach der Beschädigung der Samenschale, z. B. durch Insekten, in das Innere des Samens oder der Frucht eindringen. Zu den häufiger vorkommenden Vertretern gehören anamorphe Stadien der Gattungen *Alternaria, Fusarium, Penicillium* und *Trichothecium* (Abb. 3). Auf der anderen Seite gibt es Samenspezialisten, die in der Lage sind, auch intakte

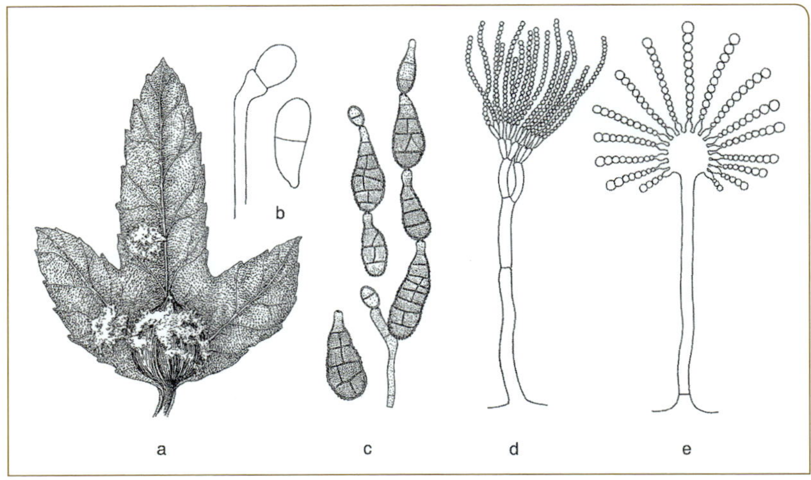

Abb. 3. Schimmelpilze an Samen und Früchten.
a, b *Trichothecium roseum* auf Samen von Hainbuche;
c *Alternaria* sp.;
d *Penicillium* sp.;
e *Aspergillus* sp.
(**c** nach Ellis 1971).

Samen anzugreifen und in deren Inneren eine Fäule hervorzurufen. Zu dieser Gruppe gehören einige Arten der Gattungen *Rhizoctonia* und *Ciboria,* die die Samen resp. Früchte verschiedener Baumarten infizieren können. Wirtschaftlich bedeutsame Schäden treten jedoch nur bei Bucheckern und Eicheln auf. Von den beiden wichtigsten Samenschädlingen kann folgende Beschreibung gegeben werden:

- *Rhizoctonia solani* J. G. Kühn: infiziert die Samen überwiegend vom Boden aus. Äußerlich gibt sich ein Befall (z. B. bei der „Bucheckernfäule") durch ein wollig-weißes Myzel zu erkennen, das der Samenschale locker anliegt. Bei der Untersuchung des Sameninneren findet man in den hellbraun verfärbten, stärkehaltigen Zellen der Keimblätter zahlreiche „fette" Pilzhyphen. Der sicherste Nachweis eines *Rhizoctonia*-Befalls erfolgt durch Inkulturnahme des Pilzes. Auf geeigneten Nährböden entsteht ein weißes, gleichmäßig wachsendes Myzel mit kettenförmig angeordneten Chlamydosporen. In älteren Kulturen werden 3–5 mm große dunkle Sklerotien angelegt (Abb. 4). Die durch *Rhizoctonia solani* hervorgerufene Samenfäule tritt in epidemischer Form vorzugsweise nach nasskalten Herbst- und Wintermonaten auf. Die Schäden steigen dabei mit dem pH-Wert des Bodens und dem Gehalt an organischem Material. – Zur Verhütung größerer Verluste kann zunächst einmal eine Bodenbearbeitung vorgenommen werden. Weiterhin hat sich frühes Einsammeln der Bucheckern als vorteilhaft erwiesen. Etwas aufwendiger ist das Aufspannen oder Auslegen von Fangnetzen, wodurch eine Kontaminierung mit dem Erreger fast vollständig verhütet werden kann. Bei der Auf-

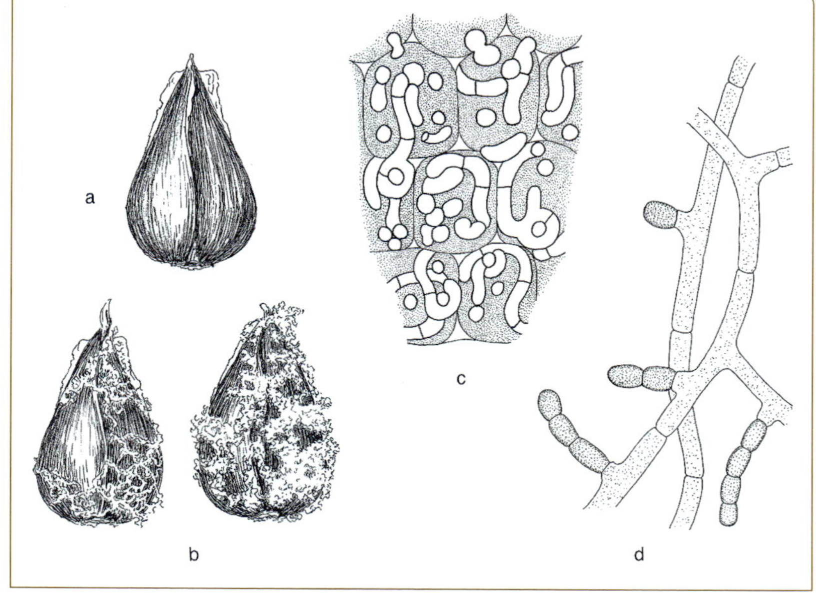

Abb. 4. Bucheckernfäule.
a Buchecker ohne Befall, **b** Bucheckern mit *Rhizoctonia*-Pilzmyzel, **c** Hyphen im Keimblattgewebe, **d** in Kultur gebildetes Myzel mit Chlamydosporen.

bewahrung der Eckern achte man auf trockene Lagerung des Saatgutes. Schließlich besteht noch die Möglichkeit, Fungizide einzusetzen, um die an der Samenschale anhaftenden Keime abzutöten. Bereits infizierte Samen können durch eine Warmwasserbehandlung (1 Std. bei 41 °C) saniert werden.

- *Ciboria batschiana* (Zopf) N. F. Buchwald: Erreger der „Schwarzen Eichelfäule", der nicht selten ganze Eichelernten vernichten kann. Die Infektion der Eicheln erfolgt in der Regel im Herbst durch frei werdende Ascosporen. Als erstes Symptom finden sich dunkle Flecke auf der äußeren Samenschale; unter der Samenschale entwickeln sich kleine, orangegelbe, dunkel umrandete Flecke, auf denen zunächst die *Myrioconium*-Anamorphe ausgebildet wird. In einem späteren Stadium werden die Kotyledonen braun und porös, begleitet von einem unangenehmen Fäulegeruch. Im folgenden Herbst brechen aus den inzwischen geschrumpften und mumifizierten, völlig schwarzen Eicheln die zimtbraunen, 0,5–2 cm großen, trichterförmigen Apothecien hervor (Abb. 5). – Da die Infektion von älteren, am Boden liegenden Eicheln ausgeht, sollte möglichst früh im Herbst mit dem Einsammeln der Eicheln begonnen werden. Bei der Aufbewahrung des Saatgutes sollte einem Befall durch geeignete Lagerungsbedingungen oder durch Anwendung von Beizmitteln vorgebeugt werden. Bereits infizierte Samen können durch eine zweistündige Warmwasserbehandlung bei 41 °C (Thermotherapie) wirksam saniert werden. – Als weitere Wirtspflanze, deren Früchte von *Ciboria batschiana* befallen werden, gilt die Esskastanie *(Castanea sativa)*. Auch hier schrumpfen die befallenen Kotyledonen und werden zu unförmigen, schwarzen Pseudosklerotien, die dem Pilz als Dauerorgane dienen. Entsprechend der Unterlage wird hier die Krankheit als „Schwarze Kastanienfäule" bezeichnet.

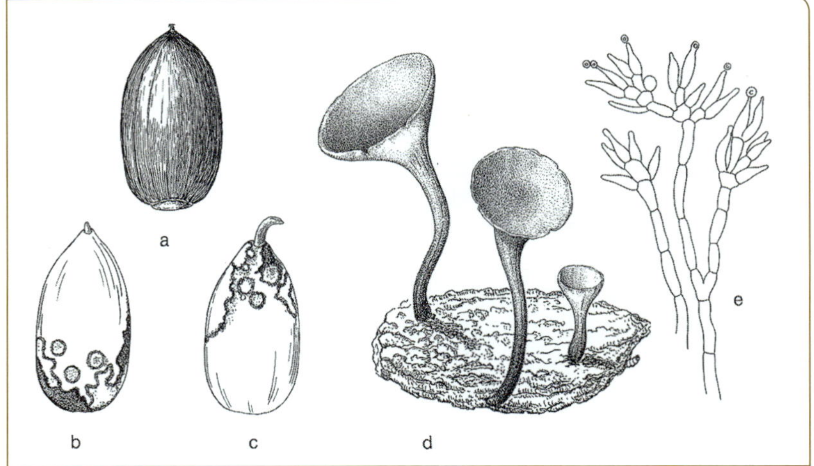

Abb. 5. Schwarze Eichelfäule. **a** befallsfreie Eichel mit Schale, **b, c** befallene Samen ohne Schale, **d** Apothecien auf mumifizierter Eichel, **e** *Myrioconium*-Anamorphe.

3 Schäden an Keimlingen und Jungpflanzen

3.1 Nichtparasitäre Schäden

Frost gehört bei Sämlingen und Jungpflanzen zu den relativ häufig auftretenden abiotischen Schadfaktoren. Von den zeitlich verschiedenen Frostphasen wirkt sich der Winterfrost besonders schädigend aus. Die Symptome sind Braunwerden der Nadeln oder Blätter bzw. das Absterben ganzer Pflanzen. Die Frostempfindlichkeit ist dabei art- und provenienzspezifisch. Besonders deutlich zeigt sich diese Abhängigkeit bei der Douglasie, deren Herkünfte ein breites Spektrum hoher Resistenz (var. *glauca*) bis zur hohen Frostempfindlichkeit (einige *menziesii*-Herkünfte) besitzen.

Eine besondere Form der Frostschädigung ist das „Ausfrieren" der Sämlinge. Diese auch als „Barfrost" bezeichnete Erscheinung kommt durch Eisbildung im Boden zustande, wobei kleinere Pflanzen durch Volumenzunahme und Aufbrechen des Bodens in die Höhe und aus dem Erdreich gehoben werden (Hochfrieren der Sämlinge). Wenn dann der Boden auftaut und wieder zusammensinkt, fallen die Sämlinge um und vertrocknen. Dieses „Auswintern" stellt sich vor allem bei fehlender winterlicher Schneedecke ein.

Maßnahmen zur Verhütung von Frostschäden im Forstgarten sind späte Saat im Frühjahr, Abschirmen der Beete mit Reisig oder Kunststoffnetzen sowie eine ausgewogene Ernährung unter Beachtung einer ausreichenden Kaliversorgung unter Vermeidung zu hoher Stickstoffgaben.

Hitzeschäden entstehen bei Keimlingen dann, wenn sich die oberste Bodenschicht durch Sonneneinstrahlung bis zur letalen Temperatur erwärmt. Der kritische Punkt liegt für Kiefernsämlinge zwischen 45 und 55 °C. Charakteristisch für die hier auftretenden Schadbilder ist das Umknicken der Keimlinge im Bereich der Erd-Luft-Zone nach vorangegangener Einschnürung des noch zarten Hypokotyls. Am bekanntesten sind Hitzeschäden bei Laubhölzern, besonders bei Rotbuche, deren Sämlinge nach dem Verholzen des Stängels noch längere Zeit stehen bleiben, wobei sich oberhalb der Schädigungsstelle durch Assimilatestau eine keulenartige Stammverdickung bildet (Abb. 6 c). Eine derartige spindelartige Verdickung des Stängels kann auch durch eine nicht vorschriftsmäßige Herbizid-Anwendung ausgelöst werden.

Als Folgeerscheinung von Hitzeschäden treten bei Jungpflanzen nicht selten Pilze auf, die den Eindruck von Primärparasiten erwecken. Neben den Vertretern der Gattungen *Alternaria* und *Fusarium* sind es vor allem folgende Arten:

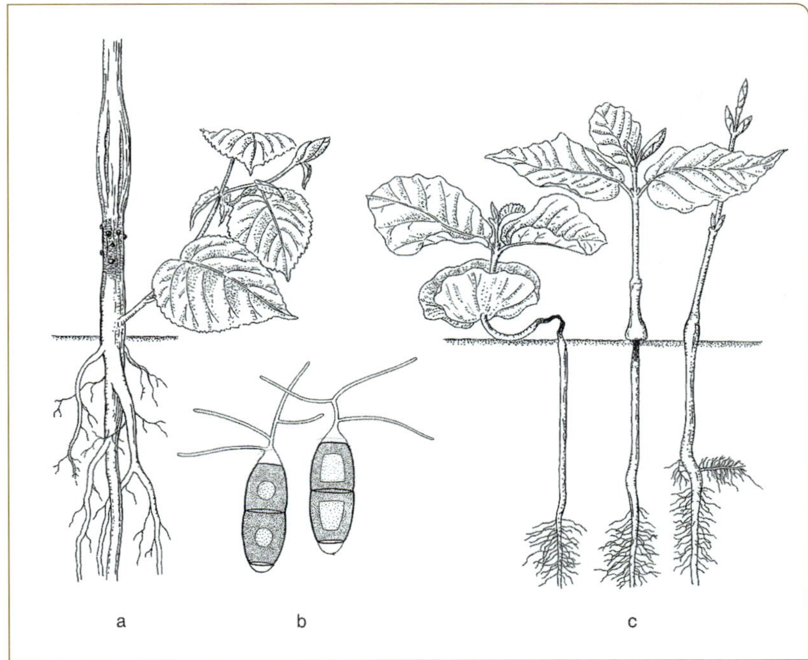

Abb. 6. Hitzeschäden an Sämlingen. **a** geschädigter Lindensämling mit *Truncatella hartigii*-Befall, **b** zugehörige Konidien; **c** verschiedene Stadien hitzegeschädigter Buchenkeimlinge.

- *Truncatella hartigii* (Tubeuf) Steyaert: Konidien 18–20 × 6 µm groß, dreifach septiert; Vorkommen auf Ahorn, Buche, Fichte, Linde und Tanne (Abb. 6 a, b).
- *Pestalotiopsis funerea* (Desm.) Steyaert: Sporen 21–29 × 9–12 µm groß, vierfach septiert (Tafel II/1); Vorkommen auf *Chamaecyparis, Cupressus, Sequoia* und *Thuja* sowie auf anderen Koniferen.

Nährstoffmangelschäden treten bei Keimlingen besonders häufig in Erscheinung, da diese noch nicht über genügend Reservestoffe verfügen und vom Bodennährstoffgehalt unmittelbar abhängig sind. Als Krankheitssymptome können Kümmerwuchs und Blatt- bzw. Nadelverfärbungen auftreten. Bei Stickstoffmangel kommt es bei Koniferen zur Ausbildung relativ kleiner, hellgrüner Nadeln; eine Violettfärbung ist wiederum ein Hinweis auf eine ungenügende Versorgung mit Phosphor. Den verschiedenen Mangelsymptomen kann durch eine gezielte Nährstoffzugabe begegnet werden (Bergmann 1993).

Ersticken von Sämlingen oder Jungpflanzen kann durch verschiedene Pilzarten herbeigeführt werden, die sich sowohl in ihrer systematischen Zugehörigkeit als auch in ihrer Aggressivität unterscheiden. Denn neben ausschließlich epiphytisch/saprobisch lebenden Formen gibt es Arten, die einen Übergang zur parasitischen Lebensweise erkennen lassen. Die „Erstickungspilze“ müssen daher teilweise auch zu den parasitären Schadfaktoren gerechnet werden:

- *Thelephora terrestris* Erh. (Erd-Warzenpilz): Dieser zu den Basidiomyceten gehörende Pilz bildet seine Fruchtkörper in der Regel am Boden aus. Befinden sich tote Äste oder auch lebende Pflanzen in der Nähe, so werden diese vom Pilz als Stütze zur Ausbildung seiner fächerförmigen, lederbraunen und oft in mehreren Etagen übereinanderstehenden Fruchtkörper genutzt. Dabei können junge Koniferen, namentlich Fichten- und Tannensämlinge, vom Pilz völlig umwachsen und zum Absterben gebracht werden (Hartig 1880). Gefährdet sind auch Birkensämlinge, die in sandigen sauren Böden aufwachsen (Abb. 7a, b).
- *Helicobasidium brebissonii* (Desm.) Donk (Syn. *H. purpureum*): Diesen ebenfalls zu den Basidiomyceten gehörenden Pilz findet man gelegentlich an der Stammbasis und im Wurzelbereich vor allem von Verschulfichten. Der überwiegend in der Nebenfruchtform vorkommende und in diesem Stadium als *Rhizoctonia crocorum* bekannte Pilz bildet anfangs epiphytisch wachsendes rotviolettes Myzel aus, das in einem späteren Stadium zum Parasitismus übergehen kann, sodass betroffene Pflanzen zu kränkeln beginnen und absterben. An Forstpflanzen ist seine Bedeutung gering. Als „Wurzeltöter" und Erreger einer Wurzelfäule kann er dagegen erheblichen Schaden an landwirtschaftlich genutzten Pflanzen verursachen.
- *Rosellinia mycophila* (Fr.) Sacc.: Der zu den Ascomyceten gehörende Pilz wächst ebenfalls zunächst epiphytisch, wobei das bräunlich weiße Myzel die Nadeln und Zweige mit einem dichten Hyphenfilz überzieht (Abb. 7 c, d). Die befallenen Nadeln werden anschließend braun, was auf einen Übergang zur parasitischen Lebensweise

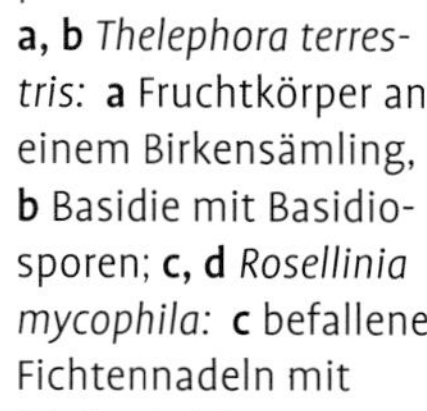

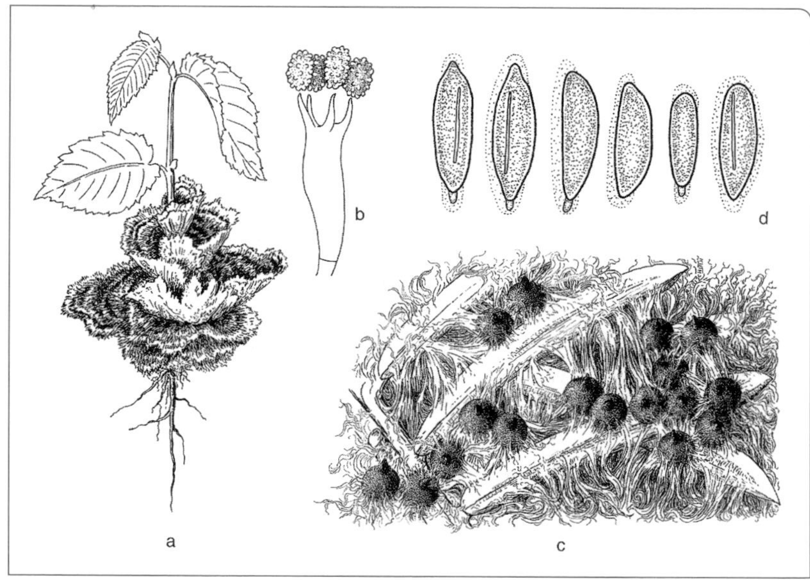

Abb. 7. Erstickungspilze. **a, b** *Thelephora terrestris:* **a** Fruchtkörper an einem Birkensämling, **b** Basidie mit Basidiosporen; **c, d** *Rosellinia mycophila:* **c** befallene Fichtennadeln mit Pilzfruchtkörpern, **d** zugehörige Ascosporen (**d** nach Petrini 2013).

schließen lässt. Betroffen sind vor allem dicht stehende Sämlinge oder Verschulfichten an Orten, an denen anhaltend hohe Luftfeuchtigkeit herrscht. Unter diesen besonderen klimatischen Bedingungen sind auch ältere Koniferenpflanzen (Christbaumkulturen) gefährdet, wobei sich das Myzel von den bodennahen Ästen bis zur Krone ausbreiten kann. – Sicherstes Bestimmungsmerkmal sind die spät zur Entwicklung kommenden schwarzen, kugeligen, 0,6–0,8 mm großen Fruchtkörper mit ihren spindelförmigen, einzelligen, braunen und im Mittelwert 19,5 × 6,5 µm großen Ascosporen (Petrini 2013).

3.2 Parasitäre Schäden

3.2.1 Keimlingsfäule der Koniferen

Erreger: verschiedene Pilzarten

Die Keimlingsfäule zählt zu den häufigsten und gefürchtetsten Krankheiten im Forstpflanzgarten und in der Baumschule. Sie tritt sowohl an keimenden Samen als auch an Sämlingen im ersten Entwicklungsjahr auf. Besonders gefährdet sind Koniferensämlinge.

Da die Keimlinge zu verschiedenen Entwicklungsphasen erkranken können, lassen sich unterschiedliche **Krankheitssymptome** feststellen, die allerdings ineinander übergehen können. Man unterscheidet drei Befallsformen:

- Frühe Keimlingsfäule (Vor-Auflauferkrankung),
- Normale Umfallkrankheit (Nach-Auflauferkrankung),
- Späte Keimlingsfäule (Wurzelfäule an älteren Sämlingen).

Das Krankheitsbild der **Frühen Keimlingsfäule** bleibt dem Auge meist verborgen, denn die ersten Krankheitsprozesse spielen sich überwiegend unter der Erdoberfläche ab. Betroffen ist das Entwicklungsstadium des Sämlings von der Keimung an bis zur Streckung und Aufrichtung des Hypokotyls. Eine Infektion führt zu einer raschen Zersetzung des befallenen Gewebes, bevor der Keimling die Oberfläche erreicht hat (Abb. 8 a).

Das häufigste zu beobachtende Krankheitsbild der Keimlingsfäule, die eigentliche **Umfallkrankheit**, tritt zwei bis drei Wochen nach der Aussaat auf. Die ersten Symptome einer gelbbraunen Verfärbung des unteren Stängelteiles werden häufig nicht bemerkt; umso spektakulärer ist das darauf folgende Umknicken der Sämlinge unmittelbar über der Bodenoberfläche, ausgelöst durch Zerstörung und Schrumpfung des noch nicht kutinisierten zarten Parenchyms (Abb. 8 b). Die Keimlingsfäule kann auch an solchen Sämlingen auftreten, die das Alter von acht Wochen schon überschritten haben. Diese **Späte Keimlingsfäule** äußert sich in einer teilweisen oder völligen Zerstörung des Wurzelsystems.

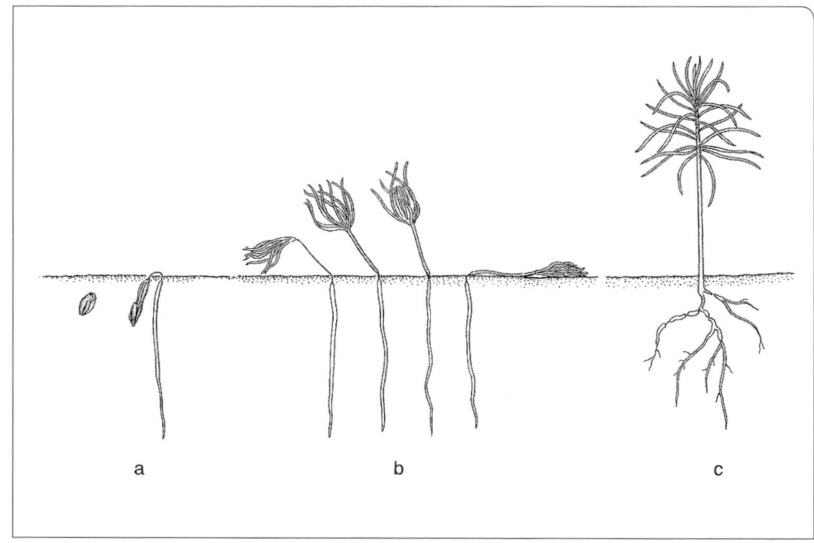

Abb. 8. Keimlingsfäule der Koniferensämlinge. **a** Frühe Keimlingsfäule, **b** Umfallkrankheit, **c** Späte Keimlingsfäule mit Wurzelschäden.

Da der Keimstängel zu diesem Zeitpunkt schon eine gewisse Festigkeit besitzt, können die sich braun verfärbenden Keimlinge noch längere Zeit stehen bleiben. Keimlinge, bei denen das Wurzelwerk nur teilweise zerstört ist, bilden unter günstigen Bedingungen Adventivwurzeln aus und erholen sich. Dieses späte Stadium der Keimlingsfäule wird vielfach nicht erkannt und für einen Trocknis- oder Nematodenschaden gehalten (Abb. 8 c).

Alle drei Befallsformen lassen sich auf die Tätigkeit bodenbürtiger Pilze zurückführen. Man kennt heute etwa 40 verschiedene Pilzarten, die eine Keimlingsfäule bei Forstpflanzen hervorrufen können. Einige von ihnen sind obligate Parasiten (z. B. *Phytophthora cinnamomi*), andere besitzen einen überwiegend parasitischen Charakter (*Rhizoctonia-* und *Pythium*-Arten). Die meisten Keimlingspilze leben jedoch als Saprobionten im Boden, von wo sie erst unter bestimmten Bedingungen auf lebende Pflanzen übergehen. Zu dieser Gruppe gehören z. B. *Cylindrocarpon destructans* und einige *Fusarium*-Arten.

Die pathogene Wirkung der meisten Keimlingspilze beruht auf der Ausbildung von Enzymen oder Toxinen, die entweder die Zellwand abbauen oder den Keimling auf physiologischem Wege erkranken lassen. Von einigen häufiger vorkommenden Keimlingspilzen kann folgende Kurzbeschreibung gegeben werden:

- *Fusarium circinatum* Nirenberg & O'Donnell: ursprünglich aus den USA stammender Krankheitserreger mit Vorkommen inzwischen auch in südeuropäischen Ländern; kann mit Saatgut verbracht werden (daher Pflanzengesundheitszeugnis bei Importen aus Drittländern und europäischen Befallsgebieten erforderlich); auflaufende Sämlinge zeigen Symptome der Umfallkrankheit; Befall auch an älteren Kiefern (vor allem *Pinus radiata*) mit Triebsterben und starkem Harzfluss („Pechkrebs“); Erregernachweis anhand von Reinkulturen (Schröder et al. 2016).

- *Fusarium oxysporum* Schlecht.: häufigster Keimlingspilz mit Auftreten besonders in saurem Substrat; verursacht Welke und völliges Absterben nach dem Auflaufen. Weitere pathogene Arten (Gerlach und Nirenberg 1982): *F. culmorum* (Tafel II/3), *F. avenaceum* (Abb. 9 b).
- *Globisporangium (Pythium) debaryanum* (R. Hesse) Uzuhashi et al.: Vertreter der Oomycetes mit unseptiertem Myzel und Sporangien, in denen auf ungeschlechtlichem Wege Zoosporen entstehen; bei geschlechtlicher Fortpflanzung entwickelt sich im Oogonium nach Befruchtung eine Oospore, die als Überdauerungs- und Verbreitungseinheit fungiert (Abb. 9 a).
- *Phytophthora cinnamomi* Rands: Erreger eines Wurzelsterbens an Keimlingen und Jungpflanzen von *Abies, Chamaecyparis, Juniperus* und *Taxus;* Nadeln verfärben sich stumpfgrün, später braun; Verhütung durch Hygienemaßnahmen bei der Pflanzenvermehrung, bei Containerpflanzen auch durch Behandlung der Wurzelballen mit Fungiziden; Pilz überdauert im Freiland bei uns nur in milden Wintern.
- *Rhizoctonia solani* J. G. Kühn: bekanntester Vertreter des *Rhizoctonia*-Komplexes, der sich aus mehreren, schwer bestimmbaren Arten zusammensetzt (Roberts 1999). Der vor allem in Koniferensaatbeeten vorkommende Pilz besiedelt vom Boden aus das Wurzelsystem sowie den Wurzelhals, sodass der Keimling abstirbt. Typisch für die Gat-

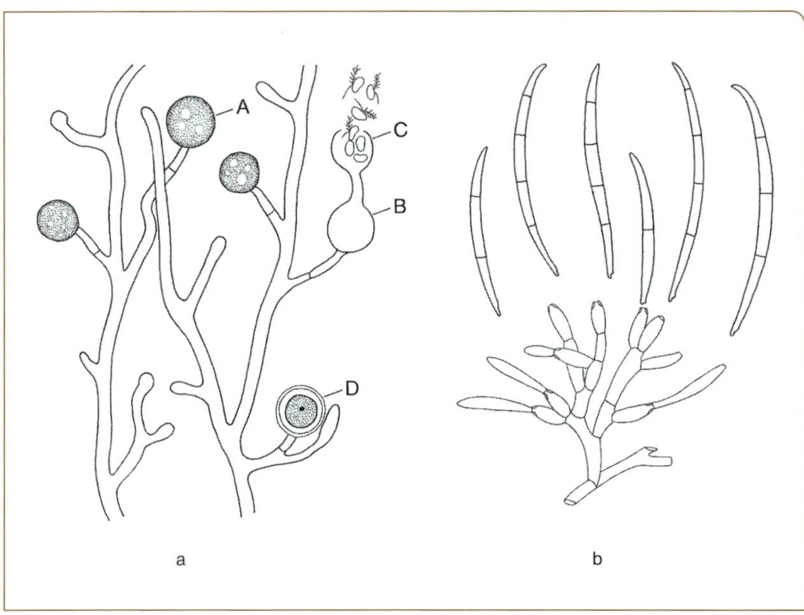

Abb. 9. Erreger von Keimlingskrankheiten. **a** *Globisporangium debaryanum:* Sporangium (A), entleertes Zoosporangium (B), Keimblase mit Zoosporen (C), Oospore (D); **b** Konidienträger mit Sporen von *Fusarium avenaceum* (**a** nach von Arx 1971).

tung *Rhizoctonia* ist die Ausbildung kettenförmig aneinandergereihter Chlamydosporen, die sich rechtwinklig vom oberflächlich wachsendem Myzel abzweigen (Abb. 4 d). Weiterhin werden von einigen Arten schwarzbraune Sklerotien ausgebildet, die mehrere Jahre im Boden überdauern können.
- *Trichoderma viride* Pers.: aggressivster Vertreter der artenreichen Gattung *Trichoderma*; kann Keimlinge von Fichte und Kiefer zum Absterben bringen und verursacht an Feinwurzeln älterer Koniferen eine Wurzelfäule; er bildet in Kultur ein rasch wachsendes, zunächst weißes Myzel, das später von der Mitte der Kultur aus spangrün wird; die Konidienträger sind wirtelig am Myzel angeordnet und tragen rundliche, warzige, 2,5–3,5 µm große spangrüne Konidien (Tafel III/16), die zu 10 bis 20 in kleinen, schleimigen Tröpfchen zusammenfließen.

Zur **Verhütung** und **Bekämpfung** der Keimlingsfäule bieten sich verschiedene Maßnahmen an. Die biologische Vorbeugung kann durch Einhaltung bestimmter Umweltbedingungen erreicht werden, die zunächst dazu dienen, den Keimlingen optimale Entwicklung und eine hohe Vitalität zu sichern. Hierbei ist auf einen geeigneten Standort bzw. auf die Herstellung einer geeigneten Bodenmischung mit einem ausgeglichenen, nicht zu hohen Feuchtigkeitsangebot zu achten.

Eine unmittelbare biologische Bekämpfung könnte in der Anreicherung des Bodens mit antagonistischen Pilzen, z. B *Trichoderma* sp., bestehen; ausreichend praktische Erfahrungen liegen hierüber jedoch noch nicht vor.

Von den physikalischen Desinfektionsverfahren kann die Hitzebehandlung des Bodens genannt werden, die jedoch nur für Schütterde und in der Containertechnik infrage kommt. Umso bedeutsamer ist der Einsatz von Pflanzenschutzmitteln, deren Anwendungserfolg allerdings von zahlreichen Faktoren (Bodentyp, Pflanzenart, Erreger, Antagonisten) abhängt. Bei Kenntnis der jeweiligen Pilzart sollten spezifisch wirkende Präparate eingesetzt werden. Eine chemische Bekämpfung mit Fungiziden kann beim Saatgut (durch Beizen), im Boden vor der Aussaat (durch Bodenentseuchung) und selbst noch nach dem Auflaufen der Saat (durch Gießen oder Spritzen) durchgeführt werden.

3.2.2 Buchenkeimlingskrankheit

Erreger: *Phytophthora cactorum* (Lebert & Cohn) J. Schroet.

Die Krankheit, die nach Hartig (1880) schon seit 1783 in Deutschland bekannt ist, äußert sich in einer rotbraunen, fleckenartigen Verfärbung der Kotyledonen, der Primärblätter und der Stängelteile. Bei feuchter Witterung fallen stärker erkrankte Keimlinge bald um und verfaulen (trockene Witterung lässt die Pflanzen noch eine Weile stehen). Be-

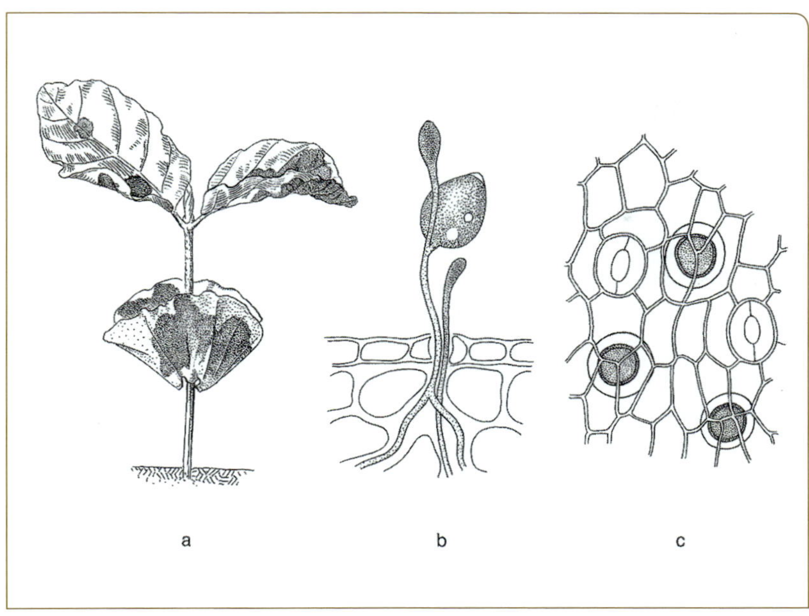

Abb. 10. Buchenkeimlingskrankheit. **a** befallener Buchenkeimling, **b** Sporangienträger von *Phytophthora cactorum* mit verschieden reifen Sporangien, **c** Oosporen in abgestorbenem Keimblattgewebe (**b** nach Hartig 1900; **c** nach Ferdinandsen und Jørgensen 1938/39).

schränkt sich der Befall auf kleinere Bereiche der Keim- oder Primärblätter, so kann sich die Pflanze erholen.

Neben den charakteristischen Befallssymptomen sind für die Diagnose des Buchenkeimlingspilzes – der im Übrigen auch andere Laubbaumarten befällt – verschiedene mikroskopische Merkmale von Bedeutung, die dazu beitragen, den Befund abzusichern. So treten bei feuchter Witterung oder nach Aufbewahrung kranker Pflänzchen in einer feuchten Schale zahlreiche, unseptierte Hyphen durch Spaltöffnungen und Epidermiszellen nach außen, wo an hyalinen Trägerhyphen apikal oder auch seitlich Sporangien ausgebildet werden (Abb. 10).

Kommt ein Sporangium mit Wasser in Berührung, so entwickeln sich in seinem Innern begeißelte Zoosporen, die aus dem Sporangium ausschwärmen und auf dem Wasserwege Keimlinge infizieren. Da dieser Prozess von der Infektion bis zur Bildung neuer Zoosporen nur wenige Tage dauert, erklärt sich die explosionsartige Ausbreitung der Krankheit bei regenreicher Witterung. Bei trockenem Wetter wird das Sporangium als Ganzes abgeworfen und auf dem Luftwege als Konidie verbreitet. Neben Wind und Wasser kommen als Vektoren für die Verbreitung der Sporen auch Schnecken, Insekten und Mäuse sowie schließlich auch der Mensch (bei der Begehung der Quartiere) infrage. Der Buchenkeimlingspilz besitzt demnach verschiedene Verbreitungsmöglichkeiten, die ihm ein sicheres Überleben garantieren. Außer den Sporangien und Zoosporen, die für die Epidemiologie bedeutsam sind, bildet der zu den Oomyceten gehörende Pilz dickwandige Oosporen aus, die die Funktion von Dauerorganen besitzen. Sie entstehen in dem befallenen Wirtsgewebe und gelangen mit den faulenden Pflanzenteilen in den Boden, wo sie mehrere Jahre überdauern können.

Als Bekämpfungsmaßnahme sind sowohl kulturtechnische als auch chemische Verfahren bekannt. Da die Entwicklung des Pilzes durch erhöhte Bodenfeuchtigkeit gefördert wird, vermeide man schattige Lagen, künstliche Beschattung und staunasse Böden. Wo die Krankheit einmal aufgetreten ist, sollen die verseuchten Beete einige Jahre nicht mehr für Laubholzsaaten verwendet werden. Eine vorbeugende Bekämpfung kann durch Bodendesinfektion vor der Aussaat und eine direkte Bekämpfung durch Spritzungen mit Fungiziden erfolgen. Bei erhöhter Erkrankungsgefahr ist eine tägliche Kontrolle der Saatbeete und das Entfernen und Verbrennen erkrankter und abgestorbener Sämlinge erforderlich.

3.2.3 Eichenwurzelfäule

Erreger: *Rosellinia desmazieresii* (Berk. & Broome) Sacc.
Rosellinia thelena (Fr.) Rabenh.
Cylindrocarpon destructans (Zinsm.) Scholten
Fusarium oxysporum Schlecht.

- *Rosellinia desmazieresii* (Syn. *Rosellinia quercina*) tritt als „Eichenwurzeltöter“ (Hartig 1880) schädigend an ein- bis dreijährigen Eichen auf. Die Krankheit, die hauptsächlich auf vernässten Böden beobachtet werden kann, äußert sich zunächst durch Vergilben und Welken der Blätter. Zieht man solche Pflanzen aus dem Boden, so findet man die Wurzel abgestorben und oft mit einem feinen, weißen Myzel umsponnen („Weißer Wurzelschimmel“). Weißes fächerartiges Myzel lässt sich dann auch unter der Wurzelrinde nachweisen. Da weißes Myzel auch von anderen Wurzelpilzen gebildet wird, sollten die Fruchtkörper als eindeutiges Bestimmungsmerkmal herangezogen werden (Abb. 11 a–c). Diese finden sich meist zu mehreren oberflächlich an der Basis der Stämmchen oder tiefer an der Hauptwurzel. Die Perithecien sind kugelig, schwarz und etwa 1 mm groß. Die in schlanken Asci ausgebildeten Ascosporen sind spindelförmig, anfangs farblos, später dunkelbraun und 21–32 × 6–8,5 µm groß (Petrini 2013).
- *Rosellinia thelena* lebt ebenfalls parasitisch auf Eichenwurzeln; von *R. desmazieresii* unterscheidet sie sich durch hyaline, 4–8 µm lange Anhängsel an den beiden Enden der Sporen (Tafel I/1).
- *Cylindrocarpon destructans* wird heute in immer stärkerem Maße an abgestorbenen Wurzeln von Verschulpflanzen bei Eiche, aber auch an Buche und anderen Laubgehölzen nachgewiesen. Besonders gefährdet sind ausgehobene und in den Einschlag gebrachte Pflanzen, die während dieser Zeit offenbar eine Änderung in ihrem Abwehr-

system erfahren. Unter den genannten Bedingungen vermag der Pilz, der sonst ein nichtparasitärer Bestandteil der Rhizosphäre der Eiche sowie anderer Laubbaumarten ist, an seiner ursprünglichen Wirtspflanze pathogen zu werden. Vermeidung eines langen Einschlags bzw. Verkürzung der Zeit zwischen Ausheben und Pflanzung dürften daher die besten Schutzmaßnahmen sein. Zur Diagnose des Pilzes sind seine typisch geformten Konidien geeignet, die in sahnegelben Sporenlagern auf der Oberfläche befallener Wurzeln ausgebildet werden. Die Makrosporen sind farblos, zylindrisch, ein- bis mehrzellig, an beiden Enden abgerundet und 25–30 × 4,5–6,5 µm groß (Abb. 11 d, e).

- *Fusarium oxysporum* (Tafel II/2) sowie andere *Fusarium*-Arten werden erst nach stärkerer Belastung der Verschulpflanzen durch bestimmte Umweltbedingungen wie Bodenvernässung oder Trockenheit beobachtet. Unter diesen Bedingungen werden auch die Wurzeln anderer Laubgehölze, wie z. B. Rotbuche und Ahorn, befallen. Als diagnostisches Merkmal für die Gattung *Fusarium* gelten die sichelförmigen und mehrfach septierten Konidien (Abb. 9 b). Eine genaue Artendiagnose ist meist erst anhand von Kulturmerkmalen möglich (Gerlach und Nirenberg 1982).

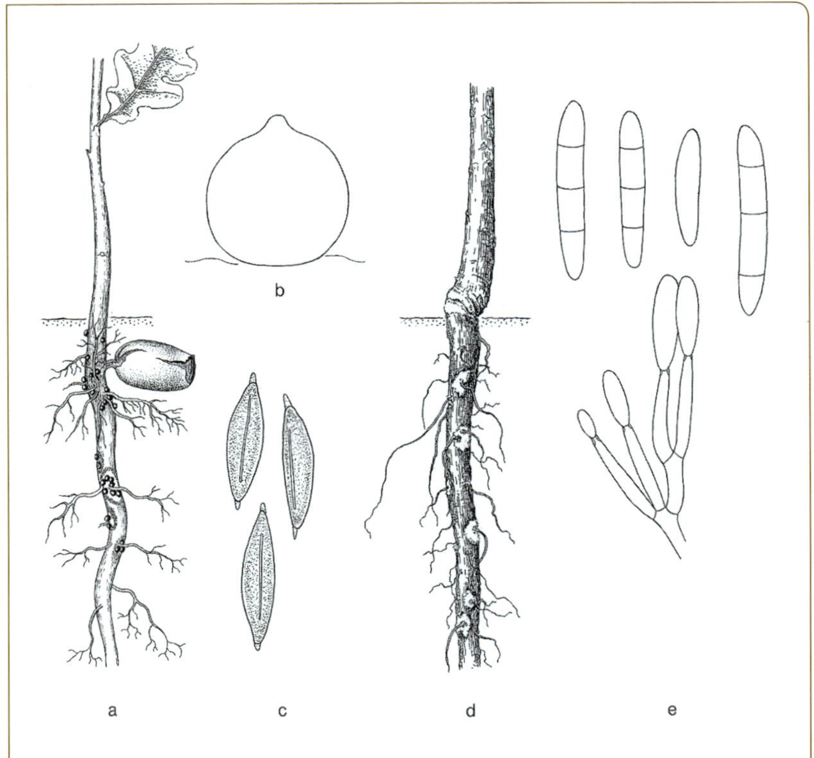

Abb. 11. Eichenwurzelfäule. **a–c** *Rosellinia desmazieresii:* **a** Eichensämling mit Wurzelbefall, **b** Fruchtkörperquerschnitt (schematisch), **c** Ascosporen; **d, e** *Cylindrocarpon destructans:* Eichenwurzel mit Befall, **e** Konidienträger mit Konidien (**a** nach Hartig 1900; **c** nach Petrini 2013).

3.2.4 Triebspitzenkrankheit der Koniferensämlinge

Erreger: *Strasseria geniculata* (Berk. & Broome) Höhn.
Botrytis cinerea Pers.
Sphaeropsis sapinea (Fr.) Dyko & Sutton
Sirococcus conigenus (DC.) P. F. Cannon & Minter

Die an ein- bis dreijährigen Sämlingen verschiedener Koniferen auftretende Triebspitzenkrankheit ist durch einen Befall junger Maitriebe ausgezeichnet, wobei die Infektion meist zur Zeit des beginnenden Streckungswachstums erfolgt. Die befallenen Triebe werden welk, krümmen sich nach unten und trocknen unter Verbräunung ein. Die Erkrankung beginnt am Haupttrieb und dehnt sich von dort auf die Seitentriebe aus. Im Endstadium einer Erkrankung kommt es schließlich zu einem partiellen Abwerfen der abgestorbenen Nadeln. Als Urheber der Erkrankung sind bisher vier verschiedene Pilzarten ausgemacht worden, die folgendermaßen beschrieben werden können:

- *Strasseria geniculata* scheint unter den hier aufgeführten Erregern der gefährlichste zu sein. In Saatbeeten tritt er meist nestweise auf. Zum Nachweis suche man auf der Unterseite gebräunter Nadeln nach den schwarzen Conidiomata des Pilzes. Die hier gebildeten zylindrischen und leicht gebogenen Konidien sind farblos, 10–13 × 3 µm groß und am Ende mit einer ca. 15 µm langen gestreckten Borste versehen (Abb. 12 e). Als Wirtspflanzen sind verschiedene Arten der Gattungen *Picea, Pinus, Pseudotsuga* und *Taxus* bekannt.

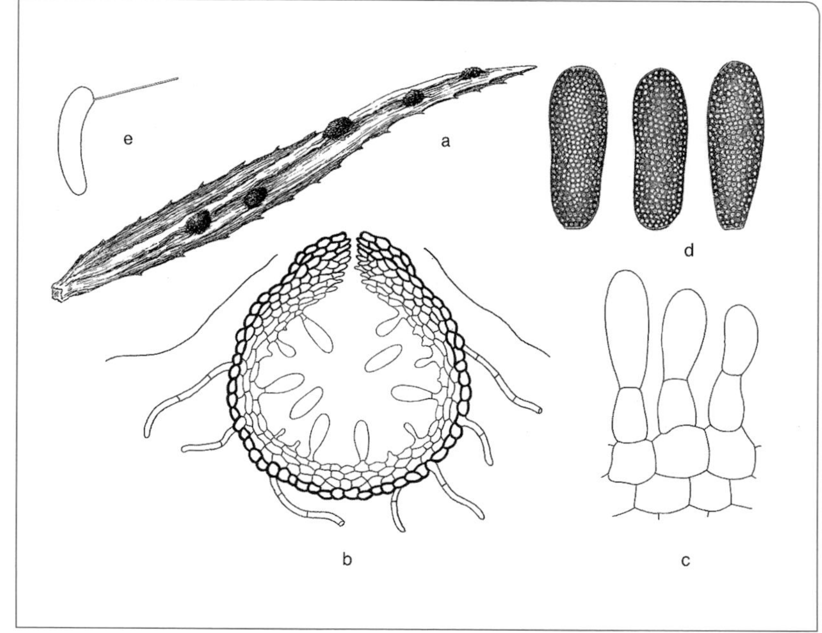

Abb. 12. Pilze an Kiefernsämlingen. **a–d** *Sphaeropsis sapinea:* **a** Kiefernnadel mit Conidiomata, **b** Fruchtkörperlängsschnitt, **c** Teil der Fruchtkörperwandung, **d** reife Konidien; **e** Konidie von *Strasseria geniculata.*

- *Botrytis cinerea* ist allgemein als Erreger der „Grauschimmelfäule" bekannt, mit weitgehend wirtsunspezifischem Vorkommen auf zahlreichen Pflanzenarten. In Koniferensaatbeeten tritt er häufig epidemisch auf, oft mit tödlichem Ausgang für die befallenen Pflanzen. Neben dem parasitischen Vorkommen kann der Pilz auch saprobisch auf abgestorbenen Pflanzenresten leben. Makroskopisch lässt sich der Pilz leicht an seinem graubraunen, silbrig-glänzenden Luftmyzel erkennen, das bei hoher Luftfeuchtigkeit auf den erkrankten Triebspitzen zur Entwicklung kommt. Die an mehrfach verzweigten Konidienträgern gebildeten Sporen sind eiförmig und 9–12 × 6–10 µm groß (Abb. 67 b ,c).
- *Sphaeropsis sapinea* befällt ein- bis dreijährige Sämlinge verschiedener Kiefernarten. Der Nachweis des Pilzes erfolgt anhand der 30–45 × 10–16 µm großen, einzelligen, zunächst farblosen, dann dunkelbraunen Konidien (Abb. 12 a–d). Im Übrigen kommt der Pilz auch an älteren Kiefern vor, wo er ein auffälliges Triebsterben verursacht (s. Kap. 5.2.6).
- *Sirococcus conigenus* ist der Erreger einer von Robert Hartig (1890) erstmals beschriebenen „Fichtentriebkrankheit", die sowohl an älteren Bäumen (s. Kap. 5.2.4) als auch „verderblich schon in Saat und Pflanzenbeeten auftreten kann". Besonders gefährdet sind bestimmte Provenienzen von *Picea pungens, P. contorta* und *P. sitchensis*. Eindeutig identifizierbar ist der Pilz an seinen spindelförmigen, 12–14 × 3 µm großen, ein- bis zweizelligen Sporen (Abb. 69 d), die in ca. 0,5 mm großen, braunschwarzen Conidiomata gebildet werden.

Das Auftreten aller genannten Pilzarten wird durch hohe stagnierende Luftfeuchtigkeit begünstigt. Andere Witterungsfaktoren, u. a. die Temperatur, haben eine nur untergeordnete Bedeutung. Auf der anderen Seite scheinen solche Sämlinge besonders anfällig zu sein, die durch Trockenstress, Nährstoffmangel oder Verletzungen gelitten haben.

Für die Verhütung einer Erkrankung sind zunächst hygienische Maßnahmen (Entfernen des befallenen Materials, keine Neuanlage auf bereits verseuchten Quartieren) ratsam. Weiterhin sollten feuchte Lagen gemieden werden. Bei Sämlingsanzuchten unter Glas kann durch Belüftung oder durch Einsatz langsam laufender Ventilatoren eine schnellere Abtrocknung der oberirdischen Pflanzenteile erreicht werden. In Fällen einer erhöhten Erkrankungsgefahr können chemische Bekämpfungsmaßnahmen angezeigt sein. Die aussichtsreichste und umweltfreundlichste Schutzmaßnahme dürfte allerdings in der Wahl wenig anfälliger Herkünfte liegen.

3.2.5 Meria-Lärchenschütte

Erreger: *Rhabdocline laricis* (Vuill.) K. Stone
Syn. *Meria laricis* Vuill.

Gelbliche oder braune Verfärbungen und Welkwerden der Nadeln junger Lärchen im Frühsommer deuten auf einen Befall durch den zu den Deuteromyceten gehörenden Pilz *Rhabdocline laricis* hin. Die Verfärbung beginnt in der Regel an den Nadeln der unteren Zweige und breitet sich mehr oder weniger rasch nach oben zum Gipfeltrieb aus. Ein Teil der getöteten Nadeln fällt sofort ab, während ein anderer Teil zumeist noch lange Zeit an den Zweigen hängen bleibt. In die Zweige scheint der Pilz nicht einzudringen, doch vermag er durch starken Nadelbefall seinen Wirt erheblich zu schwächen und für Sekundärpilze zu disponieren. Bei feuchter Witterung wachsen aus den Spaltöffnungen der Nadeln Sporenträger hervor, die an ihren Enden zahlreiche einzellige, 8–10 × 2,5–3 μm große Sporen abschnüren. Bei Lupenbetrachtung geben sich die gebündelt auftretenden Sporenträger als kleine weiße Punkte auf der Unterseite der Nadeln zu erkennen. Der Pilz überwintert entweder in den noch am Baum hängenden oder bereits abgefallenen Nadeln, auf denen im Frühjahr erneut Sporen ausgebildet werden. Besonders gefährdet sind Sämlinge und jüngere Pflanzen der Europäischen Lärche, wohingegen die Japanische Lärche sowie alle Hybriden selten und dann nur schwach befallen werden (Abb. 13).

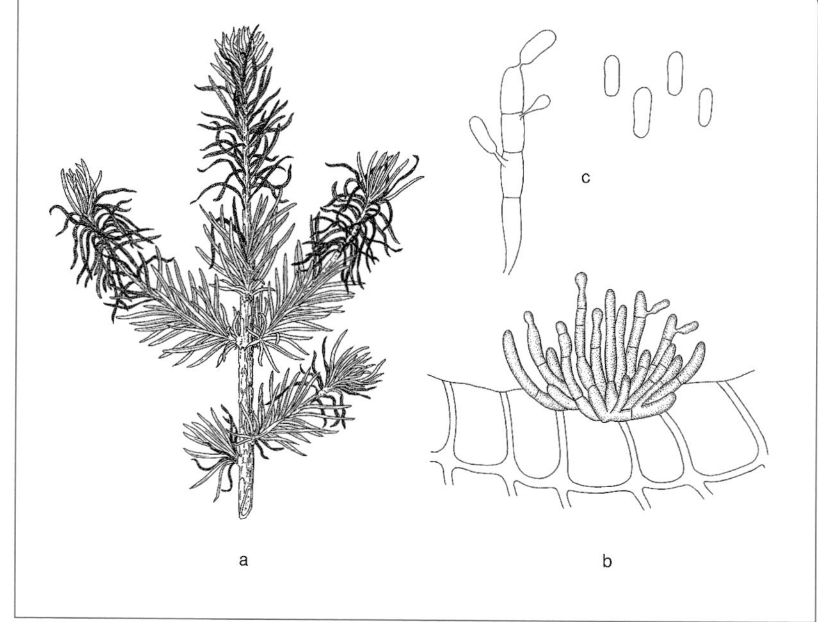

Abb. 13. Meria-Lärchenschütte. **a** Befallsbild an Europäischer Lärche, **b** Konidienträger auf der Nadelunterseite, **c** Konidienträger mit Konidien (**b** nach Ferdinandsen und Jørgensen 1938/39; **c** nach Hartig 1900).

4 Schäden an Nadeln und Blättern

4.1 Nichtparasitäre Nadelschäden

Frostschäden können bei Koniferen grundsätzlich dann eintreten, wenn die Temperatur eine Zeit lang unter 0 °C sinkt. Allerdings hängt die Auswirkung tiefer Temperaturen vom Zeitpunkt (Jahreszeit) und dem Zustand (Alter) der Assimilationsorgane ab. Bei den Nadeln spielen praktisch nur der **Winterfrost** und der **Spätfrost** eine Rolle.

Winterfrostschäden treten meist an mehreren Bäumen auf und sind durch eine mehr oder weniger starke Nadelbräune der älteren Nadeljahrgänge charakterisiert. Entweder werden nur die Nadelspitzen oder auch ganze Nadeln hell- bis mittelbraun. Die betroffenen Nadeln bleiben noch längere Zeit am Baum haften, bis sie während des Sommers abfallen. Schäden dieser Art können bei Fichte, Tanne, Kiefer, Douglasie, aber auch bei der Zeder beobachtet werden. Winterfrostschäden entstehen durch einen Temperatureinbruch mit ungewöhnlich tiefen Temperaturen nach einer längeren Wärmeperiode. Ausschlaggebend hierbei ist offenbar die fehlende Frosthärte der Bäume, die durch eine vorangegangene Wärmeperiode aufgehoben oder abgeschwächt wird. Es wird allerdings auch die Ansicht vertreten, dass die winterliche Nadelbräune in besonderen Fällen mit erhöhtem Wasserentzug in Zusammenhang stehe. Diese als **Frosttrocknis** oder auch „Winterdürre“ benannte Erscheinung besitzt ähnliche Symptome wie die durch Erfrieren verursachten Krankheitsbilder. Schäden durch Frosttrocknis werden vor allem bei jüngeren Pflanzen beobachtet, wenn den Nadeln bei stärkerer Besonnung mehr Wasser entzogen wird als die Pflanze aus dem gefrorenen Boden aufzunehmen vermag. Die gleiche Ursache trifft für die in Gebirgslagen vorkommende Nadelverbräunung bei Fichte, Legföhre und Zirbe zu. Die Identifizierung von Winterfrost und Winterdürre wird dadurch noch erschwert, dass die normale Frosthärte durch Einwirkung verschiedener Stressfaktoren (SO_2-Einwirkung, Kaliummangel oder trockene Standorte) herabgesetzt werden kann. Schließlich scheint sich auch eine übermäßige Stickstoffernährung negativ auf die Frosttoleranz von Koniferen auszuwirken (Arondson 1980).

Treten tiefe Temperaturen nochmals im Mai oder Juni auf, so kommt es zu **Spätfrostschäden**. Zu diesem Zeitpunkt ist vor allem der Neuaustrieb betroffen, dessen Nadeln zunächst ihre Turgeszenz verlieren und später – oft erst nach Tagen – braun werden (s. Kap. 5.1.2). Ältere Nadeln bleiben von Spätfrösten in der Regel verschont.

Nährstoffmangelschäden werden durch Fehlen bestimmter Nährstoffe oder Spurenelemente im Boden bzw. in den Assimilationsorganen ausgelöst. Sie äußern sich durch Verkleinerung der Nadeln oder durch Nadelverfärbungen, wobei die Art der Farbänderung in vielen Fällen einen direkten Hinweis auf das fehlende Element gibt. Beispiele:

- **Eisen/Manganmangel** (Kalkchlorose): weißlich gelbe Verfärbung zunächst nur an der Basis der jüngsten Nadeln, später vollständige Vergilbung; ältere Nadeln bleiben grün.
- **Kaliummangel:** schwache gelbliche Nadelverfärbung mit späterer Verbräunung der Nadelspitzen.
- **Magnesiummangel:** Gelbspitzigkeit bis vollständige Vergilbung der Nadeln älterer Nadeljahrgänge; bei der Fichte als reversible „akute Vergilbung“ regional auf sauren Verwitterungsböden, bei jüngeren Kiefern auf ärmeren Sandböden.
- **Stickstoffmangel:** gleichmäßig hellgrüne Verfärbung aller Nadeln; auch Nadelverkleinerung und Triebverkürzung.

Zur Absicherung der Diagnose sind chemische Nadelanalysen erforderlich. Weitere Angaben zu Nährstoffmangelerscheinungen sind der speziellen Literatur zu entnehmen (Bergmann 1993, Hartmann und Butin 2017, Sinclair und Lyon 2005).

Unter **Salzschäden** versteht man überwiegend die durch Auftausalz (NaCl) entstandenen Schäden an Blättern, Nadeln und Zweigen. Entsprechend den Hauptanwendungsbereichen sind Bäume entlang von Straßen und Wegen besonders betroffen. Entweder handelt es sich hierbei um unmittelbare Einwirkung von salzhaltigem Spritzwasser auf Nadeln und Triebe, oder die Salzlösung gelangt über den Boden zu den Assimilationsorganen. Als Sonderfall gelten die in Küstennähe auftretenden Schäden, verursacht durch salzhaltigen Seewind.

Die an Nadeln auftretenden Symptome einer Salzschädigung sind weitgehend unspezifisch. Bei Fichte und Douglasie verfärben sich die Nadeln des jüngsten Jahrganges rotbraun und fallen später ab. Bei der weniger empfindlichen Tanne verfärben sich die Nadeln selbst bei stärkerer Salzeinwirkung nur olivgrau bis olivbraun, oder sie werden gelbfleckig. Besonders empfindlich ist die Serbische Fichte, deren Symptome unter dem Namen „Omorika-Sterben“ oder „Nadelbräune der Omorika-Fichte“ bekannt sind. Als Krankheitssymptome gelten hier fleckenartige Chlorosen sowie Nadelverbräunungen, die von der Nadelspitze aus beginnen, wobei die Nadeln an der Triebspitze am stärksten betroffen sind. Ursache solcher Schäden können u. a. auch Cl-haltige Düngemittel sein, wobei selbst sogenannte Tannen- oder Gartendünger betroffen sein können. Zur Verhütung von Salzschäden achte man daher auf Cl-freie Düngemittel. Für eine Sanierung bereits geschädigter Omorika-Fichten haben sich hohe Gaben von Magnesiumsulfat (Bittersalz) bewährt. Bei der Verwendung von Cl-haltigen Auftausalzen gilt die allgemeine Empfehlung einer sparsamen geziel-

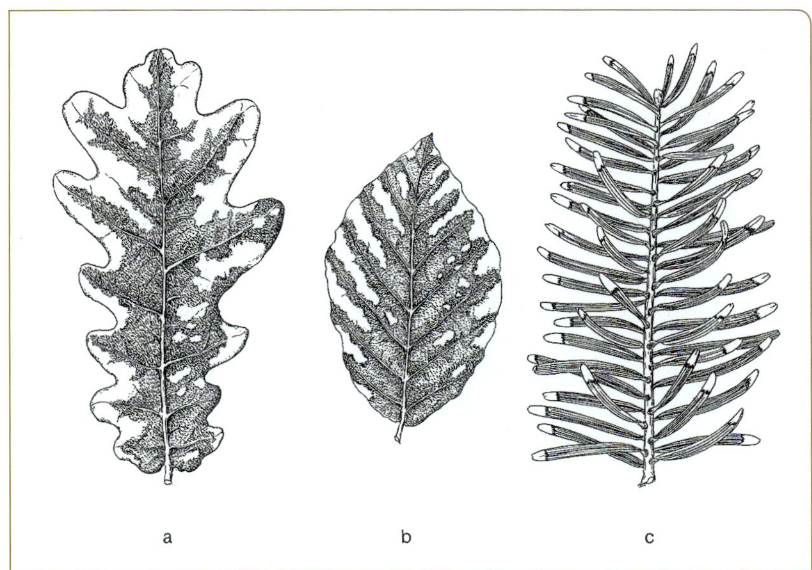

Abb. 14. Schäden durch Schwefeldioxid an Eichenblatt **(a)**, Buchenblatt **(b)** und Tannennadeln **(c)** (nach van Hout und Stratmann 1970).

ten Salzanwendung oder der Verwendung eines anderen Cl-freien Streumittels.

Immissionsschäden nehmen unter den abiotisch verursachten Schäden heute einen immer größer werdenden Raum ein. Sie entstehen durch Einwirkung von Abgasen oder Stäuben auf die Assimilationsorgane oder schädigen die Bäume über die Wurzeln.

Von den in Mitteleuropa auftretenden Immissionen können grundsätzlich zwei Einwirkungsformen unterschieden werden. Die eine macht sich durch Schäden in unmittelbarer Nähe des Emittenten bemerkbar. Die entsprechenden Schadbilder sind bereits seit über 100 Jahren bekannt und als „klassische" Rauchschäden in die Literatur eingegangen. Von den verschiedenen phytotoxischen Verbindungen (Chlorwasserstoff, Fluorwasserstoff, Schwefeldioxid) verursacht das Schwefeldioxid, das sich mit der Feuchtigkeit der Luft zu schwefliger Säure verbindet, bei akuter Schädigung charakteristische Nadelverfärbungen, die sich vorwiegend in einer rotbraunen Spitzennekrose (z. B. bei der sehr empfindlichen Tanne) zu erkennen geben (Abb. 14 c). Für eine genaue Schadenanalyse ist in jedem Einzelfall Spezialliteratur erforderlich (Hanisch und Kilz 1990, van Hout und Stratmann 1970).

Nicht zu den klassischen Rauchschäden gehören diejenigen Krankheitsbilder, die seit Ende der 70er-Jahre beobachtet und als **Neuartige Waldschäden** bezeichnet werden. (Was anfangs als „Waldsterben" vorausgesagt wurde, hat sich später allerdings nicht bewahrheitet.) Die Symptome sind durch ihre weite geografische Verbreitung, durch ihr Vorkommen an allen wichtigen Waldbaumarten sowie durch die lange Dauer der Erkrankung charakterisiert. Der Schädigungsgrad nimmt dabei mit dem Alter der Bäume sowie mit der Seehöhe des Standortes zu.

Die „Neuartigen Waldschäden" (die heute nicht mehr in allen Erscheinungsformen aktuell sind) werden als komplexe Schädigung von Waldökosystemen verstanden, für deren Entstehung neben klimatischen, meteorologischen und edaphischen Faktoren vor allem anthropogene Luftschadstoffe verantwortlich gemacht worden sind. Zu den wichtigsten Schadstoffen wurden Schwefeldioxid, Stickstoffoxide, Ozon, andere Fotooxydantien, verschiedene Kohlenwasserstoffe sowie Schwermetalle gerechnet. Ein weiterer Stressfaktor mit zunehmender Bedeutung ist zzt. der anhaltend hohe Stickstoffeintrag in Waldökosysteme. Er kann zu Nährstoffungleichgewichten und zu Verringerung der Trocken- und Frosttoleranz führen.

Zu den äußerlich sichtbaren Symptomen von Immissionsschäden gehören bei der Fichte **Nadelverfärbungen** (besonders auffällig bei der „montanen Nadelvergilbung"), **mangelhafte Regenerationsfähigkeit** (besonders auffällig beim „Lametta-Symptom", Abb. 15), **stärkere Nadelverluste** sowie **Wachstumsanomalien**. Im terrestrischen Bereich sind bestimmte Veränderung an den Feinwurzeln **(fehlender Mykorrhizabesatz)** Anzeiger für Störungen im Ökosystem.

Abb. 15. Kronenverlichtung an Fichte durch komplexe Ursachen. **a** geschädigte Kammfichte (rechter Baum) mit Lametta-Syndrom; **b** Verkahlen von Zweigen 1. und 2. Ordnung an Kammfichte, **c** gleiches Symptom an Bürstenfichte.

Die **Kronenverlichtung** und ihre Erfassung in Schadstufen ist eine der wichtigsten Kriterien bei der **Waldzustandserhebung**, die heute in zahlreichen Ländern in bestimmten Zeitabständen durchgeführt wird. Da die oben genannten Symptome durch mehrere abiotische, aber auch biotische Faktoren hervorgerufen werden können, ist die Anwendung von Differenzialdiagnosen unumgänglich. Aus den periodischen Erhebungen geht deutlich hervor, dass sich das Erscheinungsbild unserer Wälder laufend ändern kann, sei es durch einen Wechsel der anthropogenen Einträge oder durch besondere klimatische Situationen.

Die bisherigen Erkenntnisse über die kausalen Zusammenhänge zwischen anthropogenen Schadstoffen und Schädigungen an Waldökosystemen haben bereits dazu geführt, anthropogene Immissionen zu reduzieren. Auch sind weitere Schutzmaßnahmen (Düngung, Kalkung) in Sanierungsprogramme aufgenommen worden. Andererseits sind noch zahlreiche Fragen offen, wie die der Waldbehandlung und des notwendig werdenden Waldumbaus, nicht zuletzt auch im Hinblick auf die aktuelle Klimaänderung und dem damit verbundenen möglichen Auftreten neuer Krankheiten und Schädlinge sowohl aus dem biotischen als auch aus dem abiotischen Bereich (Elling et al. 2007).

4.2 Parasitäre Nadelschäden

4.2.1 Fichtennadelröte

Begleitende Pilzarten: *Lophodermium piceae* (Fuckel) Höhn.
Sphaeropsis parca Berk. & Broome
Rhizosphaera-Arten

Unter der Bezeichnung „Fichtennadelröte“ wird eine rötlich braune Nadelverfärbung bei der Fichte verstanden, die überwiegend im Herbst einsetzt und ausschließlich ältere Nadeljahrgänge erfasst. In den folgenden Wintermonaten fallen die toten Nadeln massenweise ab.

Als auslösender Faktor für die nur in bestimmten Jahren auftretende Erscheinung werden extreme Witterungseinwirkungen in Verbindung mit vorzeitiger Alterung (Seneszenz) der Nadeln angenommen. Mit dem Absterben der Nadeln kommt es gleichzeitig zur Entwicklung verschiedener Pilzarten, die entweder vorher bereits als Endophyten latent in der Nadel vorhanden waren *(Lophodermium piceae)* oder nachträglich als Saprobionten einwandern *(Rhizosphaera kalkhoffii)*. Von der häufigeren und ausführlich untersuchten Art, *Lophodermium piceae*, kann folgende Beschreibung gegeben werden:

Erstes äußeres Anzeichen für die Anwesenheit des Pilzes sind subepidermal entstehende schwärzliche Spermogonien der *Leptostroma*-Anamorphe, die von Herbst bis Frühjahr auf den noch an den Zweigen haftenden Nadeln ausgebildet werden. Sie enthalten zahlreiche kleine, zylindrische, wenig gebogene, $3–5 \times 1–1{,}5$ µm große Spermatien, die epidemiologisch keine Rolle spielen. Gleichzeitig erscheinen auf den Nadeln schwarze Querstreifen (Demarkationslinien), die als Unterscheidungsmerkmal gegenüber *Lirula macrospora* herangezogen werden können. Die Bildung der Teleomorphe setzt in der Regel erst nach dem Abfallen der Nadeln am Boden ein. Sie ist durch schwarze, elliptische bis schiffchenförmige, erhabene, 0,8–1,4 mm große Ascomata (Hysterothecien) ausgezeichnet, die einzeln oder zu mehreren auf der Nadeloberseite ausgebildet werden (Abb. 16 c–f). Die Fruchtkörper besitzen einen Längsspalt, dessen Öffnungsweite durch Quellungsvorgänge reguliert wird. Das im Innern liegende geleeartige Hymenium setzt sich aus fadenförmigen Paraphysen und 120–150 × 11–13 µm großen Asci zusammen, in denen 88–104 × 1,8–2,5 µm große nadelförmige Ascosporen ausgebildet werden. Mit der Reifung und Freisetzung der Sporen zwischen Mai und Juni ist der Entwicklungszyklus, der eine mehrjährige Latenzzeit umfassen kann, wieder geschlossen (Osorio und Stephan 1991).

Lophodermium piceae ist ein häufig auf der Fichte vorkommender Pilz, der auf absterbenden, unter Lichtmangel leidenden oder anderweitig, z. B. durch Frost geschädigten Nadeln zur Entwicklung kommt. Seine Rolle beim Zustandekommen der „Nadelröte" war lange Zeit umstritten. Einschlägige Untersuchungen (Butin 1986) sprechen für den apathogenen Charakter des Pilzes. Diese Auffassung wird vor allem dadurch gestützt, dass *L. piceae* mehrere Jahre symptomlos in grünen Nadeln existieren kann, ohne die Wirtspflanze sichtbar zu schädigen. Der Pilz kommt erst dann „zum Zuge", wenn sich der physiologische Zustand der Nadel – durch endogene Seneszenz oder äußere Schadeinwirkung – ändert. Derartige Organismen, die sich symptomlos längere Zeit im lebenden pflanzlichen Gewebe aufhalten, werden heute allgemein als „Endophyten" bezeichnet. Bei der Fichte sind bisher mehr als 100 Arten in grünen Nadeln nachgewiesen worden (Sieber 1988).

Zu den Endophyten, die erst nach dem Absterben der Fichtennadeln zur Entwicklung kommen, zählt *Sphaeropsis parca* (Heiniger und Schmid 1989). Dieser früher als *Tiasporella parca* bekannte Deuteromycet ist durch subepidermal liegende grauschwarze, linsenförmige Pyknidien ausgezeichnet, die äußerlich leicht mit den Spermogonien von *Lophodermium piceae* verwechselt werden können; sie enthalten jedoch 34–45 × 6–7 µm große, zylindrische, mit einem Anhängsel versehene Konidien (Tafel II/4).

Zu den „Totengräbern", die die Fichtennadeln erst nach deren Absterben besiedeln, gehören die meisten *Rhizosphaera*-Arten (s. Kap. 4.2.4). Im Kreislauf der Natur spielen sie eine nicht unerhebliche Rolle, da sie wesentlich am Abbau und an der Zersetzung der Fichtennadeln beteiligt sind.

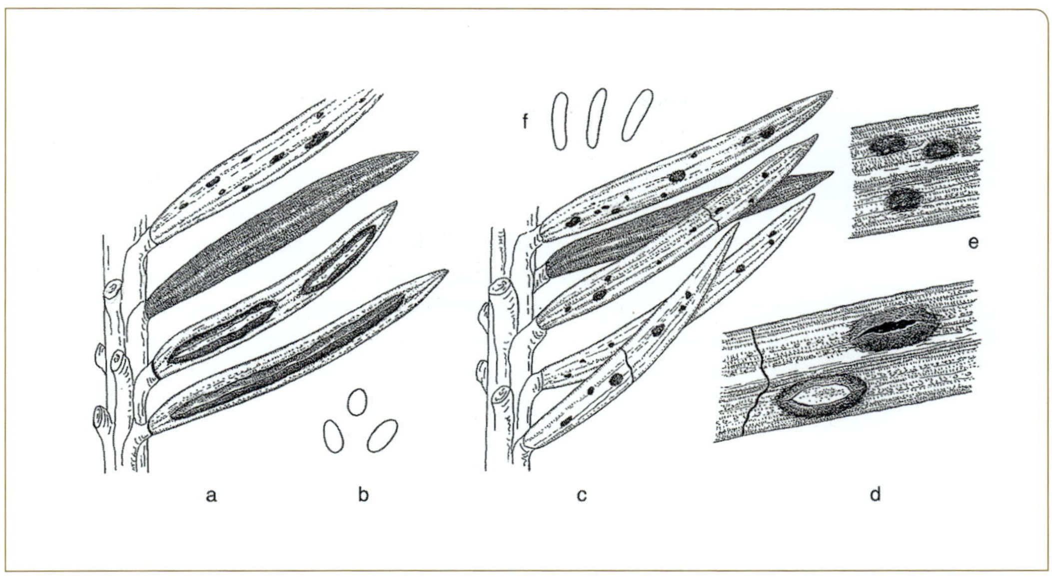

Abb. 16. Nadelpilze der Fichte.
a, b *Lirula macrospora:* **a** Nadeln mit Hysterothecien , **b** Spermatien; **c–f** *Lophodermium piceae:* **c** Nadeln mit Spermogonien, **d** vergrößertes Nadelsegment mit Hysterothecien, **e** Nadelsegment mit Spermogonien, **f** Spermatien.

4.2.2 Fichtennadelritzenschorf

Erreger: *Lirula macrospora* (R. Hartig) Darker

Befallen werden meist nur einzelne Nadeln letztjähriger Triebe im unteren Kronenbereich 10- bis 40-jähriger Fichten. Seltener findet man fast alle Nadeln eines Nadeljahrganges mit Fruchtkörpern des Pilzes, bedingt durch vorausgegangene extreme Witterungsbedingungen. Eine Infektion führt in der Regel noch im gleichen Jahr zum vollständigen Absterben der Nadeln, die eine erst dunkelbraune, dann eine gelbliche Färbung annehmen. Im darauf folgenden Jahr entwickeln sich zunächst die Fruchtkörper der Anamorphe in Form elliptischer, oft mit einem schwarzen Rand versehenen, wenig gestreckten Conidiomata. Bei ihrer mikroskopischen Untersuchung findet man zahlreiche farblose, eiförmige, 3 × 2 µm große Konidien, die als Spermatien fungieren. Die Ascomata (Hysterothecien) erscheinen – je nach Witterung – wenige Monate bis 1 Jahr später, erkennbar an den 2–8 mm langen, schwarz glänzenden Wülsten auf der Unterseite der dann fahlgelben Nadeln. In den schlauchförmigen Asci werden nadelförmige, 60–70 × 4 µm große, mit einer Schleimhülle versehene Ascosporen ausgebildet. Schwarze Querbänder auf den Nadeln fehlen; dafür wird an der Nadelbasis ein schwarzer Ring angelegt, bedingt durch phenolische Einlagerungen in die Zellen des Kontraktionsgewebes. Hierdurch wird der Abwurfmechanismus der Nadeln blockiert, sodass diese noch lange an den Zweigen haften bleiben. Dieses Merkmal wird bereits vor der Fruchtkörperbildung angelegt und kann daher zur Frühdiagnose verwendet werden (Abb. 16 a, b).

4.2.3 Rhizoctonia-Nadelbräune der Fichte

Erreger: *Rhizoctonia butinii* Oberw., R. Bauer, Garnica & R. Kirschner

Der erst 2009 entdeckte Krankheitserreger (Butin und Kehr 2009) gehört zu den charakteristischen Begleitern des Fichten-Jungwuchses von *Picea abies* und *P. pungens*, wo er als wirtsspezifischer hochpathogener Krankheitserreger auftritt. Inzwischen sind Schäden durch den Pilz auch auf *Picea glauca* beobachtet worden (Hauptman und Piskur 2016). Betroffen sind sowohl der natürliche Aufwuchs im Wald als auch Jungpflanzen in Baumschulen, die zu ornamentalen Zwecken herangezogen werden. Auf Grund der weiten Verbreitung des Pilzes kann angenommen werden, dass *Rhizoctonia butinii* schon sehr lange mit der Fichte zusammenlebt und sicher nicht zu den „Neubürgern" der letzten Zeit gehört.

Die besondere Eigenart des lang übersehenen Pilzes ist dadurch gekennzeichnet, dass meist nur die unteren Äste von Jungfichten bis zu einer Höhe von 2 m befallen werden. Höher gelegene Äste werden vom Pilz nur an extrem feuchten Standorten besiedelt. Entsprechend seiner Bindung an bestimmte klimatische Bedingungen findet sich der Pilz in den kühl-feuchten Mittelgebirgen und hier bevorzugt in Fichtendickungen und Jungkulturen. Allerdings ist er auch in niederen Lagen verbreitet, tritt hier jedoch nur in besonders regenreichen Jahren deutlicher in Erscheinung.

Das typische und häufigste Krankheitsbild der „Fichten-Rhizoctonia" zeigt sich ab dem Frühsommer im Vergilben und Braunwerden der basisnahen Nadeln eines Neuaustriebs. Die Infektion kommt hier durch externes Myzel zustande, das nach Überwinterung von der Knospenbasis aus auf den leicht infizierbaren Neuaustrieb übergeht. Bei rasch wachsenden Trieben werden in der Regel nur die basisnahen Nadeln befallen. Bei einem sehr frühen Befall kann dagegen der gesamte Neuaustrieb zum Absterben gebracht werden (Abb. 17).

Ein weiteres Krankheitsbild zeigt sich an den älteren ein- bis zweijährigen Nadeln. Diese werden zunächst nur epiphytisch besiedelt, wobei die Nadelunterseite noch grüner Nadeln von einem feinen, weißlichen Myzelnetz überzogen wird. Die parasitische Phase beginnt erst dann, wenn Pilzhyphen durch Spaltöffnungen oder mittels Bohrhyphen direkt durch die Epidermis in das Innere der Nadeln gelangen. Bei diesem Prozess spielen hellbraune oberflächliche Myzelkissen eine Rolle, die dem Pilz als Infektionsbasen dienen. Die abgestorbenen, braun werdenden Nadeln bleiben noch längere Zeit an den Zweigen haften, bis sie einzeln oder in Bündeln zu Boden fallen. Die Folge davon ist ein mehr oder weniger starkes Verkahlen der betroffenen Äste, die durch die Mitwirkung anderer Pilzarten schließlich vorzeitig absterben. Ein derartiges Schadbild lässt sich in Fichtenjungkulturen allgemein sehr häufig beobachten, wobei der wirkliche Erreger dann allerdings kaum mehr nachgewiesen werden kann.

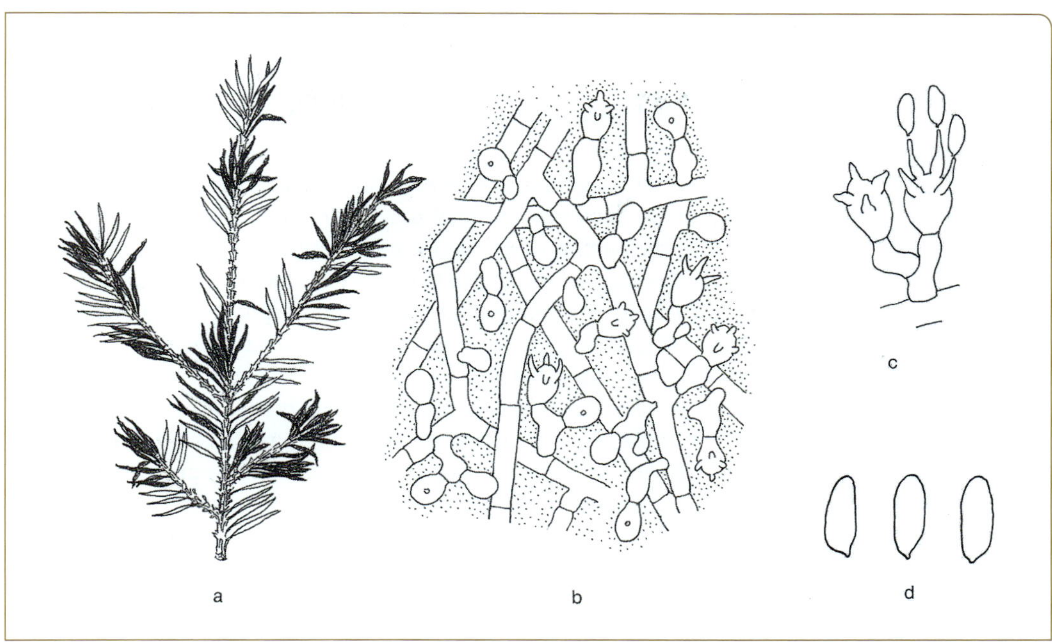

Abb. 17. Rhizoctonia-Nadelbräune der Fichte.
a Befallsbild an Gemeiner Fichte, **b** Myzelnetz mit reifenden Basidien, **c** Basidien, **d** Basidiosporen.

Die Überwinterung des perennierenden Pilzes erfolgt in Form von externen Myzelien (Laufhyphen), die als Dauerorgane fungieren und an verschiedenen Stellen außen auf der Rinde zu finden sind. Sie sind hochgradig trockenresistent und können bis zu zwei Jahre, z. B. bei Zimmertemperatur, lebensfähig bleiben. Die gleiche Funktion scheint den braungelben Myzelkissen zuzukommen, die im Herbst und Winter auf absterbenden oder bereits toten Nadeln zu finden sind.

Der Pilz tritt in der Natur sowohl in einer vegetativen als auch in einer geschlechtlichen Form auf. Die vegetative Form zeichnet sich u. a. durch ein mehr oder weniger farbloses, unscheinbares Myzel mit rechtwinklig abzweigenden Hyphenästen aus. Die Fruchtkörper bildende Form besteht aus einem sehr dünnen, weißen, der Unterlage fest anliegenden Pilzgeflecht, zusammengesetzt aus Basalhyphen und verdickten Trägerzellen, an denen die Basidien mit jeweils vier 7–9 × 3,5–4,5 µm großen Basidiosporen gebildet werden (Abb. 17 b, c). Derartige Fruchtkörper (Basidiocarpien) finden sich bevorzugt auf der Unterseite noch grüner oder absterbender Nadeln. Bei optimalen Wachstumsbedingungen des Pilzes lassen sich die Basidiocarpien auch auf der Rinde sowie auf den Knospenschuppen nachweisen.

Nachdem die Nadelbräune der Fichte schon vor einigen Jahren mit einem Pilz aus der Formgattung *Rhizoctonia* in Verbindung gebracht worden ist (Pehl et al. 2003), konnte die systematische Stellung und Taxonomie des Pilzes erst durch die Neubeschreibung von Oberwinkler et al. (2013) endgültig geklärt werden. Danach heißt der Erreger heute

– nach vorübergehender Einordnung des Pilzes in die Gattung *Ceratobasidium* (Butin und Kehr 2009) – *Rhizoctonia butinii* Oberw., R. Bauer, Garnica & R. Kirschner.

Für den in Waldgebieten vorkommenden Pilz sind Bekämpfungsmaßnahmen bisher noch nicht in Erwägung gezogen worden. Hier hat der Pilz möglicherweise sogar einen willkommenen Effekt, indem er als „Astreiniger" in Fichtenjungkulturen zum vorzeitigen Absterben der (später unerwünschten) unteren Äste beiträgt. Diese Sichtweise bezieht sich allerdings nur auf forstliche Verhältnisse. In Baumschulen und Anzuchtgärten ist diese Situation sicher anders zu bewerten. Hier werden besondere Pflegemaßnahmen erforderlich sein (Vermeiden windgeschützter Lagen, Entnahme der unteren Äste, Kürzung oder Beseitigung des Grasbewuchses), um das Befallsrisiko zu verringern bzw. ganz auszuschalten. In Weihnachtsbaumkulturen dürfte sogar die Anwendung von Fungiziden notwendig sein, um den Verkaufswert der Bäume zu erhalten. Dies gilt möglicherweise auch für Jungpflanzen, die später zu Zierzwecken verwendet werden sollen (Hauptman und Piskur 2016).

4.2.4 Rhizosphaera-Nadelbräune der Fichte

Erreger: *Rhizosphaera kalkhoffii* Bubák

Der zu den Coelomyceten gehörende Pilz ist ein weltweit verbreiteter Nadelbewohner mit bevorzugtem Vorkommen auf Vertretern der Gattung *Picea*. Auf bestimmten Fichtenarten – *Picea pungens* und *P. engelmannii* – kann es zu erheblichen Nadelschäden kommen, die sich vor allem in Blaufichtenanzuchten und Weihnachtsbaumkulturen wirtschaftlich spürbar auswirken. Bei den genannten Zierfichten kommt es zu Verfärbungen und Nadeleinschnürungen, wobei die Nadelstümpfe noch längere Zeit an den Zweigen haften bleiben, bis auch diese schließlich abfallen, sodass die Zweige verkahlen. Die Gemeine Fichte wird erst nach Vorschädigung durch Licht- oder K-Mangel besiedelt. Die sehr rasch nach dem Absterben der Nadel eindringenden Pilzhyphen führen schon nach 2–3 Wochen zur Ausbildung der Pyknidien. Diese sind schwarz, rundlich, 80–150 µm groß und in „Reih und Glied" angeordnet, entsprechend der Lage der Spaltöffnungen, aus denen sie hervorbrechen. Die Konidien, die direkt an der Innenwandung der Fruchtkörper entstehen, sind oval, farblos und 6–8 × 4–5 µm groß (Abb. 18). Vorkommen auch auf *Abies*-Arten.

Andere *Rhizosphaera*-Arten:

- *Rhizosphaera macrospora* Gourbiere & M. Morelet: Pyknidien kugelig, helloliv, unterseits abgeflacht, 50–100 µm; Konidien eiförmig bis fast kugelig, anfangs farblos, später bräunlich, 16–22 × 16–20 µm; auf Fichte und Tanne (Tafel I/3).
- *Rhizosphaera pini* (Corda) Maubl.: Pyknidien kugelig, schwarz-glän-

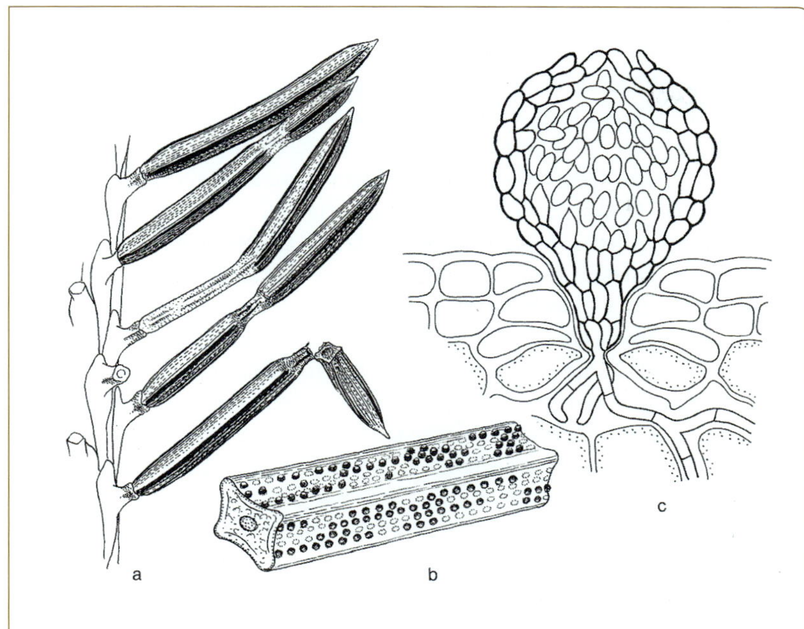

Abb. 18. Rhizosphaera-Nadelbräune der Fichte.
a Befallsbild an Nadeln der Stech-Fichte,
b Nadelsegment mit Pyknidien von *Rh. kalkhoffii*, **c** Längsschnitt durch einen Fruchtkörper mit Konidien.

zend, 50–65 × 55–125 μm; Konidien elliptisch bis breit zylindrisch, anfangs farblos und einzellig, reif dunkelbraun und zweizellig, 16–22 × 7–10 μm; auf Kiefer, Fichte und Tanne (Tafel I/2). Vorkommen – wie bei allen anderen *Rhizosphaera*-Arten – als sekundärer Nadelbesiedler.

- *Rhizosphaera oudemansii* Maubl.: Pyknidien kugelig oder zwiebelförmig, gelbbräunlich oder braun, 50–80 μm; Konidien eiförmig bis elliptisch, erst farblos, später bräunlich, 9–13 × 6–9 μm (Abb. 28 c, d); auf Fichte und Tanne.
- *Rhizosphaera pseudotsugae* Butin & Kehr: Pyknidien hell- bis dunkeloliv, 70–250 μm; Konidien eiförmig oder oval, farblos, 8–11 × 4,0–5,5 μm; auf Douglasie.

4.2.5 Fichtennadelrost

Erreger: *Chrysomyxa*-Arten

Die *Chrysomyxa*-Arten besitzen als Rostpilze ein ähnliches Verhältnis zur Fichte wie die *Coleosporium*-Arten zur Kiefer. Sie sind die einzigen Rostpilze, die in Mitteleuropa auf Fichtennadeln vorkommen; auch ist ihr Befallsbild demjenigen des Kiefernnadelrostes sehr ähnlich: Aus der Nadel brechen bei den heterözischen Arten bis 3 mm breite kissenförmige, orangegelbe Äcidien hervor, von denen nach Freilassung der Sporen die unregelmäßig aufgerissene, weißliche Peridie auf der Nadel zurückbleibt. Beim Fichtenrost werden die Nadeln allerdings stärker in

Mitleidenschaft gezogen; sie verfärben sich nach dem Austrieb bandartig gelb bis blassgelb und fallen vorzeitig ab. Die Entwicklung der Uredo-, Teleuto- und Basidiosporen läuft auf Blättern verschiedener krautiger bzw. verholzter Blütenpflanzen ab. Je nach Bindung des Fichtennadelrostes an den einen oder anderen Dikaryontenwirt unterscheidet man folgende *Chrysomyxa*-Arten (Gäumann 1959, Klenke und Scholler 2015, Nierhaus-Wunderwald 2000):

- *Chrysomyxa abietis* (Wallr.) Unger: mikrozyklische Rückbildungsform ohne Wirtswechsel; es fehlen Äcidio- und Uredosporen. Erste Anzeichen eines Befalles sind im Sommer chlorotische Flecke oder Bänder auf noch grünen Nadeln. Im Herbst erscheinen auf den einjährigen Nadeln die goldgelben wulstartigen Teleutolager. Die anschließend gebildeten Basidiosporen können im Frühjahr unmittelbar wieder junge Fichtennadeln infizieren. Durch Nadelverfärbung und vorzeitigen Nadelverlust schädlich, vor allem in Weihnachtsbaumkulturen, und hier bevorzugt auf *Picea pungens*. Bekämpfung durch Fungizidspritzungen von Ende Juni bis August möglich. (Diagnostischer Hinweis: Sind noch keine Sporenlager gebildet, so geben die im Palisadenparenchym vorhandenen, orangefarbenen Hyphen einen sicheren Hinweis auf einen Fichtennadelrostbefall.) Die Teleutolager des Pilzes werden nicht selten von dem Hyperparasiten *Eudarluca caricis* befallen (in der älteren Literatur auch unter dem Namen *Darluca filum* bekannt). Die sonst goldgelben Sporenlager des Rostpilzes nehmen dabei eine ockergraue Färbung an, mit charakteristischem Besatz zahlreicher braunschwarzer, kugeliger, 160–220 µm großer Conidiomata. Die Konidien sind farblos bis schwach bräunlich, spindelförmig, zweizellig, 13–16 × 3,5–5,5 µm groß und an beiden Enden mit unscheinbaren Anhängseln versehen (Tafel III/10). Bei einem Befall wird die Sporenproduktion des Rostpilzes teilweise bis vollständig unterbunden.

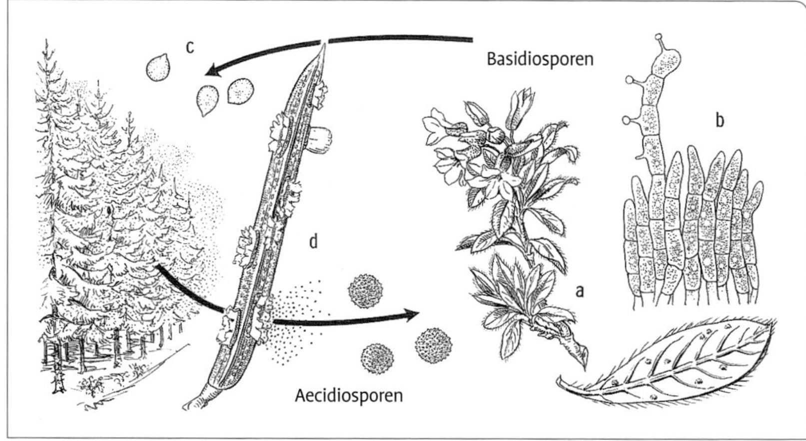

Abb. 19. Fichtennadelrost *(Chrysomyxa rhododendri)*. **a** Infektion der Alpenrose durch Äcidiosporen, **b** Bildung von Teleutosporen und Basidien auf der Blattunterseite, **c** Übergang von Basidiosporen auf die Fichte, **d** Äcidien auf einer Fichtennadel (**b** nach Hartig 1900).

- *Chrysomyxa ledi* de Bary: Wirtswechsel zwischen Fichte (Haplontenwirt) und Sumpfporst (Dikaryontenwirt); entsprechend dem Areal von *Ledum palustre* auf die nördlichen Gebiete Europas beschränkt.
- *Chrysomyxa rhododendri* de Bary: Wirtswechsel zwischen Fichte (Haplontenwirt) und *Rhododendron*-Arten (Dikaryontenwirte); in Europa vor allem im Alpenraum auf *Rhododendron ferrugineum* und *Rh. hirsutum*, hier als „Alpenrosenrost“ bekannt; Überwinterung des Pilzes auf Blättern der Alpenrose mit jährlich erneuter Bildung von Uredo-, Teleuto- und Basidiosporen; Haplontenwirt ist meistens *Picea abies*, in tieferen Lagen auch *P. sitchensis*, hier als „Fichtennadelblasenrost“ bekannt; im Frühjahr infizierte Nadeln fallen von Herbst bis Winter ab (Abb. 19). Wiederholter, stärkerer Befall führt zu reduziertem Wachstum.

4.2.6 Kiefernschütte

Erreger: *Lophodermium seditiosum* Minter, Staley & Millar

Unter „Kiefernschütte“ versteht man in der forstlichen Praxis das vorzeitige und massenweise Abwerfen von Nadeln bzw. Kurztrieben der Kiefer nach einer Infektion durch den Pilz *Lophodermium seditiosum*. Wenn dieser Pilz auch verschiedene Kiefernarten befallen kann *(Pinus cembra, P. mugo, P. nigra)*, so spielt er in Mitteleuropa nur bei *P. sylvestris* eine wirtschaftlich bedeutsame Rolle. Betroffen sind hier vor allem Kiefernjungkulturen.

Die ersten Symptome der in der Regel einjährigen Erkrankung sind winzige gelbe Flecke, die auf den Nadeln ab September erkennbar sind (Lupe!), später größer und bräunlich werden. Da es sich hierbei um Infektionsflecke handelt, kann ihre Häufigkeit für die Prognose benutzt werden. So werden solche Nadeln bis spätestens Ende Mai absterben und braun zu Boden fallen, die mindestens fünf Infektionsflecke aufweisen. Wenn dieses Frühjahrsschütten auch die Regel ist, so kann das Abwerfen von Kurztrieben das ganze Jahr über erfolgen, wobei – je nach Infektionsdichte und Witterungsverlauf – mehrere Schüttewellen auftreten können (Abb. 20).

Nicht zu verwechseln mit der parasitären Kiefernschütte ist die durch normale Alterung bedingte, physiologische „Herbstschütte“, die bei einigen Kiefernarten *(Pinus cembra* und *P. mugo)* schlagartig Ende August bis September einsetzen kann, wobei in der Regel nur ältere Nadeljahrgänge erfasst werden. Dieser Vorgang entspricht im Wesentlichen dem herbstlichen Laubfall. Durch Einwirkung verschiedener Stressfaktoren kann dieser Prozess modifiziert und verstärkt werden, sodass bereits die Nadeln des 2. Jahrganges vergilben und vorzeitig abfallen. Zu den auslösenden Faktoren der vorzeitigen Alterung gehören neben extremen Witterungsbedingungen auch anthropogene Schadstoffe.

Auf den am Boden liegenden zweijährigen Nadeln erfolgt während

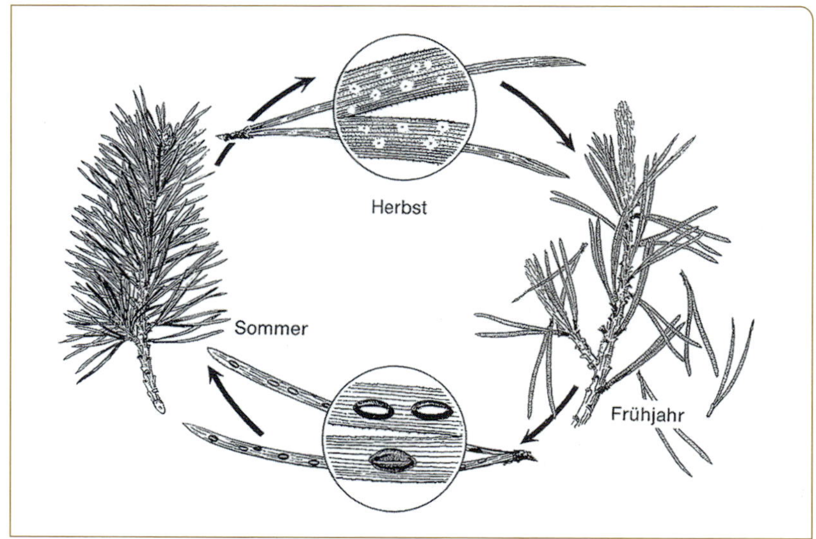

Abb. 20. Einjähriger Entwicklungszyklus der Kiefernschütte, verursacht durch *Lophodermium seditiosum.*

des Sommers die Ausbildung der Teleomorphe des Kiefernschütte-Erregers. Die Entwicklungsdauer ist dabei umso kürzer und die Sporenproduktion umso größer, je höher und anhaltender die Niederschläge während der Zeit zwischen Juni und September sind.

Die Hysterothecien des Pilzes sind schwarz, oval bis schiffchenförmig und 1–1,5 mm lang. Sie besitzen einen grünlich schimmernden Längsspalt, der sich bei Feuchtigkeit durch Quellung öffnet, sodass die fadenförmigen, 90–130 µm langen, einzelligen Ascosporen herausgeschleudert werden können. Zeitlich vor der Teleomorphe werden zuweilen in länglichen, schwärzlichen Conidiomata 5–8 × 1 µm große Konidien (Spermatien) ausgebildet, die epidemiologisch keine Bedeutung besitzen, jedoch als diagnostisches Merkmal verwendet werden können (Abb. 21 a–d).

Der Grad der Schädigung nimmt mit dem Alter der Kiefer ab, sodass in der Regel Bäume vom 10. Lebensjahr an der Gefahr entwachsen sind. Auch ist die Existenz einer Kultur erst dann gefährdet, wenn mindestens zwei aufeinander folgende nasse Sommer die Epidemie verstärkt haben. Nur in solchen Fällen sollte der Einsatz von Pflanzenschutzmitteln erwogen werden. Entsprechend der Sporenflugzeit liegen die Spritztermine zwischen Ende Juli und Anfang September. Der genaue Zeitpunkt des Fungizideinsatzes kann anhand des Reifegrades der Fruchtkörper oder – noch sicherer – durch Untersuchung der Sporendichte in der Luft mithilfe von Sporenfallen ermittelt werden. Bevor chemische Mittel zur gezielten Bekämpfung eingesetzt werden, sollte versucht werden, das Auftreten des Pilzes durch prophylaktische Maßnahmen zu reduzieren (Wahl widerstandsfähiger Provenienzen, Vermeidung feuchter Standorte, nicht zu dichte Pflanzung, Unkrautbekämpfung, bedarfsgerechte Düngung).

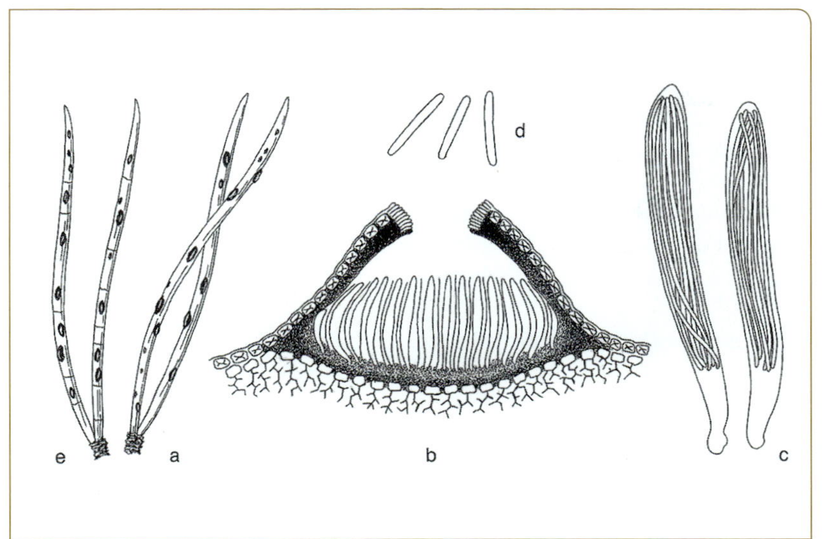

Abb. 21. *Lophodermium*-Arten der Kiefer. **a–d** *Lophodermium seditiosum:* **a** Kiefernkurztrieb mit Hysterothecien, **b** Querschnitt durch einen Fruchtkörper (halbschematisch), **c** Asci mit Ascosporen, **d** Spermatien; **e** Kiefernkurztrieb mit Hysterothecien von *Lophodermium pinastri.*

Kiefernschütte-begleitende Pilzarten:

- *Cyclaneusma minus* (Butin) DiCosmo, Peredo & Minter: Konkurrent von *Lophodermium seditiosum,* jedoch weniger pathogen; kann lange Zeit endophytisch-symptomlos in der Nadel leben (s. Kap. 4.2.8).
- *Lophodermium pinastri* (Schrad.) Chev.: Saprophyt und Begleiter bzw. Folgepilz von *L. seditiosum* mit sehr ähnlichen Fruchtkörpern; Hysterothecien jedoch mit rötlichem Lippenspalt und mehr als fünf Epidermiszellen oberhalb der basalen Fruchtkörperwandung; im Gegensatz zu *L. seditiosum* finden sich auf den Nadeln mehrere schwarze Demarkationslinien (Abb. 21 e).

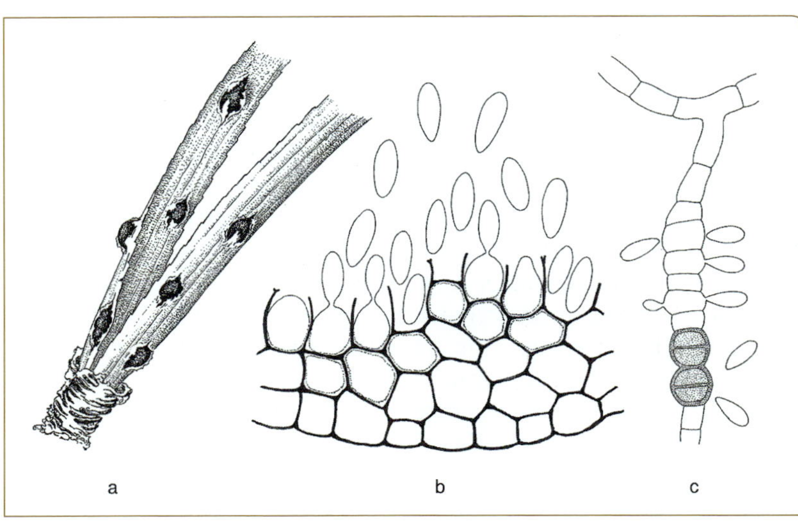

Abb. 22. *Sclerophoma pithyophila.* **a** abgestorbener Kiefernkurztrieb mit Conidiomata, **b** Teil der Fruchtkörperwandung mit Konidien, **c** in Kultur gebildetes Myzel mit dunklen Dauerzellen und farblosen Sprosszellen (**b** nach von Arx 1981).

- *Sclerophoma pithyophila* (Corda) Höhn.: häufiger Besiedler toter oder absterbender Nadeln, nicht selten Folgepilz auch nach Insektenschäden; Conidiomata kissenförmig-kugelig, braunschwarz, kaum glänzend, mit sklerotialer Wandung, 200–300 µm groß, uni- oder multilokulär, mit elliptischen oder eiförmigen, farblosen, 6–8 × 3–4 µm großen Konidien. Teleomorphe: *Sydowia polyspora*. Auf Malzagar Ausbildung einer schleimig aussehenden Kultur mit anfangs weißem, später schwärzlichem Myzel und hefeartiger Sprosszellenbildung nach dem *Hormonema*-Typ (Abb. 22).

4.2.7 Schwedische Kiefernschütte

Erreger: *Lophodermella sulcigena* (Link) Tubeuf

Charakteristisches Merkmal dieser überwiegend im nördlichen Mitteleuropa vorkommenden Nadelerkrankung ist eine hellbraune bis gelbliche Verfärbung, die bereits im Spätsommer an diesjährigen Kurztrieben auftritt. Ein weiterer Hinweis auf einen *Lophodermella*-Befall ist die grün bleibende Nadelbasis, die von dem apikalen nekrotischen Nadelteil durch eine scharfe Demarkationslinie getrennt ist. Befallene Kurztriebe werden nicht sogleich abgeworfen, sondern verbleiben noch an den Zweigen bis zum Herbst des folgenden Jahres. Während dieser Zeit nehmen die Nadeln eine bräunlich graue Färbung an.

Wichtigstes diagnostisches Merkmal sind die im Frühsommer auf den vorjährig infizierten Nadeln erscheinenden dunklen, 5–20 × 0,3–0,4 mm großen Hysterothecien. Der Ausstoß der keulenförmigen, 27–35 × 4–5 µm großen Ascosporen (Tafel II/5) erfolgt bei kühlfeuchter Witterung von Juni bis August. Mit der Infektion, die bei den neuen Kurztrieben direkt durch die Kutikula erfolgt, ist der einjährige Entwicklungszyklus des Pilzes beendet.

Befallen werden Gemeine Kiefer, Bergkiefer und Schwarzkiefer. Bei jährlich sich wiederholenden stärkeren Nadelverlusten kann es zur Ausbildung gestauchter Haupt- und Seitentriebe und zum Auftreten sekundärer Nadelpilze kommen (Mitchell und Millar 1976). So werden die von *Lophodermella sulcigena* abgetöteten Nadelteile nicht selten von *Hendersonia acicola* (Tafel I/4) besiedelt. Mit ihrem Auftreten kann ein positiver Effekt verbunden sein, denn dieser Pilz vermag die Fruchtkörperbildung bei *L. sulcigena* zu unterbinden.

Als radikale Maßnahme zur Verhütung einer weiteren Ausbreitung des Krankheitserregers hat sich der Aushieb und das Verbrennen befallener Bäume bewährt. Auch sind bereits Fungizide zur unmittelbaren Bekämpfung des Pilzes erfolgreich angewandt worden. Dieses Verfahren dürfte jedoch auf Baumschulen und Aufforstungen beschränkt bleiben. Schließlich bietet sich noch der Anbau weniger anfälliger Provenienzen an.

4.2.8 Naemacyclus-Nadelschütte der Kiefer

Erreger: *Cyclaneusma minus* (Butin) DiCosmo, Peredo & Minter
Syn. *Naemacyclus minor* Butin

Der erst relativ spät als eigene Art erkannte Pilz (Butin 1973) ist ein weltweit verbreiteter Ascomycet, der unter besonderen Witterungsbedingungen ein vorzeitiges Abfallen ein- und mehrjähriger Nadeln verursachen kann.

Die Infektion erfolgt in der Regel im Winterhalbjahr. Bis zum Sichtbarwerden der ersten Krankheitssymptome (Inkubationszeit) können mehrere Monate vergehen, bis im folgenden Sommer eine Vergilbung oder Rötung der Nadeln einsetzt, die bald zu Boden fallen. Von September an bis in den Winter hinein werden die Ascomata (Apothecien) ausgebildet, die meist zu mehreren auf den Nadeln auftreten. Sie sind (im Gegensatz zu *Lophodermium seditiosum*) hellcremefarben und 200–660 × 250 µm groß. Bei Feuchtigkeitsaufnahme quellen sie kissenförmig auf, wobei die Epidermis klappenartig nach außen aufgestoßen wird. Die zu acht im Ascus liegenden Ascosporen sind lang gestreckt bis sichelförmig, farblos, mit zwei im mittleren Sporenabschnitt gelegenen Septen und 80–95 × 2,5–3,0 µm groß (Abb. 23).

Auf Malzagar bildet der Pilz ein weißes, wolliges Myzel, in dem zunächst Spermogonien mit 6,5–8,0 µm langen stäbchenförmigen Spermatien, später auch hellgelbliche Apothecien mit Asci und Ascosporen entstehen.

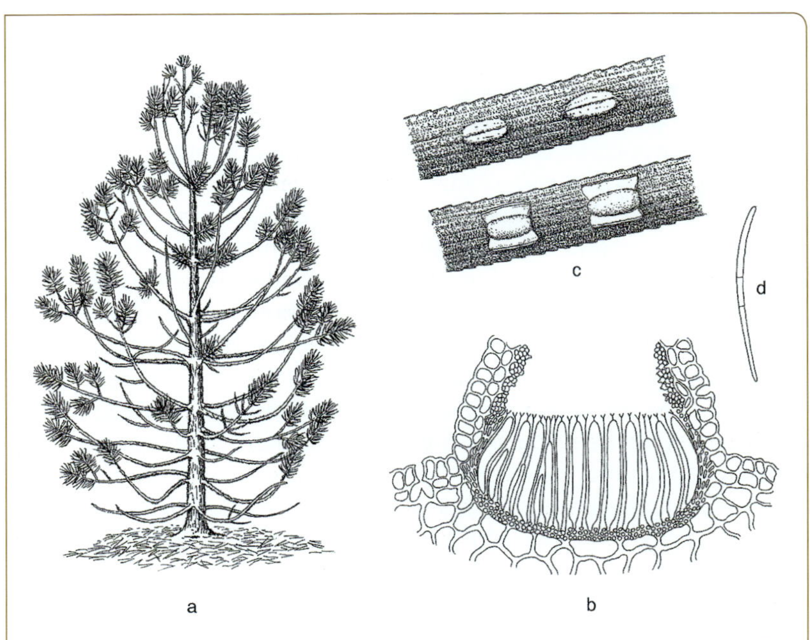

Abb. 23. Naemacyclus-Nadelschütte. **a** befallene Bergkiefer, **b** Querschnitt durch einen reifen Fruchtkörper (Ascoma), **c** Nadelsegmente mit Apothecien im trockenen (oben) und feuchten (unten) Zustand, **d** Ascospore.

Befallen werden verschiedene Kiefernarten vom Verschul- bis zum Dickungsalter. Häufig kommt der Pilz auf *Pinus sylvestris* vor; hier scheint er jedoch durch den starken Konkurrenten *Lophodermium seditiosum*, der über eine stärkere Pathogenität verfügt, zurückgedrängt zu werden. Spezielle Bekämpfungsmaßnahmen haben sich daher in diesem Fall bisher erübrigt. Stärkere Schäden können jedoch an *Pinus mugo, P. ponderosa* und *P. radiata* auftreten, die eine Anwendung von Fungiziden notwendig macht, mit Beschränkung allerdings auf Pflanzgärten und Jungkulturen.

Verwandte Art:

- *Cyclaneusma niveum* (Pers.) DiCosmo, Peredo & Minter: Apothecien größer als die von *C. minus*; in Kultur Ausbildung von Spermogonien mit stäbchen- bis sichelförmigen 9–21 × 1 µm großen Spermatien; im Gegensatz zu *C. minus* keine Apothecienbildung auf Malzagar; Vorkommen *auf Pinus nigra, P. halepensis, P. pinaster* und *P. mugo*; überwiegend als Saprobiont (Butin 1973).

4.2.9 Dothistroma-Nadelbräune der Kiefer

Erreger: *Dothistroma septosporum* (Dorog.) M. Morelet
Teleomorphe: *Mycosphaerella pini* E. Rostrup ex Munk

Dothistroma septosporum gehört zu den invasiven Arten, die erst in letzter Zeit bei uns eingewandert sind. Die Verbreitung des Pilzes war anfangs auf die südliche Hemisphäre beschränkt. 1983 wurde der Erreger erstmals dann auch in Deutschland beobachtet (Butin und Richter 1983). Inzwischen ist der Pilz mehrfach sowohl im urbanen Bereich als auch in verschiedenen Waldgebieten Deutschlands nachgewiesen worden (Schumacher und Delb 2018).

Der zu den Ascomyceten gehörende Pilz zeichnet sich durch Vorkommen auf zahlreichen Koniferengattungen mit mehr als 80 Arten aus (Bradshaw 2004). In Mitteleuropa sind vor allem *Pinus nigra, P. mugo* und *P. strobus* betroffen, weniger dagegen *P. cembra* und *P. sylvestris*. Auch *Picea abies, P. pungens* und *P. omorika* können befallen werden, allerdings nur dann, wenn diese in unmittelbarer Nachbarschaft von erkrankten Kiefern stehen (Blaschke und Nanning 2007). Zu den unbedeutenderen und selteneren Wirten gehören die Lärche und die Douglasie. Die besondere Bedeutung des Pilzes für die Kiefer kommt in der etablierten Krankheitsbezeichnung „Nadelbräune der Kiefer“ zum Ausdruck.

Die ersten Anzeichen einer Erkrankung – die mit Saugstellen von Insekten verwechselt werden können – sind hellgrüne, dann braun werdende Flecke, die entweder im mittleren Teil der Nadel ausgebildet werden und dort zu 1–2 mm breiten, rotbraunen Bändern führen *(Pinus nigra);* oder die Verfärbung geht von der Nadelspitze aus *(P. mugo)*.

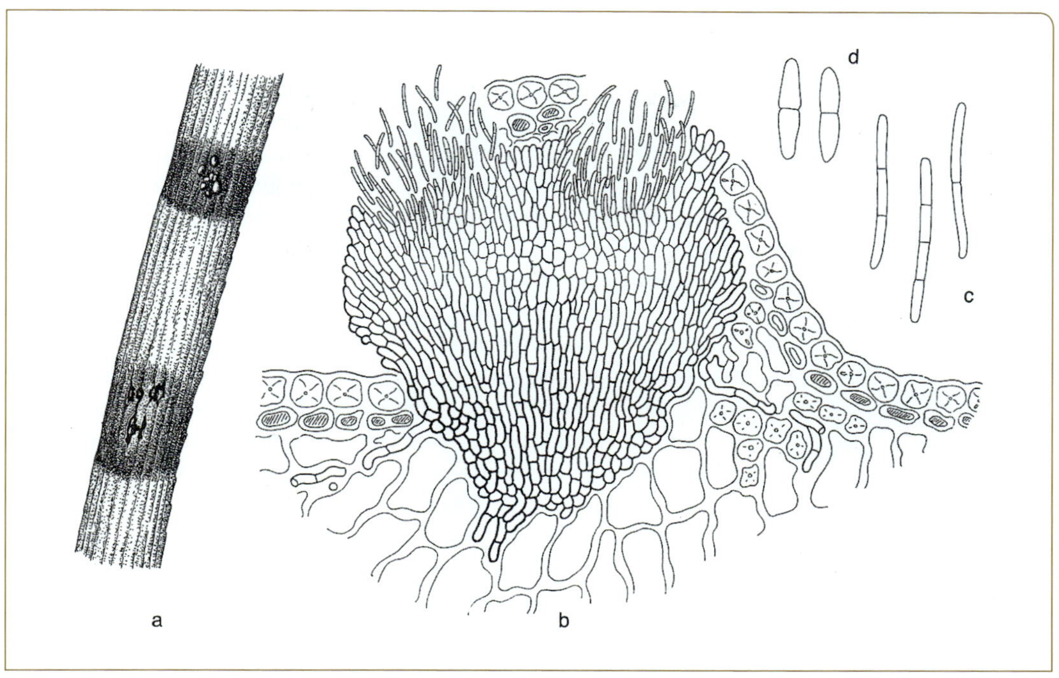

Abb. 24. Dothistroma-Nadelbräune.
a Nadelsegment einer Schwarzkiefer mit Nekrosen und Conidiomata, b Querschnitt durch ein Conidioma der Anamorphe, c Konidien, d Ascosporen.

Betroffen sind hierbei diesjährige und einjährige Kurztriebe. Bei Mehrfachinfektionen stirbt die Nadel bald ab, bleibt jedoch noch längere Zeit am Zweig haften (Pehl und Wulf 2001). – Aufgrund ihres typischen Krankheitsbildes wird die Dothistroma-Nadelbräune im englischen Sprachgebrauch als „Red-band needle blight" bezeichnet.

Zur Absicherung der Diagnose ist der Nachweis von Fruchtkörpern notwendig. Auf den rotbraunen Flecken der diesjährigen und einjährigen Nadeln werden zunächst die Conidiomata des Pilzes ausgebildet. Diese sind dunkelrot-schwarz, 0,2–0,6 mm lang und 0,3 mm breit. Bei ihrer Reife wird die Epidermis nach oben gewölbt und schließlich aufgesprengt. In den Stromata finden sich 5–10 weiß erscheinende Pyknidien, die zahlreiche farblose, lang gestreckte, wenig gebogene, 20–36 × 2,5 µm große Konidien enthalten. Sie sind überwiegend zweizellig, seltener drei- und vierzellig (Abb. 24). – Auf ein- und zweijährigen abgestorbenen Nadeln wird, vor allem bei der Schwarzkiefer, die zugehörige Teleomorphe ausgebildet. Die Ascomata sind äußerlich kaum von den entsprechenden Conidiomata zu unterscheiden. Sie enthalten jedoch zahlreiche Loculi mit Asci, die jeweils acht zweizellige, 12–14 × 3–3,5 µm große Ascosporen enthalten (Butin 1985). Als makrodiagnostisches Merkmal kann zusätzlich die rötliche Verfärbung in der unmittelbaren Umgebung der Conidiomata verwendet werden. Verursacht wird die Verfärbung durch eine toxisch wirkende Anthrachinonverbindung, die als „Dothistromin" bezeichnet wird.

Von *Dothistroma septosporum* existieren verschiedene Morpho- und Ökotypen, die man bisher in Varietäten aufzuteilen versucht hat. Phytopathologisch ist vor allem das Auftreten verschiedener wirtsspezifischer Pathotypen von Bedeutung, zumal bei ihrer Kenntnis die Befallsgefahr für bestimmte Kiefernarten besser abgeschätzt werden kann. So handelt es sich bei der in Europa auf *Pinus mugo* und *P. nigra* auftretenden Form um die Varietät *lineare*, die für unsere *P. sylvestris* kaum eine Gefahr darstellen dürfte. Taxonomisch wurden bis vor kurzem alle Formen oder Varietäten unter der Sammelart *Mycosphaerella pini* zusammengefasst. Neuerdings ist aufgrund von DNA-Sequenzunterschieden eine besondere Form von *Dothistroma septosporum* abgetrennt und als eigene Art *(D. pini)* aufgestellt worden (Barnes et al. 2004). Diese auf *Pinus nigra* vorkommende „neue" Art ist in ihrer Verbreitung bisher allerdings auf Nordamerika und die Ukraine beschränkt.

Mit dem Auftreten des weltweit verbreiteten Pilzes und seinen Formen können erhebliche Zuwachsverluste und Pflanzenausfälle verbunden sein. Betroffen sind vor allem die aus *Pinus radiata* und *P. ponderosa* bestehenden Monokulturen wärmerer Regionen. In Europa ist der Pilz in fast allen Ländern – wenn auch mit unterschiedlicher Häufigkeit – vorhanden. In Deutschland gehört *Dothistroma septosporum* zu den meldepflichtigen Quarantäneschaderregern (EPPO Liste A2). Damit unterliegt der Pilz bestimmten phytosanitären Bestimmungen, u. a. Überwachung gefährdeter Kulturen, Anwendung bestimmter forstlicher Maßnahmen zur Verhinderung einer weiteren Ausbreitung oder zur vollständigen Eliminierung des Erregers.

4.2.10 Lecanosticta-Nadelbräune der Kiefer

Erreger: *Lecanosticta acicola* (Thüm.) Sydow
Teleomorphe: *Mycosphaerella dearnessii* M. E. Barr

Der Pilz *Lecanosticta acicola* gehört zu den bedeutendsten Krankheitserregern der Kiefer, der sich nach seiner Einschleppung aus Nord- oder Südamerika in Europa immer stärker auszubreiten scheint. Nachdem er anfangs nur vereinzelt im urbanen Bereich festgestellt worden war, sind Vorkommen inzwischen auch in Mischwaldbeständen nachgewiesen worden (Cech und Krehan 2009). Befallen werden bei uns vor allem *Pinus mugo* sowie *P. nigra* und *P. sylvestris*. An der Bergkiefer macht sich eine Infektion zunächst durch nekrotische, oft gelb umrandete Flecke auf einjährigen Nadeln bemerkbar (Pehl und Wulf 2001). Aus den punktförmigen Nadelverfärbungen entwickeln sich größere braune Nekrosen, die im fortgeschrittenen Stadium zu einer Verbräunung 2–4 mm großer Nadelabschnitte führen. Im weiteren Verlauf stirbt der oberhalb der Befallsstelle liegende Nadelteil ab. In den abgestorbenen Nadelpartien werden zunächst die stromatischen Conidiomata der Anamorphe ausgebildet. Diese sind 200–800 µm lang, bis zu 200 µm breit, kissen-

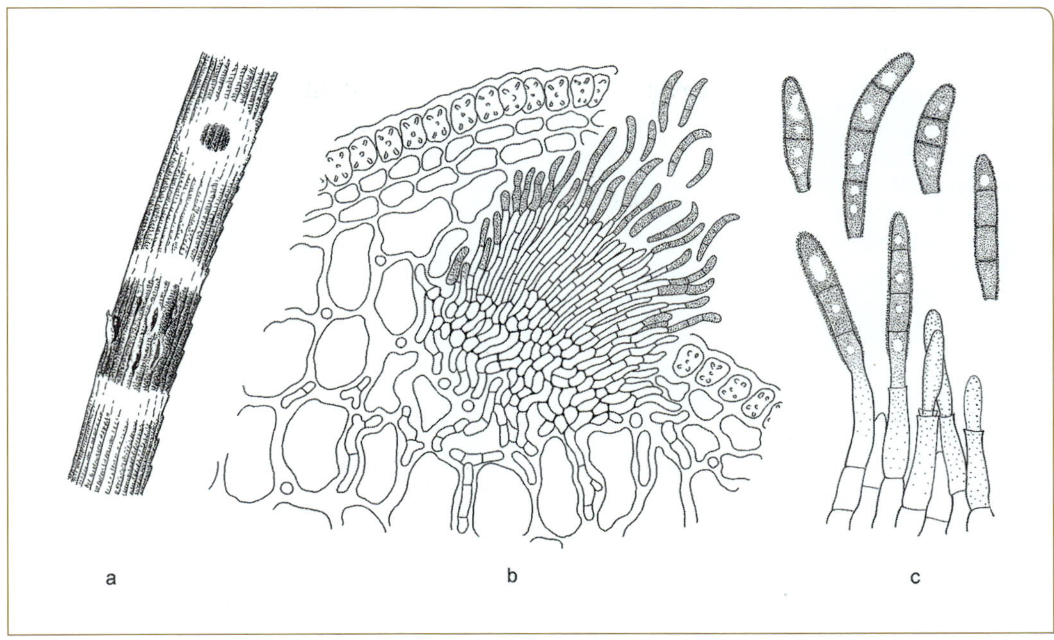

Abb. 25. Lecanosticta-Nadelbräune. **a** Nadelsegment einer Bergkiefer mit Nekrosen und Conidiomata, **b** Querschnitt durch ein Conidioma, **c** konidiogene Zellen mit Konidien (**c** nach Sutton 1980).

förmig erhaben und dunkeloliv bis schwarz (Abb. 25). Bei ihrer Reife wird die Epidermis nach oben gewölbt, bis diese schließlich aufreißt. Die in flachen Acervuli gebildeten Konidien sind braunoliv, feinkörnig bis -warzig, lang gestreckt, gerade oder wenig gekrümmt, am unteren Ende flach abgestutzt, zwei- bis vierzellig und 28–36 × 3–5 µm groß. Die entsprechende Teleomorphe wird auf den am Boden liegenden abgestorbenen Nadeln ausgebildet.

Lecanosticta acicola gehört zu den Quarantäneorganismen, die von der Europäischen Pflanzenschutzorganisation (EPPO) in der A2-Liste aufgeführt werden. Dementsprechend sind bestimmte präventive und therapeutische Maßnahmen durchzuführen, um eine weitere Ausbreitung des Erregers im Lande zu verhindern oder den Infektionsherd ganz zu eliminieren.

4.2.11 Kiefernnadelrost

Erreger: *Coleosporium*-Arten

Ein Befall durch *Coleosporium*-Arten macht sich bei der Kiefer durch blasenförmige, 1–3 mm breite rotgelbe Äcidien bemerkbar, die zu mehreren aus der Epidermis noch grüner Nadeln hervorbrechen. Bei der Reife reißt die weiße hautartige Peridie unregelmäßig auf, sodass die Sporen als gelbes Pulver entlassen werden können.

Auch die in Europa bekannten *Coleosporium*-Arten benötigen als wirtswechselnde Rostpilze jeweils zwei verschiedene Wirtspflanzen.

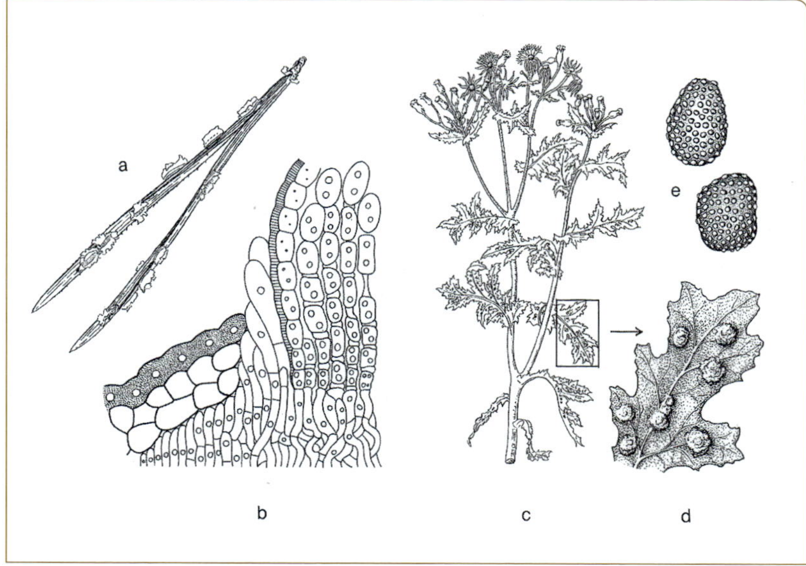

Abb. 26. Kiefernnadelrost *(Coleosporium senecionis)*. **a** Kiefernkurztrieb mit aufgeplatzten Äcidien, **b** Querschnitt (Ausschnitt) durch ein Äcidium, **c** *Senecio vulgaris* mit Rostbefall, **d** zugehöriges Blatt (Ausschnitt) mit Uredolagern, **e** Uredosporen.

Die Haplophase mit der Ausbildung von Äcidiosporen durchlaufen alle Arten auf der Kiefer. In der Dikaryophase – mit der Ausbildung von Uredo-, Teleuto- und Basidiosporen – sind sie auf verschiedene krautige Pflanzen angewiesen. Entsprechend ihrer spezifischen Bindung an bestimmte Pflanzenfamilien (Asteraceen, Campanulaceen, Scrophulariaceen) werden – je nach Meinung der Taxonomen – wirtsspezifische Formen oder auch eigene Arten unterschieden (Gäumann 1959, Klenke und Scholler 2015). Einer der häufigsten Kiefernadelroste ist bei uns *Coleosporium senecionis*. Als „Zwischenwirte" fungieren hier Kreuzkraut-Arten (Abb. 26).

4.2.12 Tannennadelrost

Erreger: *Pucciniastrum epilobii* G. H. Otth

Pucciniastrum epilobii soll hier als Vertreter mehrerer auf der Tanne vorkommender Rostpilze näher beschrieben werden. Diese bei uns relativ häufige Art gehört ebenfalls zu den heterözischen Rostpilzen, die für ihre Entwicklung zwei bestimmte, systematisch nicht verwandte Wirtspflanzen benötigen. Der Erreger der auch als „Weißtannen-Säulenrost" bezeichneten Krankheit beginnt seine Entwicklung auf jungen Nadeln der Tanne, wo es im Sommer auf der Nadelunterseite zur Ausbildung weißer stiftförmiger Äcidien kommt. Bei der Reife platzen diese an der Spitze auf, sodass die orangefarbenen Äcidiosporen entlassen werden können. Gelangen diese Sporen auf Blätter des Weidenröschens (*Epilobium*-Arten), so setzt hier der Pilz seine Entwicklung mit der Bildung von gelben Uredolagern und – im Herbst – mit bräunlichen Teleutola-

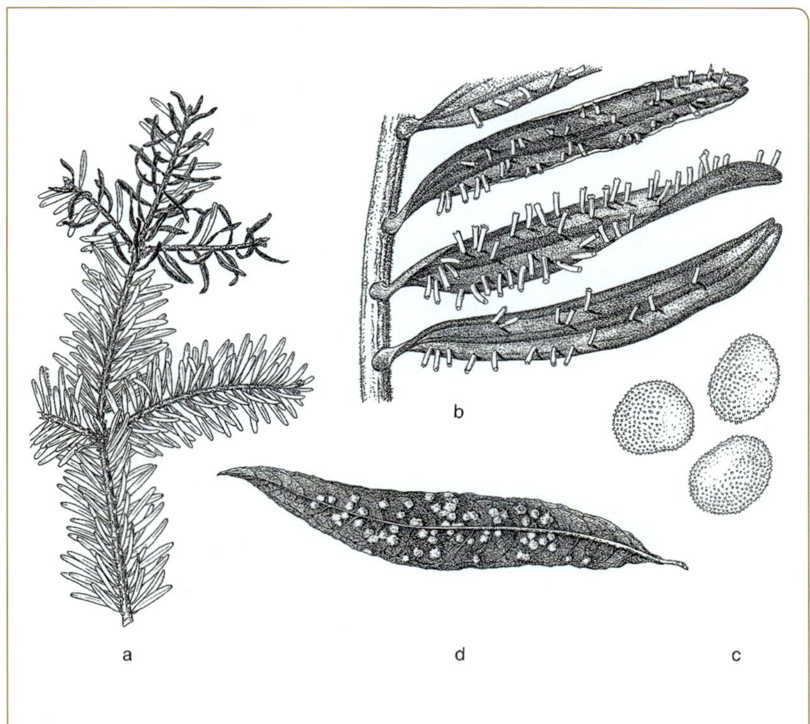

Abb. 27. Tannennadelrost *(Pucciniastrum epilobii)*. **a** Befallsbild an Tannenzweig, **b** befallene Nadeln mit reifen Äcidien, **c** Äcidiosporen, **d** Uredolager auf Weidenröschen-Blatt.

gern fort. Im nächsten Frühjahr keimt jede Teleutospore zu einer septierten Basidie aus, die ihrerseits wiederum keimfähige Basidiosporen abschnürt. Mit der Infektion neuer Tannennadeln ist der Entwicklungszyklus geschlossen (Abb. 27).

Die Tanne ist auch bei wiederholtem Befall selten ernstlich gefährdet. Meist bleibt der Schaden auf wenige Nadeln beschränkt, die noch im gleichen Jahr braun werden, einschrumpfen und schließlich abfallen. Bei starkem Befall kann der Pilz allerdings auch in den Trieb eindringen und an den Nadelansatzstellen ovale braune Nekrosen hervorrufen. Dadurch kommt es zu Triebkrümmungen und gelegentlich auch zum Absterben der betroffenen Triebe. Mit einem stärkeren Befall muss überall dort gerechnet werden, wo junge Tannen inmitten oder in unmittelbarer Nachbarschaft von Weidenröschenhorsten stehen. Der sicherste Schutz vor einem Befall der Tanne wäre demnach die Beseitigung des Weidenröschens als Zwischenwirt auf mechanischem Wege oder durch Anwendung von Herbiziden.

Ein gleichartiges Schadbild wird durch *Thecopsora goeppertiana* verursacht. Auch bei diesem Rostpilz ist die Tanne der Haplontenwirt mit Ausbildung von Äcidien. Als Dikaryontenwirt fungiert bei dieser Art die Preiselbeere, auf deren verdickte Stängel Teleuto- und Basidiosporen gebildet werden (Klenke und Scholler 2015).

4.2.13 Tannennadelritzenschorf

Erreger: *Lirula nervisequa* (DC.) Darker

Der auf *Abies alba* vorkommende Schütteerreger kommt überall dort vor, wo die Tanne heimisch ist oder angebaut wird. Der Schaden ist jedoch meist nicht nennenswert, da die Bräunung befallener Nadeln erst bei zwei- oder dreijährigen Nadeln und meist nur vereinzelt einsetzt. Als diagnostisches Merkmal können zunächst die im Frühjahr gebildeten Conidiomata verwendet werden, die sich in Form zweier gekräuselter, schwarzer Längswülste auf der Oberseite der sich gelb verfärbenden Nadeln zu erkennen geben. Die zugehörigen Ascomata werden erst später auf der Unterseite der Nadeln in Form eines schwarzen Längswulstes ausgebildet. Die Ascosporen des Pilzes sind keulenförmig, lang gestreckt und 75–90 × 3–4 µm groß (Abb. 28 a, b).

4.2.14 Rhizoctonia-Nadelbräune der Tanne

Erreger: *Rhizoctonia hartigii* nomen prov. Butin & W. Maier

Über die an *Abies alba* und anderen Tannenarten auftretende Krankheit sind in der letzten Zeit neue Erkenntnisse gewonnen worden, die u. a. eine Änderung in der Urheberschaft und Benennung der Nadelschäden erforderlich gemacht haben. So galt als Erreger der sogenannten „Herpotrichia-Nadelbräune" bisher der Ascomycet *Herpotrichia parasitica*, der erstmals von Robert Hartig (1888) beschrieben worden ist. Inzwischen konnte als wahrer Erreger eine neue *Rhizoctonia*-Art ermittelt werden (Butin 2014, Butin und Maier 2019). *Herpotrichia parasitica* wurde demgegenüber als Hyperparasit von *Rhizoctonia hartigii* entlarvt.

Als auffälligstes Symptom eines *Rhizoctonia*-Befalls gilt bei der klassi-

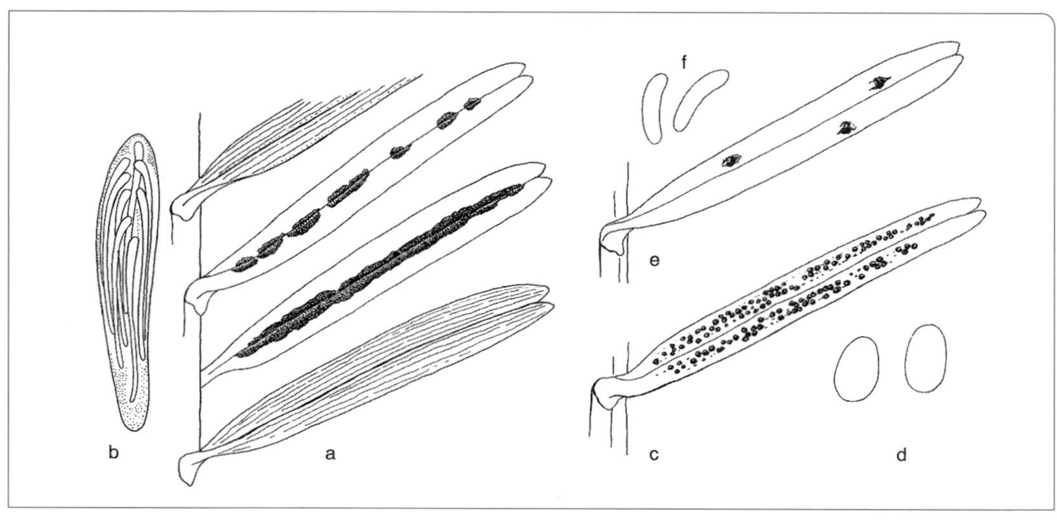

Abb. 28. Nadelpilze der Tanne. **a, b** *Lirula nervisequa:* **a** befallene Nadeln mit Hysterothecien, **b** Ascus mit Ascosporen; **c, d** *Rhizosphaera oudemansii:* **c** Pyknidien nadelunterseits, **d** Konidien; **e, f** *Cytospora friesii:* **e** abgestorbene Nadeln mit Conidiomata, **f** Konidien.

schen und von Hartig beschriebenen Nadelkrankheit das Braunwerden mehrerer älterer Nadeln, die nach dem Absterben noch längere Zeit an den Zweigen hängen bleiben, bedingt durch eine stärkere Myzelentwicklung an der Nadelbasis (Hartmann und Butin 2017). Ein solches Befallsbild beschränkt sich meist auf einzelne Äste eines Baumes. Besonders gefährdet sind Lagen mit anhaltend hoher Luftfeuchtigkeit, wo der Pilz noch bis zu einer Baumhöhe von 12 m vorkommen kann (was bereits von Hartig 1888 beobachtet worden ist). Ein weiteres ebenso typisches, aber weniger auffälliges Krankheitssymptom ist das vollständige oder teilweise Absterben des Neuaustriebs. In welchem Umfang der neue Trieb befallen wird, hängt von der Entwicklungsstufe des Triebes und dem Zeitpunkt seiner Pilzbesiedlung ab. Ein Befall kurz nach dem Austreiben führt in der Regel zum völligen Absterben des jungen noch kurzen Triebes. Bei späteren Infektionen kommt es zum Absterben nur der unteren, an der Triebbasis inserierten Nadeln.

Als diagnostisches Merkmal eines Befalls kann zunächst das weiße *Rhizoctonia*-Myzel herangezogen werden, das weite Strecken der Rinde mit einem dichten, eng anliegenden Netz überzieht (Laufhyphen). In gleichartiger Weise findet man die Pilzfäden auch auf der Unterseite grüner oder bereits abgestorbener Nadeln, wo es zur Ausbildung weißlicher, später bräunlicher Myzelmatten kommt. Von solchen „Infektionsbasen" aus dringen spezielle Bohrhyphen in das Innere der Nadeln, wo

Abb. 29. Rhizoctonia-Nadelbräune der Tanne.
a Befallsbild, **b** Fruchtkörperüberzug nadelunterseits, **c** Querschnitt (Ausschnitt) durch ein Fruchtkörpergeflecht, **d** Basidiosporen.

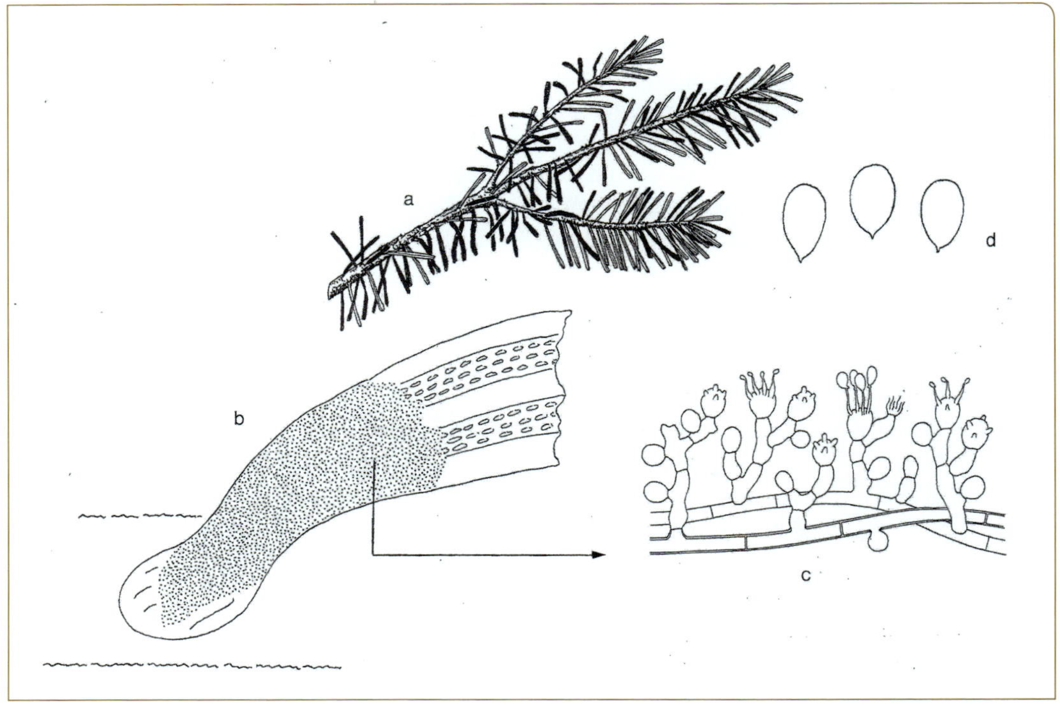

die eigentliche parasitische Interaktion zwischen Parasit und Wirtspflanze stattfindet.

Größere Sicherheit bei der Zuordnung der „Tannen-Rhizoctonia“ bietet der Nachweis der Teleomorphe, deren Basidiocarpien allerdings relativ selten gebildet werden. Sie finden sich auf der Unterseite noch grüner oder schon abgestorbener brauner Nadeln, aber auch auf der Rinde und auf den Knospenschuppen der Tanne. Sie bestehen aus rechtwinklig verzweigten schnallenlosen Basalhyphen und kandelaberartigen Trägerhyphen, die gemeinsam einen netzartigen weißen sehr dünnen Überzug bilden. Von den anfangs kugeligen, später tönnchenförmigen Basidien werden ab Spätsommer jeweils vier 6–7 × 4–5,5 µm große Basidiosporen an hörnchenartigen Sterigmen abgeschnürt (Abb. 29). Diese morphologischen Merkmale des Pilzes können für eine Unterscheidung von dem sehr ähnlichen, allerdings auf der Fichte vorkommenden Pilz *Rhizoctonia butinii* herangezogen werden (s. Kap. 4.2.3).

Hat der Pilz einmal auf der Tanne Fuß gefasst, so werden „die befallenen Bäume den Pilz wahrscheinlich nicht wieder los“ (Hartig 1884). Die Langlebigkeit des Pilzes beruht sehr wahrscheinlich auf der hohen Trockenresistent des Myzels. So konnte experimentell nachgewiesen werden, dass der Pilz bis zu zwei Jahren (im Herbarium) überdauern kann, um dann bei Feuchtigkeitsaufnahme wieder weiterzuwachsen.

Über die Bekämpfung des Pilzes in Waldbeständen sind besondere Verfahren – außer dem Ausschneiden befallener Äste (Hartig 1900) – nicht bekannt. Anders sieht es dagegen in Weihnachtsbaumkulturen aus. Hier können prophylaktische Methoden und Verfahren zur direkten Bekämpfung des Pilzes angewandt werden. Hierzu gehören z. B. Vermeiden windgeschützter Lagen (wegen der dort herrschenden hohen Luftfeuchtigkeit und der langsameren Abtrocknung). Weiterhin können verschiedene Pflegemaßnahmen (Entnahme der unteren Äste, Auflichten des Bestandes sowie Beseitigung hohen Grasbewuchses) das Befallsrisiko reduzieren. Schließlich ist die Anwendung von Fungiziden möglich.

4.2.15 Kabatina-Nadelbräune der Tanne

Erreger: *Kabatina abietis* Butin & Pehl

Das Schadbild dieses erst 1993 beschriebenen Pilzes (Butin und Pehl 1993) ist durch verschieden große, rotbraune Nekrosen an diesjährigen Nadeln vor allem von *Abies grandis, A. nordmanniana* und *A. procera* gekennzeichnet. Seltener ist der Pilz auf vorgeschädigten Nadeln der Douglasie zu finden. Auf Tannennadeln setzen sich die nekrotischen Nadelpartien oft scharf von den übrigen grünen Nadelpartien ab. Befallen werden bis zu 10 Jahre alte Pflanzen, die dann allerdings so stark geschädigt werden können, dass sie als Weihnachtsbäume nicht mehr verkauft werden können.

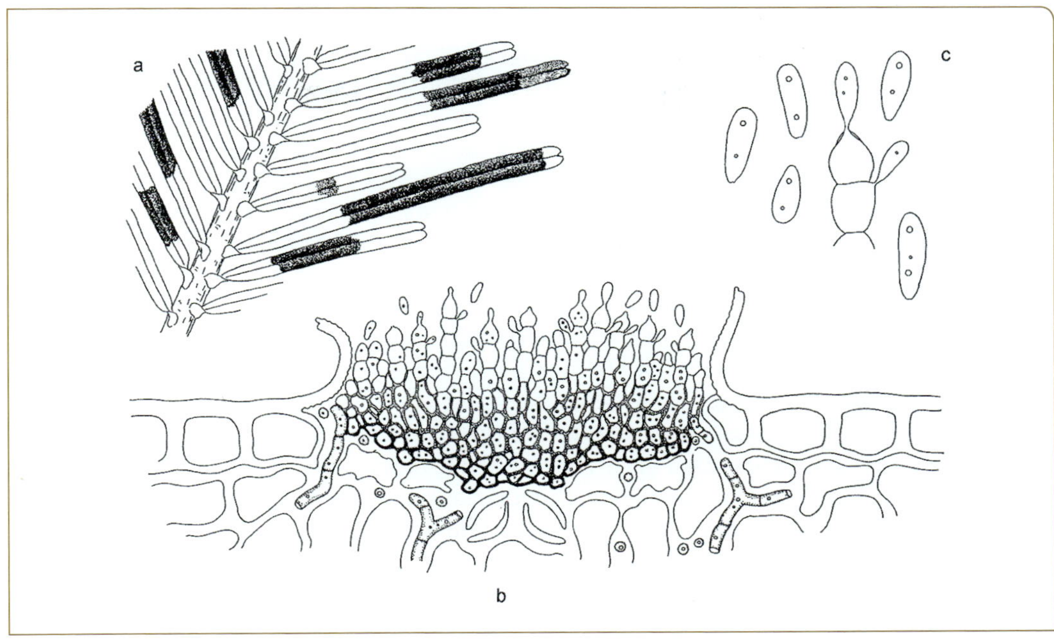

Abb. 30. *Kabatina abietis.*
a Nadeln von *Abies grandis* mit Befallssymptomen, **b** Querschnitt durch einen Acervulus nadelunterseits, **c** konidiogene Zellen mit Konidien.

Da ähnliche Schadbilder von anderen Pilzarten *(Sclerophoma xenomeria, Neocatenulostroma abietis)* oder tierischen Schädlingen verursacht werden können, ist der Nachweis des Pilzes unerlässlich. Im Lupenbild erkennt man sowohl nadelober- als auch -unterseits zunächst kleine punktförmige cremefarbene Acervuli, die verstreut aus der Epidermis hervorbrechen, gelegentlich aber auch aus Spaltöffnungen austreten und dann reihig angeordnet sind. Im reifen Zustand sind sie dunkelbraun bis schwärzlich, kissenförmig erhaben, kreisförmig bis oval und 200–300 µm groß. Im mikroskopischen Bild findet man auf einem Fruchtkörperquerschnitt parallel angeordnete, oben hyaline, unten bräunlich getönte, mehrfach septierte Trägerzellen, die einem hellbraunen kleinzelligen Basalstroma aufsitzen. An den oberen konidiogenen Zellen werden sowohl akrogen als auch pleurogen farblose, 6–10 × 2,5–3,5 µm große, elliptische Konidien abgeschnürt (Abb. 30).

Für das Auftreten der *Kabatina*-Nadelbräune ist sehr wahrscheinlich eine bestimmte Prädisposition des Wirtes erforderlich, die eine Besiedlung durch den Pilz erst ermöglicht. Damit wäre der Pilz eher als Schwächeparasit einzustufen. Über die Befallsbedingungen liegen jedoch noch keine genauen Erkenntnisse vor.

Weitere Nadelpilze der Tanne:

- *Cytospora friesii* Sacc.: Vorkommen auf frostgeschädigten oder anderweitig abgestorbenen Nadeln; Konidien würstchenförmig, 4–5 × 1–1,5 µm (Abb. 28 e, f).

- *Phyllosticta abietis* Bissett & M. E. Palm: verursacht auf Nadeln ausländischer Tannenarten rotbraune, gelblich berandete Flecke sowie Nadelverluste; Conidiomata subepidermal, rundlich; Konidien farblos, 8–12 × 7–9 µm, mit Gelatinehülle, selten mit kurzem Anhängsel.
- *Phomopsis occulta* (Sacc.) Traverso: Conidiomata aus der Epidermis toter Nadeln hervorbrechend, schwarz, 0,2–0,4 mm; Konidien spindelförmig, farblos, 6–10 × 3–4 µm (Tafel I/17).
- *Rhizosphaera oudemansii* Maubl.: häufigste *Rhizosphaera*-Art auf Tanne; Pyknidien kugelig bis zwiebelförmig, erst gelblich braun, dann dunkler braun, 50–80 µm; Konidien eiförmig bis elliptisch, erst farblos, im Alter bräunlich bis dunkelbraun, 9–13 × 6–9 µm (Abb. 28 c, d); auf toten oder absterbenden Nadeln. (weitere *Rhizosphaera*-Arten s. Kap. 4.2.4).
- *Sclerophoma pithyophila* (Corda) Höhn.: Saprobiont oder Schwächeparasit nach Vorschädigung durch abiotische Faktoren oder parasitische Pilze; Conidiomata schwarz, kissenförmig-rundlich bis elliptisch, mit sklerotialer Wandung, 200–300 µm groß; Konidien elliptisch bis eiförmig, farblos, 6–8 × 3–4 µm (Abb. 22).
- *Sclerophoma xenomeria* A. Funk: Schwächeparasit nach Trockenstress an vorwiegend einjährigen Nadeln jüngerer Bäume, vor allem in Weihnachtsbaumkulturen; Nadeln werden in der Mitte oder von der Spitze her gelb, danach braun bis grau; Conidiomata schwarz, ähnlich denen von *S. pithyophila,* jedoch 100–300 µm groß, abgeflacht-kugelig, mit 8–10 × 4–5 µm großen, farblosen Konidien (Tafel III/12).

4.2.16 Lärchenschütte

Erreger: *Exutisphaerella laricina* (R. Hartig) Videira & Crous
Syn.: *Mycosphaerella laricina* R. Hartig

Die auch als „Braunfleckigkeit der Lärche" bekannte Krankheit äußert sich zunächst durch einzelne oder gehäuft vorkommende kleinere bräunliche Nadelflecke, die sich während des Sommers in breite braune bis rötlich braune Bänder vergrößern. Die erkrankten Nadeln bleiben noch längere Zeit am Zweig haften, bis sie ab Juli vorzeitig abfallen. Betroffen ist meist nur die untere Kronenhälfte. Jährlich sich wiederholender Befall kann bei Jungpflanzen zu Kümmerwuchs, bei älteren Bäumen zu Zuwachsverlusten und zum Absterben einzelner Äste führen. Befallen wird vorzugsweise die Europäische Lärche.

Der Erreger bildet auf den gebräunten Stellen befallener Nadeln zunächst seine sehr kleinen schwarzen Konidienpolster mit zylindrischen vierzelligen und 30 µm langen nadelförmigen Konidien aus. Die zugehörige Teleomorphe erscheint erst im darauf folgenden Frühjahr auf den abgefallenen Nadeln in Gestalt kugeliger dunkelbrauner Pseudothecien. Die Neuinfektion erfolgt ab Juni durch die dann frei werdenden zweizelligen elliptischen und 15–17 µm langen Ascosporen.

Zur Verhütung einer epidemischen Pilzentwicklung vermeide man den Lärchenanbau an dumpfen Orten mit hoher, stagnierender Luftfeuchtigkeit. Als günstiges waldbauliches Verfahren hat sich eine Mischung mit Buche – nicht aber Fichte – bewährt: Durch das Herbstlaub der Buche werden die abgefallenen Lärchennadeln zugedeckt, wodurch das Entweichen der Ascosporen im Frühjahr unterbunden wird (Hartig 1900). – Verwechslungsmöglichkeiten bestehen mit Frühfrostschäden, vorzeitigem Nadelverlust durch Trockenheit und Befall durch die Lärchenminiermotte.

Weitere Schüttepilze der Lärche:

- *Hypodermella laricis* Tubeuf: ebenfalls Erreger einer Nadelschütte mit Verbreitung vor allem im Alpen- und Voralpenraum. Kennzeichen sind schwarze elliptische, 0,5–0,8 mm große, meist in Reihe liegenden Ascomata mit tränenförmigen, 70–100 × 6 µm großen Ascosporen; Auftreten besonders nach Regen während des Austriebs und nach länger anhaltenden Wärmeperioden im Frühjahr; Schädigung gering.
- *Rhabdocline laricis* (Vuill.) J. Stone (Syn. *Meria laricis*): verursacht an Sämlingen und Jungpflanzen Welkwerden und gelbbraune Nadelverfärbung; in höheren und besonders feuchten Lagen auch an älteren Bäumen. Genauere Diagnose nur durch mikroskopische Untersuchung (Abb. 13).

4.2.17 Rostige Douglasienschütte

Erreger: *Rhabdocline pseudotsugae* H. Sydow

Der erst 1922 aus Nordamerika nach Europa eingeschleppte Erreger ist ein spezifischer Nadelparasit der Douglasie, der die einzelnen Varietäten dieser Baumart in unterschiedlichem Maße befällt. Als besonders gefährlich gelten die Varietäten *caesia* und *glauca*, die daher in Europa kaum noch angebaut werden; favorisiert ist dagegen die weniger anfällige *Pseudotsuga menziesii* var. *menziesii* (= *viridis*), von der man wiederum mehrere Klimarassen unterscheidet.

Befallen werden Bäume im Alter von 2–30 Jahren. Die ersten Anzeichen einer Erkrankung sind hellgrüne Flecke im Sommer, die im Spätherbst einen orangegelben Farbton annehmen. Im Winter, beim ersten Frost, werden die Flecke violettbräunlich, während die nicht infizierten Nadelpartien ihre grüne Farbe behalten, sodass die Nadeln wie marmoriert erscheinen. Im Laufe des Aprils werden auf der Nadelunterseite die Apothecien des Pilzes angelegt. Sie reifen von Mai bis Juli, brechen dann die Epidermis auf, um ihre Sporen nach außen zu entlassen. Da die Fruchtkörper tragenden Nadeln während dieser Zeit noch an den Zweigen hängen, findet die Sporenfreisetzung innerhalb des Kronenraumes statt. Nach Infektion der gerade sich entfaltenden Knospen ist

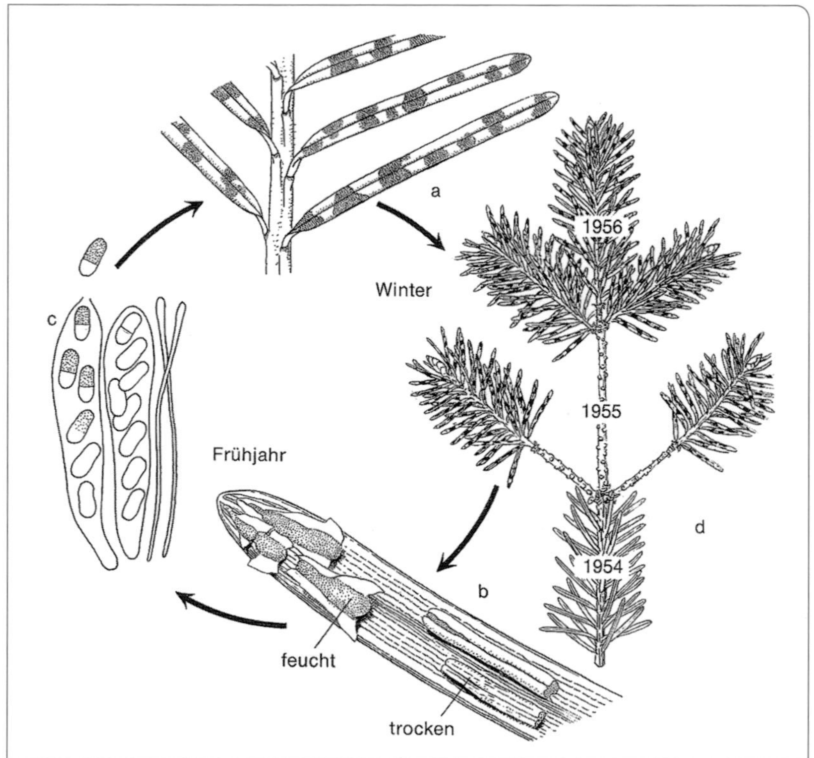

Abb. 31. Einjähriger Entwicklungsgang der Rostigen Douglasienschütte.
a Fleckenbildung, **b** Fruchtkörper, **c** Asci und Ascosporen mit Paraphysen, **d** Krankheitsbild nach Verlust eines ganzen Nadeljahrganges.

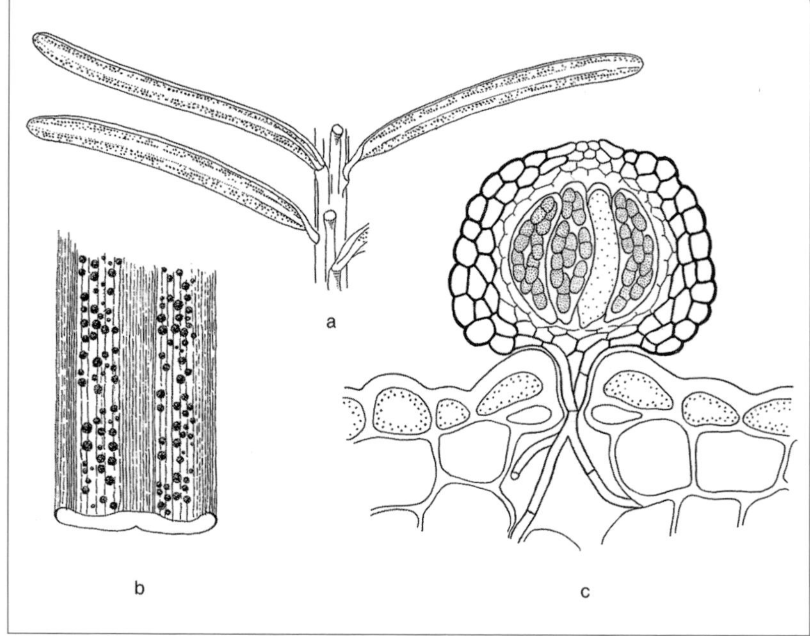

Abb. 32. Rußige Douglasienschütte.
a befallene Douglasiennadeln, **b** Nadelsegment mit Pseudothecien, **c** Längsschnitt durch einen Fruchtkörper.

der einjährige Entwicklungszyklus der Rostigen Douglasienschütte beendet; die Nadeln werden fleckenartig gelbbraun und fallen noch im gleichen Jahr ab. Eine Ausnahme machen solche Nadeln, die nur wenige Infektionsflecke aufweisen. Hier erfolgt der Abwurf erst im darauf folgenden Jahr. Da bei dieser Erkrankung häufig der ganze Nadeljahrgang ausfällt, kann man im Nachhinein feststellen, in welchem Jahr die Bedingungen (hohe Luftfeuchtigkeit im Frühjahr bzw. Niederschläge!) für die Entwicklung des Pilzes günstig waren (Abb. 31).

Der zu den Ascomyceten gehörende Pilz bildet auf der Unterseite der Nadeln orangegelbe, 2–4 mm lange kissen- oder leistenförmige Apothecien, die zahlreiche parallel stehende keulenförmige Asci mit anfangs farblosen einzelligen, später zweizelligen, 18–20 × 6,5–7,5 µm großen Ascosporen enthalten.

4.2.18 Rußige Douglasienschütte

Erreger: *Nothophaeocryptopus gaeumannii* (T. Rohde) Videira et al.
Syn. *Phaeocryptopus gaeumannii* (T. Rohde) Petrak

Auch dieser Pilz ist erst 1925, mehrere Jahrzehnte nach der Übernahme der Douglasie aus Nordamerika, nach Europa eingewandert. Die Schadensauswirkung ist bei diesem Krankheitserreger jedoch weniger gravierend als bei *Rhabdocline pseudotsugae,* denn die Rußige Douglasienschütte zeichnet sich in der Regel durch einen mehrjährigen Krankheitsverlauf aus, bei dem die Nadeln erst 2–3 Jahre nach einer Infektion geschüttet werden. Inzwischen liegen neuere Beobachtungen vor (Blaschke et al. 2008), die zeigen, dass die Entwicklungszeit des Pilzes nur knapp ein Jahr dauern kann.

Was die Anfälligkeit der einzelnen Herkünfte betrifft, so werden – im Gegensatz zur Rostigen Douglasienschütte – alle zwei Klimarassen (var. *glauca* und var. *menziesii*) in fast gleichem Maße befallen.

Die Infektion findet in der Regel von Mai bis Juni statt, wobei der Pilz auf dem Wege über Spaltöffnungen in das Nadelinnere gelangt, ohne sichtbare Krankheitssymptome auszulösen. Die ersten Anzeichen eines Befalles machen sich erst im folgenden Frühjahr bemerkbar, wenn die sehr kleinen Fruchtkörper des Pilzes aus den Spaltöffnungen hervorzubrechen beginnen. Charakteristisch ist hierbei ihre linienförmige Anordnung, die durch die Lage der Spaltöffnungen bedingt ist. Im zweiten und dritten Jahr erscheinen auf den noch grünen Nadeln weitere neue Pseudothecien, sodass die Unterseite der Nadeln schließlich ein rußiges Aussehen erhält. Etwa nach dem dritten Jahr werden die erkrankten und gebräunten Nadeln abgeworfen. Bei starkem Befall und je nach der individuellen Anfälligkeit des Baumes kann dieser Zeitpunkt auch schon früher eintreten (Abb. 32). Untersucht man die 50–100 µm großen schwarzen Fruchtkörper unter dem Mikroskop, so findet man in den reifen Pseudothecien sackförmige Asci, die jeweils acht farblose, zweizellige, 12–16 × 4–5 µm große Ascosporen enthalten, die sich später bräunlich verfärben.

Zur Bekämpfung der Rußigen Douglasienschütte sollten in erster Linie waldbauliche Maßnahmen vorgenommen werden. Hierzu gehören Durchforstung und Auslichtung der Bestände. Bei wiederholtem und jahrelang andauerndem Befall käme allerdings auch eine Bestandsumwandlung als radikalere Maßnahme infrage.

4.2.19 Schwarzer Schneeschimmel

Erreger: *Herpotrichia nigra* R. Hartig

Der von Robert Hartig (1888) erstmals beschriebene Pilz ist der Erreger einer Nadel- und Triebkrankheit, die in Europa in der subalpinen Region verbreitet ist und dort hauptsächlich auf Bergkiefer (Latsche) vorkommt. In tieferen Lagen findet man den Pilz auch auf Fichte und Tanne. Das Krankheitsbild ist dadurch charakterisiert, dass benadelte Äste in Bodennähe, gelegentlich auch ganze Bäumchen, von einem schwarzbraunen Myzel überzogen und völlig eingesponnen werden. Mit der Zeit verfärben sich die Nadeln braun, sterben ab, bleiben aber noch längere Zeit an den Zweigen haften, bis sie zu mehreren gebündelt mit anhaftendem Myzelfilz zu Boden fallen. Mit dem Absterben der Nadeln ist oft auch ein Befall der Rinde verbunden, sodass im Endstadium einer Erkrankung der gesamte Trieb abstirbt. Die Erkrankung tritt in Kiefernbeständen der subalpinen Knieholzregion oft nesterweise auf, sodass die vom Pilz geschwärzten Befallsstellen von weitem den Eindruck von Feuerschäden erwecken.

Als ökologische Besonderheit entwickelt sich der Schwarze Schneeschimmel nur in Hohlräumen der winterlichen Schneedecke, wo er zunächst epiphytisch auf den Nadeln wächst. In der weiteren Entwicklungsphase bildet er Haustorien aus, die in die Epidermiszellen des Wirtes eindringen, um Nährstoffe aufzunehmen. Schließlich gelangen Hyphen auch über die Spaltöffnungen in das Nadelinnere (Gäumann et al. 1934). Erst dann kommt es zum Absterben der befallenen Nadeln. Mit der Schneeschmelze stellt der Pilz, der an die mikroklimatischen Verhältnisse unter der Schneedecke besonders angepasst ist und noch bis −5 °C zu wachsen vermag (Bazzigher 1976), sein Wachstum ein, um mithilfe seines trockenresistenten Myzels den Sommer zu überdauern. Die Verbreitung des Pilzes erfolgt überwiegend, neben der Verwehung von Myzelteilen, durch Ascosporen.

Für eine erste Ansprache des „Schwarzen Schneeschimmels" ist zunächst sein schwarzbraun glänzendes Myzel geeignet, das die Nadeln und Zweige eng umspinnt. Zur eindeutigen Bestimmung des Pilzes sind reife Fruchtkörper notwendig, die erst im zweiten Entwicklungsjahr gebildet werden. Sie finden sich oberflächlich auf abgestorbenen Nadeln, oft bedeckt von filzartigem schwarzem Myzel. Sie sind kugelig,

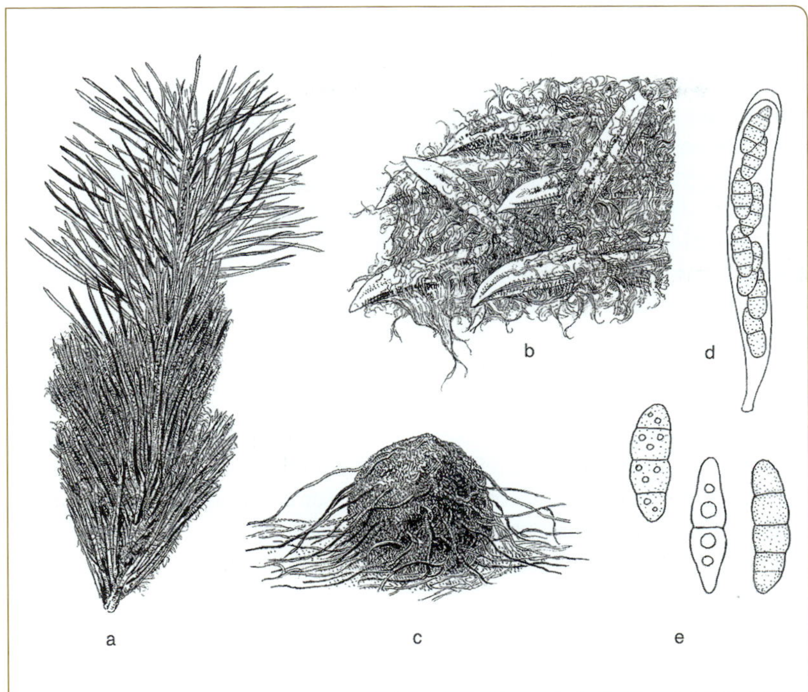

Abb. 33. Schwarzer Schneeschimmel.
a befallener Zweig einer Bergkiefer,
b von Myzel umsponnene Fichtennadeln,
c Fruchtkörper,
d Ascus mit Ascosporen, **e** Ascosporen: links oben „subalpine Form“; rechts unten verschieden reife Sporen der „Mittelgebirgsform“.

schwarz, 240–360 µm groß und apikal mit einem runden Porus versehen. Die in keulenförmigen Asci entstehenden Ascosporen sind anfangs zweizellig und farblos, umgeben von einer Schleimhülle, später vier- bis sechszellig und hell- bis dunkelbraun, bei Vollreife schwach warzig (Abb. 33).

Von *Herpotrichia nigra* lassen sich zwei morphologische Formen unterscheiden, die einmal durch unterschiedliche Ascosporen, zum anderen durch Bindung an verschiedene Höhenlagen ausgezeichnet sind. Die in höheren Lagen vorkommende „subalpine Form“ zeichnet sich durch 22–28 × 7–9 µm große, im reifen Zustand vierzellige Sporen aus; die in niedrigeren Lagen zu findende „Mittelgebirgsform“ besitzt dagegen längere und schmälere, 26–32 × 6–8 µm große, vier- bis sechszellige Ascosporen. Auch das unterschiedliche Temperaturverhalten einzelner Herkünfte deutet auf das Vorhandensein unterschiedlicher Genotypen hin (Bazzigher 1976). Taxonomische Konsequenzen sind daraus bisher noch nicht gezogen worden.

Herpotrichia nigra verursacht sowohl in Naturverjüngungen als auch in Gebirgsaufforstungen, vor allem in den schneereichen Lagen der Voralpen, größere Schäden. Besonders gefährdet sind kleinere Bäume, die nach mehrjährigem Befall vollständig absterben können. Bei älteren Bäumen bleiben die Schäden meist auf die unteren Äste beschränkt, die im Frühjahr lange schneebedeckt geblieben sind.

Um eine epidemische Ausbreitung des Schwarzen Schneeschimmels zu erschweren, sind verschiedene Gegenmaßnahmen vorgeschlagen worden, die jedoch nicht immer anwendbar und durchführbar sind. Am umweltfreundlichsten ist das Abschneiden und Verbrennen der befallenen Pflanzenteile, was allerdings einen hohen Arbeitsaufwand erfordert. Eine großflächige und langfristige Verwendung chemischer Bekämpfungsmittel dürfte aus ökologischen Erwägungen nicht vertretbar sein, zumal Infektionen den ganzen Sommer über erfolgen können. Eine Ausnahme sind höher gelegene Forstgärten und Einschlagplätze, wo Fungizide vorbeugend einmal pro Jahr im Herbst ausgebracht werden könnten (Nierhaus-Wunderwald 1996).

Verwandte Arten:

- *Herpotrichia pinetorum* (Fuckel) G. Winter (Syn. *Herpotrichia juniperi)*: Vorkommen in höheren Lagen, überwiegend auf Wacholder; im Gegensatz zu *Herpotrichia nigra* werden hier die Fruchtkörper intraepidermal angelegt.
- *Neopeckia coulteri* (Peck.) Sacc.: Vorkommen auf *Pinus mugo,* meist in Höhen über 1900 m; der Pilz bildet ebenfalls ein schwarzes Luftmyzel aus, besitzt jedoch zweizellige, braune, 20–28 × 7–10 µm große Ascosporen (Tafel II/7).

4.2.20 Weißer Schneeschimmel

Erreger: *Gremmenia infestans* (P. Karst.) Crous
Syn. *Phacidium infestans* P. Karsten

Der „Weiße Schneeschimmel" besitzt eine ähnliche, ökologisch ungewöhnliche Lebensweise wie *Herpotrichia nigra,* denn auch diese Pilzart hat sich an die winterlichen Verhältnisse der höheren Gebirgslagen angepasst.

Das Krankheitsbild des auf Koniferen beschränkten Weißen Schneeschimmels zeigt sich nach der Schneeschmelze im Frühjahr durch zunächst fahlgelbe Nadeln, die bald eine braune oder braunrote Färbung annehmen. Im Sommer setzt eine nochmalige Farbänderung ein, sodass die Nadeln vor dem erneuten Einschneien eine hellgraue Tönung aufweisen. Erst im darauf folgenden Sommer beginnen die abgestorbenen Nadeln allmählich abzufallen. Als Folgeerscheinung können Knospen sowie ganze Zweige absterben.

Die aufgeführten Symptome findet man nur an jenen Koniferen, die im Winter von Schnee bedeckt waren. Kleinere Bäume und Sämlinge, die der Schnee ganz einhüllt, können schon im ersten Befallsjahr absterben; bei größeren Bäumen bleibt der Schaden auf die unteren Äste beschränkt (Abb. 34).

Ursache der Erkrankung ist *Gremmenia infestans,* von der heute mehrere Varietäten und regionale Rassen unterschieden werden. In sei-

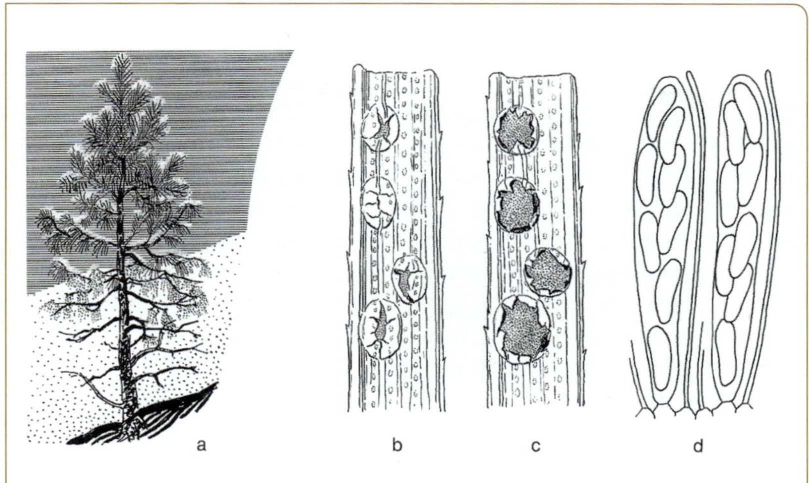

Abb. 34. Weißer Schneeschimmel. **a** jüngere Kiefer mit abgestorbenen Nadeln unter der Schneedecke, **b, c** Nadelsegmente mit Apothecien im trockenen (links) und feuchten Zustand (rechts), **d** Asci mit Ascosporen und Paraphysen.

ner Ökologie ähnelt der Pilz der Lebensweise des „Schwarzen Schneeschimmels", denn auch der „Weiße Schneeschimmel" entwickelt sich ausschließlich unter einer winterlichen Schneedecke, wo er – in den Hohlräumen des Schnees – die erforderliche hohe Luftfeuchtigkeit vorfindet. Auch vermag er die dort herrschenden Temperaturverhältnisse auszunutzen, denn der Pilz kann bei 0 °C noch relativ gut wachsen. Unter der Schneedecke wächst der Pilz von Nadel zu Nadel. Zu diesem Zeitpunkt ist die Nadel mit grau-weißlichem Myzel bedeckt, das erst dann eintrocknet und verschwindet, wenn der Schnee zu schmelzen beginnt.

Zur sicheren Diagnose des Pilzes ist das Auffinden der Fruchtkörper oder der Nachweis durch Abimpfung im Labor erforderlich. Im unreifen Zustand sind die von der Epidermis noch bedeckten Apothecien als kleine rundliche schwarz-graue Flecke auf den Nadeln wahrnehmbar. Bei ihrer Reife ab August reißt die papillenförmig gewölbte Epidermis lappenförmig auf, sodass die blass rötlich gefärbte, etwa 1 mm große Hymeniumscheibe sichtbar wird. Die Asci sind keulenförmig, 70–150 × 13–21 µm groß; sie enthalten zwei, vier oder acht einzellige, farblose, wenig gebogene, 15–26 × 5–9 µm große Ascosporen.

Für eine Bekämpfung der Nadelkrankheit werden verschiedene Verfahren empfohlen: Rodung befallener Flächen, bei kleineren Flächen auch „Gesundschneiden", räumliche Trennung von Neuaufforstungen durch Einrichtung von Zwischenstreifen mit anderen Baumarten, Bevorzugung widerstandsfähigerer Arten bzw. Herkünfte. Eine Anwendung von Fungiziden dürfte nur in Baumschulen sinnvoll und ökonomisch vertretbar sein.

4.2.21 Thuja-Schuppenbräune

Erreger: *Didymascella thujina* (E. J. Durand) Maire

Das charakteristische Frühsymptom dieser an *Thuja plicata* und *Th. occidentalis* vorkommenden Erkrankung sind – vom Winter bis zum Frühjahr – einzeln und verstreut auftretende verbräunte Schuppenblätter auf letztjährigen Jahrestrieben. Bei stärkerem und wiederholtem Befall können ganze Triebe absterben, wobei besonders die unteren Zweige in Mitleidenschaft gezogen werden. Ausfälle ganzer Pflanzen sind bisher nur in Baumschulen an Sämlingen unter vier Jahren beobachtet worden.

Als weiteres diagnostisches Merkmal können die ab Mai auf den abgestorbenen Schuppenblättern sich entwickelnden Apothecien des Pilzes verwendet werden. Sie sind rundlich oder oval, 0,5–2 mm groß und dunkeloliv bräunlich; nach Absprengung der Epidermis treten die Fruchtkörper als gelb-braune, im Reifezustand dunkelbraune Polster hervor. In den keulenförmigen Asci befinden sich jeweils zwei Ascosporen, die im oberen Drittel eine Trennwand besitzen; sie sind eiförmig bis elliptisch, 21–25 × 13–17 µm groß, anfangs farblos, später bräunlich bis dunkelbraun (Abb. 35 a–c).

Zur Verhütung der oft epidemisch auftretenden Erkrankung sollte – vor allem in Baumschulen und Anzuchtgärten – auf einwandfreies,

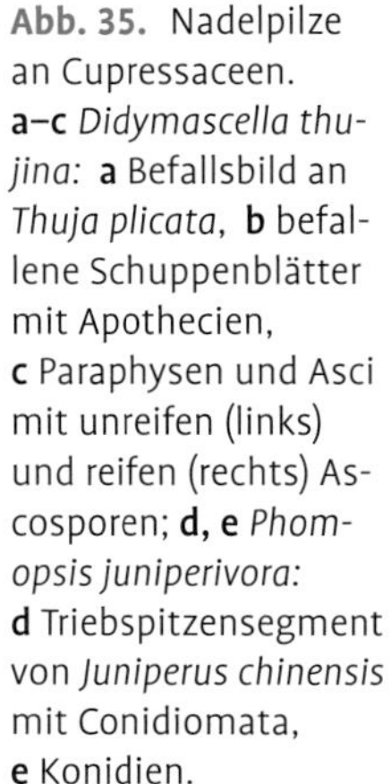

Abb. 35. Nadelpilze an Cupressaceen. **a–c** *Didymascella thujina:* **a** Befallsbild an *Thuja plicata,* **b** befallene Schuppenblätter mit Apothecien, **c** Paraphysen und Asci mit unreifen (links) und reifen (rechts) Ascosporen; **d, e** *Phomopsis juniperivora:* **d** Triebspitzensegment von *Juniperus chinensis* mit Conidiomata, **e** Konidien.

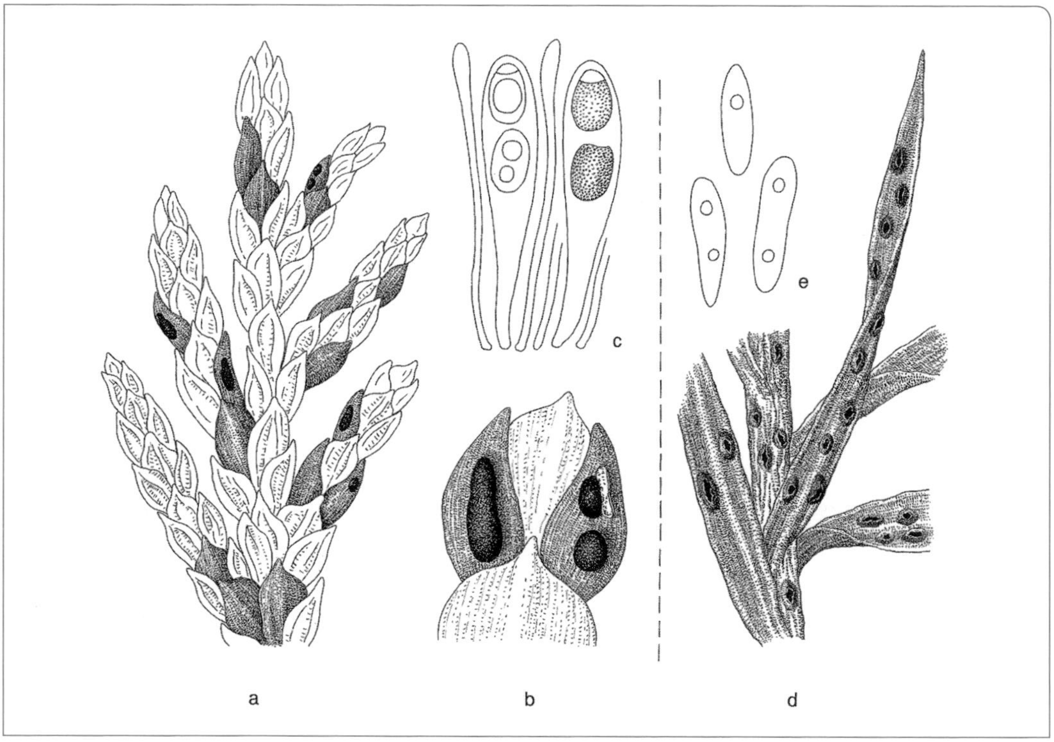

nicht infiziertes Ausgangsmaterial geachtet werden. Weiterhin hat sich die Verwendung jeweils frischer Pflanzbeete als vorteilhaft erwiesen, d. h. Daueranzuchten an gleicher Stelle sollten vermieden werden. Eine Anwendung von Fungiziden hat sich bisher – auf Grund der langen Sporenproduktion des Pilzes von Mai bis November – nicht bewährt.

Mit *Didymascella thujina* nahe verwandt ist *Fabrella tsugae* (Farl.) Kirschst., die eine Nadelbräune und Nadelschütte bei *Tsuga canadensis* und verwandten Arten verursacht. Betroffen sind hier überwiegend ältere Nadeln, die zunächst vergilben, anschließend eine einheitlich braune Färbung annehmen. Als sicheres Indiz für einen Befall gelten die auf der Nadelunterseite angelegten ockerfarbenen Apothecien, die nach Abhebung der Epidermis als ovale kissenförmige Gebilde nach außen treten. Sie bestehen aus zahlreichen fädigen Paraphysen und keulenförmigen Asci, in denen jeweils vier asymmetrisch septierte, zweizellige, 12–17 × 5–7 µm große Ascosporen gebildet werden. Bezüglich seiner Pathogenität wird die eher seltene *Fabrella tsugae* zu den schwach pathogenen Pilzen mit langer Inkubationszeit gerechnet.

Weitere Nadelpilze auf Cupressaceen:

- *Chloroscypha sabinae* (Fuckel) Dennis: Vorkommen auf lebenden und abgestorbenen Nadeln von *Juniperus communis* und *J. sabina;* Apothecien aus der Epidermis hervorbrechend, dunkel olivgrün bis schwarz, gelatinös wenn feucht, hornartig wenn trocken; Ascosporen farblos, 17–21 × 7–8 µm (Tafel I/5).
- *Didymascella tetraspora* (W. Phillips & Keith) Maire: Krankheitsbild wie bei *D. thujina*, Asci jedoch viersporig; Ascosporen 21–24 × 13–16 µm; auf lebenden Nadeln von *Juniperus communis.*
- *Lophodermium juniperinum* (Fr.) De Not.: weitverbreiteter, apathogener Besiedler älterer und unterdrückter Nadeln von *Juniperus*-Arten; Ascomata vereinzelt, schwarz, elliptisch-schiffchenförmig, 0,5–1,0 mm lang; Ascosporen wurmförmig, 70–90 × 2–3 µm groß (Tafel II/8).
- *Pestalotiopsis funerea* (Desm.) Steyaert: Besiedler sowohl einzelner Blattschuppen als auch von Triebteilen; Schwächeparasit auf *Thuja* und anderen Cupressaceen; Konidien 21–29 × 7–9,5 µm (Tafel II/1).
- *Phomopsis juniperivora* G. Hahn: Erreger eines Nadel- und Triebsterbens (s. Kap. 5.2.9).

4.3 Nichtparasitäre Blattschäden

Frostschäden treten an Blättern Laub abwerfender Bäume in der Regel nur als Spätfrostschäden auf, wenn die gerade ausgetriebenen Blätter Temperaturen unter 0 °C ausgesetzt werden. Als Symptome treten entweder partielle Verbräunungen an der Blattspitze oder den Blatträndern auf, oder es kommt (Beispiel Buche) zum Verbräunen und Absterben des ganzen Blattes. Bei noch nicht voll entfalteten Blättern können sich die Schäden auf die Interkostalfelder der Blätter beschränken, sodass es zur Ausbildung der „Schlitzblättrigkeit“ kommt (Beispiel Rosskastanie).

Dürreschäden (Trocknis) entstehen durch akuten Wassermangel im Boden bzw. in der Pflanze nach längeren sommerlichen Trockenperioden. Im Gegensatz zu reversiblen Symptomen durch Trockenstress (Blattrollen, Schiffchenbildung, Blattwelke) sind Dürreschäden irreversible Schäden, die sich durch Verfärben oder Absterben der Blätter zu erkennen geben. Bei Ahorn, Eiche, Rosskastanie und Rotbuche kommt es in der Regel zu Blattrandnekrosen; Birke, Linde, Mehlbeere, Pappel und Platane reagieren dagegen mit totaler Blattvergilbung, die vereinzelt im Innern der Baumkrone oder gehäuft an kleineren Ästen auftreten kann. Bei vorzeitigem Abwurf dürregeschädigter Blätter spricht man auch von „Hitzelaubfall“. Dürreschäden sind kritisch zu bewerten, da sie Folgeschäden nach sich ziehen können (s. Eichensterben, Hallimaschbefall).

Sonnenbrand (Sonnennekrosen), die man eher von den nichtparasitären Rindenschäden her kennt (s. Kap. 6.2), können auch an Blättern mit breiter Blattspreite auftreten. Betroffen sind hier die zwischen den einzelnen Blattadern liegenden Partien (Interkostalfelder), die durch starke Sonneneinstrahlung braun werden und absterben (Butin und Brand 2017).

Immissionsschäden machen sich bei Blättern durch typische Verfärbungen und Wachstumsstörungen bemerkbar, die je nach Schadstoff und Baumart variieren können. Von den verschiedenen klassischen Giftgasen (Chlorwasserstoff, Fluorwasserstoff, Schwefeldioxid) verursacht SO_2 bei akuter Schädigung charakteristische Blattrandnekrosen bzw. punktförmige, über die Blattspreite verstreute Flecke oder Verbräunungen der Interkostalfelder (Abb. 14 a, b). Laubbäume leiden unter anthropogenen Schadstoffeinträgen in der Regel weniger als Nadelbäume. Zu den gering empfindlichen Baumarten gehören u. a. Eiche, Ulme, Robinie, Zitterpappel und Ginkgo. Zur genaueren Diagnose einzelner Schadbilder sind die Hinzuziehung von Spezialliteratur (Bergmann 1993) sowie die Durchführung von Blattanalysen unerlässlich. Eine besondere Bedeutung haben anthropogene Schadstoffeinträge in Verbindung mit den „Neuartigen Waldschäden“ erlangt (s. Kap. 4.1).

Als Sonderformen von Immissionen, die auf natürlichem Wege entstehen, können **UV-Strahlen** sowie **Ozon** genannt werden. Beide Formen geben sich in ihrem Schadbild durch eine feine braune Sprenkelung blattoberseits zu erkennen. Eine Differenzialdiagnose lässt sich durch eine mikroskopische Untersuchung der Blattoberfläche erreichen. So zeichnen sich die durch UV-Strahlung verursachten Flecke durch eine Anhäufung brauner polygonal konturierter Punkte aus. Im Gegensatz dazu setzen sich die Ozon-Flecke aus zahlreichen rundlichen Pünktchen zusammen. Im ersten Fall liegt die Verfärbung in den Epidermiszellen; bei den Ozon-Schäden sind es die verfärbten Palisadenzellen, deren obere Enden bei Blattaufsicht als winzige braune Pünktchen in Erscheinung treten. Auftreten nur an besonnten Blättern im Spätsommer und in strahlungsreichen Gebieten (Hartmann und Butin 2017).

Zu den Strahlungsschäden zählt auch das durch **starke Sonneneinstrahlung** verursachte Vergilben oder Ausbleichen von Blattflächen, das auf einer Zerstörung des Chlorophylls beruht. Im forstlichen Bereich spielen derartige Strahlungsschäden in der Regel keine Rolle; eher treten sie in Park- und Gartenlanlagen auf, so an frisch geschnittenen Hecken, deren Blätter nach längerer Beschattung plötzlich (z. B. nach Heckenschnitt) freigestellt werden. Zu den empfindlichen Gehölzen gehört u. a. die Hainbuche.

Nährstoffmangelschäden entstehen durch Unterversorgung der Pflanze mit einem oder auch mehreren lebensnotwendigen Nährstoffen bzw. Spurenelementen. Ihre Symptome führen je nach Pflanzenart, Zeitpunkt des Auftretens sowie Art des fehlenden Nährstoffs zu verschiedenartigen Verfärbungen, Nekrosen oder Blattdeformationen. Zu ihrem Nachweis ist eine ausführliche Differenzialdiagnose erforderlich, die neben der Symptomatik auch die chemische Analyse sowie Gefäßversuche unter kontrollierten Bedingungen einschließt. Von den an Blättern häufiger auftretenden Nährstoffmangelerscheinungen sollen folgende Beispiele genannt werden:

- **Stickstoffmangel:** sämtliche Blätter ganzheitlich hellgrün und meist kleiner als normal.
- **Magnesiummangel:** gelbgrüne bis gelbe Interkostalchlorosen mit nachfolgender Verbräunung; Blattadern lange grün bleibend.
- **Kaliummangel:** vom Blattrand ausgehende Chlorosen mit nachfolgender Verbräunung der Blattränder; Interkostalfelder oft nach oben gewölbt.
- **Eisenmangel:** jüngste Blätter zitronengelb, sonst gelbweiße Interkostalchlorosen mit scharf abgesetzten, noch grünen Blattadern (Kalkchlorose).

Von den an Laubbäumen auftretenden **Salzschäden** können eine direkte und eine indirekte Form der Schädigung unterschieden werden. Bei der direkten Form wirken die schädigenden Salze unmittelbar auf die Assimilationsorgane eines Baumes ein. Eine solche Schadensform findet sich an Bäumen in Küstennähe, deren Kronen durch Verwehen von salzhaltigem Seewasser geschädigt werden können. Die weit häufigeren Salzschäden werden allerdings durch das Ausbringen von Streu-

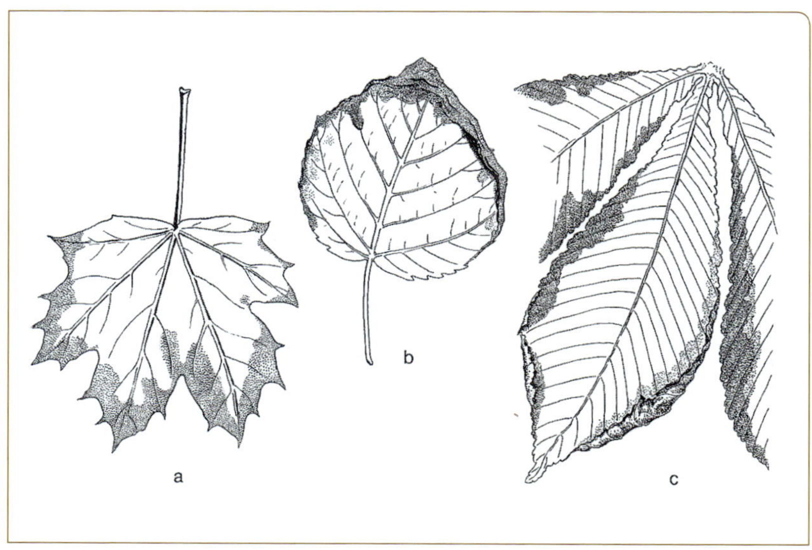

Abb. 36. Chlorid-Schäden an Blättern von Ahorn **(a)**, Linde **(b)** und Rosskastanie **(c)**.

salz (überwiegend NaCl) zum Beseitigen von Eis- und Schneeglätte verursacht. Bei diesem Vorgang gelangt ein Teil des gelösten Salzes über die Wurzeln in die später sich entwickelnden Assimilationsorgane, wo es zu Blattranddürre (Abb. 36) oder Triebschäden kommt. Entsprechend den Hauptanwendungsbereichen sind Bäume entlang von Straßen und Wegen besonders betroffen. Der Schaden kann sich dabei auf einzelne Kronenteile beschränken. Als extrem empfindlich haben sich die flach wurzelnde Rosskastanie sowie Ahorn und Linde erwiesen. Die kritische Cl-Konzentration liegt hier bei 10 mg/g Trockengewicht (= 1 % der Trockensubstanz eines Blattes). Zu den salztoleranten Baumarten gehören u. a. Eiche, Platane und Robinie; von den ausländischen Baumgattungen haben sich *Ailanthus, Gleditsia* und *Sophora* als relativ salzresistent erwiesen. Zur Verhütung von Salzschäden empfiehlt sich zunächst ein sparsamer Verbrauch von Streusalz oder die Wahl eines Cl-freien Streumittels. Zur Sanierung streusalzgeschädigter Bäume haben sich ein Oberbodenaustausch sowie eine gezielte Nährsalzzufuhr bewährt.

4.4 Parasitäre Blattschäden

4.4.1 Eichenmehltau

Erreger: *Erysiphe alphitoides* (Griffon & Maubl.) U. Braun & S. Takam.
Syn. *Microsphaera alphitoides* Griffon & Maubl.

Die Echten Mehltaupilze nehmen unter den Blattpilzen eine Sonderstellung ein. Sie sind als obligate Parasiten hoch wirtsspezifisch und leben bis auf wenige Ausnahmen ektoparasitisch: Von dem überwiegend ober-

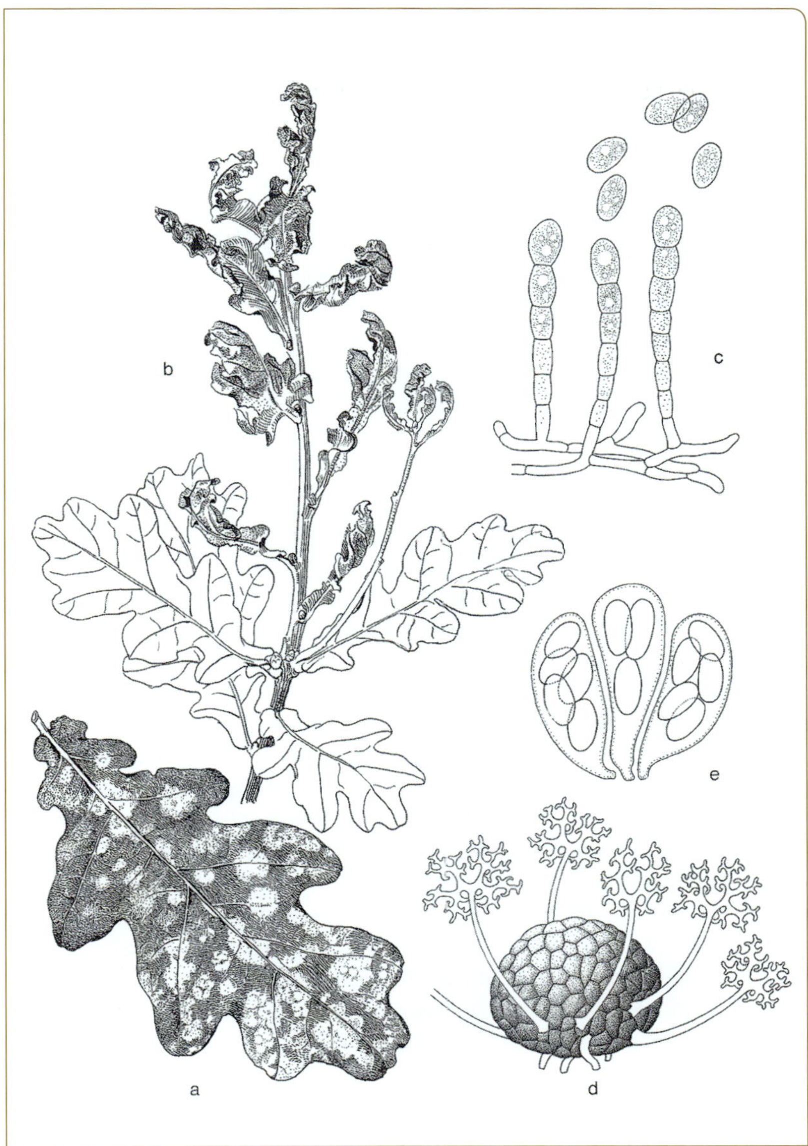

Abb. 37. Eichenmehltau.
a Befall an einem Eichenblatt, **b** Befall an jungem Trieb, **c** Konidienträger mit Konidien, **d** Fruchtkörper mit Anhängseln, **e** Asci mit Ascosporen.

flächlich wachsenden Myzel werden besonders gestaltete Saughyphen (Haustorien) ausgebildet, die zwecks Nahrungsaufnahme durch die äußere Epidermiswand in die Zellen des Wirtes eindringen.

Von den an Wald- und Parkbäumen auftretenden Mehltauarten ist der Erreger des „Eichenmehltaus" wohl der bekannteste und wirtschaftlich bedeutsamste. Seit 1907, seinem ersten Auftreten in Mitteleuropa (Hariot 1907), ist er praktisch jedes Jahr in wechselnder Stärke und weitverbreitet zu beobachten. Das Befallsbild des inzwischen zur Gattung *Erysiphe* gestellten Pilzes (Braun und Cook 2012) ist durch verschieden große, oft zusammenfließende, weiße Flecke gekennzeichnet, die sowohl blattober- als auch -unterseits in Erscheinung treten. In fortgeschrittenem Stadium sehen die befallenen Blätter wie mit Mehl bestäubt aus. Stark befallene Blätter rollen sich ein und sterben u. U. ab. Auch treten an den Triebspitzen gelegentlich Missbildungen und Krümmungen auf, an deren Zustandekommen allerdings auch *Botrytis cinerea* beteiligt sein kann. Befallen werden bei uns beide heimische Eichenarten, wobei die Traubeneiche etwas weniger anfällig ist als die Stieleiche. Der Grad der Anfälligkeit wird allerdings auch durch die jeweilige Herkunft mitbestimmt. Die aus Nordamerika stammenden Eichenarten sind im Allgemeinen resistent oder weniger mehltauanfällig. Außer auf der Gattung *Quercus* tritt der Pilz bei uns gelegentlich noch auf Blättern der Esskastanie, Rosskastanie und Rotbuche auf.

Von den Umweltfaktoren, die Einfluss auf die Stärke eines Eichenmehltaubefalls haben, spielen Luftschadstoffe eine gewisse Rolle. So wurde in Gebieten mit hoher SO_2-Belastung ein geringerer Mehltaubefall als in Reinluftgebieten beobachtet (Laurence 1981).

Bei mikroskopischer Untersuchung der weißen Flecke findet man zahlreiche farblose, stiftchenförmige Konidienträger, die 25–40 × 13–23 µm große, tönnchenförmige Konidien kettenförmig abschnüren. Gelangen solche Sporen auf junge, weniger als drei Wochen alte Blätter, so entwickeln sich dort unter günstigen Witterungsbedingungen schon nach drei Tagen neue Konidien. Durch anhaltende Sporenproduktion – gefördert durch niedrige Luftfeuchtigkeit und intensive Besonnung – kommt es im Juli und August zu einem massiven Infektionsdruck, unter dem die Johannistriebe besonders zu leiden haben. Im Spätsommer entwickeln sich kugelige, mündungslose Fruchtkörper (Chasmothecien), die zunächst gelb, später schwärzlich aussehen und einen Durchmesser von 180 µm erreichen. Die herdenweise beieinanderstehenden Fruchtkörper sind mit vier bis sechsfach dichotom verzweigten Anhängseln ausgestattet, die für die Unterscheidung der einzelnen Mehltauarten wichtig sind. Im Innern werden 5–16 Asci ausgebildet, die durch Quellung im Frühjahr die Fruchtkörperwand sprengen, sodass die Ascosporen entweichen können (Abb. 37).

Der Pilz überwintert in Myzelform unter den Knospenschuppen der obersten, am Maitrieb ausgebildeten Knospen. Als weiteres Überwinterungsorgan dienen die – allerdings nicht in jedem Jahr auftretenden – Fruchtkörper, deren Ascosporen im Mai die neuen Blätter vom Boden aus infizieren.

Wenn in manchen Jahren auch ein starker Befall an älteren Bäumen beobachtet werden kann, sollte eine chemische Bekämpfung – wenn überhaupt – auf Sämlinge im Pflanzgarten und auf Jungpflanzen in Kulturen beschränkt bleiben. Als fungizide Mittel haben sich Schwefelpräparate und teilsystemisch wirkende Mittel bewährt.

4.4.2 Apiognomonia-Blattbräune der Eiche

Erreger: *Apiognomonia quercina* (Kleb.) Höhn.
Anamorphe: *Discula quercina* (Westend.) Arx
Spermogoniumform: *Gloeosporidina moravica* Petrak

Die Symptome dieser Blattkrankheit sind unregelmäßig geformte hellbräunliche Nekrosen von 0,5–2 cm Durchmesser, die an verschiedenen Stellen der Blattspreite liegen können. Sicherstes diagnostisches Merkmal sind die blattunterseits gelegenen Conidiomata der Anamorphe. Am häufigsten werden elliptische, 9–14 × 4–6 µm große, farblose Konidien ausgebildet. Seltener findet man ebenfalls keimfähige 6–7 × 3,5–4,5 µm große Mikrokonidien. Die dazugehörige Teleomorphe kommt erst auf den am Boden liegenden Blättern in Verbindung mit dem gleichzeitig entstehenden Spermatienstadium zur Entwicklung. Die Neuinfektion erfolgt im Frühjahr entweder über Ascosporen oder Konidien, die in stromatischen Conidiomata überwintert haben (Abb. 38 a, b).

Apiognomonia quercina gehört neben *Aureobasidium apocryptum* und *Tubakia dryina* zu den häufigsten Endophyten, die aus fast jedem grünen Eichenblatt isoliert werden können (Halmschlager et al. 1993, Pehl und Butin 1994). Eine Infektion führt jedenfalls nicht zwangsläufig zur Ausbildung von Krankheitssymptomen; vielmehr kann der Pilz lange Zeit in symptomloser Form unerkannt im Blattgewebe vorhanden sein, bis er sich nach dem natürlichen Blattfall saprobisch weiterentwickelt. Unter bestimmten Umständen kommt es jedoch schon vorzeitig zu einer

Abb. 38. Blattpilze der Eiche.
a Blatt mit Nekroseflecken verschiedener Erreger: **b** *Discula quercina* (mit Konidien); **c, d** *Aureobasidium apocryptum:* **c** Befallsbild mit abgestorbener Galle, **d** Konidienträger mit Konidien; **e** *Septoria quercicola* (mit Konidien); **f, g** *Tubakia dryina:* **f** Conidioma (Aufsicht), **g** konidiogene Zellen mit verschieden reifen Makro- und Mikrokonidien.

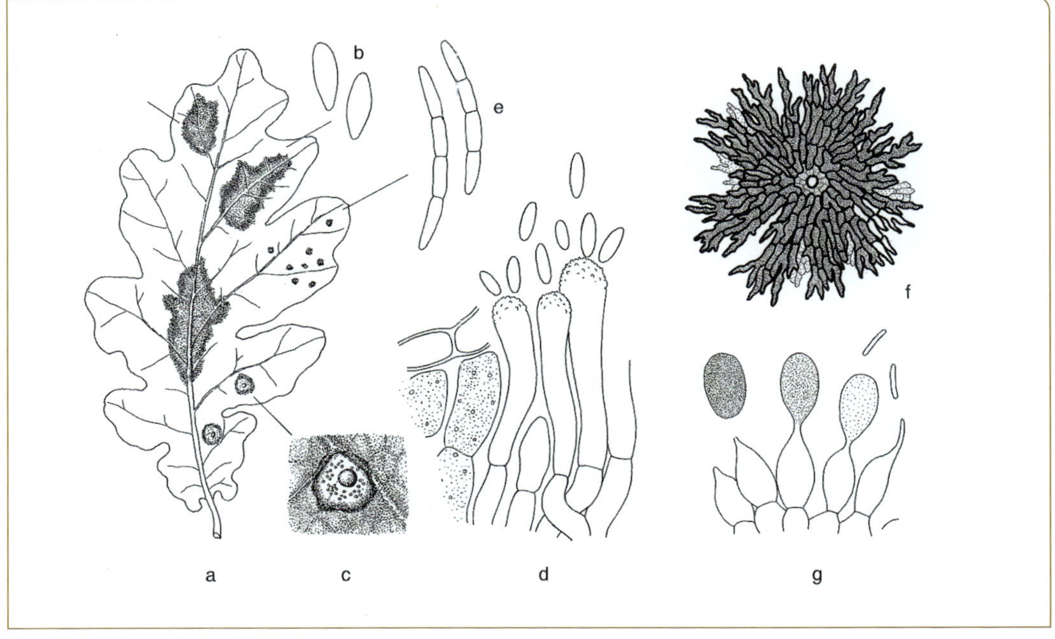

stärkeren Ausbreitung des Pilzes, die dann allerdings pathogene Züge trägt. Die Voraussetzungen hierzu werden von bestimmten Gallen bildenden Insekten geschaffen, die sich in diesem Fall stimulierend auf das Wachstumsverhalten des Pilzes auswirken. Bei der Eiche sind es *Neuroterus-* und *Andricus*-Arten. Die Folgen eines Zusammentreffens von Gallinsekt und Pilzmyzel sind lokal begrenzte Nekrosen, die zum Absterben der Galle führen. Der Pilz jedoch gelangt auf diese Weise zur Ausbildung seiner Fortpflanzungskörper.

Über die generelle Bedeutung von Endophyten – die im Übrigen eine weltweite Verbreitung besitzen und fast in jeder grünen Pflanze vorkommen – werden zurzeit noch verschiedene Vorstellungen diskutiert. Zahlreiche Beobachtungen deuten auf eine mutualistische Symbiose hin, die sich im Laufe der Zeit zwischen Pilz und Wirtspflanze entwickelt hat. Eine Teilfunktion dieser Beziehungen dürfte im vorliegenden Fall darin bestehen, dass der Endophyt in das Abwehrsystem der Wirtspflanze mit eingespannt wird.

Weitere Erreger von Blattkrankheiten der Eiche:

- *Aureobasidium apocryptum* (Ellis & Everh.) Herm.-Nijh.: Urheber 2–3 mm großer, rundlicher, hellbrauner Blattnekrosen, meist in Verbindung mit Befall durch den Eichenblattfloh *Trioza remota* (Butin 1992); Acervuli 40–70 µm groß; konidiogene Zelle keulenförmig, einer Basidie nicht unähnlich, apikal mit einzelligen elliptischen Konidien besetzt; weitverbreitet, jedoch oft übersehen (Abb. 38 c, d).
- *Cryptocline cinerascens* (Bubák) Arx: Urheber von 0,5–3 cm großen, rundlichen, braunen Flecken; Acervuli blattunterseits, gelblich, 100–160 µm groß; Konidien farblos, elliptisch, keulenförmig oder nierenförmig, 10–28 × 4–8 µm (Tafel I/11).
- *Dichomera saubinetii* (Mont.) Cooke: verursacht kleine zackenartige dunkelbraune Nekrosen, assoziiert mit der Gallwespe *Polystepha panteli* (Pehl und Butin 1994); Conidiomata einzeln stehend, schwarz, stromatisch, mit 10–14 × 6–9 µm großen, kugelförmigen, braunen, mehrfach septierten Konidien (Tafel III/9); Pilz mit polymorphen Fruchtkörper- und Konidienstadien.
- *Mycosphaerella punctiformis:* ältere Bezeichnung für den „current name“ *Ramularia endophylla* Verkley & U. Braun; Erstbesiedler seneszenter Blätter und häufiger Blattstreuzersetzer; im Spätsommer Ausbildung der *Asteromella*-Anamorphe mit stäbchenförmigen 4 × 1,5 µm großen Spermatien (Tafel III/15); im Winterhalbjahr Ausbildung der Pseudothecien mit zweizelligen Ascosporen (Tafel III/14).
- *Septoria quercicola* Sacc.: verursacht meist zahlreiche, auf der Blattspreite verstreute, rotbraune, 0,5–1,5 mm große Blattflecke; Pyknidien blattunterseits, im Blattgewebe eingesenkt, bräunlich bis dunkelgrau schwärzlich und 100–200 µm groß; Konidien farblos bis schwach grünlich, lang gestreckt, gebogen, zwei- bis vierfach

septiert, an den Septen eingeschnürt und 45–55 × 4–5 µm groß; häufig und überall verbreitet, doch oft übersehen (Abb. 38 e).

- *Taphrina caerulescens* (Desm. & Mont.) Tul.: verursacht auf der Roteiche hellgrüne, später braun werdende, ca. 1 cm große, konvex/konkave, blasenartige Deformationen; Asci blattober- oder -unterseits, zwischen Epidermiszellen hervorbrechend, zylindrisch oder keulenförmig, 70–80 × 20–30 µm, angefüllt mit zahlreichen ca. 5 µm großen elliptischen Blastosporen.
- *Tubakia dryina* (Sacc.) Sutton Teleomorphe *Dicarpella dryina*: Urheber graubräunlicher, bis zu 3 cm großer, zonierter Blattflecke; bevorzugt an *Quercus petraea;* Conidiomata blattunterseits, oberflächlich, flach bis kissenförmig, gelblich bis schwärzlich grau, mit einem radiär gebauten, oft unvollständigen Schildchen (Scutellum), das auf einem kurzen Stielchen sitzt; Makrokonidien 13–15 × 6–8 µm, Mikrokonidien 5–7 × 1,5 µm groß (Abb. 38 f, g).
- *Viren:* Urheber verschiedener Krankheitssymptome: chlorotische Sprenkelung, Fleckung und Kleinblättrigkeit durch Viren der *Potex-* oder *Poty*-Gruppe; chlorotische Ringfleckung und Linienmuster durch Viren der *Nepo*-Gruppe; chlorotische Fleckung bei reduzierter und deformierter Blattspreite durch Viren der *Tobamo*-Gruppe; derartige Virosen können mit nicht virusinduzierten Blattverfärbungen der Eiche verwechselt werden.

4.4.3 Apiognomonia-Blattbräune der Buche

Erreger: *Apiognomonia errabunda* (Roberge) Höhn.
Anamorphe: *Discula umbrinella* (Berk. & Broome) M. Morelet

Die an Rotbuche auftretende „Buchenblattbräune" ist durch unregelmäßig ausgedehnte, meist zackenartig geformte, braune Nekrosen ausgezeichnet, die einzeln an verschiedenen Stellen der Blattspreite liegen. In Jahren mit starkem Auftreten des Pilzes können auch junge Triebe befallen werden (Abb. 39). Eine umfangreiche Blattbräune kann gelegentlich den Eindruck einer ernsthaften Gefährdung für den Baum erwecken. Die Bedeutung eines solchen Schadbildes sollte jedoch nicht überbewertet werden, denn erfahrungsgemäß treiben auch stark befallene Bäume im nächsten Jahr ohne nennenswerte Folgeschäden wieder normal aus.

Im abgestorbenen Blatt- und Rindengewebe bilden sich im Sommer gelbbräunliche Conidiomata, die zahlreiche einzellige, verlängert eiförmige bis elliptische, 9–14 × 4–6 µm große Konidien enthalten. Die Teleomorphe findet sich im folgenden Frühjahr auf den am Boden liegenden Blättern.

Folgt man der Auffassung einiger Taxonomen, so gilt *Apiognomonia errabunda* als Sammelart, die auch die auf Linde und Eiche vorkommenden *Apiognomonia*-Arten mit einschließt. Auf Grund der hohen Wirts-

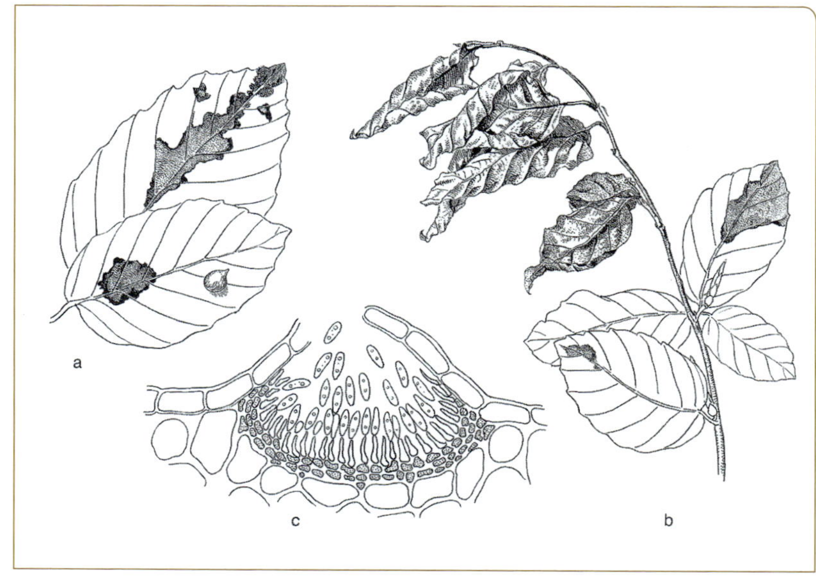

Abb. 39. Buchenblattbräune *(Apiognomonia errabunda)*. **a** Befallsbild an Blättern der Rotbuche, **b** abgestorbene Triebspitze, **c** Querschnitt durch einen Acervulus der *Discula*-Anamorphe.

spezifität dieser Arten sowie der erfolglosen Übertragbarkeit untereinander sollen die betreffenden Pilze in diesem Buch als eigene Arten betrachtet werden. (vgl. Kap. 4.4.2 und 4.4.11).

Biologisch bemerkenswert ist die Tatsache, dass der Pilz in fast allen grünen Blättern als Endophyt ohne Ausbildung von Krankheitssymptomen vorkommt. Der Pilz geht erst dann in eine pathogene Entwicklungsform über, wenn sich an gleicher Stelle des Blattes bestimmte Blattminierer oder Gallinsekten entwickeln. Als Auslöser gelten hier vor allem die Beutelgallen *Mikiola fagi* und *Hartigiola annulipes* (Bellmann 2012). Die Gallen selbst sterben bei diesem Vorgang ab. Der Pilz dagegen setzt seine Entwicklung erfolgreich bis zur Ausbildung der Conidiomata fort.

Weitere Erreger von Blattkrankheiten der Rotbuche:

- Kirschenblattrollvirus *(Cherry leaf roll virus)*: Chlorosen und Linien entlang der Blattnervatur, auch Kleinblättrigkeit; bei älteren Bäumen Kronenverlichtung (Bandte und Büttner 2004).
- *Mycosphaerella punctiformis:* ältere Bezeichnung der Teleomorphe mit herdenweise auftretenden, schwarzen, kugeligen, 60–120 µm großen, im Blattgewebe eingesenkten Pseudothecien; sackförmige Asci mit zweizelligen 8–13 × 3–4 µm großen Ascosporen (Tafel III/14); zugehörige *Asteromella*-Anamorphe mit kugeligen Pyknidien und 4 × 1,5 µm großen Spermatien (Tafel III/15); wichtiger und häufiger Laubzersetzer.
- *Phyllactinia orbicularis* (Ehrenb.) U. Braun: Echter Mehltaupilz mit weißlichen, zusammenfließenden, dichten Myzelüberzügen auf der

Ober- und Unterseite der Blätter; Fruchtkörper (Chasmothecien) kugelig bis abgeplattet, 150–250 µm groß, mit 6–15 stelzenartigen Anhängseln; auffallende Erscheinung besonders im Herbst auf abgefallenen Blättern.

- *Pseudodidymella fagi* Wei et al.: verursacht unregelmäßig geformte, über die gesamte Blattspreite verteilte hellbräunliche Flecke, ähnlich denen von *Apiognomonia errabunda*; asexuelle Vermehrung durch weißliche kissenförmige Geflechte; ab Herbst blattoberseits schwarze, rundliche Pseudothezien. Neuer, von Japan nach Europa verschleppter Krankheitserreger (Cech und Wiener 2017).

4.4.4 Pleuroceras-Blattbräune des Bergahorns

Erreger: *Pleuroceras pseudoplatani* (Tubeuf) M. Monod
Anamorphe: *Asteroma pseudoplatani* Butin & Wulf

Die nur auf Bergahorn auftretende Erkrankung ist durch wenige relativ große, 2–5 cm messende bräunliche Blattflecke ausgezeichnet, die anfangs von einem fingerartig sich auflösenden Rand umsäumt werden. Auf der Blattunterseite ist das Auftreten einer schwärzlichen Adernnekrose typisch. In fortgeschrittenem Stadium werden die Flecke bräunlich grau und glattrandig. Als Folgeerscheinung kommt es zu Blattdeformationen und partieller Blattvergilbung. Je nach Standort, Witterung und Baumalter schwankt die Stärke eines Befalls von der Infektion einzelner Blätter bis zur Fleckenbildung auf fast allen Blättern eines Baumes. Erkrankte Blätter lösen sich leichter von der Blattspur und fallen vorzeitig ab (Abb. 40).

Abb. 40. Ahorn-Blattbräune *(Pleuroceras pseudoplatani)*. **a** Ahornblatt mit Befallssymptomen, **b** Spermogonien blattunterseits, **c** Querschnitt (Ausschnitt) durch ein Spermogonium mit konidiogenen Zellen und Spermatien.

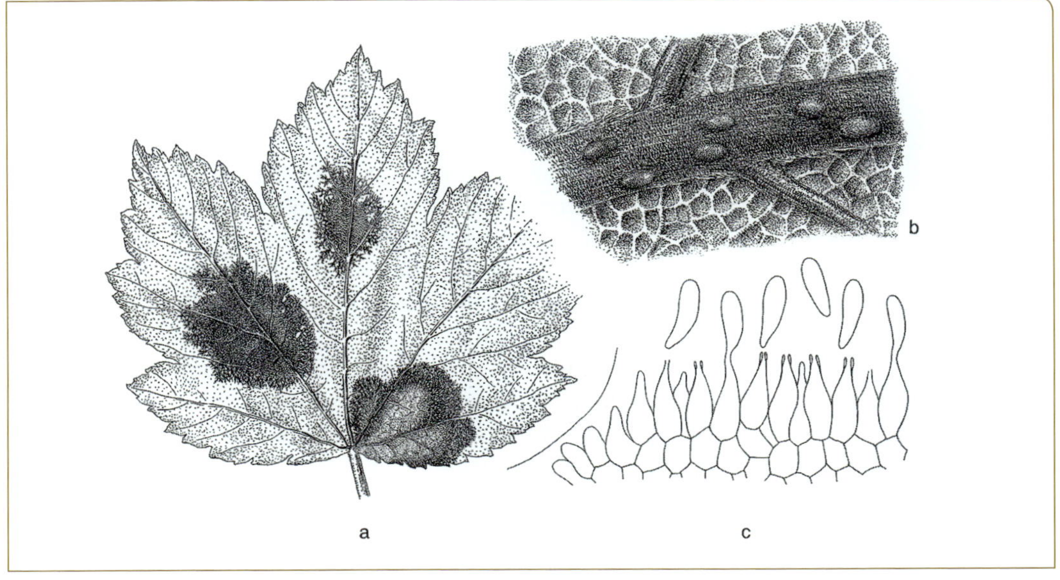

Bereits ab Juli werden blattunterseits auf den schwärzlich verfärbten Adern sehr kleine und daher leicht übersehbare Acervuli subepidermal angelegt. Diese sind elliptisch, leicht kissenförmig erhaben und 50–350 × 50–200µm groß. Sie enthalten zahlreiche tropfenförmige, 6–7 × 2–3 µm große Konidien, die von flaschenförmigen konidiogenen Zellen abgeschnürt werden. Die zugehörige Teleomorphe findet sich erst im Frühjahr auf den am Boden liegenden abgefallenen Blättern. Es sind kugelige, mit einem langen Ostiolum versehene dunkle Perithecien, deren nadelförmige, 45–65 × 0,5–1,5 µm große, zweizellige Ascosporen im Mai die Neuinfektion besorgen.

Nach verschiedenen Berichten aus der Literatur und nach eigenen Beobachtungen ist der Erreger der Ahornblattbräune zwar weitverbreitet; er tritt jedoch nicht jedes Jahr in gleicher Stärke auf. Er findet sich vor allem dort, wo das Laub mit den überwinternden Perithecien bis zum Frühjahr liegen bleibt. Das Entfernen des am Boden liegenden Laubes ist demnach die einfachste und sicherste Methode einer Bekämpfung und Verhütung von Neuinfektionen.

4.4.5 Petrakia-Blattbräune des Bergahorns

Erreger: *Petrakia echinata* (Peglion) Syd. & P. Syd.

Die „Petrakia-Blattbräune“ kann gewissermaßen als Doppelgänger der „Pleuroceras-Blattbräune“ bezeichnet werden, denn makroskopisch sind beide Krankheitsbilder kaum voneinander zu unterscheiden. Allerdings kommt die wärmeliebende *Petrakia echinata* zurzeit – im Gegensatz zu *Pleuroceras pseudoplatani* – weniger häufig vor, verursacht aber stellenweise (besonders in feuchten Lagen) ebenfalls ausgedehnte Blattnekrosen an zahlreichen Blättern, die dann vorzeitig abgeworfen werden. Befallen wird bei uns nur der Bergahorn.

Die Blattflecke entwickeln sich im Sommer auf noch grünen Blättern und erreichen eine Größe bis zu 5 cm Durchmesser. Auf der Blattfläche sind sie meist rundlich, am Rande unregelmäßig geformt. Bei Randnekrosen kommt es nicht selten zum Einrollen der Blattspitzen und zur Deformation des Blattes. Farblich sind die Flecke anfangs rostbraun, am Ende ihrer Entwicklung (September) schließlich einheitlich graubräunlich. Im Gegensatz zu *Pleuroceras pseudoplatani* ist der Rand der Flecke anfangs durch schwärzliche Punktnekrosen diffus aufgelöst, was im Gegenlicht besonders deutlich erkennbar ist. Ein weiteres makroskopisches Unterscheidungsmerkmal ist das Fehlen schwarz verfärbter Adern auf der Blattunterseite (s. Kap. 4.4.4).

Eine gesicherte Diagnose ergibt sich allerdings erst durch den Nachweis der asexuellen Fruktifikationsform, die fast ausschließlich blattoberseits ausgebildet wird. Während der Sommermonate findet man hier 100–150 µm große kugelige weiße Zellkörper, die sich herdenweise auf der Blattepidermis verteilen. Ihr pseudoparenchymatischer Kern löst sich nach außen in zahlreiche, bis zu 300 µm langen Hyphen auf. Erst zum Vegetationsende verwandelt sich der Zellhaufen in braune, schließlich schwarze Sporodochien mit einfachen Konidienträgern, an denen mauerförmig septierte, olivfarbene und 25–30 × 10–25 µm große Konidien abgeschnürt werden. Als charakteristisches Merkmal weisen die Sporen 4–6 dornartige, farblose Fortsätze auf, die unter geeigneten Bedingungen zu Myzel bildenden Keimschläuchen auswachsen. Nach Überwinterung bildet der Pilz auf den am Boden liegenden Blättern das teleomorphe Stadium aus, das durch kegelförmige, 220–280 µm große, mit einem Porus sich öffnende schwarze, subcuticulär angelegte Ascomata ausgezeichnet ist. Die Neuinfektion erfolgt durch zwei- bis vierzellige farblose Ascosporen, die in zylindrischen, von Pseudoparaphysen umgebenden Asci ausgebildet werden (Butin et al. 2013). Erfahrungen über eine Bekämpfung der Blattkrankheit liegen bisher noch nicht vor.

4.4.6 Ahornmehltau

Erreger: *Sawadaea tulasnei* (Fuckel) Homma
Sawadaea bicornis (Wallr.) Homma

Auf den Blättern des Ahorns kommen in Mitteleuropa zwei verschiedene wirtsspezifische Mehltauarten vor, von denen folgende Beschreibung gegeben werden kann:

- *Sawadaea tulasnei* bildet auf der Blattoberseite von *Acer platanoides* rundliche, gelegentlich die ganze Blattspreite bedeckende Flecke, die aus einem dichten dauerhaften weiß glänzenden Hyphengeflecht bestehen. Ab Frühsommer werden in den epiparasitisch wachsenden Myzelüberzügen Konidienträger mit würfelförmigen bis rundlichen,

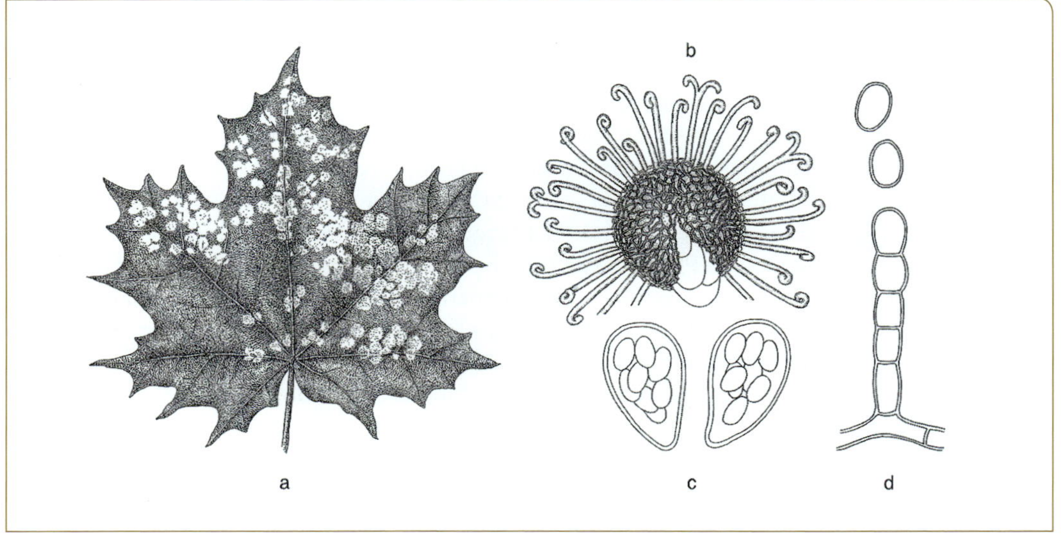

Abb. 41. Ahornmehltau *(Sawadaea tulasnei)*.
a Ahornblatt mit Mehltaubefall,
b Chasmothecium mit Anhängseln,
c Asci mit Ascosporen,
d Konidienträger mit Konidien.

8–11 × 6–9 µm großen Mikrokonidien angelegt; weniger häufig findet man die Makrokonidien, die eine tönnchenförmige elliptische Gestalt besitzen und 19–28 × 13–18 µm groß sind. Ab Herbst beginnt die Ausbildung der anfangs kugeligen, später linsenförmig abgeflachten ca. 150 µm großen Chasmothecien mit den für den Pilz typischen 50–70 farblosen, am Ende gekrümmten oder eingerollten Anhängseln. Im Gegensatz zu *S. bicornis* sind hier die Anhängsel überwiegend unverzweigt, seltener einmal gabelig verzweigt. Die im Frühjahr aufplatzenden Fruchtkörper enthalten 8–15 sackförmige, achtsporige Asci (Abb. 41). – In Gartenanlagen ist der Mehltau meist nur ein Schönheitsfehler; in Baumschulen kann es zu Wachstumshemmungen und zur Minderung des Verkaufswertes kommen.

- *Sawadaea bicornis* bildet auf beiden Blattflächen einen meist zusammenhängenden, leicht vergänglichen feinen Überzug. Auf jüngeren Blättern finden sich nicht selten dichter gelagerte Myzelien, die streifenartig den Blattadern folgen. Seltener werden die Spaltfrüchte befallen, wobei es zu Deformationen und zum Samenausfall kommen kann. Die kettenförmig abgeschnürten, elliptischen bis eckigen Makrosporen sind 25–35 × 13–18 µm, die ebenso geformten Mikrosporen 12–18 × 5–10 µm groß. Die teleomorphen Fruchtkörper finden sich blattunterseits; sie besitzen einfach oder mehrfach verzweigte, an den Enden hakenförmig gekrümmte Anhängsel. Die Hauptwirte dieser Art sind bei uns *Acer campestre* und *A. pseudoplatanus*. Gelegentlich kann man den Pilz allerdings auch auf *A. platanoides*, dem Spitzahorn, beobachten, und zwar im Herbst, wenn die spezifische Resistenz des Baumes abzunehmen beginnt. An denjenigen Stellen, an denen sich der Pilz blattunterseits entwickelt, kommt es dann offenbar zu einem Stopp des Chlorophyllabbaus und damit zur Ausbildung von „grünen Inseln“. Derartige Farbmuster finden sich auch auf den Blättern von Berg- und Feldahorn (Butin 2008).

4.4.7 Teerfleckenkrankheit des Ahorns

Erreger: *Rhytisma acerinum* (Pers.) Fr.
Anamorphe: *Melasmia acerina* Lév.

Die wohl bekannteste Blattkrankheit des Ahorns ist durch 1–2 cm große schwarze Flecke ausgezeichnet, die im Laufe des Sommers auf der Blattoberseite verschiedener Ahornarten auftreten. Die Entwicklung der Krankheit beginnt im Frühjahr, wenn die Keimschläuche der Ascosporen durch die Epidermis der Blattoberseite in das Innere der Blätter eindringen. Später bildet der Pilz blattoberseits unter der Epidermis feste Stromageflechte (Sklerotien), die sich in teerartig schwarze, glänzende Flecke verwandeln. Auf diesen Flecken entstehen zunächst in flachen Conidiomata stäbchenförmige Konidien, die bei der Dikaryotisierung als Spermatien fungieren und unter dem Namen *Melasmia acerina* bekannt

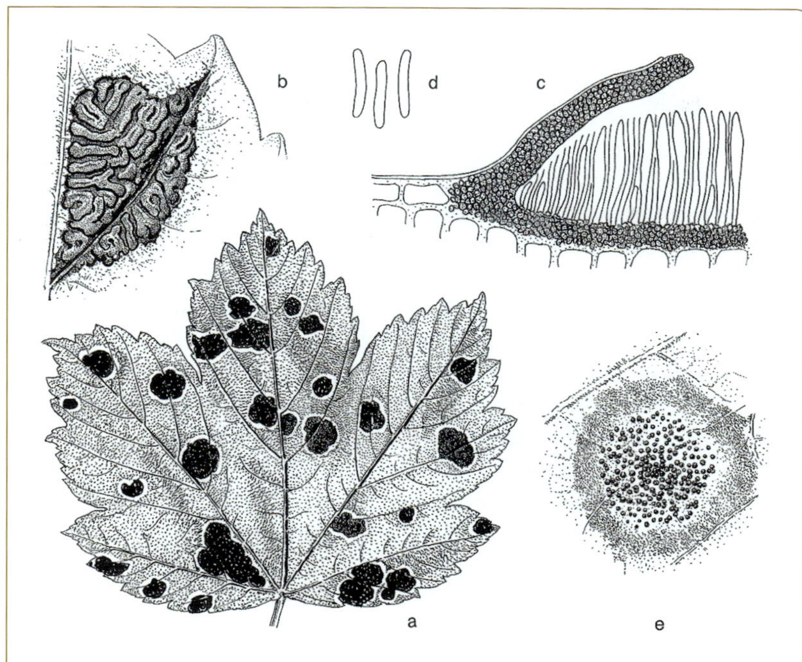

Abb. 42. Teerfleckenkrankheit. **a–d** *Rhytisma acerinum:* **a** Befallsbild an Bergahorn-Blatt, **b** Sklerotium mit reifenden Apothecien, **c** Querschnitt durch ein Ascoma mit Asci und Paraphysen, **d** Konidien; **e** Sklerotien von *Rhytisma punctatum*.

sind. Die Teleomorphe wird erst im darauf folgenden Frühjahr auf den am Boden liegenden Blättern reif. Bei diesem Vorgang wölbt sich die Deckschicht des Stromas unregelmäßig leistenförmig auf, sodass die Flecke ein runzeliges Aussehen bekommen (daher der Name „Ahornrunzelschorf"). Bei feuchtem Wetter werden die einzelnen Fruchtkörper spaltenartig durch Quellkörper geöffnet, sodass die Ascosporen ausgeschleudert werden können. Gelangen Sporen durch Aufwinde auf junge Ahornblätter, beginnt der einjährige Entwicklungszyklus des Pilzes aufs Neue (Abb. 42 a–d).

Da beim Ahornrunzelschorf nur die Ascosporen infektionsfähig sind, lässt sich ein Befall leicht durch Entfernen der am Boden liegenden Blätter verhüten. Diese Maßnahme dürfte allerdings nur in Baumschulen und bei einzelnen Garten- oder Parkbäumen sinnvoll und möglich sein.

Rhytisma acerinum kommt in mehreren physiologischen Rassen vor, die jeweils nur bestimmte Ahornarten zu infizieren vermögen (Müller 1912). Als morphologisches Differenzialmerkmal kann im Sommer die unterschiedliche Länge der *Melasmia*-Konidien herangezogen werden. So besitzt die auf Bergahorn vorkommende Form 7–8 × 1 µm, die auf Spitzahorn 4–6 × 1 µm lange Spermatien. Liegen punktförmige, etwa 1 mm große, nicht zusammenfließende schwarze Sklerotien vor, so handelt es sich um das seltener vorkommende *Rh. punctatum* (Pers.) Fr. mit Vorkommen nur auf Bergahorn (Abb. 42 e).

Als Hyperparasit tritt auf Berg- und Spitzahorn nicht selten *Ascochyta velata* Káb. & Bub. auf, die die Stromata von *Rhytisma acerinum* parasitiert und verkümmern lässt (Butin 2006). Ein Befall zeigt sich makroskopisch zunächst in der Ausbildung eines mehr oder weniger breiten braunen Ringes, der sich eng um die immer kleiner werdenden Stromata des Wirtspilzes legt. Am Ende kann der schwarze „Teerfleck" völlig verschwunden und durch einen einheitlich braunen Fleck ersetzt sein. Die Pyknidien des Hyperparasiten finden sich zu mehreren zunächst unter der Stromadecke von *Rh. acerinum*, und später als halbkugelige 140–200 μm große Gebilde auf der gesamten okkupierten braunen Blattfläche. Die Konidien sind zweizellig, hyalin und 14–16 × 5–6 μm groß (Tafel IV/10). Ab November sind die meisten Pyknidien leer und nur noch als napfförmige Vertiefungen auf den ehemaligen Teerflecken erkennbar. Die Pilzentwicklung wird fortgesetzt durch die Bildung von Mikrokonidien, die schließlich – im Frühjahr – zur Bildung der *Phaeodothis*-Teleomorphe mit zweizelligen braunen Ascosporen führt.

4.4.8 Weißfleckigkeit des Ahorns

Erreger: *Cristulariella depraedans* (Cooke) Höhn.

Die Weißfleckigkeit des Ahorns stellt in gewisser Weise das Pendant zur Teerfleckenkrankheit dar, nur in farblich entgegengesetzter Ausführung. Charakteristisch für diese Blattkrankheit sind 2–10 mm große, grauweiße, rundliche Flecke, die sich meist in größerer Zahl auf der Blattspreite von *Acer pseudoplatanus* verteilen. Niedrig hängende Zweige jüngerer Bäume werden meist stärker befallen. Blätter mit zahlreichen Flecken werden vorzeitig abgeworfen.

Bei starkem Infektionsdruck tritt der Pilz auch noch auf *Corylus, Fagus* und *Prunus* auf, hier allerdings in geringerer Befallsstärke (Kowalski und Bartnik 2008).

Eine Verwechslungsmöglichkeit besteht mit dem Schadbild der Ahorn-Fenstergallmücke *(Dasineura vitrina)* und der Blattgalle *Drisina glutinosa*. Beide Gallinsekten lösen häufig die pathogene Entwicklung endophytischer Pilze aus, wobei die Gallinsekten (Larven) selbst absterben (Pehl und Butin 1994).

Urheber der Blattkrankheit ist der Pilz *Cristulariella depraedans,* dessen zarte gestielte Sporenköpfchen auf der Unterseite der Blattnekrosen, seltener oberseits, ausgebildet werden. Sie sind rundlich bis linsenförmig, 100–200 μm im Durchmesser und aus zahlreichen kleinen rundlichen Zellen zusammengesetzt (Abb. 43). Während des Sommers wird das gesamte, als Konidie fungierende Sporenköpfchen abgeworfen und durch Regen und Wind auf andere Blätter übertragen. Bei der Keimung treten aus den peripheren Endzellen lange Keimschläuche aus, die in das Blattparenchym eindringen und die Infektion besorgen. Die

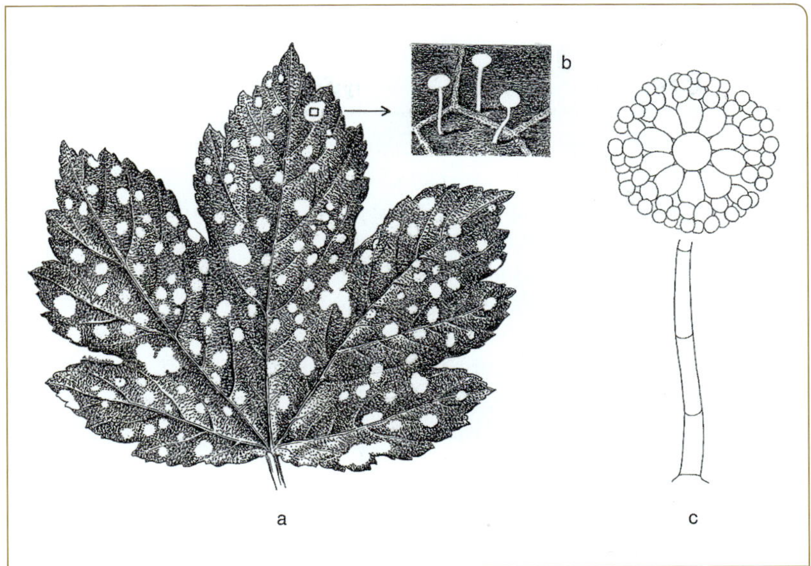

Abb. 43. Weißfleckigkeit an Berg-Ahorn (*Cristulariella depraedans*).
a, b Sporenträger des Erregers blattunterseits, **c** Sporenträger mit Sporenköpfchen.

Überwinterung erfolgt mithilfe von schwarzen, wurmförmigen Sklerotien, die im Herbst auf den abgefallenen Blättern entstehen. Ein epidemisches Auftreten des Pilzes ist an lang andauernde extrem feuchte Witterungsbedingungen gebunden. Wirtschaftlich spürbare Schäden sind hierbei noch nicht beobachtet worden. Sollte eine Bekämpfung notwendig werden, z. B. in Baumschulen, wäre als einfachste Maßnahme die Beseitigung des am Boden liegenden Laubes sowie eine regelmäßige Bodenbearbeitung zu empfehlen.

Weitere Erreger von Blattkrankheiten an Ahorn:

- *Metadiplodia acerina* (Lév.) Zambett. (Syn. *Diplodina acerina*): Urheber kreisförmiger oder unregelmäßig geformter graugelber, dunkel berandeter, 5–10 mm großer Flecke, oft von abgestorbenen Blattgallen ausgehend (Pehl und Butin 1994); Acervuli blattunterseits, bräunlich mit spindelförmigen zweizelligen, 12–16 × 3–3,5 µm großen Konidien (Tafel I/7).
- Phytoplasmen (Candidatus *Phytoplasma asteris*): vermutlicher Erreger von Blattdeformationen und reduziertem Apikalwachstum, verbunden mit der Bildung von Hexenbesen und dem Absterben von Zweigen und Ästen (Bandte et al. 2008).
- *Discula campestris* (Pass.) Arx: verursacht mittelgroße ungleichförmige braune Flecke; Acervuli blattunterseits, bernsteinfarben mit elliptischen oder zylindrischen, farblosen, 6–9 × 2–3 µm großen, einzelligen Konidien (Tafel I/6); auf verschiedenen Ahornarten.
- *Phloeospora aceris* (Lib.) Sacc.: verursacht ab Juli sehr kleine, nicht zusammenfließende, grünlich braune Flecke, die später aschgrau

werden und von der Mitte her austrocknen; Konidien zylindrisch, vierzellig, an den Septen eingeschnürt, 30–50 × 4–5 µm (Tafel II/9).
- *Phyllosticta aceris* Sacc.: Urheber rundlicher bis eckiger, ockerfarbener, 5 mm großer Flecke auf älteren Blättern; Pyknidien hell, 100–170 µm im Durchmesser; Konidien eiförmig bis länglich-elliptisch, ein- und zweizellig, 6–8 × 3,5 µm (Tafel I/8).
- *Phyllosticta minima* (Berk. & M.A. Curtis) Underw. & Earle: Urheber 1 cm, bei Zusammenfließen bis zu 6 cm großer brauner Flecke; Pyknidien schwarzbraun, rundlich, kleine Löcher im Blatt zurücklassend; Konidien an einem Ende abgestutzt, rundlich oder eiförmig, 12–16 × 9–11 µm groß, gelegentlich mit hantelförmigen Sporen der zugehörigen *Leptodothiorella*-Anamorphe vermischt (Tafel I/9).
- Viren *(Arabis mosaic virus, Cucumber mosaic virus, Plum pox virus)*: Urheber von Chlorosen, Blattscheckung oder mosaikähnlichen Farbveränderungen an Blättern (Bandte et al. 2008).

4.4.9 Phoma-Krankheit der Esche

Erreger: *Didymella macrostoma* (Mont.) Quian, Chen & L. Cai
Anamorphe: *Phoma macrostoma* Mont.

Die Phoma-Krankheit gehört – neben dem Chalara-Triebsterben – zu den gravierendsten an der Esche vorkommenden Krankheiten, die allerdings nicht überall auftritt und an feuchte schattige Lagen gebunden scheint. Auch sind nur Jungbäume und Blätter davon betroffen. Als typische Symptome treten zunächst bis 3 cm große, unregelmäßig geformte, am Rand oft zackenartig geformte bräunliche Flecke auf, die zusammenlaufen können. Stark befallene Blätter rollen sich ein und können welken. Schließlich fallen die Fiederblättchen ab, sodass nur noch die Hauptader am Zweig hängen bleibt. Das Endstadium einer Erkrankung zeigt sich in einer Entblätterung, vor allem der Unterkrone des Baumes (Butin und Brand 2017).

Eine Absicherung des an sich schon typischen Krankheitsbildes kann durch die Untersuchung der zerstreut im Blattgewebe vorkommenden Pyknidien erfolgen. Diese sind schwärzlich, rundlich und ca. 200 µm groß. Die Konidien sind elliptisch bis eiförmig, einzellig, selten zweizellig und 5–7 × 2,5–3,0 µm groß.

Weitere Erreger von Blattkrankheiten der Esche:
- *Apiognomonia errabunda* (Roberge) Höhn.: Urheber purpurbrauner, dunkelberandeter 0,5–1 cm großer rundlicher Flecke; während der Vegetationszeit in der *Discula*-Anamorphe vorkommend (Abb. 39 c).
- Kirschenblattrollvirus *(Cherry leaf roll virus)*: verursacht chlorotische Fleckung und Linienmuster auf jungen deformierten Blättern, teilweise auch Fadenblättrigkeit.
- *Phyllactinia fraxini* (DC.) Fuss: bildet vor allem blattunterseits weiß-

liche Überzüge mit verstreut vorkommenden, anfangs gelblichen, später schwarzen Chasmothecien; Konidien keulenförmig; Verbräunung und Vertrocknen der Blättchen erst in einem sehr späten Entwicklungsstadium.

- *Venturia fraxini* Aderh.: Urheber kleiner, hellbrauner Blattflecke, nicht selten in Verbindung mit Befall der Eschengallmücke *(Dasineura fraxinea)*; Vorkommen während der Vegetationszeit in Form der Anamorphe *Fusicladium fraxini* mit 15–25 × 4–6 µm großen ein- oder zweizelligen, spindelförmigen, gelblichen Konidien (Tafel IV/7) auf olivbraunem Myzelrasen; Teleomorphe im Frühjahr auf den am Boden liegenden Blättern (Sivanesan 1984).

4.4.10 Phloeospora-Krankheit der Ulme

Erreger: *Phloeospora ulmi* (Fr.) Wallr.

Die ersten Symptome dieser Krankheit sind meist zahlreiche auf wenige Blattzellen beschränkte, eckige, gelbe Flecke, die ihrer Kleinheit wegen auf dem noch grünen Blatt kaum ins Auge fallen. Später werden die Flecke blassbraun und schließlich dunkelbraun. Zwischen den braunen Flecken, die bei größerer Dichte zusammenfließen können, sterben die noch grünen Blattpartien bald ab und verfärben sich gelblich. Im Anschluss an die parasitische Phase – die sich im Übrigen durch die Bil-

Abb. 44. Blattpilze an Ulme.
a–c *Phloeospora ulmi:* **a** Blatt einer Bergulme mit Befallssymptomen, **b** Conidiomata blattunterseits mit austretenden Konidien, **c** Querschnitt durch ein Conidioma; **d–f** *Dothidella ulmi:* **d** Blatt einer Bergulme mit Befallssymptomen blattoberseits, **e** Blattausschnitt mit reifem Ascoma, **f** Ascus mit Ascosporen.

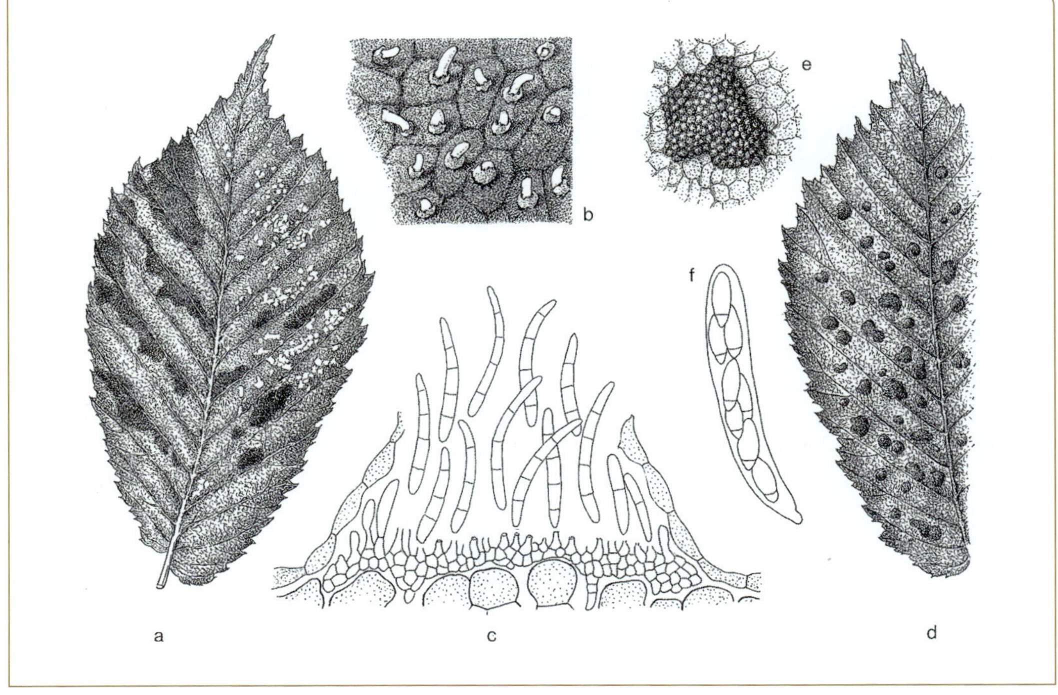

dung von Conidiomata auszeichnet – erfolgt die saprobische Besiedlung größerer Partien des Blattes, das sich schließlich schwarzbraun verfärbt und vorzeitig abfällt (Abb. 44 a–c). Da ausgedehntere Blattschäden erst ab dem Spätsommer auftreten, wird der Krankheit im Allgemeinen keine besondere Bedeutung beigemessen.

Ein sicheres diagnostisches Merkmal des Erregers sind die schon frühzeitig blattunterseits erscheinenden, bis 200 µm großen Acervuli, deren 30–60 × 4–6 µm großen vier bis sechszelligen Konidien in Form heller Sporenranken nach außen gepresst werden. Die rundlichen schwarzen ca. 100 µm großen Fruchtkörper der Teleomorphe finden sich als Perithecienanlagen bereits im Spätsommer auf den großflächig abgestorbenen braunschwarzen Blattpartien. Ihre Reife erfolgt erst im darauf folgenden Frühjahr auf den am Boden liegenden Blättern.

Weitere Erreger von Blattkrankheiten der Ulme:

- *Dothidella ulmi* (C.-J. Duval) G. Winter (Syn. *Platychora ulmi*): erkennbar zunächst an der im Frühsommer gebildeten Anamorphe *(Piggotia ulmi)* mit keilförmigen, 8–10 × 6–7 µm großen Konidien und im Spätsommer an den rundlichen, krustenförmigen, schwarzen Stromata auf der Oberseite noch grüner Blätter; Reife der Ascomata im folgenden Frühjahr; Ascosporen länglich eiförmig, 9–12 × 4–5 µm groß (Abb. 44 d–f). Befall führt zu vorzeitigem Vergilben der Blätter.
- Ulmen-Phytoplasma (Candidatus *Phytoplasma ulmi*): Urheber der „Ulmenvergilbung“; Zikaden als Überträger.
- Ulmenringfleckenvirus: verursacht auf Blättern der Flatterulme chlorotische Flecke und Linienmuster (Abb. 51 b).

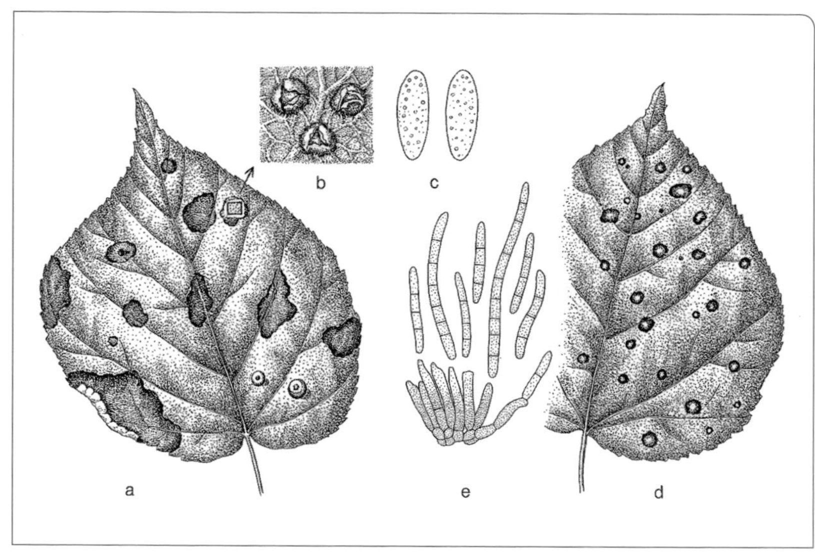

Abb. 45. Blattpilze der Linde.
a, b *Apiognomonia tiliae:* **a** Blattflecke, **b** Acervulus der *Discula*-Anamorphe, **c** Konidien; **e, d** *Paracercosporidium microsorum:* **d** Befallsbild, **e** Sporenträger mit Konidien (**e** nach Ellis 1976).

4.4.11 Apiognomonia-Blattbräune der Linde

Erreger: *Apiognomonia tiliae* (Rehm) Höhn.
Anamorphe: *Discula* sp.

Auch diese Blattkrankheit ist – entsprechend den übrigen durch *Apiognomonia* verursachten Blattbräunen – durch mehr oder weniger unregelmäßig geformte dunkelumrandete Nekrosen ausgezeichnet, die bevorzugt im Bereich der Blattadern liegen. Allerdings können unter bestimmten Bedingungen auch die Blattstiele befallen werden, was im Frühsommer zu einem zunächst unerklärlichen verstärkten Blattfall führt. – Die Conidiomata der Anamorphe finden sich als kleine kissenförmige Erhebungen auf beiden Blattseiten bzw. am Blattstiel. Ihre Konidien sind in Form und Größe denen von *Discula umbrinella* sehr ähnlich. Hinsichtlich der Infektionsbiologie ist auch diese *Apiognomonia*-Art in hohem Maße auf gallbildende Insekten oder Milben angewiesen (Pehl und Butin 1994). Interaktionen ergeben sich z. B. mit der Gallmilbe *Eriophyes leiosoma* und der Gallmücke *Didymomyia reaumuriana* (Abb. 45 a–c).

Weitere Blattpilze der Linde:

- *Paraconiothyrium tiliae* (F. Rudolphi) Verkley & Gruyter (Syn. *Asteromella tiliae*): verursacht wenige braune, 1–3 cm große, sehr auffallende Blattflecke mit anfangs fransenartigem schwarzem Rand; im

Abb. 46. Blattbräune der Linde *(Paraconiothyrium tiliae)*. **a** Lindenblatt mit Befallssymptomen, **b** Querschnitt durch ein Conidioma, **c** konidiogene Zellen mit Konidien, **d** Konidien (aus Butin und Kehr 1995).

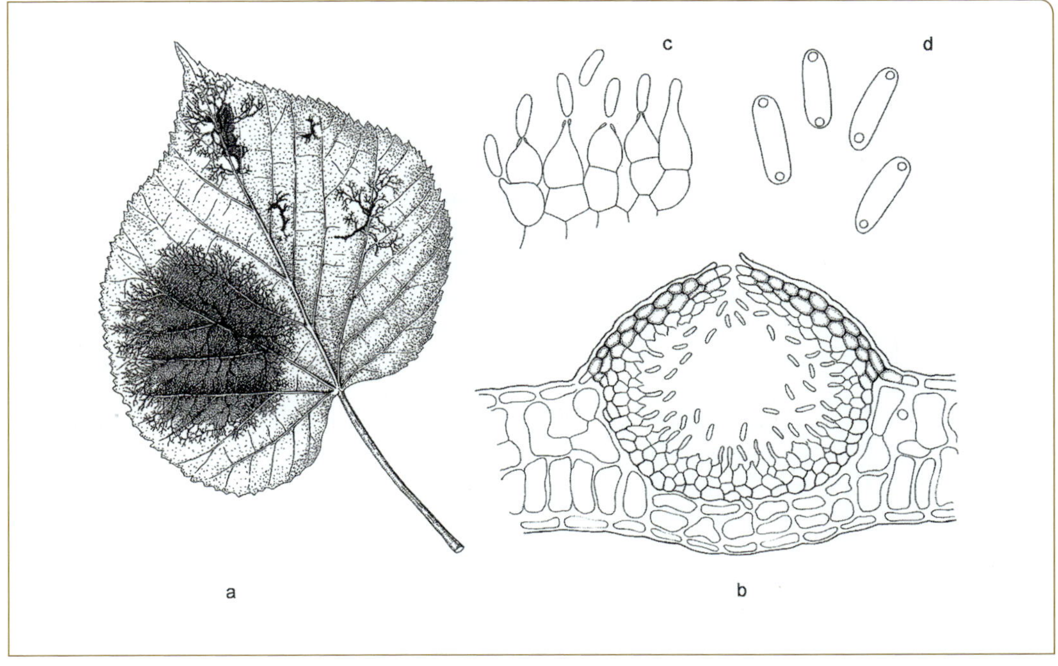

September blattunterseits Ausbildung der nur mit starker Vergrößerung erkennbaren, 100 μm großen Conidiomata mit stäbchenförmigen bis elliptischen, farblosen, 4–5 × 2 μm großen Konidien (Abb. 46); im folgenden Frühjahr auf den am Boden liegenden Blättern Ausbildung von Perithecien mit zweizelligen, bräunlichen, 13–16 × 5–6 μm großen Ascosporen der Teleomorphe. Wegen des späten Auftretens im Jahr in der Regel keine nennenswerten Schäden; in feuchten Gebieten allerdings vorzeitige Vergilbung und frühzeitiger Blattfall möglich.

- *Paracercosporidium microsorum* (Sacc.) U. Braun et al. (Syn. *Cercospora microsora*): infiziert Blätter sowie Blattstiele, gelegentlich totalen Blattverlust verursachend; Blattflecke gleichmäßig über die Blattspreite verteilt, 1–3 mm groß, eckig oder rundlich, anfangs glänzend braunschwarz, später im Zentrum heller; Sporenträger blattunterseits, hellbräunlich mit wurmförmigen mehrfach septierten, 35–90 × 3–4 μm großen, blass olivfarbenen Konidien. Diagnose wird oft durch fehlende Sporenbildung erschwert (Abb. 45 d, e).
- *Phyllosticta tiliae* Sacc. & Speg.: Urheber einheitlich brauner, 2–10 mm großer, zackig berandeter Flecke; Pyknidien blattoberseits mit 6–8 × 3–4 μm großen Konidien.

4.4.12 Blattbräune der Hainbuche

Erreger: *Apiosporopsis carpinea* (Fr.) Traverso
Anamorphe: *Monostichella robergei* (Desm.) Höhn.

Erste Anzeichen einer Infektion sind dicht gesäte, hellbraune Läsionen auf der Blattoberseite, wobei zunächst nur die obere Zelllage betroffen ist. Durch Zusammenfließen zahlreicher Flecke bilden sich größere diffuse braun gefärbte und oft silbrig schimmernde Verfärbungen, die die ganze Blattspreite erfassen können. Im nekrotischen Blattgewebe entstehen anfangs gelbbraune, später fast schwarze, überwiegend rundliche, zuweilen auch eckige Acervuli, in denen auf einer kleinzelligen Basalschicht einzellige hyaline, eiförmige bis breit zylindrische 12–17 × 7–9 μm große Konidien der unter dem Namen *Monostichella robergei* bekannten Anamorphe entstehen (Abb. 47 d–f). Die entsprechende Teleomorphe findet sich im darauf folgenden Frühjahr auf den am Boden liegenden Blättern.

Im natürlichen Verbreitungsgebiet der Hainbuche ist dieser Pilz ein relativ häufiger, jedoch unbedeutender Schwächeparasit, zumal er nur alternde Blätter befällt. Unter bestimmten Voraussetzungen – z. B. nach strengem Rückschnitt von Hainbuchenhecken – kann der Pilz jedoch eine ausgedehnte Blattbräune und einen vorzeitigen Blattfall verursachen.

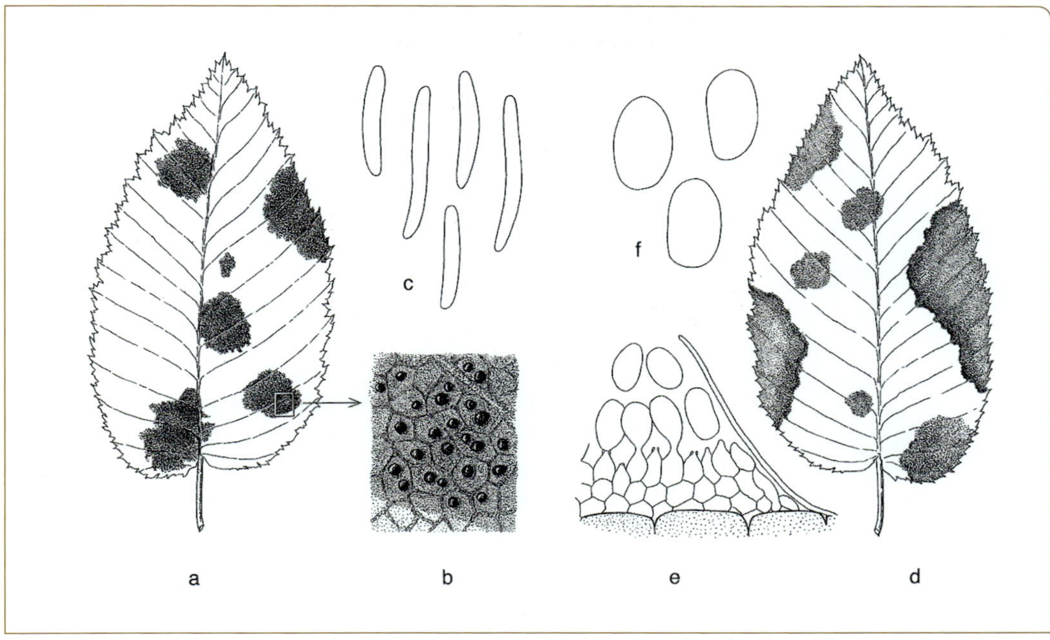

Abb. 47. Blattpilze der Hainbuche.
a–c *Asteroma carpini:* **a** Befallssymptome, **b** Acervuli blattunterseits, **c** Konidien;
d–f *Monostichella robergei:* **d** Befallssymptome, **e** Conidioma im Querschnitt (Ausschnitt), **f** Konidien.

Weitere Erreger von Blattkrankheiten der Hainbuche:

- *Asteroma carpini* (Lib.) B. Sutton (Syn. *Cylindrosporella carpini*): Urheber 0,2–2 cm großer, anfangs schwarzgrauer, später graubrauner Flecke, die erst zu Beginn des Herbstes auf den noch am Baum hängenden Blättern ausgebildet werden; Acervuli dicht gesät, blattunterseits; Konidien stäbchenförmig ungleich lang, 9–13 × 2 µm groß (Abb. 47 a–c).
- *Erysiphe arcuata* U. Braun, Heluta & Takam.: Urheber unscheinbarer weißlicher Myzelüberzüge auf beiden Blattseiten; Blätter können verkümmern. Neuer, aus Asien stammender Krankheitserreger; seit 1989 erst als *Oidium carpini* Foitzik in der anamorphen Form, seit 2004 zusätzlich in der teleomorphen Form auftretend, mit rasanter Ausbreitungstendenz in Europa. Fruchtkörper (Chasmothecien) kugelig, 80–120 µm groß, mit auffallend langen, an der Spitze eingerollten Anhängseln.
- *Melampsoridium carpini* (Fuckel) Dietel: charakterisiert durch orangegelbe Uredolager blattuntereits und länglichen bis birnförmigen, 18–28 × 8–15 µm großen Uredosporen; Teleutolager beidseitig gelbbraun mit prismatischen, fest sitzenden Teleutosporen; Entwicklungsgang unbekannt; Haplont möglicherweise auf Nadeln von *Larix*; selten vorkommend.

4.4.13 Kräuselkrankheit der Erle

Erreger: *Taphrina tosquinetii* (Westend.) Tul.

Die Symptome dieser Erkrankung, die an Schwarzerle sowie an einigen ausländischen *Alnus*-Arten beobachtet werden, sind blasenartige Auftreibungen und muschelartige Verkrümmungen der noch grünen Blätter sowie hypertrophische Verformungen der befallenen Triebe. Gelegentlich können betroffene Blattpartien vertrocknen und verbräunen. Bei jährlich wiederholtem Auftreten kann die Anwendung von Fungiziden erforderlich werden, allerdings mit Beschränkung auf Baumschulen.

Der zu den Wucherlingen (Taphrinales) gehörende Pilz ist ein hoch spezialisierter wirtsgebundener Parasit, der durch Ausschüttung von Wuchsstoffen unmittelbar in das Stoffwechselgeschehen und die Morphogenese der Wirtspflanze eingreift. Sein Myzel findet sich subkutikulär in den Blättern und – ab dem Herbst – in den Knospen, wo der Pilz den Winter überdauert. Die Verbreitung des Pilzes erfolgt durch Ascosporen bzw. hefeartige Sprosszellen, die noch im Ascus von den Ascosporen abgeschnürt werden. Da das Krankheitsbild nicht immer eindeutig ist, achte man auf die meist blattunterseits, gelegentlich auch blattoberseits dicht gedrängt stehenden Asci, die einen ähnlichen Aufbau zeigen wie die von *Taphrina populina* (vgl. Abb. 48).

Eine verwandte, ebenfalls systemisch lebende Art, *Taphrina sadebeckii* Johanson, verursacht auf *Alnus glutinosa* ähnliche Deformationen. Allerdings beschränken sich diese auf kleinere Bereiche der Blätter. Es handelt sich um kreisrunde ca. 1 cm große, blasenartige Wölbungen nach oben oder seltener nach unten. Auf der entsprechenden konkaven Seite bildet sich auf der Epidermis ein gelblicher Überzug, bestehend aus Asci und zahlreichen einzelligen, sprossenden Ascosporen.

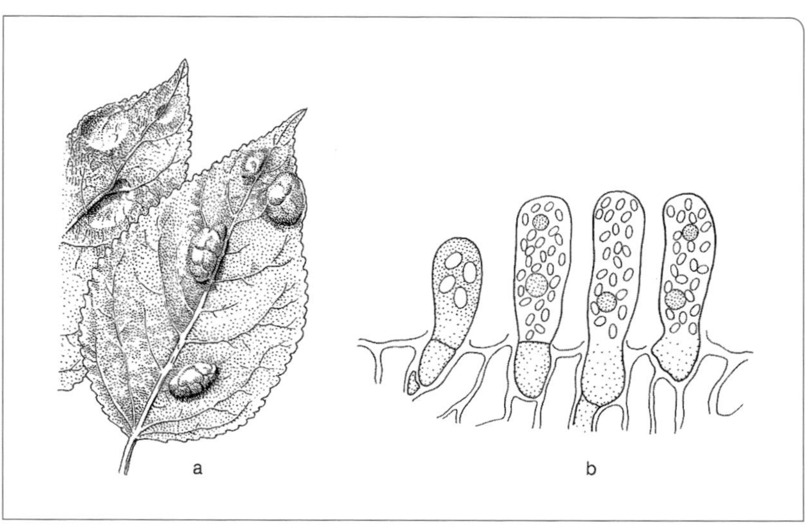

Abb. 48. Taphrina-Goldfleckenkrankheit. **a** Befall an Blättern von *Populus × berolinensis* (rechts Oberseite, links Unterseite), **b** Asci mit Ascosporen blattunterseits (Ausschnitt).

Weitere Krankheitserreger auf Blättern der Erle:

- *Asteroma alneum* (Pers.) B. Sutton: verursacht bräunliche, rundliche Blattflecke; Acervuli beidseitig grünlich schwarz; Konidien spindelförmig, gerade oder etwas gebogen, 9–12 × 3–4 µm (Tafel I/12).
- *Asteroma alni* Allesch.: Acervuli blattunterseits, schwarz glänzend; Konidien 6–9 × 3 µm; vorwiegend auf *Alnus viridis*.
- *Erysiphe penicillata* (Wallr.) Link: Myzel unscheinbar spinnwebartig, blattunterseits; Kleistothezien kugelig, 80–110 µm groß, mit radiär angeordneten Anhängseln, die am Ende vier- bis sechsmal dichotom verzweigt sind; auf allen einheimischen sowie einigen ausländischen *Alnus*-Arten.
- *Melampsoridium hiratsukanum* S. Ito ex Hirats. f.: heterözischer, aus Asien stammender „Erlenrost“ mit Ausbildung von Spermogonien und Äcidien auf *Larix* sowie Uredolagern und Teleutolagern auf *Alnus glutinosa* und *A. incana;* Uredolager als kleine orangegelbe Pusteln mit durchschnittlich 26 × 13 µm großen Uredosporen. Weitere Arten: *Melampsoridium betulinum* (Pers.) Kleb. mit über 30 µm langen Uredosporen, seltener vorkommend; *M. alni* (Thümen) Dietel, bisher nur in Ostasien (Klenke und Scholler 2015).
- *Monostichella alni* (Ellis & Everh.) Arx: verursacht rundliche 0,2–2 mm große, braune Flecke; Acervuli zwischen Epidermis und Kutikula, mit ellipsenförmigen, 13–19 × 6–9 µm großen Konidien (Arx 1970).
- *Phyllactinia alnicola* U. Braun: Myzel unscheinbar, blattunterseits mehrere Zentimeter große Flecke bildend; Chasmothecien anfangs kugelig und gelblich, später abgeplattet und schwärzlich, 150–250 µm im Durchmesser, mit 6–14 stelzenförmigen, an der Basis kugelig angeschwollenen Anhängseln; an zahlreichen Holzgewächsen (Klenke und Scholler 2015).
- Phytoplasmen: Urheber gelbgrüner Blattverfärbung sowie Blattrandnekrosen, auch Blattverzwergung; Befall kann zu allgemeinen Verfallserscheinungen des Baumes führen („Erlenvergilbung“); häufig latenter Befall (Hartmann und Butin 2017).

4.4.14 Goldfleckenkrankheit der Schwarzpappel

Erreger: *Taphrina populina* (Fr.) Fr.

Der Pilz erzeugt auf Blättern verschiedener Pappelarten halbkugelige Auftreibungen, die auf der Unterseite von einem goldgelben Reif überzogen sind. Die auffallende Färbung wird durch dicht stehende, mit gelblichem Inhalt gefüllte Asci hervorgerufen, die zwischen Kutikula und Epidermis angelegt werden und bei der Reife nach außen wachsen. Eigentliche Fruchtkörper fehlen. Die Asci sind zylindrisch, oben abgestutzt und 50–112 × 15–40 µm groß, zunächst viersporig, später ausgefüllt mit zahlreichen sekundären, aus den Ascosporen entstandenen Sprosszellen. Die Sporen sind gegen Außeneinflüsse sehr widerstandsfähig und in der Lage zu überwintern. Eine nennenswerte Schädigung der Blätter ist mit dem Auftreten des auffälligen Pilzes nicht verbunden (Abb. 48).

4.4.15 Marssonina-Krankheit der Schwarzpappel

Erreger: *Drepanopeziza punctiformis* Gremmen
Anamorphe: *Marssonina brunnea* (Ellis & Everh.) Magnus

Die auf Blättern der Schwarzpappel und ihren Hybriden beschränkte Erkrankung ist durch kleine schwarzbräunliche dicht gesäte Punkte gekennzeichnet, die zu größeren Flecken zusammenfließen können. Die bereits im Sommer auftretende Schädigung führt im Spätsommer zum Vergilben und Welken der Blätter, die schließlich vorzeitig abfallen. Kommt es mehrere Jahre hintereinander zu stärkerem Befall, so treten Wachstumshemmungen an den Zweigen auf: Die Seitenknospen der Äste treiben nicht mehr oder nur zögernd aus, sodass der Baum eine schüttere Belaubung erhält. Bei wiederholter heftiger Erkrankung können einzelne Äste und schließlich jüngere Bäume durch hinzukommenden Befall von Schwächeparasiten absterben.

Der Erreger der Marssonina-Krankheit, der in epidemischer Form erst um 1960 in Mitteleuropa aufgetreten ist, wird im Sommer durch typisch geformte, 14–16 × 6 µm große, farblose Makrokonidien verbreitet. Die Sporen entstehen in flachen Acervuli, die in der Mitte eine weiß erscheinende Porenöffnung aufweisen. Nicht selten werden zusätzlich 4 × 1,5 µm große Mikrokonidien ausgebildet, die in manchen Jahren häufiger sein können als die Makrokonidien. Die Teleomorphe wird –

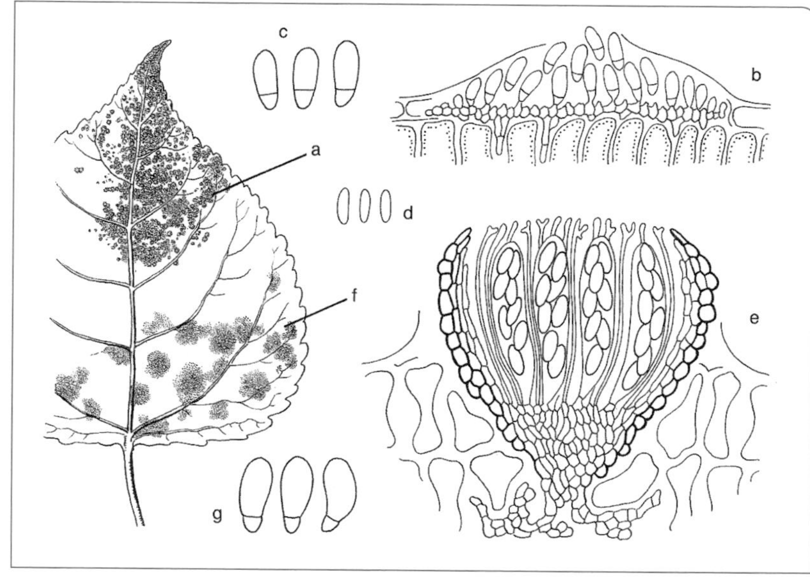

Abb. 49. Marssonina-Krankheit der Pappel. **a–e** *Drepanopeziza punctiformis:* **a** Befallsbild, **b** Querschnitt durch einen Acervulus der *Marssonina brunnea*-Anamorphe, **c** Makrokonidien, **d** Mikrokonidien, **e** Querschnitt durch ein Apothecium der Teleomorphe; **f, g** *Drepanopeziza populorum:* **f** Befallsbild, **g** Makrokonidien der *Marssonina populi*-Anamorphe.

entsprechend dem klassischen Zyklus der blattbewohnenden Ascomyceten – im Frühjahr auf den am Boden liegenden Blättern ausgebildet. Sie ist durch winzige kreiselförmige und im Blattgewebe sitzende Apothecien ausgezeichnet, in deren Asci die Ascosporen heranreifen (Abb. 49 a–e).

Zur Verhütung einer epidemischen Entwicklung des Pilzes soll von dem Angebot widerstandsfähiger Pappelklone Gebrauch gemacht werden. Hierbei ist allerdings zu beachten, dass mit der Wahl einer *Marssonina*-resistenten Pappel (z. B. 'Robusta') das Auftreten anderer Krankheiten (u. a. des Dothichiza-Rindenbrandes der Pappel) begünstigt werden kann. Es empfiehlt sich daher der Anbau mehrerer verschiedener Pappelklone. Auf diese Weise kann ein sonst notwendig werdender chemischer Pflanzenschutz vermieden werden.

Weitere Marssonina-Arten an Pappel:

- *Marssonina castagnei* (Desm. & Mont.) Magnus: auf Espe, Grau- und Silberpappel; Makrokonidien 18–24 × 7–9 µm (Tafel III/2), Mikrokonidien 6 × 2 µm groß.
- *Marssonina populi* (Lib.) Magnus: auf Schwarzpappeln und deren Hybriden sowie auf Balsampappeln; Konidien 20–22 × 8–11 µm groß (Abb. 49 f, g).

4.4.16 Ringfleckenkrankheit der Schwarzpappel

Erreger: *Septotis populiperda* (Moez & Smar.) B. Sutton

Diese nur an Schwarzpappel-Hybriden auftretende Krankheit ist durch rundliche 1–3 cm große, braune Blattflecke ausgezeichnet, die im Nekrosefeld oft mehrere dunkle kreisförmige Zonierungen aufweisen. Befallene Blätter werden bald welk und fallen vorzeitig ab (Abb. 50). Die Anfälligkeit ist klonabhängig.

Als eindeutiges diagnostisches Merkmal lassen sich die weißen Sporenlager der Anamorphe verwenden, die blattober- und -unterseits ausgebildet werden. Sie enthalten farblose ein- bis vierzellige, 20–30 × 5–6 µm große Konidien. Die im Frühjahr auf den abgefallenen Blättern gebildete Teleomorphe ist durch 1–3 mm große, bräunliche, gestielte Apothecien ausgezeichnet, die denen von *Ciboria batschiana* (Abb. 5) ähneln. Um ein Blatt infizieren zu können, ist der Pilz auf Verletzungen der Epidermis angewiesen. Derartige Eintrittspforten werden nicht selten durch Hagel oder blattnagende Insekten geschaffen, wobei bestimmte *Phyllodecta*-Arten zusätzlich an der Verbreitung der Pilzsporen beteiligt sein können. Eine erfolgreiche Infektion ist weiterhin von einer lang anhaltenden hohen Luftfeuchtigkeit abhängig. Die Ausbreitung des Pilzmyzels im Blattgewebe wird schließlich durch bestimmte Abwehrreaktionen des Baumes gestoppt, die auf der Bildung von Gerbstoffbarrieren beruhen.

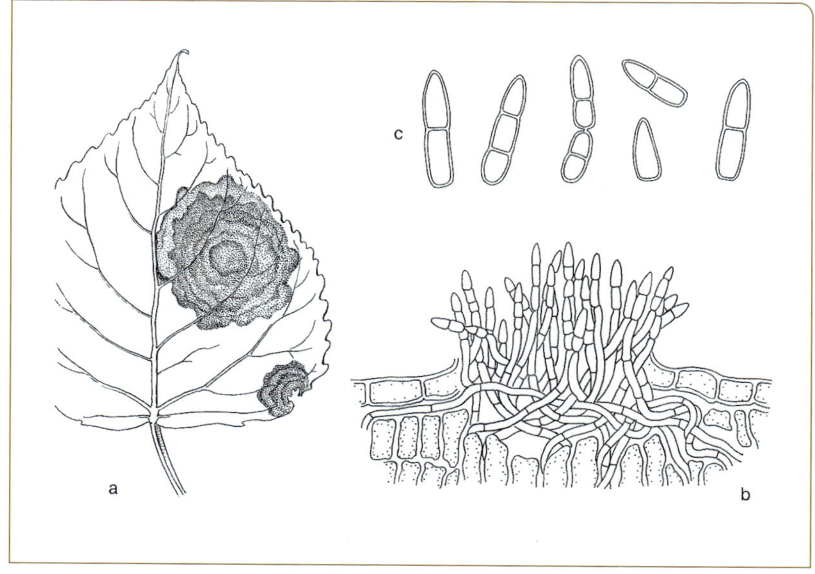

Abb. 50. Septotis-Ringfleckenkrankheit. **a** Pappelblatt mit Befallssymptomen, **b** Querschnitt durch ein Konidienlager, **c** Konidien.

Weitere Erreger von Blattkrankheiten der Pappel:

- *Asteroma frondicola* (Fr.) Morelet (Teleomorphe *Sphaerolina frondicola*): meist einzelne große, aschgraue Blattflecke mit schwarzbraunem Rand; blattoberseits zahlreiche dunkle, erhabene Fruchtkörper mit spindelförmigen, farblosen Konidien (Tafel IV/12); nur auf *Populus tremula* und *P. alba*.
- *Erysiphe adunca* (Wallr.) Fr.: bildet auf beiden Blattseiten grauweiße, ausgebreitete Myzelüberzüge; Konidien ellipsoidisch, in kurzen Ketten; Fruchtkörper (Chasmothecien) dunkel, 95–170 µm im Durchmesser, mit zahlreichen, am Ende hakenförmig umgebogenen Anhängseln; auch auf Weide.
- Pappelmosaikvirus *(Poplar mosaic virus)*: verursacht bei der Schwarzpappel und deren Hybriden chlorotische sowie sternförmige oder ringförmige Fleckung (Abb. 51 a), auch Blattdeformationen; stark befallene Blätter sterben vorzeitig ab; Befall verursacht Zuwachsminderung; Virus fadenförmig, 625 nm lang; Übertragung bei Stecklingsvermehrung (Eisold et al. 2014).
- *Asteromella bacteriiformis* (Pass.) Petr.: verursacht ungleichmäßig geformte, hellbraune, 0,5–1,5 cm großen Flecke; Pyknidien kugelförmig schwarz mit farblosen, an beiden Enden angeschwollenen 3,5 × 6,5 µm großen Konidien (Tafel I/13); auf Blättern von Balsampappeln und Schwarzpappel-Hybriden.
- *Ascochyta populorum* (Sacc.& Roum.) Voglino: Erreger 3–10 mm großer, grauweißer schwarzbraun berandeter rundlicher Flecke; Pyknidien flach mit elliptischen, 6–7 × 3–4 µm großen Konidien (Tafel I/14); auf Blättern von Balsampappeln.

Abb. 51. Blattvirosen. **a** Pappelmosaik an einem Blatt der Schwarzpappel mit fadenförmigen Viren; **b** Ulmenringfleckigkeit an einem Blatt der Flatterulme.

- *Pollaccia elegans* Servazzi: Anamorphe von *Venturia populina*: Erreger einer Blattkrankheit mit Zweigspitzendürre an Schwarz- und Balsampappeln; Konidien 32–38 × 11 µm groß (Tafel II/10).
- *Pollaccia radiosa* (Lib.) E. Bald. & Cif.: Anamorphe von *Venturia radiosa*, verursacht sowohl nekrotische Blattflecke als auch Absterben junger Triebe; nur an Silber- und Zitterpappel (vgl. Abb. 76).
- *Septoria populi* Desm.: bildet 1–3 mm große, rundliche, schwarzbraune, in der Mitte grauweiße Nekrosen; Pyknidien rundlich mit würstchenförmigen gekrümmten, zweizelligen, 30–45 × 3 µm großen Konidien; auf Blättern von Balsampappeln und Schwarzpappel-Hybriden (Tafel II/11).

4.4.17 Pappelrost

Erreger: *Melampsora*-Arten

Rostbefall macht sich bei der Pappel im Sommer durch einen mehr oder weniger dichten orangegelben pustelartigen Belag auf der Unterseite der Blätter bemerkbar. Urheber sind verschiedene *Melampsora*-Arten, die sowohl anhand ihrer Zwischenwirte (Haplontenwirte) als auch morphologisch nach dem Bau und der Größe der Uredosporen und Paraphysen unterschieden werden können. Von den in Europa vorkommenden forstlich relevanten Arten können folgende genannt werden (Gäumann 1959, Klenke und Scholler 2015):

- *Melampsora allii-populina* Kleb.: auf Blättern von *Populus nigra* und deren Hybriden sowie auf *P.* × *canescens, P. balsamifera* und *P. trichocarpa*; Wirtswechsel mit *Allium*- und *Arum*-Arten.
- *Melampsora laricis-populina* Kleb.: auf Blättern von *Populus* × *canescens, P. nigra* und deren Hybriden (Tafel II/12); Wirtswechsel mit *Larix*-Arten.
- *Melampsora pinitorqua* Rostr.: auf Blättern von *Populus alba, P. tremula* und *P. canescens;* Wirtswechsel mit Pinaceen, Fumariaceen und Papaveraceen.
- *Melampsora magnusiana* G. H. Wagner: auf Blättern von *Populus alba, P. tremula* sowie *P.* × *canescens*; Wirtswechsel mit *Chelidonium majus* und *Corydalis*-Arten.

Alle hier aufgeführten Arten sind heterözisch, d. h. sie benötigen für einen vollständigen Entwicklungsgang in der Regel zwei nicht verwandte Wirtspflanzen, auf denen in bestimmter Reihenfolge verschiedene Sporenformen ausgebildet werden. Auf der Pappel (Dikaryontenwirt) werden Uredo-, Teleuto- und Basidiosporen gebildet; auf der entsprechenden anderen Wirtspflanze (Haplontenwirt) entstehen Pykno- und Äzidiosporen. Für den Forstmann sind praktisch nur die auf der Pappel gebildeten Stadien von Interesse. Hier kann es im Sommer durch explosionsartige Ausbreitung der Uredosporen (Sommersporen) zu einem derart starken Befall kommen, dass die Blätter verdorren und vorzeitig abfallen. Mit diesem Primärschaden wird nicht selten eine allgemeine Prädisposition eingeleitet, die andere Krankheiten, z. B. den Rindenbrand der Pappel, nach sich ziehen kann.

Das Problem des Pappelrostes ist heute weitgehend durch den Anbau mehr oder weniger resistenter Klone (Kultivare) gelöst. Wo trotzdem rostanfällige Pappeln angepflanzt werden, kann ein stärkerer Befall durch Anwendung von Fungiziden während der Vegetationsperiode verhütet werden. Ein vorbeugender Schutz lässt sich durch Ausschaltung des entsprechenden Zwischenwirtes erreichen. In milden Wintern kann diese Vorkehrung allerdings versagen, da Uredosporen einiger *Melampsora*-Arten unter diesen Bedingungen überleben und im folgenden Frühjahr ohne Wirtswechsel neue Pappelblätter infizieren können.

4.4.18 Weidenrost

Erreger: *Melampsora*-Arten

Der Weidenrost ist – ebenso wie der Pappelrost – durch blattunterseits auftretende gelbe bis orangegelbe Uredolager ausgezeichnet, die einen Befall schon von größerer Entfernung erkennen lassen. Im Herbst werden blattoberseits die Teleutolager angelegt, die als fest sitzende braune Krusten den Winter überdauern (Abb. 52).

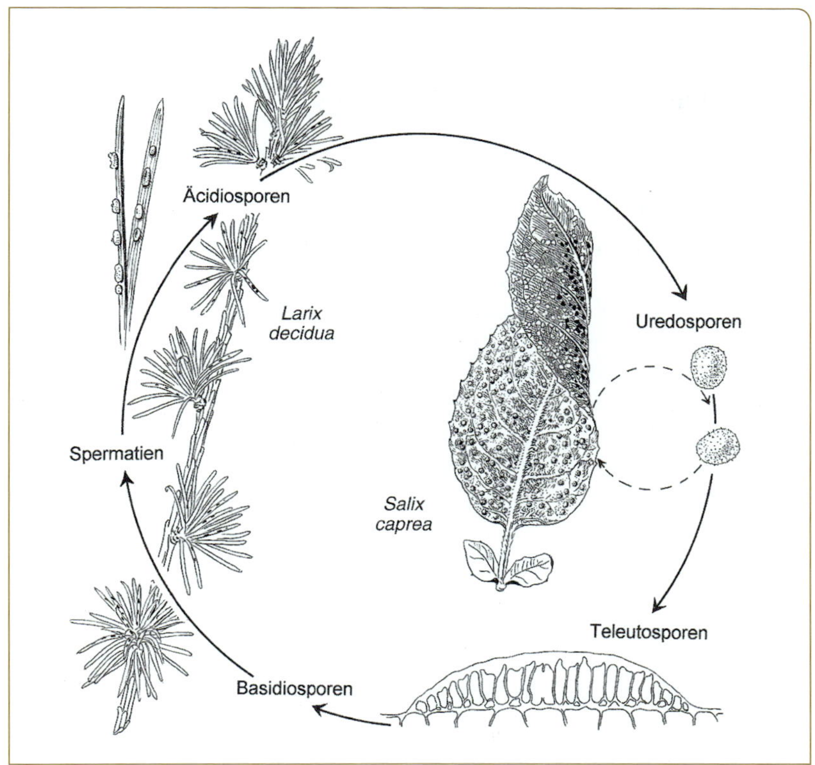

Abb. 52. Weidenrost. Einjähriger Entwicklungszyklus von *Melampsora caprearum* mit Wirtswechsel zwischen *Salix caprea* und *Larix decidua*.

Von den auf der Weide vorkommenden wirtswechselnden Rostpilzen sind mehrere Arten und Pathotypen bekannt, deren sichere Bestimmung erst durch Klärung minimaler morphologischer Unterschiede bzw. bei Kenntnis der alternierenden Wirtspflanze möglich ist (Klenke und Scholler 2015). Als Haplontenwirt dienen Tanne, Lärche, Pfaffenhütchen sowie krautige Pflanzen aus verschiedenen Familien. Allerdings kann der Entwicklungszyklus auch ohne Übergang auf den Haplontenwirt ablaufen. In diesem Fall überwintert der Pilz in Myzelform auf befallenen Trieben der Weide. Wo die systematische Zugehörigkeit nicht genau angegeben werden kann, wird man auf den alten Sammelnamen *Melampsora salicina* Desm. zurückgreifen müssen (Gäumann 1959).

Eine wirtschaftliche Bedeutung hat ein Rostbefall heute vor allem in Weidenplatagen zur Energieholzgewinnung. Eine Befallsreduktion lässt sich hier zunächst durch Selektion feldresistenter Klone erreichen. Eine weitere Möglichkeit besteht in der Anwendung von Fungiziden. Eine gewisse biologische Regulierung wird von der Natur selbst durchgeführt, in dem die Uredosporen von bestimmten Dipteren-Larven gefressen werden. Von den auf der Weide vorkommenden Mykophagen gehört z. B. *Mycodiplosis melampsorae*. Nach Sporenaufnahme sind die ansonsten farblosen Larven ebenso rötlich gelb gefärbt wie die Uredosporen.

Weitere Krankheitserreger der Weide:

- *Erysiphe adunca* (Wallr.) Fr.: bildet auf beiden Blattseiten weißliche Myzelüberzüge; Konidien in kurzen Ketten; Chasmothecien mit zahlreichen langen, am Ende hakenförmig umgebogenen Anhängseln ähnlich dem Ahornmehltau *Sawadaea tulasnei* (vgl. Abb. 41 b).
- *Marssonina dispersa* Nannf.: verursacht auf *Salix aurita* und *S. cinerea* blattoberseits sehr kleine, wie gesät erscheinende, dunkelbraune Flecke mit 18–22 × 6–9 µm große Konidien.
- *Marssonina salicicola* (Bres.) Magnus: Urheber einzelner oder zu mehreren blattoberseits auftretender, unregelmäßig rundlicher, brauner Flecke; Konidien ungleich zweizellig in stromatischen Acervuli (Abb. 77 a–d).
- *Monostichella salicis* (Westend.) Arx: Urheber kleiner Blattflecke und vorzeitigen Blattfalls bei *Salix alba, S. fragilis* und *S. rigida;* im Sommer Verbreitung durch elliptische, 10–17 × 5–8 µm große Konidien (Tafel I/15); im Herbst Anlage der *Asteroma*-Spermatienform mit 5–6 × 1,5 µm großen Mikrokonidien.
- *Pollaccia saliciperda* (Allesch. &. Tubeuf) Arx: verursacht braune Blattflecke; größere Schäden entstehen bei Infektion der Triebspitze und der Rinde (Abb. 77 f).
- *Rhytisma salicinum* (Pers.) Fr.: charakterisiert durch schwarze teerartige Flecke bis zu 2 cm Durchmesser; im Sommer Ausbildung zylindrischer, 5–6 µm langer Konidien der *Melasmia*-Anamorphe; Apothecien im folgenden Frühjahr auf abgefallenen Blättern.
- *Sphaceloma murrayae* Grodz. & Jenkins: Urheber 1–2 mm großer, weißgrauer, braunberandeter Flecke; Conidiomata polsterförmig, graubräunlich mit 4–5 × 2,5–3 µm großen Sporen; auf verschiedenen schmalblättrigen Weidenarten, vor allem *Salix fragilis*; oft vermischt mit *Monostichella salicis*. Neuartiger Schaderreger für Mitteleuropa.

4.4.19 Birkenrost

Erreger: *Melampsoridium betulinum* (Fr.) Kleb.

Der zu den wirtswechselnden Rostpilzen gehörende Pilz beginnt seine Entwicklung im Frühjahr auf den Nadeln von *Larix decidua,* wo zunächst Spermogonien, später orange gefärbte Äcidien ausgebildet werden. Gelangen Äcidiosporen auf Blätter der Birke, so kommt es zur Anlage von gelben pustelartigen Uredolagern, die oft die ganze Unterseite der Blätter bedecken. Im Herbst wird die Entwicklung durch die Anlage von Teleutosporen fortgesetzt. Mit der Bildung der Basidiosporen, die im Frühjahr von den Basidien abgeschnürt werden, ist der Kreislauf des Rostpilzes wieder geschlossen. Allerdings kann der Pilz auch während der Haplophase in den Knospen der Lärche überwintern, wo im Frühjahr direkt wieder Äcidien ausgebildet werden (mikrozyklischer Entwicklungsgang).

Bei stärkerem Befall kommt es zu vorzeitigem Blattfall. Ernsthafte Schäden können dadurch vor allem in Baumschulen entstehen. Schließlich kann Rostbefall zur erhöhten Frühfrostempfindlichkeit und zu erhöhter Anfälligkeit gegenüber Sekundärpilzen *(Melanconium betulinum)* führen. Eine Verhütung kann durch Auswahl resistenter Klone erreicht werden.

Weitere Krankheitserreger der Birke:

- *Discula betulina* (Westend.) Arx: verursacht blattoberseits schwärzliche kleine Flecke, die zur Vergilbung und zum vorzeitigen Abwerfen der Blätter führen; häufig epidemisch auftretend. Acervuli blattunterseits, 100–180 µm groß mit zylindrischen bis elliptischen, meist gebogenen, 10–16 × 2,5–3,5 µm großen Konidien (Tafel I/10).
- *Erysiphe ornata* (U. Braun) U. Braun & S. Takam.: bildet weißliche Flecke oder Überzüge blattober- und unterseits; Konidien zylindrisch, einzeln abgeschnürt; Chasmothecien 75–105 µm; Anhängsel 4–10, kürzer als der Fruchtkörperdurchmesser, an der Spitze mehrfach dichotom verzweigt.
- *Fusicladium betulae* Aderh.: Erreger des „Birkenblatt-Schorfs"; verursacht beidseitig braunschwarze, kreisförmige, 3–6 mm große, diffuse, gelegentlich zusammenfließende Blattflecke, die zur vorzeitigen Ver-

Abb. 53. Blattpilze der Birke. **a–d** *Marssonina betulae:* **a** Blatt mit Befallssymptomen, **b** Conidiomata blattunterseits, **c** Querschnitt durch einen Acervulus (Ausschnitt), **d** Konidien; **e–g** *Fusicladium betulae:* **e** Blatt mit Befallssymptomen, **f** Konidienträger mit junger Konidie, **g** reife Konidien.

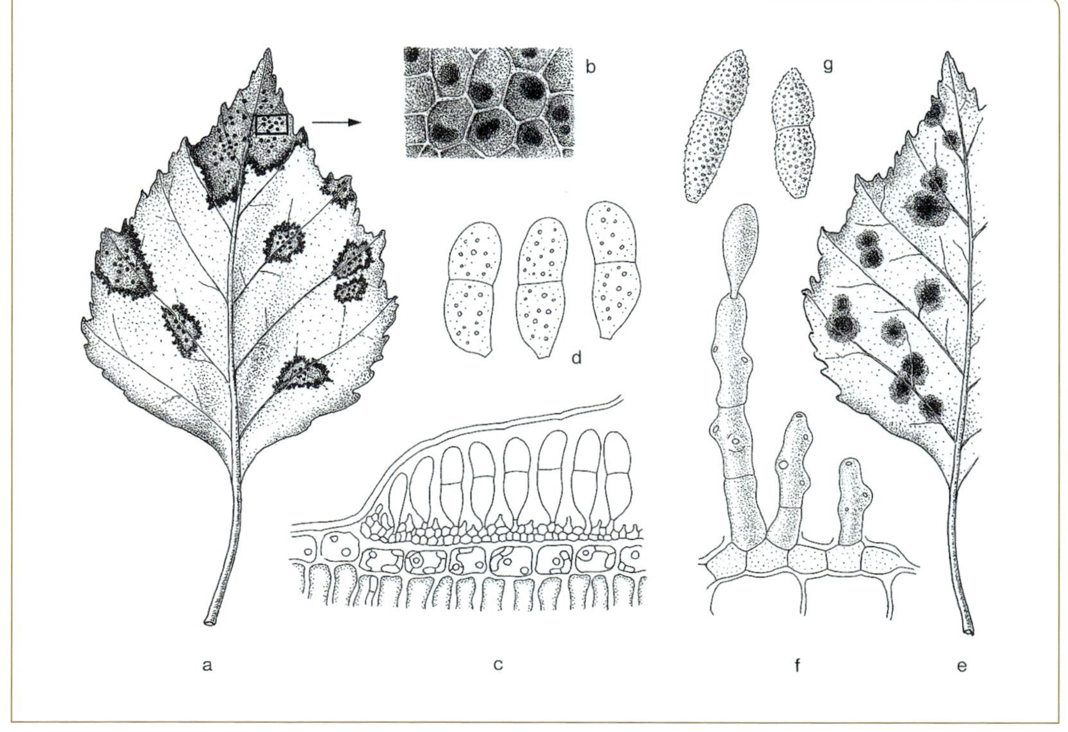

gilbung führen (Abb. 53 e–g); Konidienträger blattoberseits, bräunlich, einfach, 30–70 µm lang; Konidien spindel- bis keulenförmig, hellbräunlich, glatt bis feinwarzig, zweizellig, 16–24 × 6–8 µm groß (Tafel III/8).

- Kirschenblattrollvirus *(Cherry leaf roll virus)*: verursacht chlorotische Linienmuster und nekrotische Fleckung sowie Kleinblättrigkeit und Blattrollen; bei starkem Befall auch Verkahlen und langsames Absterben von Ästen („Birkendegeneration") oder des gesamten Baumes. Andere Viren (z. B. *Arabis mosaic virus, Apple mosaic virus*) als Urheber von Adernvergilbung bzw. chlorotischer Scheckung der Blätter (Bandte und Büttner 2004).
- *Marssonina betulae* (Lib.) Magnus: Erreger der „Birken-Anthraknose", verursacht unregelmäßig geformte, rotbraune, 2–5 mm große Blattflecke mit strahligem dunklerem Rand; größere Befallsstellen führen zu partiellen Blattnekrosen und zu Blattverkrümmungen; bei starkem Befall vorzeitiger Blattverlust; Acervuli beidseitig, subkuticular, schwarzbraun, kissenförmig; Konidien farblos, zweizellig, 18–22 × 8–10 µm (Tafel III/1); auch an weiblichen Kätzchen und Keimlingen (Abb. 53 a–d).
- *Phyllactinia betulae* (DC.) Fuss: Myzel blattunterseits, als vergänglicher Überzug oder in Form weißer Flecke; Konidien einzeln an Konidienträgern; Fruchtkörper (Chasmothecien) kugelig bis abgeplattet, 150–250 µm groß; Anhängsel zu 6–15, starr, gerade, mit basaler Anschwellung; auf der Blattunterseite auch anderer Gehölze *(Carpinus, Corylus, Crataegus* und *Fagus)*.
- *Taphrina betulae* (Fuckel) Johanson: Urheber unverdickter, anfangs blass grüner bis grauer, später bräunlicher, kreisrunder, ca. 0,5 cm großer Flecke; Asci beidseitig; Ascosporen 4–6 × 3,5–5 µm; Schädigung unbedeutend.

4.4.20 Ebereschenrost

Erreger: *Gymnosporangium cornutum* (Arthur ex Fr.) Kern

Das charakteristische Merkmal des „Ebereschenrostes" sind leuchtend gelbe, später rötlich gelb umrandete, verdickte Flecke auf den Fiederblättchen der Gemeinen Eberesche und verwandter Arten. Die erste Entwicklungsphase ist gekennzeichnet durch blattoberseits erscheinende Spermogonien, die in der Mitte der Blattflecke als kleine kegelförmige rötlich-schwarze Warzen angelegt werden. Ende des Sommers entstehen blattunterseits die Äcidien, ausgezeichnet durch 3–4 mm lange hornartig gebogene, zylindrische, an der Spitze schlitzartig aufplatzende Pseudoperidien. Die darin gebildeten Äcidiosporen sind unregelmäßig kugelig bis polyedrisch, blassbraun, feinwarzig und 20–30 × 18–25 µm groß (Abb. 54 a–d). – Die dikaryotische Phase des Ebereschenrostes läuft auf Vertretern der Gattung *Juniperus*, vor allem *J. communis* und

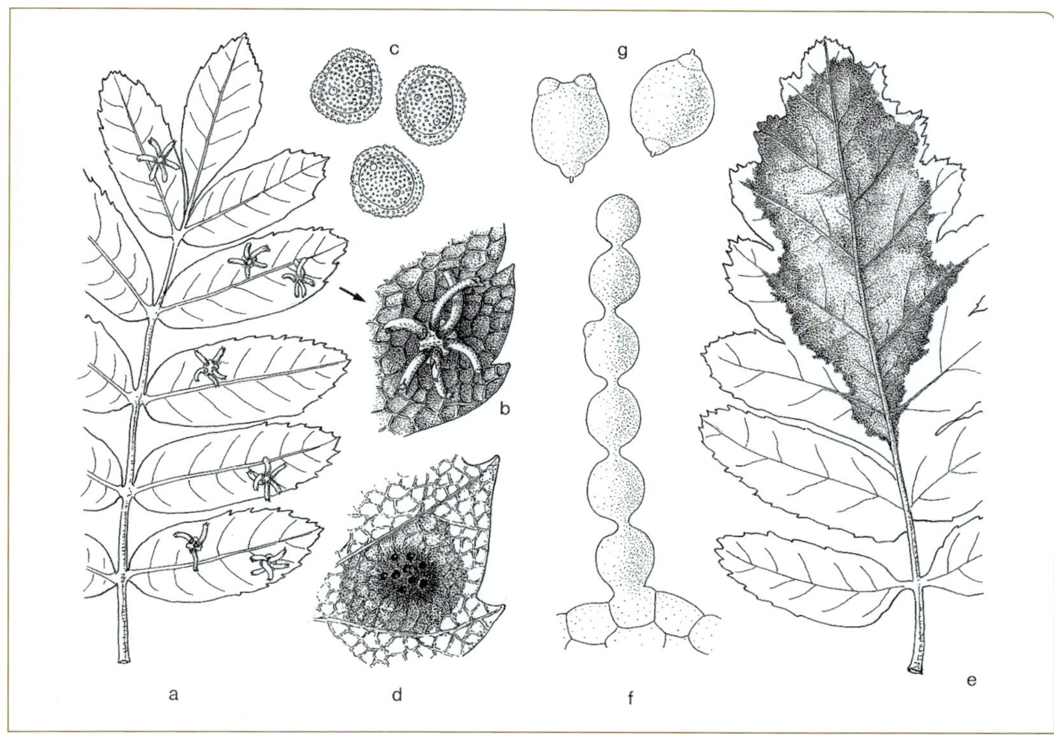

J. nana, ab, auf deren Nadeln bzw. Zweigen die Teleutolager einschließlich der Basidiosporen gebildet werden. Auf Grund des obligaten Wirtswechsels dürfte die umweltfreundlichste Bekämpfung des Pilzes – im Garten oder in Grünanlagen – auf dem Verzicht einer der beiden Wirtspflanzen liegen.

Als wirtsspezifische eigene Art wird heute von einigen Autoren das auf der Elsbeere *(Sorbus torminalis)* vorkommende *Gymnosporangium torminali-juniperinum* E. Fisch. angesehen. Sein Krankheitsbild ist dem des Ebereschenrostes sehr ähnlich; auch läuft hier die Dikaryophase ebenfalls auf *Juniperus*-Arten ab.

Abb. 54. Blattpilze auf Eberesche und Mehlbeere. **a–d** *Gymnosporangium cornutum:* **a** Blatt der Nordischen Eberesche mit Äcidien blattunterseits, **b** vergrößerter Blattausschnitt mit Äcidien, **c** Äcidiosporen, **d** vergrößerter Blattausschnitt mit Spermogonien blattoberseits; **e–g** *Monilinia padi:* **e** Blatt der Thüringer Mehlbeere mit Befallssymptomen, **f** kettenförmige Konidien der *Monilia*-Anamorphe, **g** freie Konidien.

Weitere Krankheitserreger an Eberesche, Mehlbeere und Elsbeere:

- *Monilinia padi* (Woronin) Honey: verursacht im Frühjahr – vor allem an *Sorbus hybrida* – große braune, von der Mittelader ausgehende Nekrosen, die sich bis in den diesjährigen neuen Trieb ausdehnen können; die blattoberseits entstehende *Monilia*-Anamorphe ist charakterisiert durch weißliche bis aschgraue Überzüge, vornehmlich entlang von Blattadern; die in Ketten gebildeten Konidien sind zitronenförmig und 9–12 × 7–8 µm groß; befallene Blätter duften stark süßlich wie die Blüten der Traubenkirsche, selbst noch nach Jahren nach Aufbewahrung im Herbarium (Abb. 54 e–g).

- *Ochropsora ariae* (Fuckel) Ramsb.: Rostpilz, erzeugt auf Blättern von *Sorbus*-Arten und anderen Pomaceen kleine gelbliche Flecke mit unterseits weißlichen Uredo- und fleischfarbenen Teleutolagern; Teleutosporen palisadenartig dicht nebeneinanderstehend, zylindrisch, anfangs einzellig, später durch Querwandbildung vierzellig; Basidiosporen lang-elliptisch, farblos, ca. 25 × 7–8 µm groß; Äcidien (Haplontenstadium) auf Blättern des Buschwindröschens (Klenke und Scholler 2015).
- *Phyllosticta aucupariae* Thüm.: verursacht zahlreiche kleine, braune Blattflecke mit vereinzelten schwarzen Fruchtkörpern; Konidien 6–7 × 3 µm groß.
- *Sphaceloma sorbi* (Rostr.) Jenkins: Erreger bräunlicher Flecke mit ausbleichender Mitte; Acervuli grauweiß; Konidien 6–9 × 3–4 µm; parasitisch, vornehmlich auf Mehlbeere und Eberesche.
- *Venturia inaequalis* (Cooke) G. Winter: verursacht ab Mai olivgrüne, später dunkler werdende Flecke; befallene Blätter werden gelbbräunlich, fallen schließlich vorzeitig ab; auf beiden Blattseiten olivbraune Überzüge der *Fusicladium*-Anamorphe; die an dunklen Trägern gebildeten Konidien sind birnförmig, ein- oder zweizellig, hellbraun und 16–18 × 7–9 µm groß (Abb. 59 c, d).
- Ebereschenringfleckenvirus: Verursacher chlorotischer Ringflecke, Scheckung und Blattdeformation (Bandte und Büttner 2004).

4.4.21 Phloeospora-Krankheit der Robinie

Erreger: *Phloeospora robiniae* (Lib.) Höhn.

Das durch *Phloeospora robiniae* verursachte Krankheitsbild ist in den meisten Fällen durch wenige 0,5–1 cm große hellbraune, mit einem schmalen braunen Rand versehene nekrotische Flecke ausgezeichnet; seltener findet man kleinere Flecke, die dann gehäuft auftreten. Da die Blätter bereits zum Zeitpunkt des Laubausbruchs befallen werden, kommt es meist zu Krümmungen und Verformungen der Blätter. Daneben können auch Blattstiele und sogar diesjährige Triebe befallen werden, sodass die Krone (vor allem bei der Kugel- und Korkenzieher-Robinie) ein struppiges Aussehen erhält. – Das beschriebene Befallsbild kann mit Dürreschäden verwechselt werden. In diesem Fall sind aber die einzelnen Fiederblättchen einheitlich leuchtend gelb verfärbt.

Die Conidiomata finden sich dicht gesät auf der Unterseite der Blätter. Die subepidermal sich entwickelnden Acervuli sind abgeflacht kugelig bis linsenförmig, gelblich bis schwach hell bräunlich und 80–120 µm im Durchmesser. Die an wenig verlängerten konidiogenen Zellen gebildeten Konidien sind farblos bis schwach grünlich, lang gestreckt und gebogen, dreizellig, seltener zwei- oder vierzellig und 25–55 × 3–5 µm groß (Abb. 55 a–d).

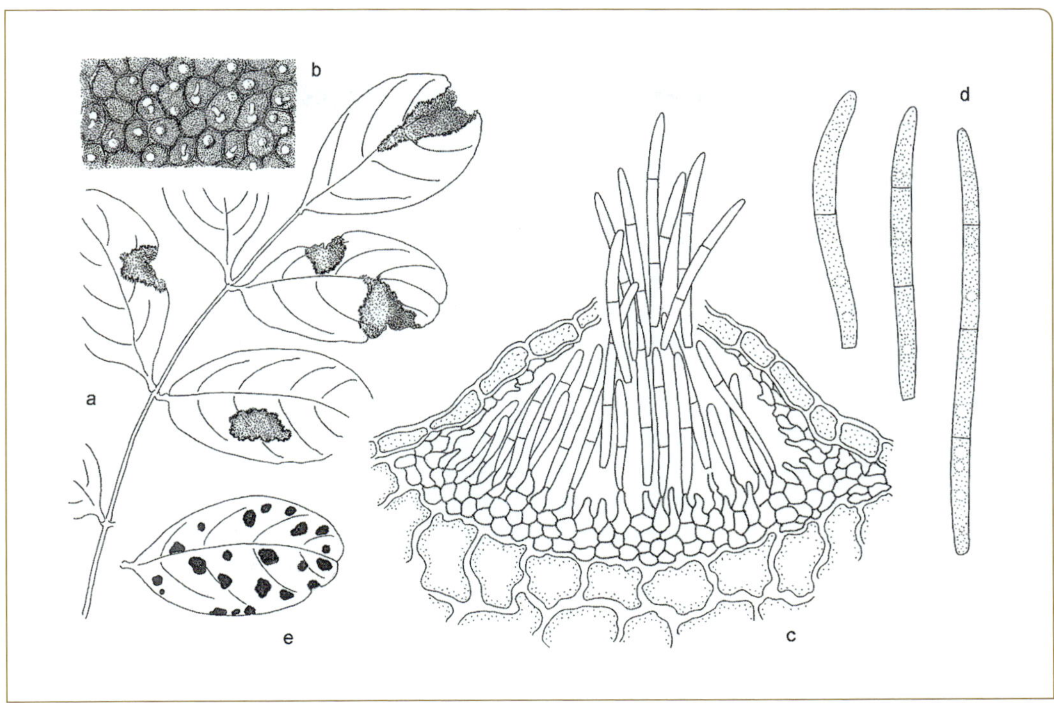

Abb. 55. Blattpilze der Robinie.
a–d *Phloeospora robiniae:* a Fiederblatt mit Blattnekrosen, b Conidiomata blattunterseits (Ausschnitt), c Querschnitt durch einen Acervulus, d Konidien; e Fiederblättchen mit *Phyllosticta advena*-Befall.

Weitere Krankheitserreger der Robinie:

- *Phyllosticta advena* Pass.: Urheber braunschwarzer, unregelmäßig rundlicher, 1–4 mm großer Flecke, die meist zu mehreren die Blattspreite verunzieren (Abb. 55 e), mit verstärktem Auftreten gegen Spätsommer/Herbst; Pyknidien spät zur Entwicklung kommend, unscheinbar, blattoberseits, gelblich, kugelig bis linsenförmig, 50–80 µm groß, bei Reife mit apikalem rundlichem Porus; Konidien eiförmig bis elliptisch, hyalin, 6–9 × 2,5–3,5 µm groß.
- Robinienmosaikvirus *(Robinia mosaic virus)*: Erreger chlorotischer Blattflecke oder mosaikartiger Fleckung sowie Blattdeformation und Triebstauche; schwer erkrankte Bäume sollten gerodet werden (Bandte und Büttner 2004).

4.4.22 Guignardia-Blattbräune der Rosskastanie

Erreger: *Guignardia aesculi* (Peck) V. R. Stewart
Anamorphen: *Leptodothiorella aesculicola* (Sacc.) Sivan. und *Phyllosticta paviae* Desm.

Von den wenigen auf der Rosskastanie vorkommenden Krankheiten gehörte die Blattbräune bisher zu den auffallendsten Erscheinungen, die sich seit ihrem Auftreten in Europa um 1950 immer stärker ausgebreitet hat. Heute werden die Symptome allerdings oft überlagert durch das spektakuläre Auftreten der Rosskastanien-Miniermotte *(Cameraria ohridella)* oder durch Dürreschäden (Pehl und Kehr 2002).

Als Frühsymptome der Guignardia-Blattbräune treten ab Mai auf der Blattspreite wenige Millimeter große braune Flecke auf, die sich während des Sommers bis zu mehreren Zentimeter Durchmesser zonenartig weiter ausbreiten. Im fortgeschrittenen Stadium sind sie häufig von einem leuchtend gelben bis hellbräunlichem Rand umgeben. Bei stärkerer Nekrotisierung rollen sich die Blätter nach oben ein („Blattrollkrankheit") und fallen vorzeitig ab.

Da zuweilen auch Trockenheit oder Salzeinwirkung eine (dann vom Blattrand ausgehende) Bräunung der Blätter bewirken können, achte man auf die Fruchtkörper der beiden Anamorphen, die bereits mit bloßem Auge als schwarze Punkte im nekrotisierten Gewebe erkennbar sind. Die meist zuerst gebildete *Phyllosticta*-Form zeichnet sich u. a. durch eiförmige, farblose und 13–20 × 10–14 μm große Konidien aus. Die *Leptodothiorella*-Form besitzt dagegen stäbchenförmige, 4–6 × 1,5 μm große Konidien. Der Pilz überwintert auf den am Boden liegenden Blättern, auf denen im Frühjahr die Teleomorphe ausgebildet wird.

Abb. 56. Blattbräune der Rosskastanie *(Guignardia aesculi)*. **a** Kastanienblatt mit Befallssymptomen, **b** Pyknidien der *Phyllosticta*-Anamorphe blattunterseits (Ausschnitt), **c** Querschnitt durch ein Pyknidium der *Phyllosticta*-Anamorphe, **d** zugehörige Makrokonidien, **e** Mikrokonidien der *Leptodothiorella*-Anamorphe.

Man nimmt an, dass die hier gebildeten Ascosporen im Frühjahr die neuen Blätter infizieren (Abb. 56).

Die bei uns häufig angepflanzten Kastanien *Aesculus hippocastanum* und *A.* × *carnea* sind gleichstark anfällig; die seltener anzutreffende buschförmig wachsende *Aesculus parviflora* bleibt dagegen befallsfrei. An älteren Bäumen überwiegt die ästhetische Wertminderung. In Baumschulen kann es zu größeren Verlusten kommen, vor allem dann, wenn sich der Befall alle Jahre wiederholt.

Als vorbeugende umweltfreundliche Bekämpfungsmaßnahme empfiehlt sich zunächst das Entfernen des Herbstlaubes. Weiterhin kann der Pilz mit chemischen Maßnahmen zurückgedrängt werden, allerdings nur in der Zeit zwischen dem Aufbrechen der Knospen und der völligen Ausbildung der Blätter. Eine solche Maßnahme dürfte am ehesten in Baumschulen infrage kommen.

4.4.23 Apiognomonia-Krankheit der Platane

Erreger: *Apiognomonia veneta* (Sacc. & Speg.) Höhn.
Anamorphe: *Discula platani* Peck
Spermogoniumform: *Gloeosporidina platani* Butin & Kehr

Der auch unter dem Namen *Gloeosporium platani* bekannte „Platanenpilz“ (Arx 1970) gehört zu den häufigsten und weitest verbreiteten Krankheitserregern der Platane. Betroffen ist in Europa hauptsächlich die als Straßenbaum geschätzte *Platanus* × *hispanica*, obwohl auch andere Arten nach zu kühlen Frühjahrsmonaten stärker *(P. occidentalis)* oder schwächer *(P. orientalis)* befallen werden.

Hinsichtlich seiner Krankheitsbilder zeigt sich der Pilz äußerst variabel. Am wenigsten auffällig – und erst am fehlenden Austrieb erkennbar – ist das Absterben von Knospen. Ursache des **Knospensterbens** sind kleine Nekrosen, die im unmittelbaren Bereich von Blattnarben bzw. Knospenbasen letztjähriger Triebe liegen. Von hier aus können auch die ersten Blätter des Neuaustriebs erfasst werden, wobei der Pilz durch den Blattstiel in die Blattspreite einwandert. Es kommt zur Blattwelke und zur Auflösung des Blattstieles, was im Frühjahr oft zum massenhaften Abwerfen infizierter Blätter führt **(pathologischer Frühjahrsblattfall)**. Ist die Entwicklung weiter fortgeschritten, so kann auch der ganze Neuaustrieb absterben **(Triebsterben)**, wobei dieser noch längere Zeit am Zweig hängen bleibt (und dann den Eindruck einer Frostschädigung vortäuscht). An der Ansatzstelle solcher Triebe kommt es am einjährigen Zweig nicht selten zur Bildung von Rindennekrosen, die allerdings von vitalen Bäumen meist noch im gleichen Jahr überwallt werden **(einjähriger Rindenbrand)**. Bei fehlender Abschottung und Isolierung des Erregers entwickelt sich die Nekrose schließlich stängelumfassend, sodass der betroffene Zweig apikal abstirbt **(Zweigsterben)**. Wiederholtes Zurücksterben von Zweigen kann zu einer hexenbesenartigen Ver-

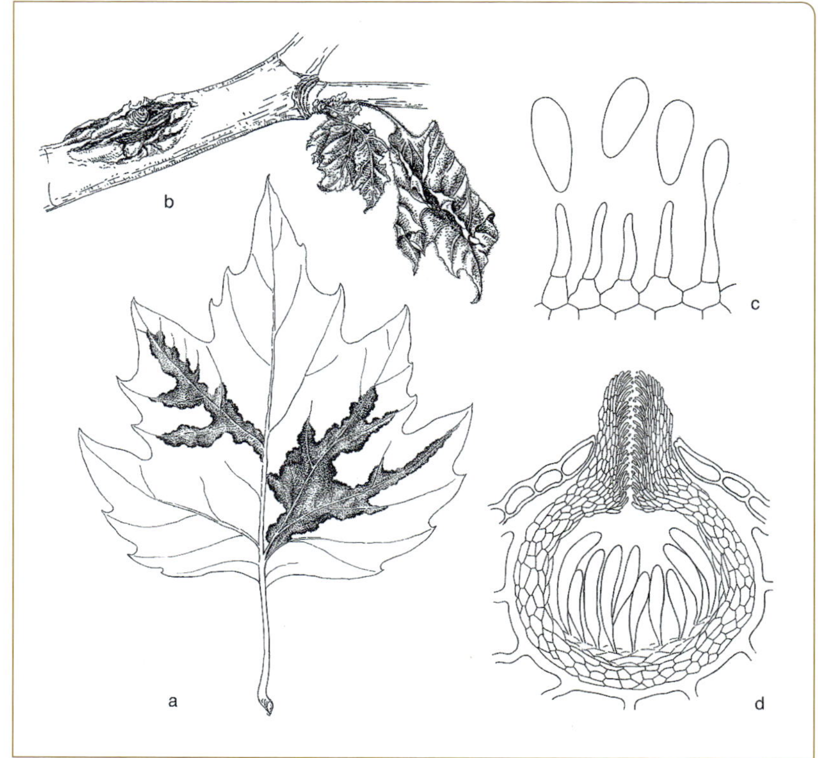

Abb. 57. Apiognomonia-Krankheit der Platane.
a Platanenblatt mit Befallssymptomen,
b Rindennekrose und Blattwelke, **c** Konidienträger mit Konidien der *Discula*-Anamorphe,
d Querschnitt durch ein Ascoma der Teleomorphe.

buschung führen. Weniger häufig werden Rindennekrosen am Stamm beobachtet. Ihre Ursache liegt meist in einer unsachgemäß ausgeführten Astung (s. Kap. 5.1.3), die ihren Ausgangspunkt bereits in der Baumschule nehmen kann. Als häufigstes und wohl bekanntestes Symptom der Platanenkrankheit gilt schließlich die **Blattbräune** (früher auch als Anthraknose bezeichnet), die lange Zeit für die Bezeichnung des gesamten Krankheitskomplexes verwendet worden ist. Charakteristisch für die Blattbräune sind zackenartig geformte, lang gestreckte Nekrosen, die sich auf den Blattadern hinziehen. Bleiben die Nekrosen auf die Blattspreite beschränkt, so werden die Blätter erst zum Herbst abgeworfen. Geht die Erkrankung jedoch auf den Blattstiel über, so kommt es nicht selten zu einer plötzlichen Welke und zum Abknicken der Blätter, schließlich zum vorzeitigen, oft massenhaften Blattfall (Abb. 57).

Von *Apiognomonia veneta* ist sowohl die Anamorphe als auch die Teleomorphe bekannt. Die Anamorphe lässt sich das ganze Jahr über nachweisen, wobei allerdings verschiedene Fruchtkörperformen ausgebildet werden. Die auf Blättern gebildete erste Konidiengeneration wird von Mai bis Juni angelegt und trägt parasitische Züge. Sie findet sich längs von Blattadern in Form hellbräunlicher, anfangs von der Epidermis bedeckter Acervuli, in denen zylindrische bis elliptische, 10–15 ×

4–6 µm große farblose Konidien heranreifen. Die zweite Konidiengeneration, die ebenfalls dem stromalosen *Discula*-Typ entspricht, wird im Herbst ausgebildet, wenn die Blätter zu Boden fallen. Während dieser saprobischen Phase besiedelt der Pilz weite Teile der Blattspreite, ausgehend von älteren Adernnekrosen oder endophytisch bewohnten Blattadern. Im Gegensatz zur Frühjahrsgeneration finden sich in den Herbst-Conidiomata neben den bekannten Makrosporen auch kleinere 6–8 × 2,5–3,5 µm große, zylindrische bis schwach keulenförmige Mikrokonidien. Die Winterpassage übernehmen einmal kissenförmige stark stromatische Conidiomata, die als Dauerformen auf Blattstielen und dickeren Blattadern, aber auch in der Rinde dünner Zweige ausgebildet werden. Eine weitere Form der Überwinterung stellt das geschlechtliche Stadium des Pilzes dar. Dieses beginnt im Dezember mit der Ausbildung der *Gloeosporidina*-Spermogonienform, deren 2,4–2,8 × 2,2–2,4 µm großen Spermatien die Dikaryotisierung der Perithecienanlagen besorgen. Im Frühjahr erfolgt schließlich die Reife der perithecienähnlichen Ascomata mit anschließender Freisetzung von Ascosporen.

Über den Infektionsvorgang sowie über den Beginn einer Blatterkrankung gibt es auch heute immer noch keine einheitliche Vorstellung. So wird als Infektionsmodus sowohl eine direkte Blattinfektion von außen als auch die Einwanderung des Pilzes aus dem letztjährigen Trieb über den Blattstiel in das Blatt diskutiert (Neely 1976). Das Vorhandensein des Pilzes im Blattgewebe führt allerdings nicht zwangsläufig zur Ausbildung einer Nekrose, denn es hat sich gezeigt, dass *Apiognomonia veneta* auch endophytisch vorkommen kann (Sury 1992). Nekrosen entstehen offenbar erst dann, wenn das Blattgewebe durch die Saugtätigkeit von Gall- oder Laufmilben besiedlungsfähig geworden ist. Hinweise darauf ergeben sich aus ähnlichen Korrelationen, die sich bei der Pathogenese anderer *Apiognomonia*-Arten haben nachweisen lassen (Pehl und Butin 1994). – Ebenso hypothetisch ist die Pathogenese des Zweigsterbens. Auf der einen Seite scheint die Infektion im Herbst über noch nicht oder unvollständig verthyllte Blattnarben abzulaufen; andererseits wird auch die Einwanderung des Pilzes aus dem Blatt über den Blattstiel in das Rindengewebe für möglich gehalten (Neely und Himelick 1960). Jedenfalls ist der Pilz bereits im Winterhalbjahr in der Rinde einjähriger Triebe nachweisbar, von wo er im folgenden Frühjahr – oft auch schon in milden Wintern – auf benachbarte Rindenpartien übergeht, noch ehe der Baum mit Abwehrmaßnahmen reagieren kann.

Auf Grund der noch weitgehend ungeklärten Pathogenese der Krankheit ist es verständlich, dass Maßnahmen zur Vorbeugung und Bekämpfung in den meisten Fällen problematisch sind. Gewisse Erfolge lassen sich durch den Rückschnitt infizierter einjähriger Triebe erzielen. Auch kann durch frühzeitiges Entfernen des Herbstlaubes das Angebot infektionstüchtiger Sporen verringert werden. Grundsätzlich muss jedoch mit einem ganzjährigen Sporenflug gerechnet werden, sodass die Anwendung eines äußerlich wirksamen Fungizids fragwürdig sein dürfte. Eine höhere Wirksamkeit wird dagegen systemischen Fungiziden nachgesagt (Neely 1976). Die größten Aussichten auf eine dauerhafte Gesunderhaltung unserer Platanen dürfte in der Resistenzzüchtung liegen, wobei sich vor allem Klone der Hybriden von *Platanus occidentalis* mit *P. orientalis* anbieten.

In die Überlegung einer chemischen Bekämpfung sollte stets eine Folgenabschätzung mit einbezogen werden, denn oft wird ein Befall selbst bei augenfällig starken Schäden überbewertet. Dies gilt vor allem für die „Blattbräune". Hier hat sich gezeigt, dass sich auch stark befallene Bäume noch im gleichen Jahr – durch Austreiben gesunder Knospen – vollständig erholen können. Die Frage der zeitweilig damit verbundenen ästethischen Beeinträchtigung bleibt davon allerdings unberührt.

Weitere Blattkrankheit der Platane:

- Platanenmehltau *(Erysiphe platani* [Howe] U. Braun & S. Takam.): Erreger mehlartiger Überzüge; junge Blätter oft deformiert; im Sommer Konidien, ab Spätsommer Bildung von Chasmothezien. Aus Nordamerika stammender, über Italien nach Deutschland eingeschleppter Neomyzet (Schreiner und Fehlhaber 2013).

4.4.24 Entomosporium-Blattbräune des Weißdorns

Erreger: *Diplocarpon mespili* (Sorauer) B. Sutton
Anamorphe: *Entomosporium mespili* (DC.) Sacc.

Von den auf *Crataegus* vorkommenden Pilzen gehört *Diplocarpon mespili* wohl zu den auffälligsten und wichtigsten Krankheitserregern des Weißdorns. Er verursacht auf den Blättern dicht gesäte ca. 1 mm große, karminrote, später schwärzliche Flecke, die bei feuchter Witterung bereits Ende Mai auftreten können. Bei hoher Infektionsdichte können die Flecke zusammenfließen, was zum Begriff der „Blattbräune" geführt haben mag. Bei epidemischem Auftreten kommt es nicht selten zum vorzeitigen Blattfall, sodass die Bäume bereits mitten im Sommer verkahlen. Durch Trockenheit wird dieser Vorgang noch verstärkt. Weiterhin werden auch Blattstiele und junge Triebe befallen, auf denen dann bis zu 2 mm große, elliptische, schwarzbraune Nekrosen auftreten. Bei wiederholtem mehrjährigem Befall kann ein Baum so stark geschwächt werden, dass Sekundärschädlinge Fuß fassen können. Unter diesen spielt der Prachtkäfer *(Agrilus sinuatus)* eine dominierende Rolle. Im gegebenen Fall zeigen sich unter der Rinde bräunliche Larvengänge, die sich schlangenartig am Stamm entlang ziehen. Mit dem Auftreten des Käfers ist das Schicksal des betroffenen Baumes meist schon besiegelt (Abb. 58 a–d).

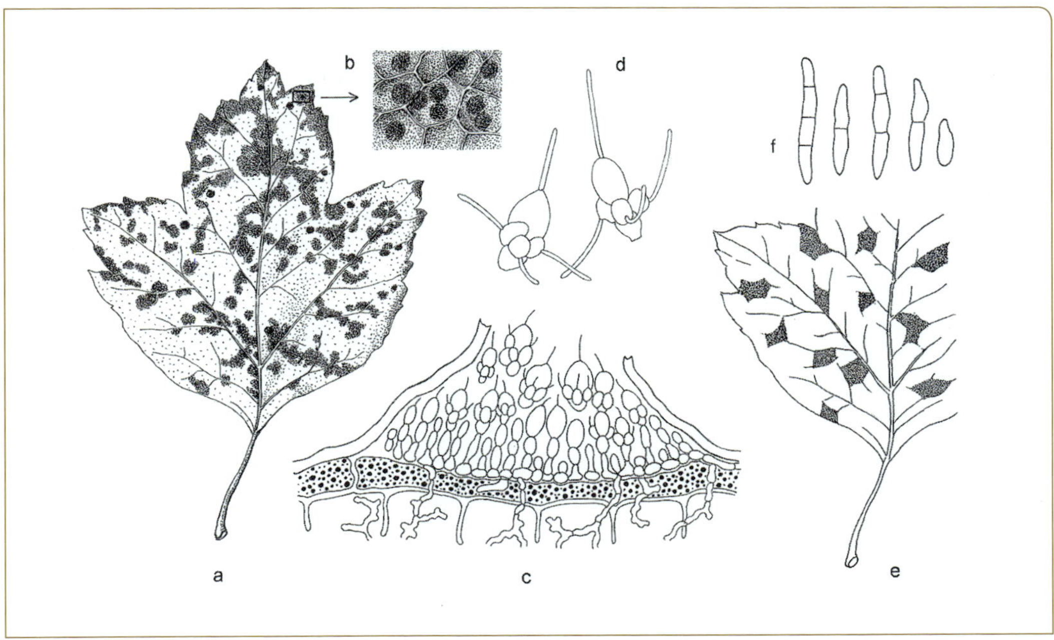

Abb. 58. Blattpilze des Weißdorns. **a–d** *Diplocarpon mespili:* **a** Blatt mit Befallssymptomen, **b** Acervuli der *Entomosporium*-Anamorphe blattoberseits (Ausschnitt), **c** Querschnitt durch einen Acervulus, **d** Konidien; **e, f** *Myriellina cydoniae:* **e** Blatt mit Krankheitssymptomen, **f** Konidien.

Unter den Kulturformen der Gattung *Crataegus* gilt der als Straßenbaum beliebte „Rotdorn" (*Crataegus laevigata* 'Paulii') als besonders anfällig. *Crataegus monogyna* wird dagegen weniger stark in Mitleidenschaft gezogen. Außer auf *Crataegus* kommt der Pilz noch auf anderen Rosaceen vor, so auf *Amelanchier, Cotoneaster, Cydonia, Mespilus, Pyracantha* und *Sorbus*.

Die Conidiomata des Pilzes finden sich bereits im Frühsommer im Zentrum der karminroten Flecke. Sie werden subkutikulär angelegt und sind uhrglasförmig nach oben gewölbt, dunkelbraun bis schwarz und 100–200 μm im Durchmesser. Sie enthalten eigenartig geformte, aus mehreren Zellen zusammengesetzte, kreuzförmige, farblose, 15–23 × 6–9 μm große Konidien, die mit 7–15 μm langen fadenförmigen Anhängseln versehen sind. Während des Winterhalbjahres werden auf den am Boden liegenden Blättern weitere Acervuli gebildet, die im Gegensatz zur Sommerform dickwandigere, tief in das Blattgewebe eingesenkte Conidiomata besitzen. Die hier gebildeten Konidien dienen im Frühjahr der Neuinfektion. Die gleiche Funktion besitzen die auf toten Ästen gebildeten Acervuli bzw. Konidien sowie die im Frühjahr freigesetzten Ascosporen der Teleomorphe.

Zur Verhütung eines Neubefalls dient zunächst die sorgfältige Beseitigung des am Boden liegenden Laubes. Bei chronischer Erkrankung kann ein kräftiger Rückschnitt Besserung bringen. Als letzte Möglichkeit kann der Einsatz eines gegen Schorf wirksamen Pflanzenschutzmittels ratsam sein. Da junge Blätter besonders anfällig sind, sollte in solchen

Fällen mit den Spritzungen Ende April begonnen und diese bis Ende Mai mehrmals wiederholt werden. Diese Maßnahme gilt vor allem für Baumschulen.

Weitere Krankheitserreger an Weißdorn:

- *Erwinia amylovora:* Erreger des Feuerbrandes an Rosaceen; Blätter werden braun, Triebe krümmen sich hakenförmig und sterben ab (s. Kap. 5.2.17).
- *Gymnosporangium clavariiforme* (Wulfen) DC.: Erreger des „Weißdorn-Gitterrostes“, verursacht gelbrote Blattflecke sowie Anschwellungen an Trieben und Früchten; Äcidien faden- oder hörnchenförmig, gelb, pinselartig aufreißend; Triebe vertrocknen oberhalb der Befallsstelle; Wirtswechsel mit *Juniperus communis* und *J. nana*.
- *Gymnosporangium confusum* Plowr.: verursacht auf Blättern von *Crataegus, Cydonia* und *Mespilus* gelbe, teilweise rot werdende Flecke mit Äcidienbesatz; Wirtswechsel mit *Juniperus*-Arten, vor allem mit *J. sabina*. Differenzialdiagnose zu *G. clavariiforme* durch mikroskopische Untersuchung der Pseudoperidienzellen (Gäumann 1959).
- *Monilinia johnsonii* (Ellis & Everh.) Honey: Urheber dunkelbrauner bis schwarzer Verfärbungen größerer Teile der Blattspreite; auf abgestorbenen Blättern feiner weißer bis silbergrauer Schimmel der *Monilia*-Anamorphe mit stark süßlichem Duft; Konidien kugelig, kettenförmig, 9–16 µm groß (Tafel III/3); Überwinterung auf mumifizierten Früchten; dort im Frühjahr Ausbildung der Teleomorphe; im Frühjahr und Frühsommer oft seuchenartig auftretend.
- *Myriellina cydoniae* (Desm.) Höhn.: Urheber 2–5 mm großer, dunkelbrauner, scharf begrenzter eckiger Blattflecke, vor allem an Hecken von *Crataegus monogyna*; Acervuli blattoberseits, mit grauer Scheibe; Konidien ein- bis dreizellig, zylindrisch bis spindelförmig, 6–18 × 2–3 µm groß (Abb. 58 e, f). In Deutschland neuartiger Krankheitserreger (Butin und Kehr 2002).
- *Podosphaera clandestina* (Wallr.) Lév.: „Weißdorn-Mehltau“, bildet ab Frühjahr auf Blättern und Triebspitzen mehlartige dünne Beläge; Blätter oft deformiert; Konidiophoren stiftförmig, mit kettenartig angeordneten, elliptisch eiförmigen Konidien; Chasmothecien vereinzelt, 60–110 µm im Durchmesser; in Baumschulen schädlich; Bekämpfung durch Entfernen mehltaukranker Triebe. – Ähnliche, jedoch nur blattunterseits auftretende weißliche Überzüge bildet *Phyllactinia mali*; Befall hier ohne Bedeutung, da erst ab Spätsommer auftretend.
- *Septoria crataegi* Desm. J. Kickx f.: leicht mit dem Krankheitsbild von *Entomosporium mespili* zu verwechseln, Flecke jedoch rundlich braun mit rotem Rand; Konidien fadenförmig, undeutlich mehrzellig, sichelförmig und 60–80 × 2 µm groß (Tafel IV/4).
- *Taphrina crataegi* Sadeb.: „Blasenkrankheit des Weißdorns“, verur-

sacht rötlich gelbe, später weiß bereifte, bis 1 cm große Blattflecke oder Auftreibungen; Blattränder können sich einrollen.

- *Venturia crataegi* Aderh.: Urheber grünlich schwarzer, rundlicher, am Rand fransenartig aufgelöster Blattflecke; auch an Früchten; im Sommer Ausbildung der *Fusicladium*-Anamorphe mit einfachen mehrzelligen Konidienträgern und breit spindelförmigen, zweizelligen, 12–16 × 3–5 µm großen Konidien (Tafel IV/11); Teleomorphe im folgenden Frühjahr auf abgefallenen Blättern.
- Weißdorn-Phytoplasma (Candidatus *Phytoplasma crataegi*): Urheber von Triebstauche mit kleineren, oft rötlich verfärbten Blättchen (Rotlaubigkeit); später allgemeine Degeneration des Baumes; Bekämpfung nicht möglich; erkrankte Bäume sollten entfernt werden.

4.4.25 Apfelblattschorf

Erreger: *Venturia inaequalis* (Cooke) G. Winter
Anamorphe: *Fusicladium pomi* (Fr.) Lind

Die vor allem bei Obstbäumen wirtschaftlich bedeutsame Krankheit tritt auch an Zier- und Wildapfelformen auf, wobei sich hier der Schaden auf die Blätter und Blüten beschränkt. Als besonders schorfanfällig hat sich der Blutapfel *(Malus × purpurea)* erwiesen.

Im Juni erscheinen verschieden große olivgrüne Flecke mit fransenartigem Rand. Später verfärben sich diese „Rußflecken" unter Eintrock-

Abb. 59. Blattpilze an Apfelbaum.
a Apfelmosaik;
b–d *Venturia inaequalis:* **b** Schorfflecken an Apfelblatt, **c** Konidienträger der *Fusicladium*-Anamorphe, **d** Konidien; **e, f** *Podosphaera leucotricha:*
e Triebspitze mit primärinfizierten Blättern, **f** Konidienträger mit Konidien.

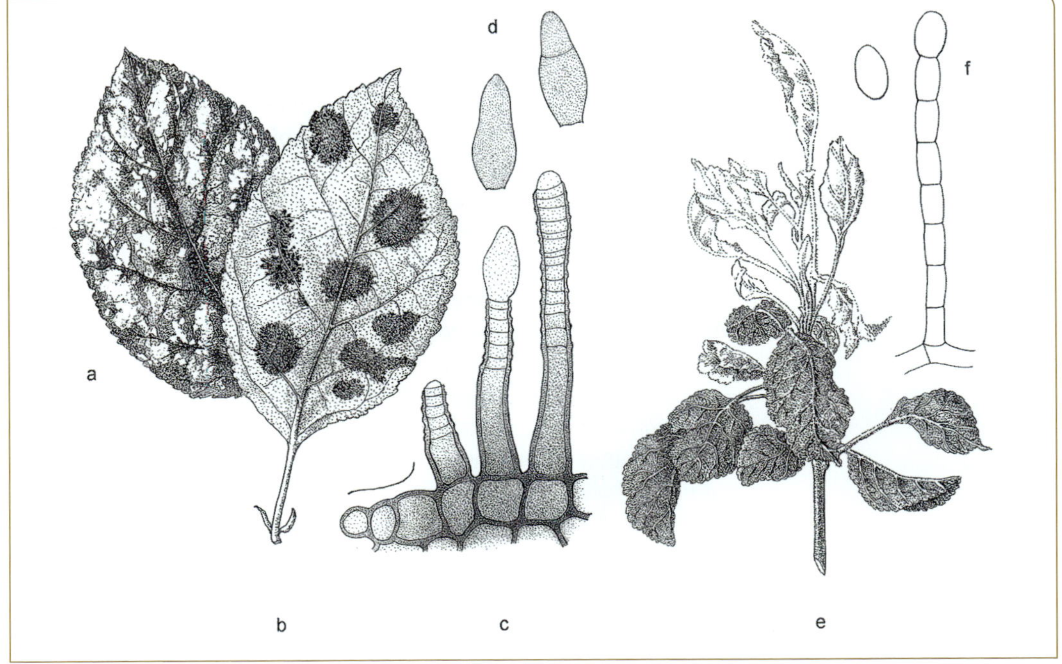

nen der Blätter braun. Derartige Blätter werden häufig vorzeitig abgeworfen, sodass die Bäume bereits im August mehr oder weniger entblättert sind. Nach zu kühlen Frühjahrsmonaten können auch Blüten infiziert werden, deren Blütenblätter dann verbräunen und unansehnlich werden.

Die Verbreitung des Erregers erfolgt im Sommer durch Konidien der *Fusicladium*-Anamorphe, die sich durch olivenbraune samtartige Überzüge auf den Blattflächen zu erkennen geben. Die an dunkelbraunen Trägern nacheinander abgetrennten Konidien sind birnenförmig, einseltener zweizellig, hellbraun und 16–28 × 7–9 µm groß (Abb. 59 b–d). Die im Herbst angelegten Pseudothecien der Teleomorphe reifen erst nach Überwinterung. Sie sind kugelig bis birnenförmig, etwa 100 µm groß und meist mit einigen dunklen Borsten besetzt. In ihnen reifen die zylindrischen Asci mit je acht grünlich gelben 12–15 × 5–7 µm großen Ascosporen.

Weitere Krankheitserreger an Apfelbaum:

- Apfelmosaikvirus *(Apple mosaic virus)*: Urheber mosaikartiger Blattfleckung sowie leuchtend gelber, teilweise weißer Sprenkelung oder linienartiger Muster auf dunkelgrünem Blattgrund; an verschiedenen *Malus*-Arten/Sorten; Verhütung durch Verwendung von Pfropfreisern nur gesunder Mutterbäume (Abb. 59 a).
- Apfel-Phytoplasma (Candidatus *Phytoplasma mali*): Erreger der Apfeltriebsucht; Blattsauger (*Cacopsylla* spp.) als Überträger.
- *Gymnosporangium tremelloides* R. Hartig: „Apfel-Gitterrost", bildet zunächst blattoberseits gelbliche Flecke mit Spermogonien; später entstehen blattunterseits buckelförmige Äcidien, ähnlich dem Birnengitterrost (vgl. Abb. 73); Wirtswechsel mit *Juniperus*-Arten, daher Verhütung durch räumliche Trennung beider Wirtspflanzen möglich.
- *Podosphaera leucotricha* (Ellis & Everh.) E. S. Salmon: bildet auf Blättern zahlreicher Apfelsorten weißliche mehlartige Überzüge mit Haustorien, die in die Epidermis eindringen. Nach der Primärinfektion im Frühjahr sind die zuerst erscheinenden Blätter schmal, dick und steil aufwärtsgerichtet. Durch das üppig sich entwickelnde Myzel und die zahlreichen 20–30 × 14–18 µm großen Konidien erscheint der ganze Trieb weiß (Abb. 59 e, f). Befallene Blätter vertrocknen und fallen vorzeitig ab; nur an der Triebspitze verbleiben noch einige vertrocknete, kleine, verkrüppelte Blätter. Später gebildete, sekundär infizierte Blätter werden weniger stark befallen. Die zahlreich entstehenden Fruchtkörper sind kugelig, schwärzlich, versehen mit langen, am Ende selten verzweigten Anhängseln (Braun und Cook 2012).

4.4.26 Apiognomonia-Blattbräune der Kirsche

Erreger: *Apiognomonia erythrostoma* (Pers.) Höhn.
Anamorphe: *Phomopsis stipata* (Lib.) B. Sutton

Die auch als „Blattseuche der Kirsche" bezeichnete Krankheit macht sich im Frühjahr durch größere zunächst gelbliche, dann bräunlich werdende Blattflecke bemerkbar. Die erkrankten Blätter rollen sich mehr oder weniger ein und sterben ab, ohne aber abzufallen; sie bleiben auch über Winter an den Ästen hängen. Auffallend ist die hakenförmig nach unten gerichtete Krümmung der Blattstiele. Befallen werden neben Vogel- resp. Süßkirsche auch *Prunus padus*.

Ab Juli findet man auf der Blattunterseite 100–200 µm große, schwärzlich rötliche Conidiomata, die sich herdenweise auf den Blattflecken ausdehnen. An lang gestreckten mehrzelligen Konidienträgern werden apikal sowie auch lateral fadenförmige, wenig gekrümmte, 16–24 × 1,5–2,0 µm große Konidien ausgebildet, die oft in Form kurzer Sporenranken aus den Fruchtkörpern gepresst werden. Die Anlage der Teleomorphe erfolgt bereits im Spätsommer. Ihre Reife findet jedoch erst im darauf folgenden Frühjahr auf den noch am Baum hängenden Blättern statt (Abb. 60). Eine Bekämpfung mit Fungiziden kann vermieden werden, wenn im Winter die am Baum verbliebenen, kranken Blätter entfernt werden.

Mit dem Schadbild der Blattbräune kann der „Bakterienbrand der Kirsche" (Kirschenkrebs) verwechselt werden, der von *Pseudomonas syringae* hervorgerufen wird. Hier tritt die Blattwelke allerdings als Folge eines Zweigsterbens ein. Man achte daher auf eingesunkene Rindennekrosen, aus denen Wundgummi austritt.

Abb. 60. Apiognomonia-Blattbräune der Kirsche. **a** Blattflecke, **b** abgestorbene Blätter der Vogelkirsche, **c** Conidiomata blattunterseits, **d** Konidienträger mit Konidien der *Phomopsis*-Anamorphe (**d** nach Sutton 1980).

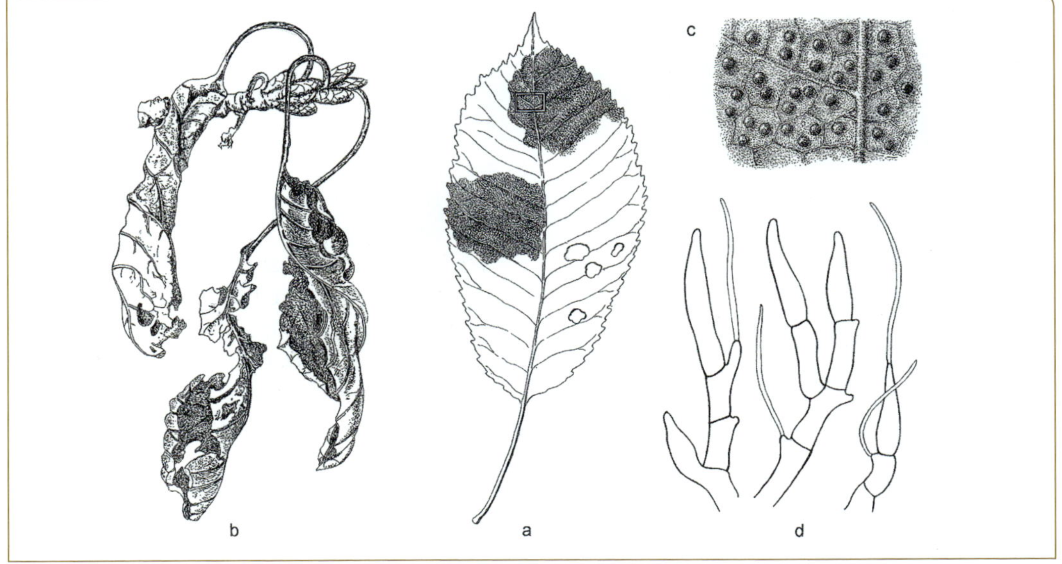

4.4.27 Schrotschusskrankheit der Kirsche

Erreger: *Stigmina carpophila* (Lév.) M. B. Ellis

Das Krankheitsbild ist durch zahlreiche 1–2 mm große, rundliche Blattflecke charakterisiert, die anfangs rötlich sind, später leder- bis dunkelbraun werden, wobei ein schmaler rötlicher Rand meist erhalten bleibt. Später fällt das abgestorbene Gewebe heraus, sodass die Blattspreite wie von einem Schrotschuss durchlöchert erscheint. Stark befallene Blätter werden frühzeitig abgeworfen, sodass die Bäume im Hochsommer – vor allem in der unteren Kronenhälfte – mehr oder weniger kahl dastehen.

Auf den nekrotischen Flecken und Blattpartien erscheinen im Juni – oft auch noch später – die Sporodochien des Pilzes als kleine punktförmige schwarze Rasen, auf denen spindelförmige, 30–60 × 9–18 µm große, vier- bis achtzellige, olivenfarbene bis braun-schwarze Konidien auf kurzen Trägern abgeschnürt werden. Diese sorgen für die Verbreitung des Erregers, die vor allem nach niederschlagsreichen Frühjahrsmonaten epidemische Formen annehmen kann. Der Pilz überwintert an erkrankten, noch am Baum hängenden Früchten sowie in Zweigwunden, auf denen im Frühjahr erneut junge Konidien gebildet werden (Abb. 61 d–f).

Die Schrotschusskrankheit kommt bei allen Steinobstarten mit unterschiedlicher Sortenanfälligkeit vor. Die größte Bedeutung hat die Krankheit bei der Kirsche, bei der nicht selten Pflanzenschutzmaßnahmen erforderlich sind, beschränkt allerdings auf Baumschulen und den

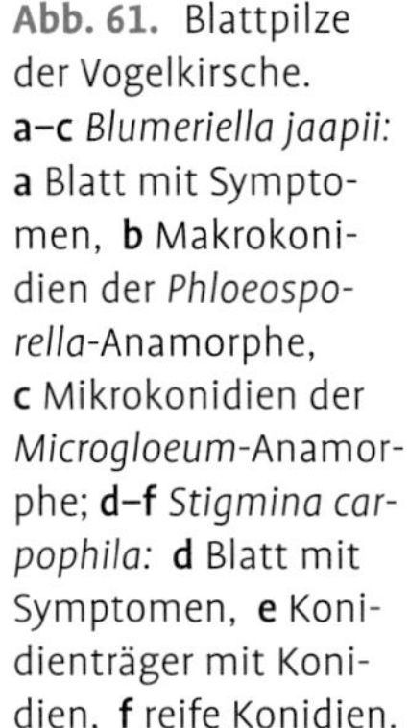

Abb. 61. Blattpilze der Vogelkirsche. **a–c** *Blumeriella jaapii:* **a** Blatt mit Symptomen, **b** Makrokonidien der *Phloeosporella*-Anamorphe, **c** Mikrokonidien der *Microgloeum*-Anamorphe; **d–f** *Stigmina carpophila:* **d** Blatt mit Symptomen, **e** Konidienträger mit Konidien, **f** reife Konidien.

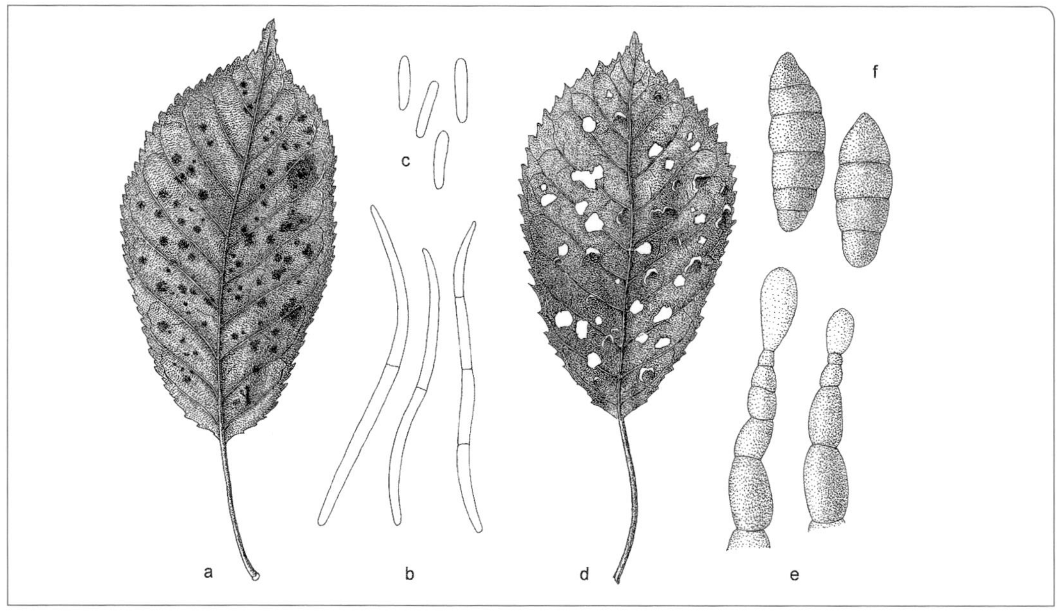

gewerbsmäßigen Kirschenanbau. Im Zierpflanzenbau ist bei uns vor allem die Lorbeerkirsche *(Prunus laurocerasus)* betroffen.

Ein sehr ähnliches schrotschussartiges Krankheitsbild wird durch das Nekrotische Ringfleckenvirus verursacht (Butin und Brand 2017).

4.4.28 Sprühfleckenkrankheit der Kirsche

Erreger: *Blumeriella jaapii* (Rehm) Arx
Makrokonidienform: *Phloeosporella padi* (Lib.) Arx
Mikrokonidienform: *Microgloeum pruni* Petrak

Auf infizierten Blättern bilden sich zunächst zahlreiche kleine, rötlich violette, unscharf begrenzte Flecke, die zusammenfließen können. Schließlich werden die Blätter gelb und fallen vorzeitig ab. Befallen werden neben der Süßkirsche die Sauerkirsche sowie andere *Prunus*-Arten. Auf der Blattunterseite werden bis zu 250 µm große Conidiomata mit verschiedenen Sporenformen ausgebildet. Die Makrokonidien sind sichelförmig, hyalin, zweizellig, mit einem spitzen und einem stumpfen Ende und 65–75 × 3 µm groß. Die in Acervuli gebildeten Mikrokonidien sind einzellig, hyalin, zylindrisch und 7,5–9,5 × 1,5 µm groß (Abb. 61 a–c). Eine Bekämpfung mit Fungiziden erfolgt meist nur im Erwerbsgartenbau oder in Baumschulen.

Als Erreger der Sprühfleckenkrankheit wird in der Literatur gelegentlich auch *Asteroma padi* DC. genannt, die hauptsächlich auf den Blättern der Traubenkirsche auftritt. Die Symptome sind die gleichen wie bei *Blumeriella jaapii*. Die Differenzialdiagnose erfolgt durch Untersuchung der Sporen: Die Konidien von *Asteroma padi* sind einzellig, spindelförmig und 11–15 × 2,5–3,5 µm groß (Tafel III/11).

4.4.29 Marssonina-Krankheit der Walnuss

Erreger: *Marssonina juglandis* (Lib.) Magnus

Von den auf Walnussblättern auftretenden Krankheitserregern gehört *Marssonina juglandis* zu den häufigsten und weitestverbreiteten Schaderregern. Der wirtsspezifische Pilz verursacht unregelmäßige rundliche, 2–4 mm große, dunkelbraune, im Zentrum hellere Flecke, die bei stärkerem Befall zu größeren Nekrosen zusammenfließen können. Neben Blättern werden auch die Nüsse befallen, was zu erheblichen Ernteausfällen führen kann. Die Conidiomata finden sich in gleichmäßiger Verteilung fast ausschließlich auf der Unterseite der Blätter; bei größeren Nekrosen können sie auch in konzentrischen Ringen angeordnet sein. Sie sind 100–200 µm groß, bräunlich schwarz, wenig erhaben und im Umriss kreisförmig. Die subkuticular angelegten Acervuli sind charakterisiert durch eine kleinzellige bräunliche Basalschicht, auf der die farblosen, zweizelligen, sichelförmigen und 22–28 × 3–4 µm großen Konidien zur Entwicklung kommen. Die unter dem Namen *Gnomonia leptostyla* bekannte Teleomorphe wird erst im Frühjahr auf den am Boden liegenden Blättern ausgebildet. Da von hier aus die Neuinfektion erfolgt, ist die Beseitigung des Falllaubes das umweltfreundlichste Verfahren zur Minderung der Infektionsgefahr. Wo dieser Zyklus nicht unterbrochen wird, kann es – vor allem in feuchten Sommern – zur Ausbildung mehrerer Konidiengenerationen und damit zu einem derart starken Befall kommen, dass die Blätter vorzeitig vergilben und braun werden. Eine Beeinträchtigung der Fruchtbildung ist damit allerdings nicht oder nur in seltenen Fällen verbunden (Abb. 62).

Weitere Krankheitserreger der Walnuss:

- *Ascochyta juglandis* Boltsh.: Urheber herdenweise auftretender, 1–10 mm großer, dunkelbraun berandeter, graubrauner Flecke, deren Mittelteil herausfallen kann; Pyknidien blattoberseits, mit zylindrischen, zweizelligen, 8–15 × 4–5 µm großen Konidien.
- *Pseudomicrostroma juglandis* (Bérenger) Kijporn. & Aime (Syn. *Microstroma juglandis*): verursacht blattoberseits leuchtend gelbe, blattunterseits weiße, von Blattadern eingefasste Flecke; Letztere bestehen aus zahlreichen aus Spaltöffnungen hervorbrechenden Basidienbündeln mit 6–8 × 3 µm großen schiffchenförmigen Sporen.
- *Xanthomonas campestris* pv. *juglandis:* „Bakterieller Walnussbrand", Urheber zahlreicher verschieden großer, eckiger, scharf abgesetzter Flecke auf beiden Blattseiten; größere Flecke reißen auf; Befall auch der Früchte (Butin und Brand 2017).

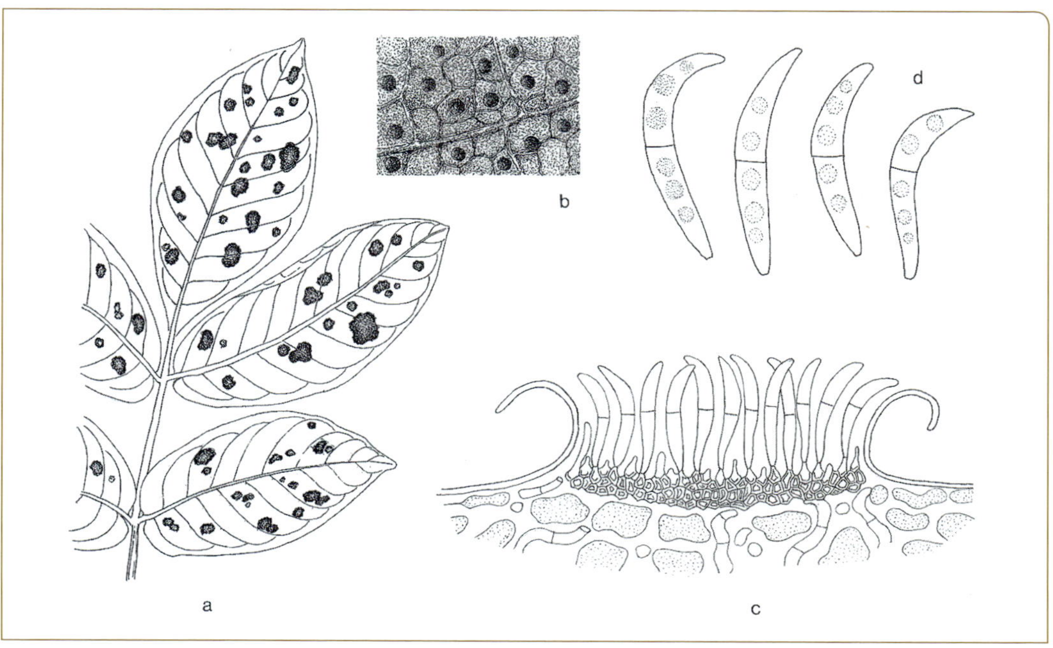

Abb. 62. Marssonina-Krankheit der Walnuss. **a** Fiederblatt mit Nekrosen, **b** Conidiomata blattunterseits (Ausschnitt), **c** Querschnitt durch einen Acervulus, **d** Konidien.

5 Schäden an Knospen, Trieben und Ästen

5.1 Nichtparasitäre Schäden

5.1.1 Sitzenbleiben von Knospen

Unter dem „Sitzenbleiben von Knospen“ wird eine vor allem bei *Picea pungens* auftretende abiotische Schädigung verstanden, die dadurch gekennzeichnet ist, dass Knospen – überwiegend die Endknospen – im Frühjahr nicht mehr austreiben. Sie werden im Frühsommer braun und vertrocknen. Betroffen sind überwiegend solche Knospen, die sich bereits im Herbst durch ungewöhnlich stark angeschwollene zylindrische Knospenanlagen von den normalen spitzkegeligen Knospenformen unterscheiden (Abb. 66 e, f). Durch den Ausfall der Terminalknospe kommt es zu Störungen im Haupttriebwachstum, was sich bei den Weihnachtsbaumkulturen besonders schädlich auswirkt. Ehe ein solcher Schaden auftritt, sollten daher Fichten, die bereits im Herbst verdickte Terminalknospen aufweisen, beim Weihnachtsbaumverkauf vorrangig abgegeben werden. Bei bereits eingetretenen Schäden empfiehlt es sich – bei Pflanzen bis zu vier Jahren – einen letztjährigen Seitentrieb hochzubinden, um möglichst rasch wieder ein normales Höhenwachstum zu erzielen.

Für das Sitzenbleiben von Knospen wurden zunächst (Rack 1982) Frühfröste verantwortlich gemacht. Andererseits wird vermutet, dass an der Wachstumsstörung auch Herbizide beteiligt sein können (Gruber und Brandl 1998). Zur Vermeidung von Knospenschäden sollte demnach der Einsatz von Herbiziden eingeschränkt werden. Im anderen Fall müsste es möglich sein, das Sitzenbleiben von Knospen durch den Anbau weniger frühfrostgefährdeter Provenienzen zu vermeiden.

5.1.2 Frostschäden an jungen Trieben

Von den drei verschiedenen Frostphasen – Frühfrost, Winterfrost und Spätfrost – ist der im Frühjahr auftretende **Spätfrost** am bedeutsamsten. Er „überrascht“ den Neuaustrieb auf dem Höhepunkt seiner Frostempfindlichkeit. Zu diesem Zeitpunkt machen sich Frostschäden durch Schlaffwerden und Herabhängen der jungen Triebe bemerkbar, die dann nach einigen Tagen braun werden und vertrocknen (Abb. 63 a, b). Bei subletaler oder einseitig auftretender Triebschädigung kommt es zu Triebstauchung, Verkrüppelung oder Verkrümmung der betroffenen Triebe, besonders bei Koniferen. Die meisten Laubbaumarten reagieren auf den Verlust der jüngsten Sprossteile mit dem Austreiben normaler Seitenknospen (Eiche) oder mit der Entfaltung schlafender Knospen (Rotbuche), wobei die Blätter dann meist kleiner und chlorophyllarm

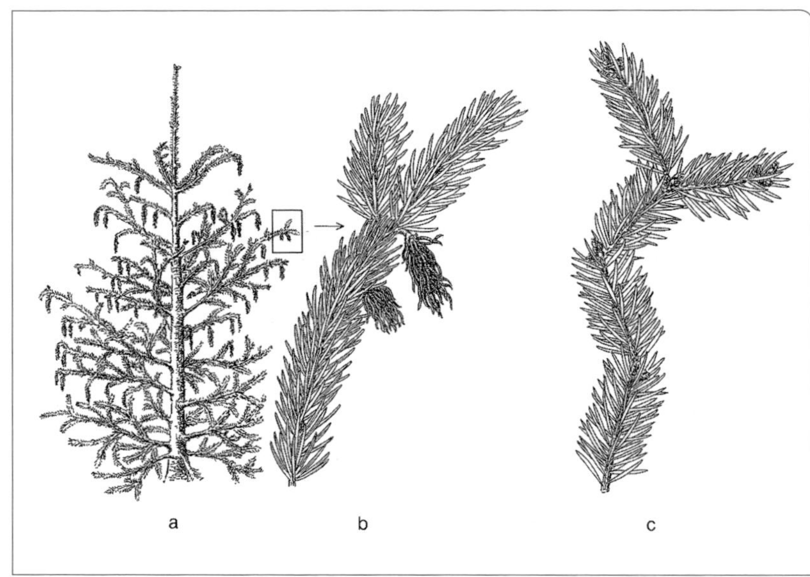

Abb. 63. Spätfrostschäden an Koniferen. **a** Schadbild an junger Fichte, **b** Fichtenzweig mit abgestorbenen Seitentrieben, **c** Zickzackwuchs einer Douglasie nach wiederholtem Ausfall des Terminaltriebes.

sind. Bei den Nadelbäumen ist die Fähigkeit zur Restitution verloren gegangener Triebe weniger ausgeprägt; eine Ausnahme macht die Lärche, die sich wieder vollständig begrünen kann.

Die Spätfrostempfindlichkeit junger Triebe ist je nach Baumart unterschiedlich groß. Sehr frostempfindliche Laubbaumarten sind Rotbuche, Linde, Esche und Eiche, wobei die Stieleiche etwas weniger empfindlich ist als die Traubeneiche. Durch besondere Frosthärte zeichnen sich Zitterpappel und Birke aus, deren Blätter erst ab −6 °C geschädigt werden. Eingeführte Baumarten aus wärmeren Ländern, die entweder früh austreiben oder von Natur aus eine hohe Frostempfindlichkeit besitzen, sind besonders gefährdet. Zu ihnen gehören Esskastanie, Platane und Zierbäume wie *Ailanthus* und *Catalpa*. – Von den Nadelgehölzen sind vor allem Tanne und bestimmte Douglasienherkünfte (Abb. 63 c) frostgefährdet, wogegen die Fichte weniger unter Frost zu leiden hat, mit Ausnahme frei stehender Jungbäume. Die Kiefer scheint gegenüber Spätfrost völlig unempfindlich zu sein. – Einige Baumarten entgehen trotz hoher Frostempfindlichkeit meist der Gefahr des Erfrierens, da sie – wie die Eiche, Robinie oder Ulme – relativ spät austreiben.

5.1.3 Absterben von Ästen und Zweigen

Wenn Äste in auffälliger Weise im oberen Kronenbereich absterben, können als Ursache sowohl biotische als auch nichtparasitäre Faktoren infrage kommen. Diagnostisch am wenigsten problematisch sind diejenigen Schadbilder, bei denen bekannte Krankheitserreger, z. B. *Ophiostoma novo-ulmi, Cronartium flaccidum* oder *Cryphonectria parasitica*, nachgewiesen werden können. Bei abiotisch bedingten Schäden ist man dagegen auf die Krankheitsgeschichte angewiesen, wobei Art und Zeitpunkt besonderer Ereignisse (Witterungsextreme oder Bodenveränderungen) ermittelt werden müssen. Nicht selten beruht das Absterben von Ästen jedoch auf dem Zusammenwirken abiotischer und biotischer Faktoren, wobei nicht immer klar zu trennen ist, welche einen prädisponierenden, krankheitsauslösenden und welche nur begleitenden Charakter haben. Zu den häufiger vorkommenden, primär nichtparasitären Ast- und Kronenschäden, deren Ursache ausreichend bekannt ist, gehören:

- **Astabbrüche:** verursacht durch extremen Eisanhang nach wechselhaften Wetterlagen um den Gefrierpunkt.
- **Kronendegeneration nach Grundwasserabsenkung:** z. B. in älteren Pappelbeständen, gekennzeichnet durch kronenumfassendes Absterben von Ästen, deren Belaubung sich auf einzelne Blattbüschel an der Astbasis beschränkt (Abb. 64 b).
- **Kronendegeneration nach extremer Trockenheit** oder/und **Spätfrost:** z. B. bei der Eiche (s. Kap. 6.3.9).
- **Kronendegeneration durch Wurzelsterben nach Bodenverdichtung:** z. B. nach Asphaltierung oder Erdaufschüttung der Baumscheibe, so auf neu angelegten baumbestandenen Parkplätzen oder auf Baustellen. Gegen Aufschüttung sehr empfindlich sind *Acer, Aesculus, Ailanthus, Betula, Fraxinus* und *Thuja*. Weiden und Pappeln

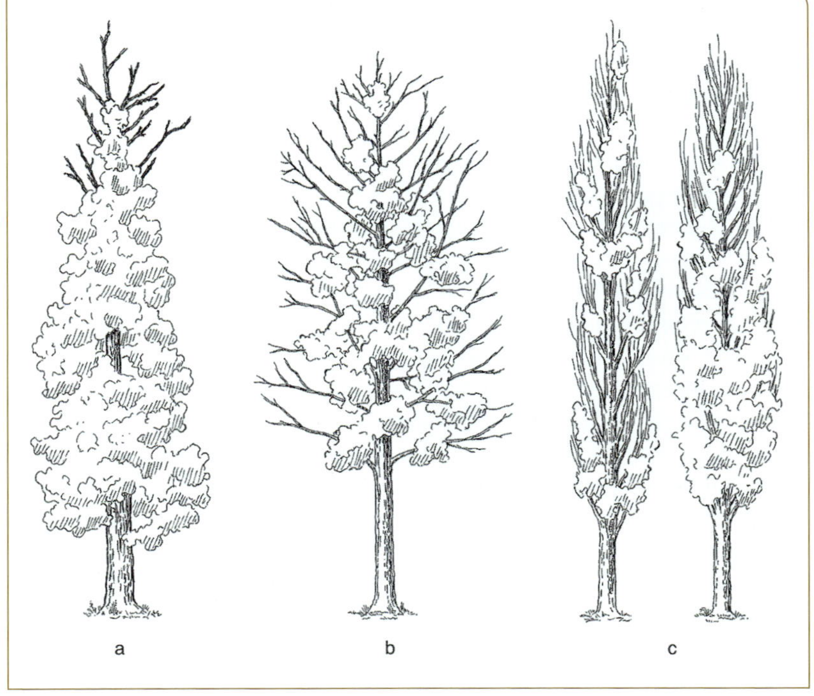

Abb. 64. Nichtparasitäres Aststerben bei Laubbäumen. **a** Zopftrocknis an Eiche nach Freistellung; **b** Zweigsterben bei Schwarzpappel nach Grundwasserabsenkung; **c** Wipfeldürre bei Säulenpappel nach Winterfrost mit sekundärer Pilzinfektion.

überstehen eine Aufschüttung besser. Bei unumgänglicher Aufschüttung wird wiederholtes Aufbringen einer dünnen Bodendecke aus leichtem humosem Material empfohlen. – Gleichartige Schadsymptome werden auch nach länger andauernder Wasserüberflutung beobachtet. Hierbei kommt es nicht selten zu Folgeschäden, bei denen der Hallimasch meist die Rolle des „Totengräbers“ übernimmt.

- **Wipfeldürre und Zweigsterben durch Winterfrost:** z. B. bei der Säulenpappel (Abb. 64 c); meist mit nachfolgendem Befall durch *Cryptodiaporthe populea* (s. Kap. 6.3.19).
- **Zopftrocknis nach Dürreperioden:** z. B. bei der Birke, gekennzeichnet durch Absterben von Feinreisig und älteren Ästen; häufig verbunden mit nachfolgender Entwicklung von *Melanconium betulinum* (s. Kap. 5.2.13).
- **Zopftrocknis durch Kronenumbildung:** z. B. bei der Eiche nach Freistellung; durch vermehrtes Austreiben von Knospen wird eine neue kegelförmige Krone im unteren Stammbereich angelegt; die Folgen sind Absterben einzelner Äste im oberen Kronenbereich durch Nährstoffunterversorgung und Wassermangel (Abb. 64 a).
- **Zweigsterben durch Auftausalze:** an Straßen und Wegen; an zahlreichen Laubbaumarten; Schadbild ähnlich dem Zweigsterben nach Grundwasserabsenkung, jedoch mit stärkerer Regeneration; Chlorid-Nachweis als Mittel zur Differenzialdiagnose.

Von dem abiotisch bedingten, akut verlaufenden Absterben von Ästen wird ein „normales“ Absterben und Abfallen von Ästen unterschieden, das als **Natürliche Astreinigung** bezeichnet wird und gewissermaßen zum normalen Entwicklungsgang zahlreicher Laubbaumarten gehört. Bei diesem Vorgang werden funktionslos gewordene, verholzte Teile des Baumes kontinuierlich während des gesamten Baumlebens abgeschottet und passiv abgeworfen, ohne Begleitung spektakulärer Schadbilder. Wegen der Beteiligung von Holz abbauenden Pilzen kann man diesen Prozess auch als abiotisch/biotischen Vorgang bezeichnen.

Die Auswirkungen dieser natürlichen Astreinigung sind dem Forstmann durchaus willkommen, denn die Natur besorgt ihm auf diese Weise den erwünschten astfreien glatten Stamm. Allerdings muss hierzu in einigen Fällen durch waldbauliche Maßnahmen (z. B. Dichtpflanzung) nachgeholfen werden. Auch findet dieser Prozess nicht bei allen Baumarten in gleicher Stärke statt. Besonders ausgeprägt ist die natürliche Astreinigung bei Ahorn, Birke, Eiche und Rotbuche **(Totast-Verlierer)**. Douglasie, Fichte, Tanne und Lärche behalten dagegen noch lange Zeit ihre abgestorbenen Äste **(Totast-Behalter)**. Weniger geschätzt ist das Absterben und Abfallen von Ästen im urbanen Bereich, zumal es hier zu Schäden an Personen oder Fahrzeugen kommen kann.

Die Natürliche Astreinigung ist mit der Tätigkeit von Pilzen verbunden. Bei diesem Vorgang wird der funktionslos gewordene Ast an seiner

Basis so stark vermorscht und strukturell geschwächt, dass dieser bei Windeinwirkung oder Erschütterung abbricht. Bei dünnen Ästen wird dieser Vorgang durch Ascomyceten resp. Deuteromyceten besorgt, wobei die meisten Arten schon vor dem Absterben der Äste als Endophyten in der Rinde vorhanden sind (Kowalski und Kehr 1992). An der Zersetzung von dickeren Ästen beteiligen sich dagegen überwiegend Basidiomyceten. Bei den Nadelbäumen erfolgt die Astreinigung vergleichsweise langsam (Kiefer, Lärche) oder unterbleibt fast vollständig (Fichte, Douglasie), bedingt durch eine starke pilzabweisende Verkienung der Astbasis.

Die Akteure der Natürlichen Astreinigung sind in der Regel hoch wirtsspezifische Pilzarten, die an bestimmte Baumgattungen gebunden sind. Auf der Eiche konnten z. B. über 48 verschiedene Pilzarten ermittelt werden, die, abhängig von der Dicke der Äste, in bestimmter Reihenfolge und Häufigkeit regelmäßig auftraten (Butin und Kowalski 1983). Als Charakterart und „Anführer" der Vermorschung konnte bei der Eiche der Eichen-Schildbecherling *Colpoma quercinum* (Pers.) Wallr. ermittelt werden (Abb. 65 a–c). Ähnliche Pilzgesellschaften mit anderen, ebenfalls wirtsspezifischen Pilzarten fanden sich bei Buche, Esche oder Ahorn. Bei der durch Pilze bedingten Vermorschung der Äste scheint damit ein allgemeingültiges Prinzip vorzuliegen, das eher der natürlichen Baumentwicklung als der Pathologie zuzuordnen ist.

Der Abwurf eines Astes wird in der Regel von der Bildung einer chemischen Barriere (Reaktionszone) an der Basis des Astes vorbereitet,

Abb. 65. Natürliche Astreinigung der Eiche.
a Apothecien von *Colpoma quercinum* an Eichenzweig (oben in trockenem, unten in feuchtem Zustand), **b** Asci mit Paraphysen, **c** Konidien der zugehörigen *Conostroma*-Anamorphe; **d** Längsschnitt durch ein junges Eichenstämmchen mit abgeschottetem totem Seitenast.

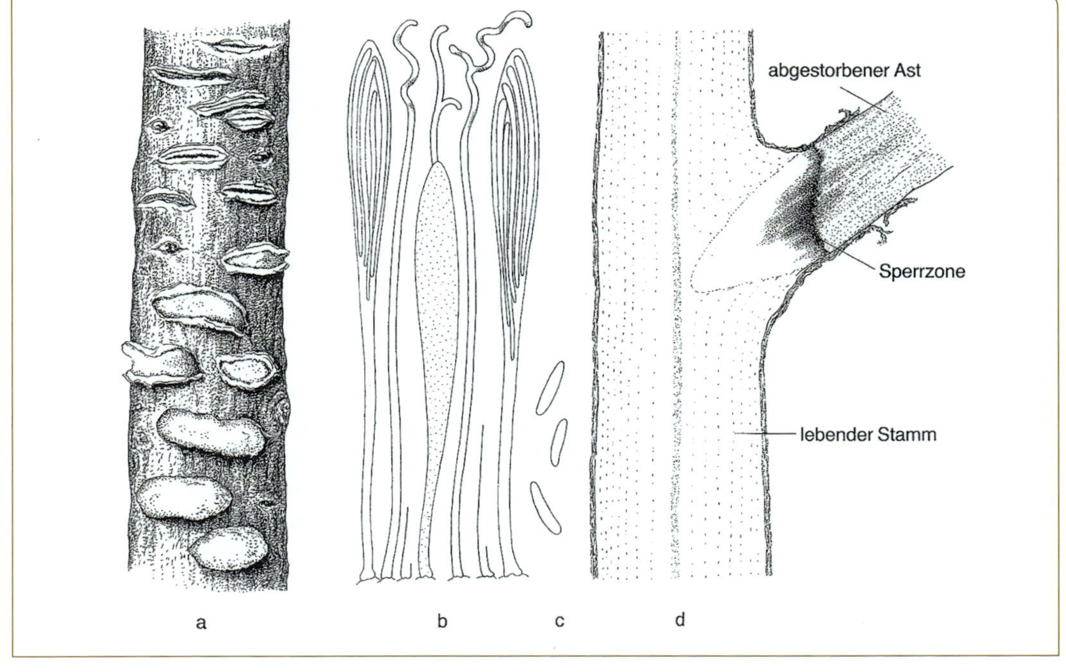

um ein Übergreifen von Pilzen und anderen Organismen auf den Hauptstamm zu verhindern. Bei Laubgehölzen ist diese im Splintholzbereich liegende Schutzzone durch Einlagerung phenolischer Stoffe im Parenchymgewebe sowie durch Verthyllen der Gefäße charakterisiert, was sich durch eine bräunliche Verfärbung im Bereich der Astbasis zu erkennen gibt (Abb. 65 d). Bei Nadelgehölzen wird ein gleichartiger Schutzeffekt durch Verkienung des Holzes und Ausbildung eines verharzten Holzkegels erzielt.

Die Kenntnis der Abschottungsvorgänge ist für die praktische Baumpflege von Bedeutung, wenn es darum geht, lebende oder bereits abgestorbene Äste abzunehmen: Bei Laubholz achte man darauf, dass der Schnitt nicht hinter dem Astring geführt wird, da andernfalls der Bildungsbereich der Reaktionszone entfernt oder in Mitleidenschaft gezogen wird. Auch sollte die Wundgröße beim Kronenschnitt möglichst klein gehalten werden. Schwach abschottende Baumarten werden bis zu einer Aststärke von 5 cm geschnitten; effektiv abschottende Baumarten vertragen dagegen einen Kronenschnitt bis zu einer Stärke von 10 cm (Dujesiefken und Liese 2008, ZTV-Baumpflege 2006).

Bei der Aufastung von Laubbäumen im urbanen Bereich wird nicht selten die Anwendung eines **Wundverschlussmittels** empfohlen, um die Entstehung einer Stammfäule zu verhüten. Diese Maßnahme sollte sich allerdings auf Äste unter 10 cm Durchmesser beschränken. Der Anwendungserfolg wird dabei umso größer sein, je zeitiger eine solche Wundbehandlung durchgeführt wird. Keine Wundbehandlung sollte bei älteren Wunden erfolgen, die bereits einen Pilzbefall aufweisen, denn in solchen Fällen wird das überstrichene Holz gleichmäßig feucht gehalten, wodurch die Weiterentwicklung der bereits vorhandenen Pilze besonders gefördert wird. – Ausführlichere Darstellungen zu diesem Thema finden sich in entsprechenden Sachbüchern (Dujesiefken 1995, Roloff 2008, Shigo 1994).

Neben der „Normalen Astreinigung“ lässt sich bei Bäumen noch eine andere Form des Zweigabwurfs beobachten, die zwar auch zu den natürlichen baumbiologischen Phänomenen gehört, in Extremfällen jedoch Hinweise auf Stresssituationen eines Baumes gibt. Es handelt sich um oft noch grün belaubte Seitenzweige, die an einer vorbestimmten Trennschicht von der Mutterachse abgelöst werden und dann zu Boden fallen. Die entsprechenden, meist kleineren Zweige lösen sich vom Baum unter Zurücklassung einer napfförmigen, meist rundlichen Narbe. Der Abwurf derartige **Zweigabsprünge** (Kladoptosis genannt), finden sich häufig bei der Eiche, wobei die Fähigkeit zur Zweigabgliederung bei der Stieleiche deutlich stärker ausgeprägt ist als bei der Traubeneiche. Eine gleichartige Ablösung von Zweigen oder Ästen, bei der Pilze nicht beteiligt sind, finden man bei Pappel, Weide und Linde. Von den Nadelbäumen gehören *Thuja* und *Tsuga* zu den Bäumen, an denen Zweigabsprünge vorkommen. – Das aktive Abtrennen von Zweigen hat sehr wahrscheinlich eine regulierende Funktion auf den Wasserhaushalt eines Baumes (Roloff 2001). So findet man Absprünge besonders nach lang anhaltenden Trockenperioden. Verstärktes Auftreten von Zweigabsprüngen wird als Teilsymptom vom „Eichensterben in Mitteleuropa“ angesehen (s. Kap. 6.3.9).

5.2 Parasitäre Schäden

5.2.1 Knospensterben der Stechfichte

Erreger: *Cucurbitaria piceae* Borthw.
Anamorphe: *Megaloseptoria mirabilis* Naumov

Die an *Picea pungens*, gelegentlich auch an der Tanne, zu beobachtende Krankheit ist durch Absterben von Knospen und durch anormales Triebwachstum ausgezeichnet. Die im Frühjahr verdickt erscheinenden Knospen treiben nur unvollständig aus, sind einseitig gekrümmt und rollen sich schneckenartig ein. Durch den Ausfall der Spitzenknospe werden die Seitenknospen zum vorzeitigen Austreiben gebracht, sodass der Trieb unregelmäßig weiterwächst. Wiederholt sich der Knospenausfall mehrere Jahre hintereinander, so kommt es zur Verkrüppelung und Verdrehung der Äste oder zur Ausbildung kurzer krallenartiger Triebe (Abb. 66 a–d). Die betroffenen Zweige verkahlen und sterben schließlich ab. Auf den abgestorbenen Knospen werden ab Juni schwarze krustenförmige, höckerige Überzüge gebildet, die sich aus einem basalen Stroma und stecknadelkopfgroßen Fruchtkörpern zusammensetzen. Bei

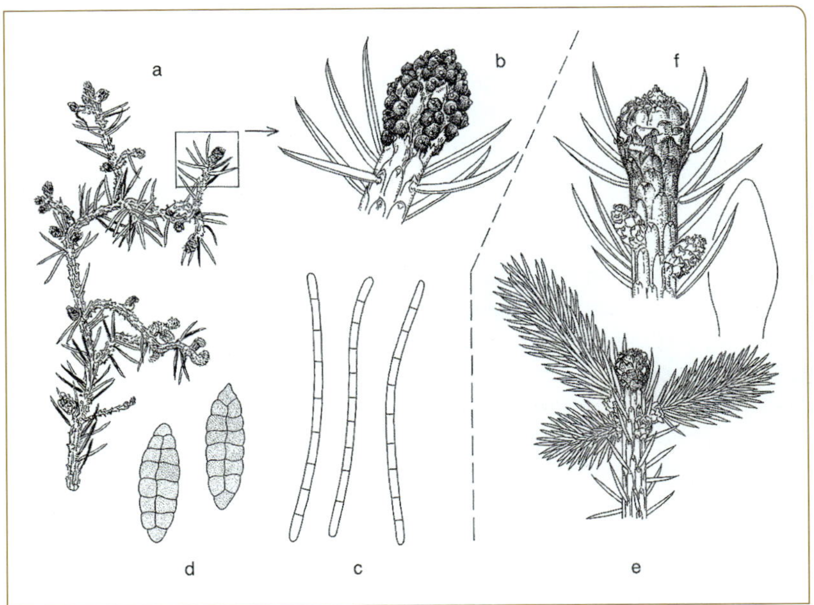

Abb. 66. Knospenschäden an Stechfichte. **a–d** *Cucurbitaria piceae:* **a** Zweigdeformation durch mehrjährigen Knospenbefall, **b** abgestorbene Knospe mit Fruchtkörperbesatz, **c** Konidien der *Megaloseptoria*-Anamorphe, **d** Ascosporen; **e–f** abiotischer Knospenausfall: **e** sitzen gebliebene Terminalknospe, **f** angeschwollene, nicht mehr austreibende Knospe (gesunde Knospe im Umriss).

mikroskopischer Untersuchung findet man im Sommer überwiegend die Anamorphe mit fadenförmigen, mehrfach septierten farblosen und 150–300 × 6–8 µm großen Konidien. Seltener wird die Teleomorphe ausgebildet; ihre Ascomata sind ebenfalls kugelig und dunkel gefärbt, enthalten jedoch zahlreiche Asci mit jeweils acht mauerförmig geteilten bräunlichen und 36–50 × 13–15 µm großen Ascosporen.

Nach bisherigen Beobachtungen tritt der Pilz regional unterschiedlich häufig auf. Maßgebend ist hierfür offenbar die Höhe der Niederschläge. Bei häufigen Regenfällen kann er epidemisch in Erscheinung treten und empfindliche Verluste in Weihnachtsbaumkulturen und Baumschulen verursachen. Als Bekämpfung empfiehlt sich zunächst befallenes Material durch Ausschneiden zu beseitigen; weiterhin ist die Anwendung fungizider Spritzmittel möglich, was allerdings mehrmals im Jahr durchgeführt werden müsste.

5.2.2 Grauschimmelfäule

Erreger: *Botrytis cinerea* Pers.

Der unter dem Namen der Konidienform bekannte Grauschimmel ist ein weltweit verbreiteter und wirtsunspezifischer fakultativer Parasit, der sich überwiegend auf totem Pflanzenmaterial entwickelt, unter besonderen Voraussetzungen aber auch lebende Pflanzen anzugreifen vermag. In dieser parasitischen Phase befällt er bevorzugt junges Gewebe, sodass er sowohl als Keimlingspilz auftreten als auch Knospen und junge Triebe älterer Bäume zum Absterben bringen kann. Beim Befall junger Triebe ist das Krankheitsbild dadurch ausgezeichnet, dass die betroffenen jungen Sprosse schlaff herabhängen, dann braun werden und vertrocknen, z. B. bei Fichte oder Tanne. In dieser Form erinnert das Krankheitsbild an Spätfrostschäden, die sich von einem Pilzbefall jedoch dadurch unterscheiden, dass meist sämtliche oder zumindest die unteren Triebe eines Baumes geschädigt sind. Die Grauschimmelfäule tritt dagegen nur an einzelnen Trieben auf. Darüber hinaus befindet sich die Knickstelle im Mittelteil des Triebes. Ein weiteres diagnostisches Merkmal ist – in einem späteren Krankheitsstadium – ein meist üppig wachsendes graubräunliches Luftmyzel mit silbrigen Konidienträgern und farblosen oder schwach gefärbten, eiförmigen, 9–12 × 6–10 µm großen Konidien. Allerdings finden sich die Konidienträger des Grauschimmels gelegentlich auch an Trieben, die durch Spätfrost abgetötet worden sind. In diesem Fall kann das saprobische Auftreten des Pilzes leicht einen parasitischen Befall vortäuschen bzw. zu Verwechslungen mit einem echten Frostschaden führen. Im Herbst werden auf den abgestorbenen Pflanzenteilen kleine, rundliche, dunkel gefärbte Sklerotien gebildet, die als Dauerorgane der Überwinterung des Pilzes dienen.

Wenngleich der Grauschimmel auch Laubbäume schädigen kann, so

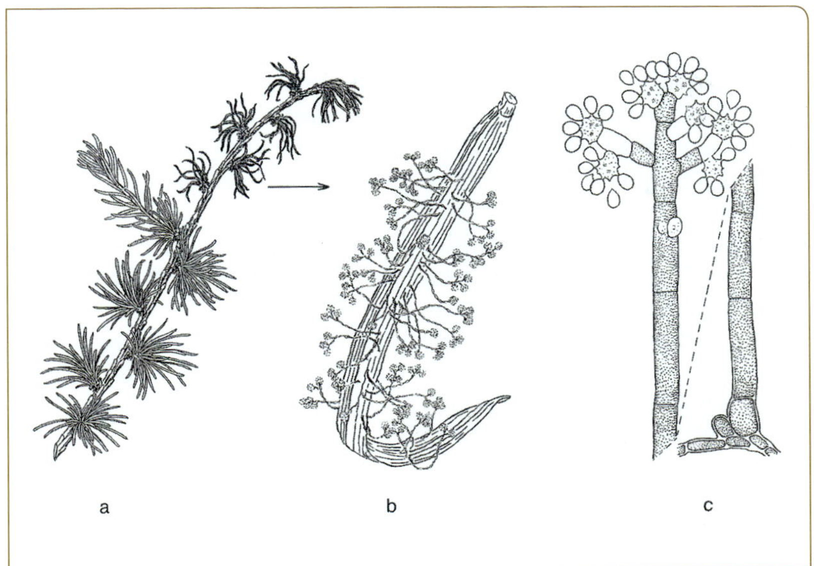

Abb. 67. Grauschimmel.
a befallene Triebspitze an Europäischer Lärche, **b** abgestorbene Nadel mit Konidienträgern und Sporenköpfchen, **c** Konidienträger mit Konidien.

tritt er doch überwiegend an Nadelbäumen auf und hier besonders an Douglasie, Tanne, Fichte und Lärche. Auch werden ausländische Koniferen, z. B. *Sequoia*, befallen. Da der Pilz nur junges Gewebe zu infizieren vermag, bleibt die Schädigung meist auf die Nadeln und den noch nicht ausgereiften Maitrieb beschränkt. Bei der Lärche kann *Botrytis cinerea* über den Kurztrieb in die Rinde des vorjährigen Langtriebes einwandern und diesen zum Absterben bringen (Abb. 67).

Nach den bisherigen Erfahrungen tritt die Krankheit nur bei hoher Luftfeuchtigkeit und relativ niedrigen Temperaturen auf. Mit *Botrytis*-Schäden muss demnach bei anhaltend kühl-feuchter Witterung gerechnet werden. Bei Laubbäumen scheint eine Infektion durch Frosteinwirkung oder andere abiotische Schädigungen gefördert zu werden.

Der Grauschimmel kann mit Fungiziden erfolgreich bekämpft werden. Allerdings dürfte ihre Anwendung im Wald und in Gartenanlagen unwirtschaftlich sein, zumal ein Befall von Trieben älterer Bäume nicht lebensbedrohend ist. Im Kampbetrieb und im Gewächshaus – bei der vegetativen Stecklingsvermehrung – dürfte sie jedoch unerlässlich sein.

5.2.3 Scleroderris-Krankheit der Koniferen

Erreger: *Gremmeniella abietina* (Lagerb.) M. Morelet
Syn. *Scleroderris lagerbergii* Gremmen
Anamorphe: *Brunchorstia pinea* (P. Karst.) Höhn.

Die Scleroderris-Krankheit ist eine der schwerwiegendsten Baumkrankheiten, die in den letzten Jahrzehnten zur Vernichtung zahlreicher Nadelholzbestände in Mitteleuropa sowie in Nordamerika und in Ostasien geführt hat. Das Krankheitsbild ist im typischen Fall durch ein Triebsterben charakterisiert, das je nach Baumart und Wuchsgebiet von mehr oder weniger ausgedehnten Rindenschäden begleitet wird. Als Wirtspflanzen konnten bisher fast 50 Baumarten aus 7 verschiedenen Gattungen der Pinaceen nachgewiesen werden. Zu den hoch anfälligen Arten gehört bei uns die Schwarzkiefer, bei der es vor allem im Dickungsalter zu erheblichen Schäden kommen kann. Weitere Wirtspflanzen sind in Europa *Pinus cembra, P. contorta, P. mugo, P. strobus, P. sylvestris* sowie *Abies alba* (Donaubauer 1972), mit unterschiedlicher Anfälligkeit der einzelnen Arten bzw. Provenienzen (Roll-Hansen 1972). Neuerdings werden Triebschäden immer häufiger auch bei der Fichte beobachtet, wobei vor allem junge Fichten unter Altkiefern befallen werden. Ein Absterben von 5–20 cm langen Trieben kann allerdings auch in reinen Fichtenbeständen auftreten. Möglicherweise kommt hier eine besondere wirtsspezifische Rasse des Pilzes (var. *abietina* mit sechs- bis neunzelligen Konidien) zum Zuge.

Erreger der Scleroderris-Krankheit ist der Ascomycet *Gremmeniella abietina*, ein Pilz mit taxonomisch wechselvoller Geschichte (Morelet 1980). Heute werden in Europa mindestens zwei Varietäten mit abweichenden Anamorphen sowie mehrere Rassen und Ökotypen unterschieden. Die als *Brunchorstia pinea* var. *cembrae* bezeichnete Form findet sich hauptsächlich auf *Pinus cembra* in den Alpen, wogegen *Brunchorstia pinea* var. *pinea* in den niederen Lagen auf *Pinus nigra* sowie anderen Kiefernarten, weniger häufig dagegen auf *Picea abies* vorkommt.

Die Symptome der Krankheit sind je nach Baumart und Krankheitsstadium unterschiedlich. Bei der Schwarzkiefer, die wegen ihrer Bedeutung in Mitteleuropa besonders genannt werden soll, zeigen sich die ersten Symptome im Winterhalbjahr, wenn die Knospenbasis verbräunt (Querschnitt!) und ein Verharzen der Knospen einsetzt. Im zeitigen Frühjahr werden die Nadeln dann von der Spitze abwärts braun und fallen vorzeitig ab. Ein gleichartiges Krankheitsbild ergibt sich dann, wenn der Befall von tiefer am Langtrieb gelegenen Stellen ausgeht. Die Infektion erfolgt hierbei über die Stomata der Langtriebschuppen. Im Zuge der Ersatztriebbildung kommt es dann unterhalb der abgestorbenen Äste zum Austrieb schlafender Knospen, was zur Verbuschung führt. Liegt eine chronische Erkrankung vor, bei der auch die Ersatztriebe befallen werden, kann mit der Zeit der ganze Baum absterben. Allerdings können sich stark befallene Bäume auch wieder erholen, wenn auf niederschlagsreiche Sommer, in denen sich der Pilz epidemisch ausbreitet, trockene Sommer folgen. An den abgestorbenen Knospen sowie an den Langtrieben kommt es oft schon im ersten Jahr zur Ausbildung von Pyknidien mit sichelförmig gekrümmten, farblosen, drei- bis vierzelligen und 24–48 × 2,5–3,5 µm großen (var. *pinea*) bzw. sechs- bis achtzelligen und bis zu 70 µm langen (var. *cembrae*) Koni-

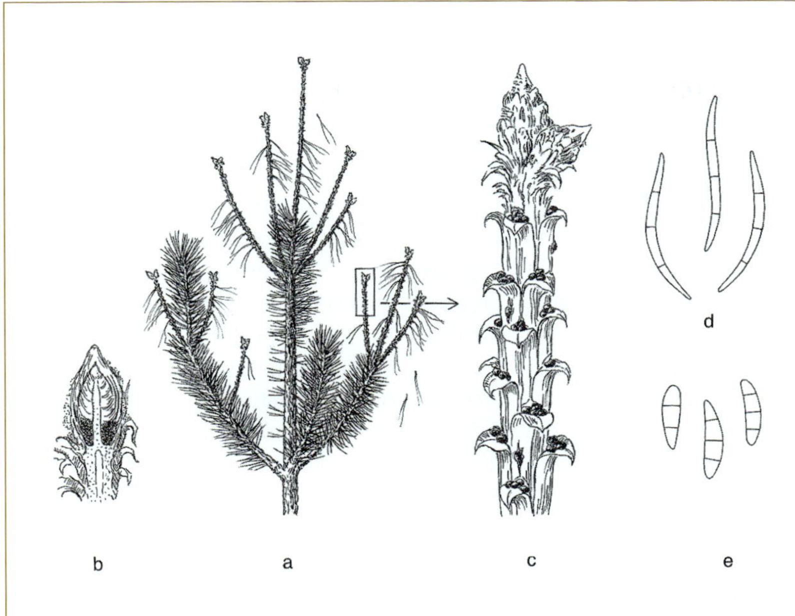

Abb. 68. Scleroderris-Krankheit an Schwarzkiefer.
a Triebsterben mit Nadelverlust, **b** Knospenlängsschnitt mit Nekrose an der Knospenbasis, **c** abgestorbene Triebspitze mit Conidiomata, **d** Konidien, **e** Ascosporen.

dien. Die zugehörige Teleomorphe zeichnet sich durch braunschwarze, 0,5–1,2 mm große Apothecien aus, deren Asci acht drei- bis vierzellige farblose und 14–20 × 3,3–5,0 µm große Ascosporen enthalten. Während bei der Varietät *cembrae* die Apothecien häufig sind, werden sie bei der Varietät *pinea* selten und dann erst im zweiten Befallsjahr ausgebildet.

Zur Reduzierung von Schäden können zunächst waldbauliche Verfahren angewandt werden. Hierzu gehört kein Anbau in kühlfeuchten Lagen oder unter Schirm, Vermeiden von Dichtstand bzw. zeitige Durchforstung, und – bei Wiederaufforstungen – Verwendung weniger anfälliger Provenienzen. Die Anwendung von Fungiziden (Juni bis September) dürfte aus ökonomischen Gründen nur in Baumschulen empfehlenswert sein (Abb. 68).

Verwandte Art:

- *Gremmeniella laricina* (Ettl.) P. Petrini, L. Petrini, G. Lafl. & G. B. Quell.: Erreger eines Triebsterbens der Europäischen Lärche; besonders gefährlich in Hochlagenaufforstungen; oft in Verbindung mit Frost als prädisponierendem Faktor; Pyknidien der Anamorphe *(Brunchorstia laricina)* auf abgestorbenen zweijährigen Langtrieben mit zwei- bis vierzelligen, 15–23 × 3–4 µm großen Konidien (Tafel I/16); Apothecien der Teleomorphe schwarzbraun mit zweizelligen, farblosen, 10–17 × 3–4 µm großen Ascosporen (Petrini et al. 1989).

5.2.4 Sirococcus-Fichtentriebsterben

Erreger: *Sirococcus conigenus* (DC.) P. F. Cannon & Minter
Syn. *Septoria parasitica* R. Hartig

Sirococcus conigenus ist ein auf der nördlichen Hemisphäre vorkommender potenzieller Krankheitserreger, der in Wäldern der gemäßigten Breiten sowie in borealen Wäldern aller Altersklassen auftritt. Als Hauptwirtsbaum gilt in Europa die Gemeine Fichte *(Picea abies)*; in Baumschulen und Gartenanlagen tritt der Pilz auch auf *P. pungens* und *P. sitchensis* auf. Zudem findet sich der Erreger auch auf verschiedenen Kiefernarten und vereinzelt auch auf der Lärche, der Douglasie und der Tanne (Smith et al. 2003).

Die von R. Hartig (1890) als „Fichtentriebkrankheit" bezeichnete Schädigung äußert sich zunächst durch eine bräunliche Verfärbung der Nadeln in der Mitte oder am Grund des diesjährigen Triebes, die ab Ende Mai bzw. Anfang Juni sichtbar wird. Bei schwachem Befall kommt es anschließend zur Krümmung der Triebspitze, die dann schlaff nach unten hängt (Abb. 69 a). Mit fortschreitender Erkrankung trocknen die Triebe ein und verlieren ihre Nadeln; lediglich an der nach unten gebogenen Triebspitze (Abb. 69 b) bleiben die toten Nadeln noch längere Zeit haften (Gamsbart-Stadium). Im Laufe des Sommers entwickeln sich an den abgestorbenen Trieben und an den Nadeln der Triebspitze zunächst hyaline, später dunkelbraune bis schwarze Pyknidien (Abb. 69 c), aus denen bei feuchtem Wetter die Sporen in Form weißer Tröpfchen oder Ranken nach außen treten. Die Konidien sind zweizellig, farblos, ungleichmäßig spindelförmig, gerade oder leicht gekrümmt und durchschnittlich 13 × 3 µm groß (Abb. 69 d). Die Verbreitung der Konidien erfolgt mit dem Regen. Neuinfektionen liegen daher in unmittelbarer Nähe des Infektionsherdes. Erste Symptome sind bereits zwei Wochen nach erfolgter Infektion sichtbar. Die großräumige Verbreitung dieses anamorphen

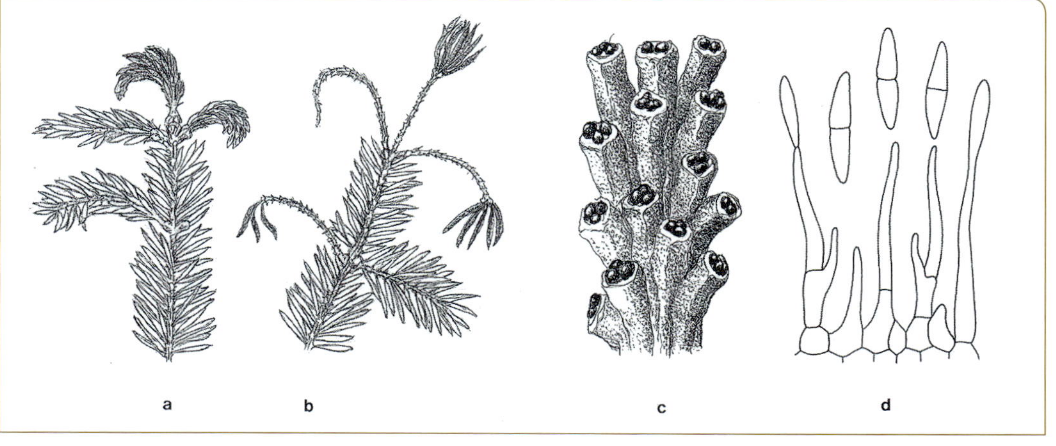

Abb. 69. Fichtentriebsterben durch *Sirococcus conigenus*. **a** Anfangserkrankung mit Welken und Krümmung junger Triebe, **b** fortgeschrittenes Stadium mit Nadelverlusten am abgestorbenen Trieb, **c** Triebsegment mit Pyknidien auf den Nadelkissen, **d** Sporenträger mit Konidien.

Pilzes erfolgt über infizierte Pflanzen und Samen. Letztere sind daher oft Ausgangspunkte für Infektionen an wurzelnackten Sämlingen.

In Mitteleuropa kann der Pilz erhebliche Schäden in Jungwüchsen, Stangen- und Baumhölzern sowie in Altbeständen von *Picea abies* verursachen (Blaschke et al. 2009), wobei Standorte mit besonders lang anhaltender hoher Luftfeuchtigkeit (Nebellagen) sowie unzureichender Magnesium- und Kalziumversorgung offenbar besonders prädisponiert sind. Durch den wiederholten Befall der Maitriebe kommt es zur Kronenverlichtung (stets von außen nach innen!) sowie zum Absterben von Zweigen, Ästen und Wipfeltrieben.

Neben dem parasitischen Auftreten ist der Pilz aber auch als Endophyt in grünen Fichtennadeln sowie als Saprobiont an den Gallen der Fichtengallenläuse oder auf den Schuppen von Fichtenzapfen zu finden. Diese Beobachtung ist insofern bedeutsam, als die dort gebildeten Fruchtkörper die Quelle für Neuinfektionen sein können.

Verwechslungsmöglichkeit besteht mit Spätfrostschäden (man achte hier auf die rostbraune Verfärbung und Krümmung der Triebe an der Triebbasis und auf fehlende Pilzfruchtkörper) sowie mit Grauschimmel-Befall, der durch wirtelig verzweigte Konidienträger und die Krümmung des Triebes in der Mitte gekennzeichnet ist.

Zur Vorbeugung und Bekämpfung der Erkrankung empfiehlt sich eine Kombination verschiedener Maßnahmen. So kann in stark geschädigten Fichtenbeständen die Übertragung des Erregers auf benachbarte Bäume durch Einbringen von Laubholz (Unterbau) reduziert werden; weiterhin lässt sich durch eine gezielte Durchforstung (Entnahme stark befallener Bäume als Hygienemaßnahme und Förderung gering geschädigter Individuen) der Infektionsdruck reduzieren und die Durchlüftung des Bestandes verbessern. Darüber hinaus hat sich auf degradierten Standorten eine Meliorationsdüngung mit Mg- und Ca-haltigen Düngemitteln bewährt. In Baumschulen ist bei starkem Befall der Einsatz von Fungiziden zu erwägen. Da die Infektion während des Streckungswachstums des Maitriebs stattfindet, dürfte zu dieser Zeit am ehesten ein Spritzerfolg zu erwarten sein. Eine weitere aussichtsreiche Maßnahme liegt in der Wahl weniger anfälliger Herkünfte.

Verwandte Arten:

- *Sirococcus piceicola* ist zwar durch etwas gedrungenere, lang gestreckte, 11×3 µm große Konidien ausgezeichnet, sonst aber nur schwer von *S. conigenus* zu unterscheiden. Die Art wurde bisher nur in West- und Ostkanada sowie in der Schweiz gefunden und beschränkt sich auf die Fichte (*Picea abies, P. glauca* sowie *P. sitchensis*).
- *Sirococcus tsugae* war bisher nur aus Nordamerika als Erreger eines Triebsterbens an *Cedrus* und *Tsuga* bekannt. Inzwischen wurde der Pilz auch in Deutschland auf *Cedrus atlantica* nachgewiesen (Butin et al. 2015).

5.2.5 Triebschwinden der Kiefer

Erreger: *Cenangium ferruginosum* Fr.

Cenangium ferruginosum ist ein überwiegend saprobisch lebender Rindenpilz, der auf toten Ästen von *Pinus sylvestris, P. nigra, P. mugo* und ausländischen Kiefernarten vorkommt. Seine Bedeutung als gelegentlicher Schwächeparasit ist in der Vergangenheit vielfach überschätzt worden. Als Ursache dafür dürfte das häufig gemeinsame Auftreten mit *Gremmeniella abietina* anzusehen sein. Eine ähnliche Wegbereiterfunktion wird den Gallmücken *Contarinia baeri* und *Thekodiplosis brachyntera* zugeschrieben (Hartmann und Butin 2017).

In der Natur kommt der Pilz fast nur in der teleomorphen Form vor (Abb. 70). Es sind dunkelbraune, bei Durchfeuchtung tellerförmige, 1–2 mm große Apothecien, die im Spätherbst aus der Rinde toter Zweige hervorbrechen und im folgenden Frühjahr bis Herbst reif werden. Ihre Asci enthalten acht farblose, einzellige, 11–13 × 5–7 µm große Ascosporen. Seltener werden die Conidiomata vom *Phomopsis*-Typ mit 5–6 × 2–3 µm großen elliptischen Konidien ausgebildet.

5.2.6 Diplodia-Kieferntriebsterben

Erreger: *Sphaeropsis sapinea* Dyko & B. Sutton
Syn. *Diplodia pinea* (Desm.) J. Kickx f.

Der an verschiedenen Koniferengattungen vorkommende Pilz verursacht in Mitteleuropa, vor allem an *Pinus sylvestris* und *P. nigra,* ferner auch an *P. contorta, P. mugo, Pseudotsuga menziesii* sowie an *Larix decidua* ein Absterben diesjähriger, im Streckungswachstum befindlicher Triebe. Die befallenen Triebspitzen werden braun und bleiben deutlich kürzer als die vergleichbaren normalen Sprosse (Abb. 71 a). Durch Wundperidermbildung kommt die Nekrose meist zum Stillstand, sodass

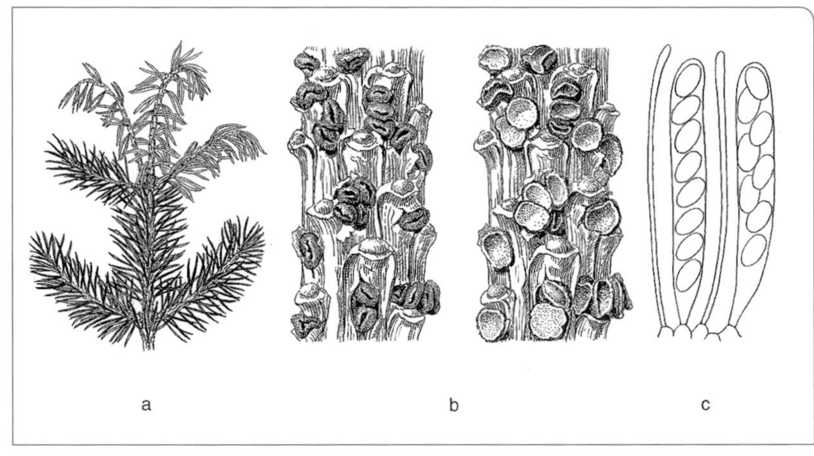

Abb. 70. Triebschwinden der Kiefer durch Cenangium ferruginosum.
a Triebspitzenbefall an Gemeiner Kiefer,
b Zweigabschnitt mit geschlossenen (links) und geöffneten (rechts) Apothecien,
c Asci mit Ascosporen und Paraphysen.

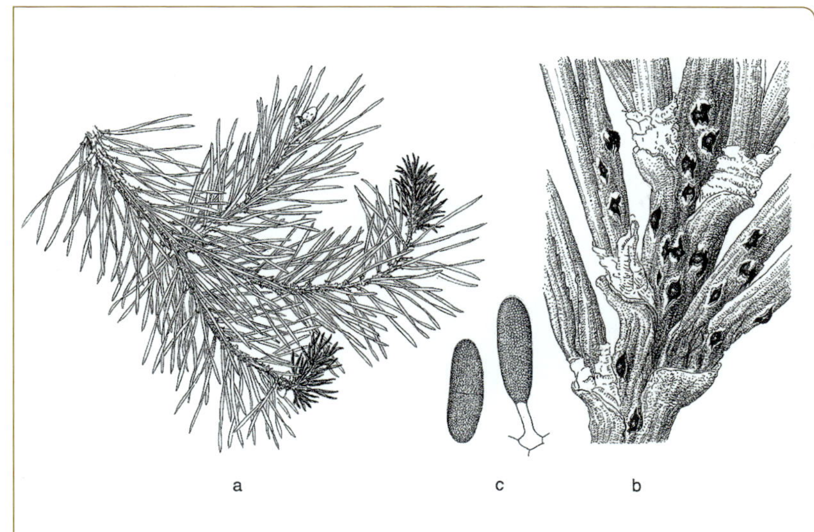

Abb. 71. Diplodia-Triebsterben.
a Befallsbild an Gemeiner Kiefer, **b** Pyknidien auf abgestorbenen Nadeln der Triebspitze, **c** Konidien.

der Schaden auf den Ausfall nur eines Jahrestriebes beschränkt bleibt. Von befallenen Trieben aus kann die Erkrankung allerdings auf die Rinde der Äste übergreifen, wo es dann zu mehr oder weniger ausgedehnten Rindennekrosen und zu Harzfluss kommt. Schließlich können die Hyphen von *Sphaeropsis sapinea* auch in das Holz eindringen. Hier verursacht der Pilz eine intensive graublaue Holzverfärbung, die als „Bläue" zu erheblichen Einbußen beim Verkauf von Schnittholz führen kann. Befallen werden 10- bis 40-jährige Bäume, gelegentlich auch Sämlinge (Abb. 12).

Die Fruchtkörper des Pilzes finden sich in Gestalt kugeliger, dunkelbrauner, oft zu mehreren zusammenstehender Pyknidien in der abgestorbenen Rinde, an der Basis toter Nadeln sowie auf Kiefernzapfen. Die im Innern der Fruchtkörper gebildeten Konidien sind anfangs farblos und einzellig, später dunkelbraun und teilweise zweizellig; sie sind elliptisch und im Alter warzig, wobei sich die Warzen auf der Innenseite der Sporenwand befinden. Die Größe der Sporen beträgt 30–40 × 10–16 µm (Abb. 71 b, c).

Von *Sphaeropsis sapinea* sind inzwischen mehrere Morphotypen mit unterschiedlicher Pathogenität und abweichender DNA-Sequenzierung bekannt (Wet et al. 2003). Auf der anderen Seite haben sich bei den verschiedenen Kiefernherkünften Unterschiede in der Anfälligkeit gezeigt, sodass die Auswahl toleranter Provenienzen zur Vermeidung von Schäden beitragen kann.

In der Literatur wird der Pilz als weltweiter Parasit von acht Konifergattungen mit bevorzugtem Vorkommen in wärmeren Klimagebieten beschrieben (Gibson 1979). Das Auftreten von Krankheitssymptomen ist dabei von prädisponierenden Faktoren abhängig, unter denen Dürreperioden eine besonders Bedeutung besitzen. Der Pilz ist demnach ein Oportunist, der zu seiner Entfaltung eine erhöhte Krankheitsanfälligkeit seines Wirtes benötigt. Auf der anderen Seite vermag der Pilz bei hohen Niederschlägen und nachfolgenden Wärmeperioden ein hohes Infektionspotenzial zu entwickeln, das ihm eine weite Verbreitung sichert. Biologisch bemerkenswert ist schließlich die Beobachtung, dass der Pilz längere Zeit auch als Endophyt symptomlos in gesunden Kieferntrieben überdauern kann, ehe er seine Entwicklung als Schwächeparasit fortsetzt bzw. beginnt.

5.2.7 Kieferndrehrost

Erreger: *Melampsora pinitorqua* Rostr.

Der auch unter dem Sammelnamen *Melampsora populnea* (Pers.) P. Karst. bekannte Krankheitserreger ist für Triebkrümmungen und Wachstumsstörungen bei verschiedenen Kiefernarten verantwortlich. Als erstes Befallsmerkmal gelten hier kissenförmige Äcidien auf gelblich gefärbten Rindenpartien im mittleren Bereich des sich gerade entwickelnden Maitriebes. Während des weiteren Streckungswachstums kommt es – da das Wachstum des Triebes einseitig unterbrochen ist, die ungeschädigte gegenüberliegende Seite aber ungehindert weiterwächst – zu einer Krümmung des Triebes. Durch negativ geotropes Verhalten richtet sich die Triebspitze jedoch wieder auf, sodass eine S-förmige Triebform entsteht, die meist noch mehrere Jahre erhalten bleibt. Befallen werden die Triebe ein- bis zehnjähriger Pflanzen. Der Schaden besteht in einem verminderten Höhenzuwachs und evtl. in einer bleibenden Stammdeformation. Wirtschaftlich bedeutsame Schäden treten

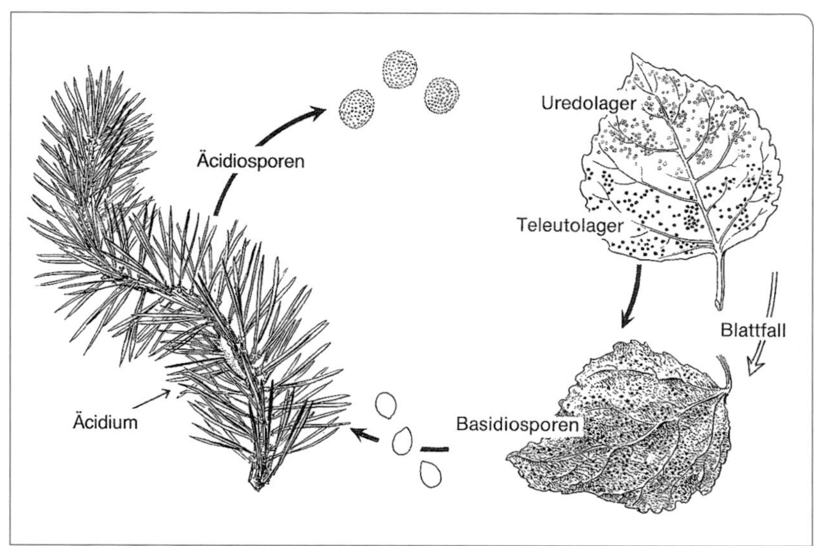

Abb. 72. Kieferndrehrost. Einjähriger Entwicklungsgang des heterözischen Rostpilzes mit entsprechenden Krankheitsbildern auf der Gemeinen Kiefer (links) und der Zitterpappel (rechts).

bei uns an *Pinus sylvestris* auf; weniger häufig findet man den Pilz an *P. mugo, P. nigra* und *P. strobus*.

Ähnliche Krümmungen können durch den Kiefernknospentriebwickler *(Rhyacionia buoliana)* verursacht werden. In diesem Fall befindet sich der untere scharfe Knick der „Posthornbildung" genau am Übergang zweier Jahrestriebe. Beim Kieferndrehrost jedoch liegt die erste Krümmung in der Mitte oder im unteren Drittel eines Triebes (Hartmann und Butin 2017).

Entsprechend der Zugehörigkeit des Pilzes zu den heterözischen Rostpilzen durchläuft *Melampsora pinitorqua* einen Wirtswechsel auf zwei verwandtschaftlich verschiedenen Pflanzen. Die Kiefer übernimmt die Rolle des Haplontenwirtes, auf dem die Pykno- und Äcidiosporen des Pilzes entstehen. Als Dikaryontenwirt dienen Espe, Silber- oder Graupappel. Auf ihren Blättern werden im Sommer Uredosporen, im Herbst Teleutosporen und im folgenden Frühjahr Basidiosporen ausgebildet. Auf der Kiefer ist der Entwicklungsgang und damit auch die Erkrankung einjährig; auf der Pappel kann der Pilz jedoch in den Knospen und der Rinde überwintern und jedes Jahr erneut Basidiosporen ausbilden (Abb. 72).

Die wirksamste Maßnahme zur Verhütung von Drehrostschäden in einer Kiefernkultur besteht im Entfernen aller anfälligen Pappelarten im Umkreis von 500 m. In Baumschulen soll die Anzucht der komplementären Wirtspflanzen in unmittelbarer Nachbarschaft vermieden werden. Da bei verschiedenen Herkünften von *Pinus sylvestris* Unterschiede in der Anfälligkeit beobachtet worden sind, besteht auch auf dem Gebiet der Pflanzenzüchtung eine weitere Möglichkeit der Befallsverhütung.

5.2.8 Wacholderrost

Erreger: *Gymnosporangium sabinae* (Dicks.) G. Winter

Der Wacholderrost ist in zweifacher Hinsicht für Garten- und Parkanlagen von Bedeutung: Er tritt einmal auf verschiedenen Wacholder-Arten (vornehmlich *Juniperus sabina, J. chinensis, J. virginiana* und *J. × pfitzeriana*) auf, wo er spindelförmige Anschwellungen am Stamm und an den Zweigen verursacht. Zum anderen ist er auf der Birne *(Pyrus communis)* als Erreger von orangeroten Flecken auf den Blättern bekannt; zuweilen können auch Blattstiele, Triebe und Früchte befallen werden. Aufgrund seiner wirtschaftlichen Bedeutung im Obstanbau wird er hier auch als „Birnen-Gitterrost" bezeichnet (Abb. 73).

Seine Haplophase durchläuft der Pilz auf der Birne, auf deren Blätter zunächst die Pyknidien, später blattunterseits die kegelförmigen und längs geschlitzten Äcidien gebildet werden, die in Gruppen auf kleinen Gewebeanschwellungen des Blattes stehen. Nach Entlassung der Äcidiosporen stirbt das Myzel ab, oder es überwintert ausnahmsweise am Grund der Knospen. Die Dikaryophase entwickelt sich auf einer der

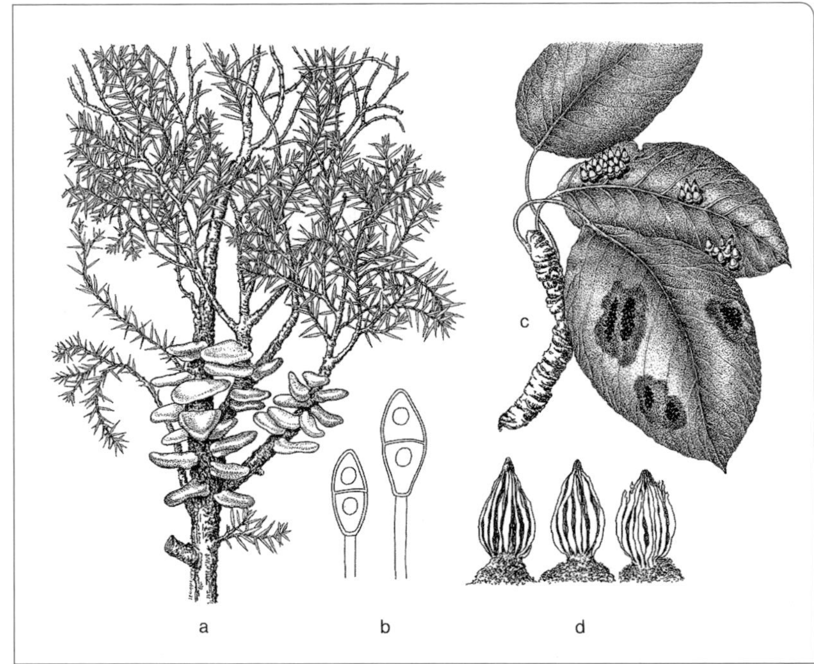

Abb. 73. Wacholderrost (Birnenrost). **a** Befallsbild an Sadebaum mit Teuleutolagern, **b** Teleutosporen, **c** Befallsbild an Birnenblättern, **d** reife Äcidien.

zahlreichen Wacholderarten, auf deren Rinde es – unter Wegfall der Uredosporengeneration – unmittelbar zur Anlage von Teleutolagern kommt. Es handelt sich hierbei um braune warzenförmige Auswüchse, die bei Feuchtigkeitsaufnahme zu 1–2 cm langen zapfen- oder zungenförmigen, gelbbraunen Gebilden von fleischig-gallertartiger Konsistenz anschwellen. Die typisch geformten, zweizelligen Teleutosporen (Tafel IV/2) führen über die Basidie zur Ausbildung von Basidiosporen, die ihrerseits wieder in der Lage sind, die Blätter des Haplontenwirtes (Birne) zu infizieren. Im Gegensatz zur Haplophase ist das Myzel auf dem Dikaryontenwirt in der Lage, in der Rinde zu perennieren, sodass jedes Jahr erneut Teleutosporen auf den spindelförmig angeschwollenen Wacholderzweigen ausgebildet werden können (Gäumann 1959).

Gymnosporangium sabinae kann beim Wacholder dünnere Äste zum Absterben bringen, die sich zunächst gelblich grün, dann hellgelb und schließlich dunkelbraun verfärben. Bei der Birne werden meist nur die Blätter befallen, gelegentlich aber auch die Früchte, was zu einem unliebsamen Wertverlust führen kann. Zur Verhütung derartiger Schäden hat sich beim Wacholder das Ausschneiden befallener Äste oder das Entfernen einer der beiden Wirtspflanzen bewährt. Auch wird das Einhalten eines Sicherheitsabstandes von mindestens 500 m zwischen beiden Wechselwirten empfohlen, was bei nahe beieinanderliegenden Gartenanlagen oft problematisch sein dürfte. Wo eine Unterbrechung des Entwicklungszyklus auf diese Weise nicht möglich ist, können Birnbäume durch vorbeugende Fungizid-Spritzungen zur Zeit des Blattaustriebs wirksam geschützt werden. Interessant ist schließlich die Beobachtung, dass die Natur selbst den parasitären Vorgang zu regulieren versucht, indem sie den Hyperparasiten *Tuberculina persicina* (Ditm.) Sacc. auf den Rostpilz „angesetzt“ hat. Ein Befall führt hier zum Verkümmern der Äzidienanlagen des Birnen-Gitterrostes. An ihre Stelle treten linsenförmige Sporodochien, die an ihrer violetten Färbung und den rundlichen, ca. 10 µm großen Konidien erkannt werden können (Ellis und Ellis 1985).

Weitere Gymnosporangium-Arten auf Wacholder:

- *Gymnosporangium clavariiforme* (Wulfen) DC.: Urheber spindelförmig angeschwollener Zweige und Stämmchen von *Juniperus communis* und *J. nana*, auf deren Rinde sich jedes Jahr gelbliche bis orangefarbene, zäpfchenförmige Teleutolager mit lang gestreckten, zweizelligen Teleutosporen (Tafel IV/1) bilden; Wirtswechsel mit *Amelanchier*- und *Crataegus*-Arten; dort als „Weißdorn-Gitterrost“ bekannt (vgl. Kap. 4.4.24).
- *Gymnosporangium cornutum* (Arthur ex Fr.) Kern: durchläuft seine Dikaryophase auf *Juniperus communis* und *J. nana*, wo es zur Ausbildung von muschelförmigen Teleutolagern kommt; Entwicklung der Haplophase auf Blättern von *Sorbus aucuparia* mit zylindrischen, 3–4 mm langen Äcidien auf rötlich gelben Flecken, dort als „Ebereschenrost“ bekannt (vgl. Kap. 4.4.20); kommt in verschiedenen biologischen Rassen vor (Klenke und Scholler 2015).
- *Gymnosporangium tremelloides* R. Hartig: verursacht an Zweigen von *Juniperus communis* und anderen Wacholderarten bis zu 2 cm lange, orangefarbene, muschelförmige Teleutolager; Wirtswechsel vor allem mit *Malus sylvestris*, hier als „Apfel-Gitterrost“ bekannt (vgl. Kap. 4.4.25).

5.2.9 Triebsterben an Thuja und Wacholder

Begleitpilze: *Kabatina thujae* R. Schneider & Arx und
Kabatina juniperi R. Schneider & Arx

Das Auftreten von *Kabatina thujae* ist nach der ursprünglichen Beschreibung (Schneider und Arx 1966) mit einem Trieb- und Zweigsterben verbunden, von dem verschiedene Arten der Gattungen *Thuja, Chamaecyparis* sowie *Cupressus* betroffen sind. Am stärksten scheint der Pilz auf *Thuja occidentalis* aufzutreten. Hier können entweder nur die Triebspitzen gelbbraun werden oder kleinere Pflanzen völlig verkahlen. Zum Absterben ganzer Pflanzen kommt es allerdings nur selten.

Auf den abgestorbenen graubräunlichen Trieben und Nadeln entwickeln sich die Acervuli des Pilzes, die unter der Epidermis angelegt werden und dann pustelförmig hervorbrechen. Sie sind 50–170 µm breit und schwarzbräunlich. Auf ihren hyalinen bis hellbräunlichen, phialidenartigen Trägerzellen entstehen akrogen und nacheinander eiförmige bis elliptische, hyaline, an beiden Enden angerundete, 5–8 × 3–4 µm große Konidien (Abb. 74).

Für gleichartige Triebschäden, die allerdings auf Wacholder auftreten, wird eine andere Art, *Kabatina juniperi*, verantwortlich gemacht. Dieser Pilz steht *K. thujae* morphologisch zwar sehr nahe, unterscheidet sich von dieser Art jedoch durch bestimmte Kulturmerkmale. Auch lassen sich zur Differenzialdiagnose die Konidien heranziehen, die bei dem auf *Juniperus* vorkommenden Pilz mit 6–9 µm etwas länger und mit 3,0–3,5 µm etwas schmäler sind als die von *K. thujae*; auch sind hier die Sporen spindelförmig bis elliptisch und oft an einem Ende leicht zugespitzt (Schneider und von Arx 1966).

Über den pathogenen Charakter der beiden Pilze sind bis heute unterschiedliche Vorstellungen entwickelt worden. Die ursprünglich als Wundparasiten und alleinige Urheber des Triebsterbens angesehenen Pilze leben nach neueren Erkenntnissen (Petrini und Müller 1979) als Endophyten, ohne an der Pflanze zunächst Krankheitssymptome zu verursachen. Ihre Weiterentwicklung und Fruchtkörperbildung scheint erst dann zu erfolgen, wenn das entsprechende Gewebe durch andere Schadfaktoren besiedelungsfähig geworden ist. In diesem Zusammenhang spielt der Befall durch die Thuja-Miniermotte *(Argyresthia thuiella)* bzw. Wacholder-Miniermotte *(A. trifasciata)* eine entscheidende

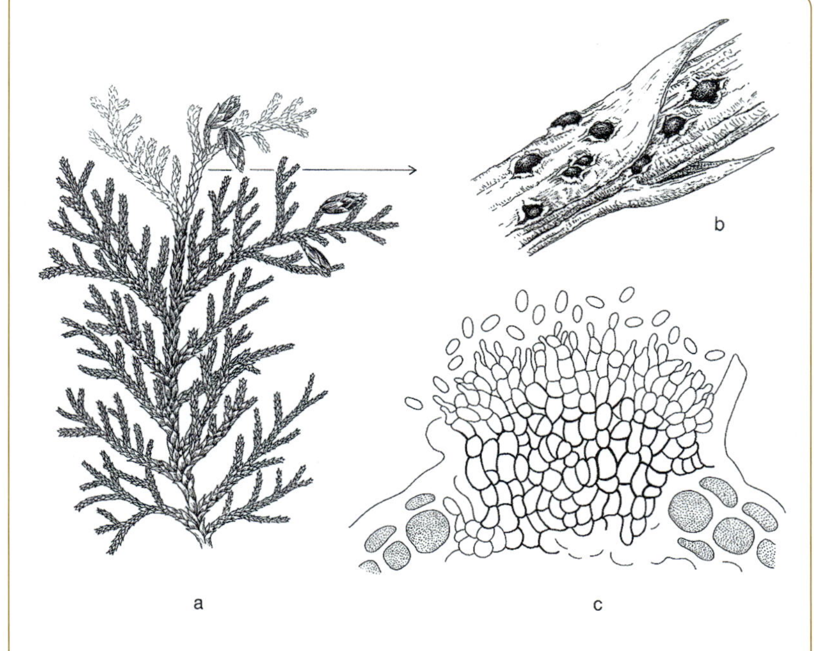

Abb. 74. Triebsterben mit *Kabatina thujae*. **a** Befallsbild an *Thuja*, **b** Stängelsegment mit Acervuli, **c** Querschnitt durch einen Acervulus mit Konidien (**c** nach Schneider und von Arx 1966).

Rolle. So finden sich – vor allem bei den Wacholderarten – bei fast jeder toten Triebspitze, die mit Pilzfruchtkörpern besetzt ist, Hinweise auf einen primären Miniermotten-Befall (Butin und Brand 2017). Auf Grund dieser Beobachtung müssen beide Pilzarten eher als saprobische Folgepilze (Trittbrettfahrer) eingestuft bzw. ihr Auftreten als Teilfaktor einer Komplexkrankheit bewertet werden. Die richtige Einschätzung der primären Schadursache dürfte vor allem bei der Frage einer Bekämpfung ausschlaggebend sein, ob ein Fungizid oder (eher) ein Insektizid zum Einsatz kommen soll.

Weitere Pilze auf Cupressaceen:

- *Botrytis cinerea* Pers.: Erreger der Grauschimmelfäule (Abb. 67 c); kann bei hoher stagnierender Luftfeuchtigkeit die Triebspitzen befallen (vgl. Kap. 3.2.4).
- *Pestalotiopsis funerea* (Desm.) Steyaert: kann Einschnürungen an einzelnen Ästen verursachen, sonst eher Saprobiont nach Vorschädigung, nicht selten als Folgepilz nach Befall durch *Botryosphaeria dothidea*; Konidien 21–29 × 9,5 µm, fünfzellig mit drei dunklen Zellen in der Mitte (Tafel II/1).
- *Phomopsis juniperivora* G. Hahn: Urheber eines Trieb- und Zweigsterbens bei verschiedenen Kulturformen der Gattungen *Chamaecyparis, Cupressus, Juniperus* und *Thuja*, mit Vorkommen besonders auf Vertretern der Gattung *Juniperus*, gelegentlich auch an Trieben von *Sequoiadendron giganteum*; Triebe und Äste können bis zu einer Länge von 40 cm absterben; Conidiomata auf Nadeln linsenförmig, schwärzlich mit hellem Zentrum (Abb. 35 d, e); auf der Rinde kissenförmig erhaben, von der Epidermis bedeckt und dadurch leicht übersehbar, bei Reife napfförmig aufreißend, überwiegend mit spindelförmigen, 7,5–10 × 2,5–3,5 µm großen α-Sporen, die anhand zweier Öltropfen von ähnlichen Sporenformen anderer Arten *(Kabatina thujae)* unterschieden werden können; β-Sporen seltener, lang gestreckt, 20–25 × 1–2 µm (Abb. 35 e). Verwechslungsmöglichkeit mit *Phomopsis occulta* (Tafel I/17), die jedoch 6–8 × 3 µm große α-Sporen besitzt und als Saprobiont eingestuft wird; sicherste Unterscheidung anhand ihrer Kulturmerkmale (Butin und Paetzholdt 1974).
- *Sclerophoma xenomeria* A. Funk: Urheber brauner Triebspitzen; Conidiomata nadelunterseits, vereinzelt, grauschwarz, niedergedrückt-kugelig, bis 250 µm im Durchmesser; Konidien farblos, eiförmig, 8–10 µm (Tafel III/12).
- *Seiridium cardinale* (W.W. Wagener) B. Sutton & J.A. S. Gibson: Urheber des „Zypressensterbens" mit bevorzugtem Vorkommen in wärmeren Ländern (Italien, Spanien, Balkanländer, südliche Gebiete der Schweiz); verursacht Zweigsterben und Rindennekrosen an verschiedenen Cupressaceen; Konidien bräunlich, vielzellig, 21–30 × 8–9 µm (Tafel I/19).

- *Pseudocercospora thujina* (Dearn.) U. Braun & C. Nakash (Syn. *Stigmina thujina*): Urheber der „Stigmina-Schütte"; Feinzweigsterben nur an Altbäumen der Scheinzypresse *(Chamaecyparis)*; anthropogene Verbreitung durch Einschleppung aus Nordamerika oder Neuseeland; in Europa bisher nur vereinzeltes Vorkommen (Cech 2008).
- *Pithya cupressina* Fuckel: Schwächeparasit oder Saprobiont mit Auftreten vor allem nach sommerlicher Trockenheit; an Ästen verschiedener *Juniperus*-Arten; Triebteile werden blassgrün, später graubraun; Apothecien scheiben- oder becherförmig, 1–2 mm im Durchmesser, mit orangefarbenem Hymenium und gelblicher Außenwandung; Ascosporen kugelig, 10–11 µm groß (Tafel I/18).

5.2.10 Triebsterben an Mammutbaum

Erreger: *Botryosphaeria dothidea* (Moug.) Ces. & De Not.

In den letzten Jahren sind in verschiedenen europäischen Ländern sowie in den USA Triebschäden am Mammutbaum *(Sequoiadendron giganteum)* beobachtet worden, die durch den Pilz *Botryosphaeria dothidea* verursacht werden. Gleichartige Schäden sind jetzt auch in Deutschland festgestellt worden (Kehr 2004), sodass eine Beschreibung des Schadbildes sowie des Erregers hier gerechtfertigt erscheint.

An 20–100 Jahre alten Mammutbäumen zeigen sich unregelmäßig in der Krone verteilte rotbraune abgestorbene Äste und Zweige, die an der Übergangsstelle zu gesundem Gewebe Harztropfen absondern. Länger abgestorbene Äste verlieren bald ihre Nadeln und werden grau. Der Ausfall einzelner Äste führt zur Löcherbildung in der Krone. – Als sicheres Indiz eines *Botryosphaeria*-Befalls gilt der Nachweis der Fruchtkörper des Erregers, die unter der abgestorbenen Rinde ausgebildet werden. Es sind zunächst etwa 1 mm große schwarze Stromata der *Dothiorella*-Anamorphe mit einzelligen, schiffchenförmigen, farblosen, 17–25 × 5–7 µm großen Konidien (Tafel IV/5). Unter geeigneten Bedingungen kann später auch die zugehörige Teleomorphe aufgefunden werden (Sivanesan 1984).

Nach den bisherigen Beobachtungen tritt der Pilz vorzugsweise in Gebieten mit hoher Sonnenwärme auf. Hier dürfte am ehesten mit Trockenstress als krankheitsdisponierendem Faktor zu rechnen sein. Ausreichende Wasserversorgung gilt daher als empfehlenswertes Verfahren zur Befallsprophylaxe bzw. Vitalisierung erkrankter Bäume. Der Einsatz von Pflanzenschutzmitteln sollte nur bei Jungbäumen und im Bereich der Baumschule in Erwägung gezogen werden. Neben den Sanierungsmaßnahmen darf nicht vergessen werden, erkrankte Äste und Zweige großzügig auszuschneiden und zu vernichten.

5.2.11 Eschentriebsterben

Erreger: *Hymenoscyphus fraxineus* Baral, Queloz & Hosoya
Syn. *Hymenoscyphus pseudoalbidus* V. Queloz et al.
Anamorphe: *Chalara fraxinea* T. Kowalski

Seit Anfang des 21. Jahrhunderts werden in Deutschland sowie in angrenzenden Ländern auffällige Schäden an Eschen *(Fraxinus excelsior, F. angustifolia)* aller Altersklassen beobachtet. Die charakteristischen Merkmale der Erkrankung sind bei jungen Bäumen welkende und braun werdende Blätter (kurzfristig sichtbar), Absterben und Kahlwerden von Trieben und Zweigen (lange erhalten bleibend), Rindennekrosen sowie Absterben jüngerer Bäume. Bei älteren Bäumen kommt es zum Zurücksterben der Äste im oberen Kronenbereich, wobei wiederholtes Triebsterben zu einer Verbuschung der Äste und damit zum veränderten Kronenaufbau der betroffenen Bäume führen kann (Abb. 75).

Der Erreger des Eschentriebsterbens ist im anamorphen Stadium der Hyphomycet *Chalara fraxinea*, der 2006 erstmals beschrieben wurde und aus verbräuntem Holz aus Stamm und Ästen isoliert werden konnte (Kowalski 2006). Auf künstlichem Nährmedium bilden sich anfangs weiße, später rötlich gelbe bis bräunliche Myzelkolonien, die bei bestimmten Kulturbedingungen typische Phialiden mit farblosen Konidien ausbilden (Kowalski et al. 2010). Das zugehörige teleomorphe Stadium findet man von Mai bis September auf den abgefallenen Blattspindeln

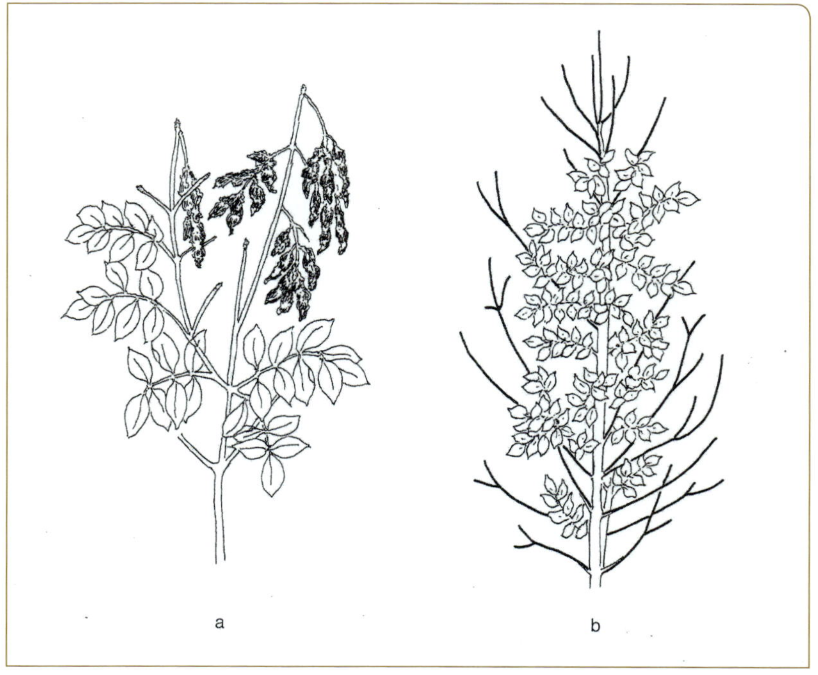

Abb. 75. Eschentriebsterben.
a frischer Befall an einer Jungesche mit absterbenden Blättern,
b älterer Befall mit abgestorbenen Trieben bzw. Zweigen.

in der Bodenstreu. Die Fruchtkörper (Apothecien) des „Falschen Weißen Stängelbecherchens“ sind schüssel- bis kreiselförmig, 2–5 mm groß und milchig-weiß gefärbt. Die hier gebildeten Ascosporen führen zur Infektion von Blättern und Trieben und im Gefolge davon zur Etablierung des Pilzes im Mark und Holz eines Baumes, verbunden mit einer auffälligen Welke bzw. dem Braunwerden der betroffenen Pflanzenteile.

In Begleitung des eigentlichen Krankheitserregers lassen sich oft weitere Pilzarten nachweisen, die als Sekundärparasiten das Schadausmaß im Einzelfall vergrößern können. An erster Stelle ist hier *Diplodia mutila* zu nennen, die an jüngeren Bäumen durch Bildung elliptischer Rindennekrosen besonders auffällt. Im Stangen- und Baumholzalter kommt es mit der Zeit zur Entstehung von Stammfußnekrosen, an denen der Hallimasch *(Armillaria gallica)* maßgeblich beteiligt ist. Gefährdet sind hier vor allem Nassstandorte (Kehr 2018).

Erste Meldungen über das Auftreten des Eschentriebsterbens in Europa stammen aus den Baltischen Ländern, Polen sowie Skandinavien. Von hier aus hat sich der aus Ostasien (Japan) stammende Erreger seuchenartig über ganz Europa ausgebreitet. In diesem Fall ist ein gebietsfremder pathogener Pilz mit einem neuen hoch anfälligen Wirt zusammengetroffen, der keine spezifischen Resistenzen besaß. Die Entstehung einer epidemisch sich ausbreitenden Baumkrankheit war damit vorprogrammiert. Ähnliche Fälle, bei denen ein gebietsfremder Organismus auf einen neuen hoch anfälligen Wirt trifft, sind aus der Geschichte der Epidemiologie zur Genüge bekannt (Gäumann 1951).

Auf Grund der hohen Ausfälle bei der Esche sind Verfahren zur Eindämmung der Baumkrankheit bzw. ihres Erregers dringend erforderlich. Als lokal beschränkte Maßnahme könnte z. B. die Beseitigung des Falllaubes zur Reduzierung des Infektionspotenzials dienen, was allerdings nur im begrenzten Maße und in städtischen Bereichen möglich sein dürfte. Waldbaulich wird eine frühzeitige Durchforstung befallener Bestände angeraten, wobei wiederstandsfähige Eschen gefördert werden sollten (Metzler et al. 2013). Auch sind vorbeugende Maßnahmen durch Anwendung von Kontaktfungiziden, z. B. in Baumschulen, grundsätzlich möglich. Größere Erfolgsaussichten sieht man heute eher in der klassischen Resistenzzüchtung, um durch Auslese widerstandsfähiger bzw. toleranter Sorten den Fortbestand der Esche in Europa zu sichern (Lösing 2013).

Die Fruchtkörper von *Hymenoscyphus fraxineus* können leicht mit denen des Echten Weißen Stängelbecherchens *(Hymenoscyphus albidus)* verwechselt werden, die ebenfalls auf den abgefallenen Blattrippen der Gemeinen Esche zu finden sind und makroskopisch kaum von der erstgenannten Art unterschieden werden können (kryptische Arten). *H. albidus* ist jedoch eine saprobische nicht-pathogene Art, die kein asexuelles *(Chalara-)*-Stadium ausbildet. Die Differenzialdiagnose erfolgt in der Regel mithilfe molekularbiologischer Methoden und durch morphologischen Kulturenvergleich (Kirisits und Kräutler 2013). Die Trennung beider Pilzarten dürfte aus phytopathologischer Sicht wichtig sein, denn *H. albidus* ist eine heimische nicht-pathogene Art, wogegen *H. fraxineus* als invasive, hoch pathogene Art für das in Europa inzwischen weitverbreitete Eschentriebsterben allein verantwortlich ist.

5.2.12 Lindentriebsterben

Erreger: *Stigmina pulvinata* (Kunze) L. B. Ellis

In der Krone jüngerer bis mittelalter Linden sind in den letzten Jahren Krankheitssymptome aufgetreten, die in dieser Ausprägung und Schwere bislang noch nicht beobachtet worden sind (Kehr und Dujesiefken 2006). Es handelt sich um ein Trieb- und Zweigsterben, das allerdings bei vielen Bäumen durch einen kräftigen Neuaustrieb kompensiert wird. Ausgelöst wurde das Triebsterben durch Rindennekrosen, die um die Ansatzstellen meist schwächerer Zweige lagen. Aus älteren Befallsstellen konnte geschlossen werden, dass derartige Rindennekrosen bei vitaleren Bäumen abgeschottet und vollständig überwallt werden können.

Auf den Rindennekrosen konnte als häufigster Pilz *Stigmina pulvinata* nachgewiesen werden, der an seinen schwarzbraunen Sporodochien und den länglichen, mehrzelligen und olivbraunen Konidien (Tafel IV/3) leicht identifiziert werden kann.

Nach den bisherigen Beobachtungen (Kehr 2007) scheint der sonst als Saprobiont lebende Pilz nur dann in pathogener Form aufzutreten, wenn bestimmte krankheitsfördernde Faktoren hinzukommen. Hierzu gehören neben stark verdichteten, zeitweilig trockenen Böden vor allem strenge bzw. kalte Winter. Bei dem vorliegenden Lindentriebsterben kann man daher von einer abiotisch/biotischen Komplexkrankheit sprechen.

Zur Verhütung einer Erkrankung sollten zunächst standortverbessernde Maßnahmen (vor allem eine ausreichende Wasserversorgung) durchgeführt werden, um die Vitalität und Abwehrbereitschaft der Bäume zu erhöhen. Sehr wahrscheinlich spielt auch die Sortenwahl eine Rolle, die allerdings noch eingehender geprüft werden muss. Spezielle Pflanzenschutzmaßnahmen in Form von Fungizidspritzungen sind vorerst wenig sinnvoll, da der Pilz als Saprobiont an der Linde weitverbreitet ist und Infektionen daher kaum verhindert werden können.

5.2.13 Birkentriebsterben

Erreger: *Discula devastans* (Rostr.) Weindl.
Syn. *Myxosporium devastans* Rostr.

Zu den verschiedenen Ursachen, die zum Absterben von Zweigen und Triebspitzen der Birke führen können, gehören neben abiotischen Faktoren auch einige Pilzarten, von denen wiederum *Discula devastans* eine gewisse Bedeutung erlangt hat. Das Krankheitsbild dieses überwiegend in Baumschulen auftretenden Pilzes ist durch Absterben der Haupttriebspitze oder der obersten Seitenzweige charakterisiert. Als Folgereaktion treten bei den unteren, noch belaubten Zweigen Triebverkürzungen und Verbuschung auf. Befallen werden zwei- bis fünfjährige Pflanzen hauptsächlich von *Betula pendula*.

Die Erkrankung wird gelegentlich dort beobachtet, wo die Befallsdisposition durch luftundurchlässige Böden oder zu langen Einschlag der jungen Pflanzen besonders gefördert wird. Zur Erhöhung der Krankheitsbereitschaft trägt auch Rostbefall durch *Melampsoridium betulinum* bei. Da Zweigsterben auch von abiotischen Faktoren (z. B. Trockenheit) hervorgerufen werden kann, achte man auf die braunschwarzen, warzenförmigen Acervuli des Pilzes und auf die farblosen elliptischen bis eiförmigen, 6–10 × 2–3 µm großen Konidien (Tafel I/20).

Weitere Pilze auf Zweigen der Birke:

- *Cryptosporium betulinum* Corda: Saprobiont; Konidien 20–50 × 3,5–4 µm (Tafel II/13).
- *Melanconium betulinum* J. C. Schmidt & Kunze: häufiger Saprobiont auf abgestorbenen Zweigen verschiedener Birkenarten; Konidien braun, einzellig, tropfenförmig, 13–18 × 5–7 µm groß (Tafel I/21).
- *Trimmatostroma betulinum* (Corda) S. Hughes: häufiger Besiedler und Astreiniger abgestorbener dünnerer Zweige; Sporodochien kissenförmig braun oder schwarz; Konidien in Ketten, von unterschiedlicher Gestalt und Septierung, warzig, 10–20 × 5–13 µm groß (Tafel III/7).

5.2.14 Pollaccia-Krankheit der Pappel

Erreger: *Venturia radiosa* (Lib.) Ferd. & C. A. Jørg.
Anamorphe: *Pollaccia radiosa* (Lib.) E. Bald. & Cif.

Die an Vertretern der Sektion *Leuce* auftretende Krankheit äußert sich sowohl durch Blattnekrosen als auch durch Absterben junger Triebe. Auf den Blättern verursacht der weltweit verbreitete Pilz unregelmäßig geformte, dunkel umrandete Blattflecke. Bei günstigen Bedingungen dringt das Pilzmyzel vom Blatt aus über den Blattstiel in die Rinde junger unverholzter Triebe ein. Die Folge davon sind charakteristische Welke- und Trockenschäden: Der Trieb mit den dazugehörigen Blättern wird braunschwarz und krümmt sich wie bei einem Frostschaden hakenförmig nach unten. Bei alljährlich sich wiederholendem Befall kommt es zu Wachstumsstörungen und zur Verbuschung. Besonders gefährdet sind Jungpflanzen, die nach mehrjährigem Befall absterben können (Abb. 76).

Wenige Tage nach dem Erscheinen der ersten Blattnekrosen zeigen sich in der Mitte der Blattflecke und später auf den abgestorbenen Trieben die olivgrünen samtartigen Sporenlager des Pilzes. Die an kurzen

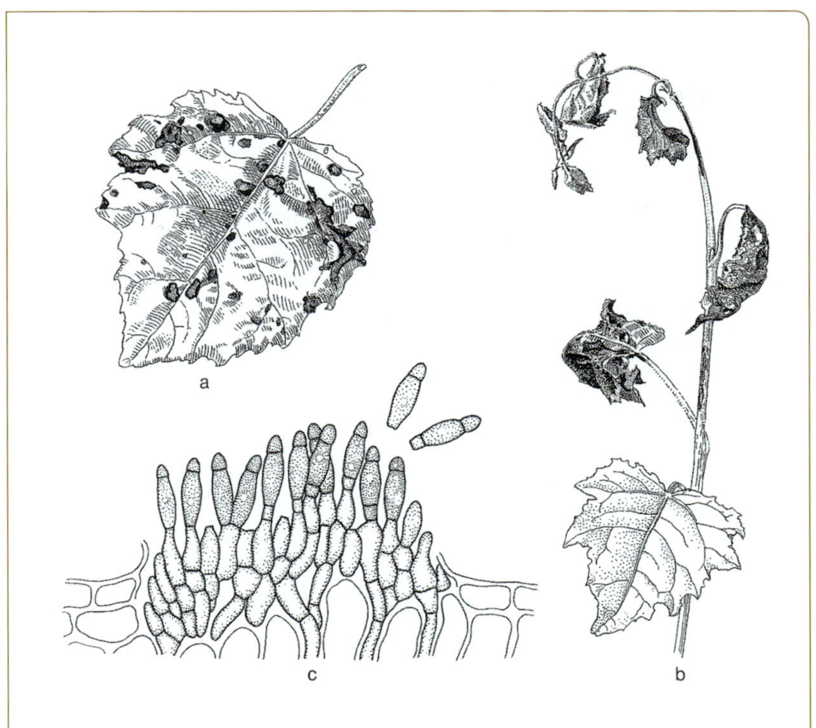

Abb. 76. Pollaccia-Krankheit der Pappel. **a** Befallsbild an Pappelblatt, **b** befallene Triebspitze, **c** Querschnitt durch einen Acervulus mit Konidien.

Trägern gebildeten Konidien sind länglich elliptisch, hellbraun, 18–26 × 5–8 µm groß und zweifach, seltener dreifach ungleichmäßig septiert. Sie können mit den Konidien von *Cladosporium*-Arten verwechselt werden, deren Konidienträger jedoch bedeutend länger sind. Im Winter entwickeln sich auf den am Boden liegenden Blättern in dunkelbraunen kugeligen Pseudothecien die Asci mit zweizelligen Ascosporen, die erst im Frühjahr entlassen werden. Die Primärinfektion scheint trotzdem überwiegend durch Konidien zu erfolgen, da diese nach Überwinterung des Myzels auf den abgetöteten Zweigspitzen erneut gebildet werden können.

Die Arten und Hybriden der Sektion *Leuce* zeichnen sich durch eine unterschiedliche Krankheitsanfälligkeit aus. Im Allgemeinen werden die *tremula*-nahen Formen stärker geschädigt als die *alba*-nahen Formen. Mit der gezielten Auswahl wenig anfälliger Klone erübrigt sich die Anwendung chemischer Pflanzenschutzmittel.

Verwandte Art:

- *Venturia populina* (Vuill.) Fabric.: verursacht Blattflecke und Triebsterben an Schwarz- und Balsampappeln; Konidien der Anamorphe *(Pollaccia elegans)* länglich elliptisch, ein- bis zweimal ungleichmäßig septiert, hellbraun, 32–38 × 11 µm groß (Tafel II/10).

5.2.15 Marssonina-Krankheit der Weide

Erreger: *Drepanopeziza sphaerioides* (Pers.) Höhn.
Anamorphe: *Marssonina salicicola* (Bres.) Magnus

Die unter dem Namen der Nebenfruchtform bekannte Krankheit tritt sowohl in Form von Blattflecken und Triebsterben als auch in rindenbrandähnlichen Nekrosen auf noch grünen Zweigen verschiedener Weidenarten auf. Auf den Blättern sind die Flecke unregelmäßig rundlich hell- bis dunkelbraun und je nach Wirtsart vereinzelt *(Salix rigida)* oder zu mehreren *(S. fragilis)* auf der Blattspreite verteilt. Bei starker Infektion können die Blätter vertrocknen und vorzeitig abfallen. Das Befallsbild auf der grünen Rinde ein- und zweijähriger Triebe ist durch 1–3 cm lange, braunschwarze Läsionen gekennzeichnet, die die Rinde schorfartig zum Aufplatzen bringen (Abb. 77 a–d). Bei Befall der Triebspitzen kommt es zur Spitzendürre und anschließend zu Verbuschung. Bevorzugt befallen werden die *pendula*-Formen von *Salix alba* und ihre Varietäten. Als Bekämpfung haben sich in Korbweidenkulturen Spritzungen mit Fungiziden bewährt.

Eindeutiges Merkmal eines *Marssonina*-Befalles sind die im Sommer gebildeten, schwarzen stromatischen Acervuli, auf denen farblose, im unteren Drittel septierte, 15–17 × 5–8 µm große Konidien ausgebildet werden.

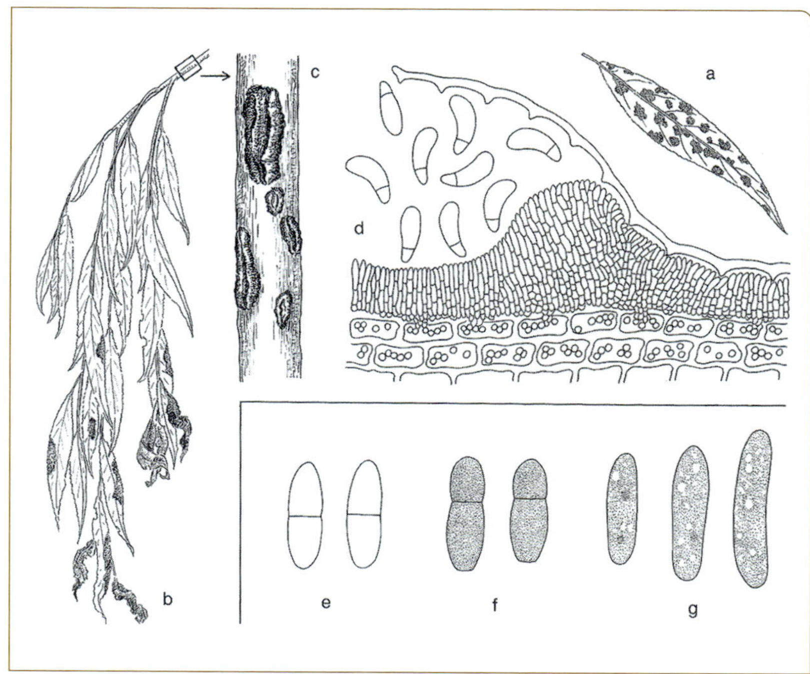

Abb. 77. Blatt- und Triebspitzenkrankheiten der Weide. **a–d** *Marssonina salicicola:* **a** Blattflecke an *Salix fragilis,* **b** Triebspitzenbefall an *S. alba,* **c** Rindenschorf, **d** Querschnitt durch einen Acervulus; **e** Konidien von *Diplodina microsperma;* **f** Konidien von *Pollaccia saliciperda;* **g** Konidien von *Colletotrichum gloeosporioides.*

Weitere Pilze an Trieben und Ästen der Weide:

- *Colletotrichum gloeosporioides* (Penz.) Penz. & Sacc.: Anamorphe von *Glomerella cingulata*, verursacht Blattflecke, Rindennekrosen und Triebsterben; Vorkommen an Zierweiden, z. B. *Salix madsudana* 'Tortuosa' (Korkenzieherweide); als „Rutenbrenner" in Korbweidenkulturen; Konidien zylindrisch bis elliptisch, farblos, 13–22 × 4,5–7 µm groß (Abb. 77 g); Bekämpfung in Weidenkulturen mit Fungiziden möglich.
- *Cytospora salicis* (Corda) Rabenh.: Schwächeparasit auf absterbenden Zweigen; Conidiomata mit grauer Stromascheibe und zentral gelegenem weißem Porus; Konidien würstchenförmig, 4–6 × 1,5 µm groß (Tafel I/22), in rötlichen Sporenranken nach außen tretend.
- *Diplodina microsperma* (Johnst.) B. Sutton: Anamorphe von *Cryptodiaporthe salicella* (Fr.) Petrak; Schwächeparasit an Triebspitzen und dünneren Ästen; Pyknidien schwarz kissenförmig; Konidien zweizellig farblos, spindelförmig, 13–18 × 4–7 µm groß (Abb. 77 e).
- *Myxofusicoccum salicis* f. *microspora* Died.: Schwächeparasit an abgestorbenen Ästen und Ruten verschiedener Weidenarten; Conidiomata mehrkammerig; Konidien elliptisch, 4–5 × 2–3 µm groß (Tafel I/23).
- *Pollaccia saliciperda* (Allesch. & Tubeuf) Arx: verursacht Blattflecke, Triebspitzendürre und Rindennekrosen; Konidien tönnchenförmig, im oberen Drittel septiert, bräunlich, 17–23 × 6–8 µm groß (Abb. 77 f); Verhütung durch Sortenwahl; Bekämpfung mit Fungiziden möglich.

5.2.16 Monilia-Triebsterben an Prunus

Erreger: *Monilinia laxa* (Aderh. & Ruhland) Honey
Anamorphe: *Monilia laxa* (Ehrenb.) Sacc. & Voglino

Die auch als „Monilia-Welke" bezeichnete Pilzkrankheit hat zwar ihre Hauptverbreitung an Obstbäumen, vor allem an Sauerkirsche; sie tritt jedoch auch an Ziergehölzen auf. Besonders häufig betroffen ist hier das Mandelbäumchen *(Prunus triloba)*, dessen Triebspitzen während oder kurz nach der Blüte zu welken beginnen und braun werden. Die Blätter und Blüten bleiben dabei noch lange Zeit an den Trieben hängen. Als weiteres Merkmal, das allerdings nicht immer auftritt, kann das Austreten eines farblosen bis bräunlichen gummiartigen Saftes an der Basis abgestorbener Triebe gewertet werden. Auf den abgestorbenen Teilen (Blüten) entwickelt sich die *Monilia*-Anamorphe mit 1–2 mm großen, weißlich grauen kissenförmigen Pilzrasen und kettenförmig angeordneten, 10–20 × 10–15 µm großen, zitronenförmigen, farblosen Konidien (Abb. 78 a–d).

Ein stärkeres Auftreten der Krankheit kann meist bei hoher Luftfeuchtigkeit und Regenfällen zur Zeit der Blüte beobachtet werden. Eine direkte Bekämpfung der Krankheit während der Symptomausprä-

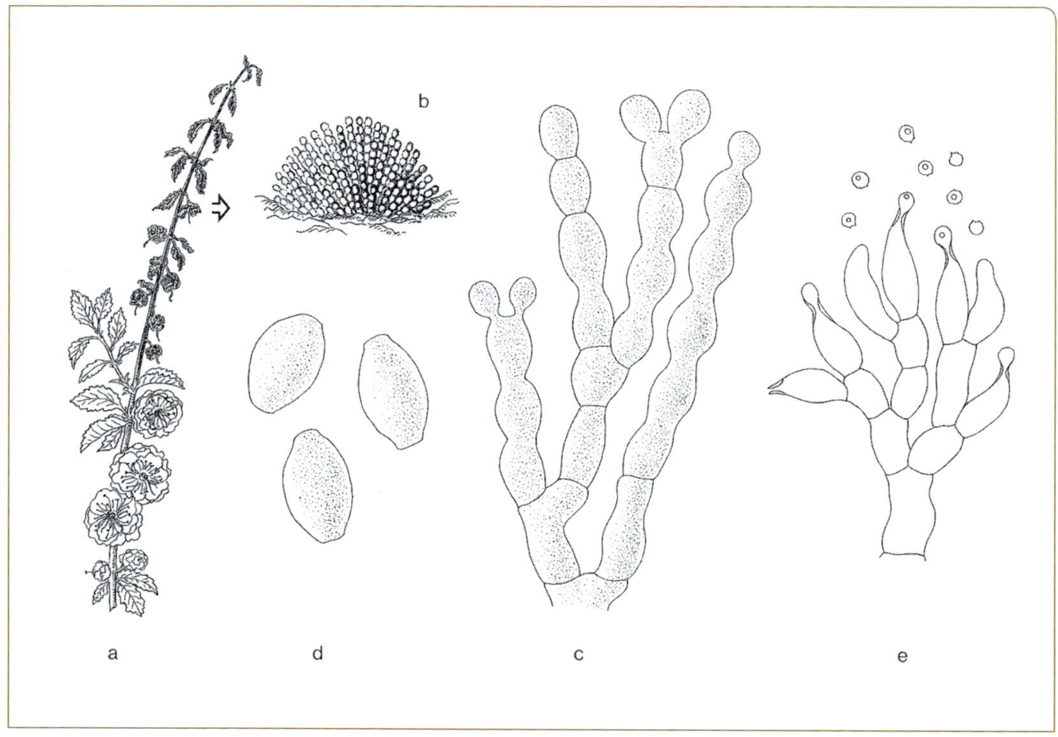

Abb. 78. *Monilia*-Triebsterben.
a Befallsbild an Mandelbäumchen, **b** polsterförmiges Stroma mit Konidienketten, **c** kettenförmige Konidien, **d** reife Konidien, **e** in Kultur gebildete Konidiophoren mit konidiogenen Zellen und Spermatien.

gung ist kaum Erfolg versprechend. Wohl haben sich vorbeugende Applikationen mit Fungiziden während der Blüte bewährt. Durch das Entfernen befallener Triebe können im nächsten Jahr Neuinfektionen verringert werden. Nach mehrmaligem starkem Befall sollte der Baum allerdings gerodet werden.

Das Krankheitsbild einer *Monilia*-Infektion kann leicht mit der *Verticillium*-Welke (vgl. Kap. 7.3) verwechselt werden. Zur Differenzialdiagnose sollte in Zweifelsfällen der Nachweis durch Isolierung des Erregers aus frisch befallenem Holz geführt werden: In *Monilia*-Kulturen entwickelt sich ein relativ rasch wachsendes mausgraues Myzel, in dem Büschel von Konidienträgern des Spermatien-Stadiums eingestreut sind. Die Endzellen der Konidiophoren bestehen aus kurzen flaschenförmigen 6–10 µm großen Phialiden, an deren Spitze kugelige, etwa 3 µm große Spermatien abgeschnürt werden (Abb. 78 e).

5.2.17 Feuerbrand

Erreger: *Erwinia amylovora* (Burrill) Winslow

Der ursprünglich in den USA beheimatete Feuerbrand gehört heute auch bei uns zu den gefährlichsten Krankheiten von Birn- und Apfelbäumen sowie verschiedener Ziergehölze aus der Familie der Rosaceen.

Im forstlichen Bereich spielte die Bakterienkrankheit bisher kaum eine Rolle. Neuerdings hat sie in Samenplantagen eine gewisse Bedeutung erlangt, wo Mischholzarten *(Prunus avium, Pyrus communis, Malus sylvestris* und *Sorbus torminalis)* für den ökologischen Waldumbau vermehrt werden. Der Schwerpunkt des Feuerbrandes liegt ohne Zweifel im Garten- und Parkbereich sowie allgemein im öffentlichen Grün. Von den verschiedenen Wirtspflanzen sind vor allem Zwergmispel *(Cotoneaster),* Feuerdorn *(Pyracantha)* und Eberesche *(Sorbus)* gefährdet. Der Weißdorn *(Crataegus)* spielt wegen seines häufigen Vorkommens in der Flur (als Infektionsquelle und damit für die weitere Ausbreitung des Erregers) eine wichtige Rolle. Nachdem die Krankheit in der Bundesrepublik erstmals 1971 im Küstenbereich der Nordsee festgestellt worden ist, hat sich der Erreger weiter ausgebreitet, sodass jetzt auch südliche Obstbaugebiete Europas vom Feuerbrand bedroht sind.

Die Symptome der Krankheit sind rasch einsetzende Welke der Blätter und Blütenstände mit anschließender Verbräunung bzw. Schwarzfärbung. Auch können einzelne Triebe absterben, deren Spitze sich dann hakenförmig nach unten krümmt. Bei hoch anfälligen Wirtspflanzen breitet sich die Krankheit auf ältere Äste und schließlich auch auf den Stamm aus. An erkrankten Stellen treten bei hoher Luftfeuchtigkeit kleine Tröpfchen eines hellen, klebrigen Bakterienschleimes aus, der sich später dunkelbraun verfärbt und eintrocknet.

Die Ausbreitung des Bakteriums erfolgt während der Vegetationsperiode überwiegend durch Insekten, aber auch durch Vögel, Wind und Regen. Starke Infektionsgefahr besteht bei warmem schwülen Wetter, vor allem nach Gewittern mit Sturm bzw. Hagelschlag (Rindenverletzungen!).

Als vorbeugende Maßnahmen zum Schutz von Obstanlagen und Baumschulen sollten Weißdornbüsche und andere anfällige Gehölze, die als Infektionsquelle dienen können, in der Umgebung entfernt werden. Als prophylaktische Maßnahme gilt weiterhin die Verwendung resistenter Sorten. Zu den unmittelbaren Pflanzenschutzmaßnahmen rechnen schließlich kulturtechnische Verfahren (Rückschnitt) sowie der Einsatz von Antibiotica bzw. chemischer Präparate. Beim Auftreten der ersten Krankheitssymptome ist unverzüglich die nächstliegende Pflanzenschutzdienststelle zu benachrichtigen (meldepflichtige Krankheit!).

Ebenfalls zu den meldepflichtigen Krankheitserregern gehört das Feuerbakterium *Xylella fastigiosa*, das sich durch eine enorme genotypische und phänotypische Vielfalt sowie durch einen sehr weiten Wirtskreis einschließlich heimischer Waldbaumgattungen auszeichnet. Sein ursprüngliches Verbreitungsgebiet liegt in USA. Da das Bakterium inzwischen schon in Italien und Frankreich nachgewiesen worden ist, könnte die Krankheit auch für andere europäische Länder zu einem phytosanitären Risiko werden (Schumacher und Delb 2018).

5.2.18 Baumhasel-Sterben

Erreger: *Pseudomonas/Xanthomonas*-Arten

Seit einigen Jahren werden in Deutschland und angrenzenden Ländern Absterbeerscheinungen an der Baumhasel *(Corylus colurna)* beobachtet, die keiner der bekannten Schadursachen (*Verticillium*-Befall, Streusalz, Bodenverdichtung) zugeordnet werden konnten. Die typischen Symptome der neuartigen Krankheit sind anfangs Blattverfärbungen, Blattwelke sowie auch Kleinblättrigkeit. Anschließend kommt es zu Blattverlusten, sodass der Baum ein schütteres Aussehen erhält. Im weiteren Krankheitsverlauf sterben die Zweigspitzen und auch Äste in unterschiedlicher Länge ab. Weitere Merkmale einer Erkrankung sind Rindennekrosen sowie dunkel gefärbte Zonen im Splint und Zentralbereich des Stammes (Butin und Brand 2017), von denen das letztere Symptom sehr wahrscheinlich mit dem Auftreten von bräunlichem, bakterienreichem Schleimfluss an älteren Astungswunden in unmittelbarem Zusammenhang steht. Das Finalstadium der relativ rasch ablaufenden Erkrankung ist schließlich das Absterben des ganzen Baumes (Kehr und Schumacher 2014).

Als Urheber der Baumhasel-Krankheit stehen pathogene Bakterien der Gattungen *Pseudomonas* und *Xanthomonas* in Verdacht, die aus erkrankten und absterbenden Baumteilen isoliert werden konnten. Die Infektion des Baumes erfolgt dabei sehr wahrscheinlich über Rindenverletzungen resp. Astungswunden, wobei die zuletzt genannte Verwundungsform auf Grund der häufigen Aufastung bei der Baumhasel besonders häufig auftritt. In diesem Zusammenhang ist die Beobachtung bemerkenswert, dass nichtaufgeastete Bäume von einer Erkrankung meist verschont bleiben. Sollten sich diese Zusammenhänge bestätigen, so könnte mit einer frühzeitigen Aufastung die Gefahr einer Infektion minimiert werden, denn je kleiner die Schnittfläche ist, umso geringer ist der Infektionserfolg des Erregers. Bei der Annahme einer Wundinfektion könnte evtl. auch die Übertragung des Erregers von Baum zu Baum vermieden werden, indem alle Schnittwerkzeuge vor ihrem Einsatz mit einer sterilisierenden Lösung behandelt werden.

6 Rindenschäden

6.1 Allgemeine Grundlagen

Im Gegensatz zu den relativ kurzlebigen Assimilationsorganen stellt die Baumrinde ein Dauerorgan dar, das praktisch ebenso alt wird wie der Baum, selbst wenn stets neue Zellen von innen heraus gebildet und alte Gewebeteile abgestoßen werden. Während dieser Zeit, die viele Jahre umfassen kann, ist die Rinde ständig den Einwirkungen der Umwelt und dem Angriff von Parasiten ausgesetzt. Zur Verhütung von Schäden und zur Abwehr von Schadfaktoren sind daher vom Baum im Laufe seiner Evolution verschiedene Abwehrmechanismen entwickelt worden, die sein Überleben bis heute gesichert haben.

Bei Schäden, die an der Rinde eines Baumes auftreten können, handelt es sich entweder um mechanisch entstandene Verletzungen, um witterungsbedingte Einwirkungen oder um biotisch bedingte Nekrosen. Auf alle genannten Ereignisse reagiert der Baum in gleicher Weise: Es kommt zu unspezifischen Wundreaktionen, die sich u. a. in der Ausbildung neuer Zellen und in der Überwallung der Wundstelle zu erkennen geben. Dieser Heilungsprozess kommt – je nach Größe der Rindenverletzung – noch in der gleichen Vegetationsperiode oder erst nach Jahren zum Abschluss.

Wird die Rinde eines Baumes nur geringfügig beschädigt, ohne dass das Kambium in Mitleidenschaft gezogen wird, so kommt es an den Wundrändern zur vermehrten Teilung von Rindenparenchymzellen, die ein neues Abschlussgewebe, ein **Wundperiderm** (induziertes Periderm), bilden. Die Holzbildung läuft dabei ungestört weiter. Eine Schadstelle, die auf das äußere Rindengewebe beschränkt ist, heilt rasch und bleibt äußerlich noch so lange am Stamm erkennbar, bis die toten Rindenteile bei einer späteren Borkenbildung abgestoßen werden.

Geht die Rindenverletzung jedoch so tief, dass das Kambium geschädigt wird, so kommt es an der entsprechenden Stelle zur Störung oder sogar zum Erliegen der Holzproduktion. Auch in solchen Fällen werden vom Baum verschiedene Schutzmechanismen in Gang gesetzt, um die Wunde vor dem Eindringen von Mikroorganismen abzuschotten. Zu den bekanntesten Reaktionen, die bei einer Kambiumverletzung ablaufen, gehört die **Überwallung** (Wundüberwallung). Bei diesem Vorgang beginnt das seitlich angrenzende ungeschädigte Kambium in verstärktem Maße berindetes Holz **(Wundkallus** oder **Wundholz)** zu produzieren, das sich wulstartig über die offene Wunde schiebt. Dieses neu gebildete Gewebe zeichnet sich ebenfalls durch erhöhte Schutzeigenschaften aus, die eine Besiedlung durch Pilze oder andere Mikroorganismen zunächst verhindern. Erst wenn die Wunde geschlossen ist, wird ein normaler

Rindenmantel ausgebildet, der äußerlich jedoch noch nach vielen Jahren erkennen lässt, dass die Rinde und das Kambium an dieser Stelle einmal verletzt worden sind (Abb. 79).

Zu den weniger bekannten Wundreaktionen nach einer Kambiumschädigung gehört die Bildung eines **Flächenkallus** (Wundbekleidung), bei dem auf der freigelegten Holzoberfläche die anstehenden kambialen Markstrahlzellen dazu angeregt werden, sich zu teilen. Auf diese Weise entsteht zunächst ein inselartiges parenchymatisches Kallusgewebe,- aus dem dann ein neues funktionstüchtiges Rindengewebe hervorgeht (Dujesiefken und Liese 2008).

Gelingt es dem Baum nicht, eine Wunde rechtzeitig zu schließen, so besteht die Gefahr, dass Fremdorganismen das ungeschützte Gewebe infizieren. Entweder kommt es durch Rindenpilze zu mehr oder weniger ausgedehnten **Rindennekrosen**, oder das Holz wird von Holz zerstörenden Basidiomyceten oder Bakterien besiedelt und abgebaut. Tiefgehende Rindenverletzungen sind also deshalb besonders gefährlich, weil

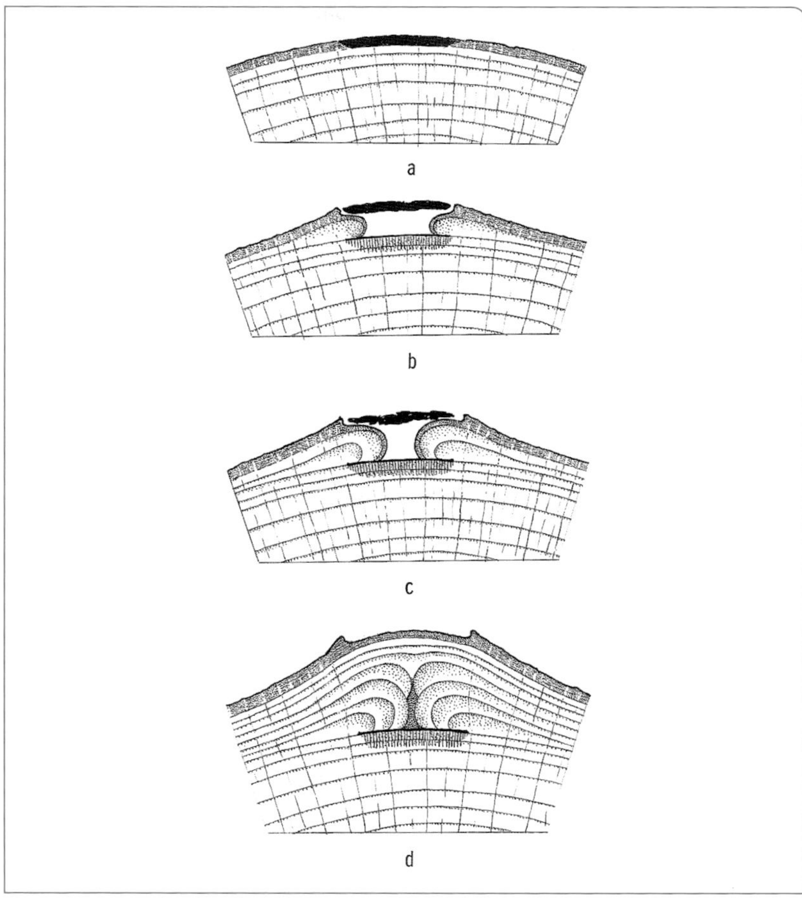

Abb. 79. Wundüberwallung nach Kambiumverletzung an Rotbuche (im Querschnitt). **a** abgestorbene Rindenpartie zum Zeitpunkt der Schadenseinwirkung, **b** Beginn der Überwallung mit Schutzholzbildung nach einem Jahr, **c** fortgeschrittene Überwallung im zweiten Jahr, **d** vollständige Überwallung (schwarz: abgestorbene Rinde, schraffiert: Schutzholz).

sie Folgeschäden nach sich ziehen können, die sowohl das Leben des Baumes bedrohen als auch die Holzqualität bzw. den ästhetischen Wert eines Baumes mindern können.

6.2 Nichtparasitäre Rindenschäden

Nichtparasitäre Rindenschäden können durch eine Vielzahl von Faktoren verursacht werden, die oft mit charakteristischen Schadsymptomen oder Vernarbungsbildern verbunden sind. Nicht immer ist jedoch eine klare Zuordnung zu bestimmten Ursachenfaktoren möglich – vor allem nicht bei älteren Entwicklungsstadien – da die Reaktion des Baumes unspezifisch ist. In solchen Fällen müssen die im Holz aufgetretenen Strukturfehler zur Diagnose mit herangezogen werden (s. Kap. 8.1).

Blitzschäden gehören zu den wetterbedingten Einwirkungen. Ihre Auswirkungen auf den Baum können unterschiedlich sein. Bei Blitzentladungen, die oberflächlich über den Rindenmantel zur Wurzel verlaufen, kommt es meist zu einer geringen streifenartigen Zerstörung des oberen Rindengewebes, wobei die **Blitzrinne** bald verheilt. Folgt der Blitz der wasserreichen tiefer liegenden Kambialzone, so können Holzteile streifenartig herausgerissen oder Kronenteile abgesprengt werden, was in der Regel Sekundärschäden nach sich zieht. Die Blitzgefährdung eines Baumes hängt dabei von seinem Standort, dem Größenverhältnis zu benachbarten Bestandesgliedern und von der Baumart ab. Eiche, Ulme, Esche und Pappel gelten ebenso wie hohe Nadelbäume als besonders gefährdet, während Rotbuche, Hainbuche und Birke seltener vom Blitz getroffen werden. Zum Unterschied zu anderen streifenartig auftretenden Rindenschäden (z. B. Frostschäden) achte man bei Blitzschäden auf die meist nur 1–2 cm breite, rillenartige Vertiefung (Entladungsspur) in der Mitte des freigelegten Holzes.

Echte Frostrisse geben sich im Anfangsstadium durch einzelne, stammaxial verlaufende, meist nur wenige Millimeter breite Rindenrisse zu erkennen. Sie liegen fast immer auf der Süd- bis Südwestseite des Stammes und werden bei Laubbäumen in der Regel im folgenden oder zweiten Vegetationsjahr überwallt. Bei längeren Rissen mit stärkerer Rindenablösung können die seitlichen Überwallungsansätze allerdings stärker auseinanderklaffen, sodass das Splintholz freizuliegen kommt. Ursache von Echten Frostrissen sind starke Temperaturschwankungen im Winter, bedingt durch einen Wechsel tiefer Nachttemperaturen mit stärkerer Erwärmung der Rinde (Sonneneinstrahlung!) am Tage. Das zum Zeitpunkt der Schadeinwirkung vorhandene Holz bleibt dabei unbeeinträchtigt. Bevorzugt geschädigt werden Jungpflanzen mit dünner Rinde (Ahorn, Linde oder Roteiche) sowie *Chamaecyparis* (Abb. 81 d) und *Thuja*.

Mit den Echten Frostrissen verwandt sind die sogenannten **Frostplat-**

ten, die durch breitflächiges oder streifenförmiges Absterben der Rinde mit der Entwicklung bräunlicher Bastnekrosen im unteren und mittleren Stammbereich ausgezeichnet sind. Sie treten ebenfalls bevorzugt auf der Südseite auf, und zwar dann, wenn nach milder Witterung oder Besonnung plötzlich ein starker Kälteeinbruch einsetzt. Betroffen sind u. a. Ahorn, Rotbuche und Pappel. Bei der Eiche wird die primäre Frostschädigung des Bastes als eine entscheidende Voraussetzung für das aktuelle Eichensterben in Mitteleuropa angesehen (s. Kap. 6.3.9).

Mit Frostrissen nicht zu verwechseln sind Rindenrisse, die dann entstehen, wenn endogene Stammrisse die Rinde von innen heraus zum Aufplatzen bringen (s. Kap. 8.1).

Hagelschäden gehören zu den witterungsbedingten Schäden. Sie kommen durch den Aufprall von Hagelkörnern auf die Rinde zustande, wobei Zellen gequetscht werden und absterben. Da hierbei das Kambium meist unverletzt bleibt, werden die Wunden im gleichen Jahr noch geschlossen, ohne dass Wundinfektionen zu befürchten sind. Betroffen sind vor allem jüngere Äste, die mehr oder weniger waagrecht vom Baum abstehen. Bei der Diagnose von Hagelschäden achte man auf die meist nur oberseits liegenden Verletzungen.

Mechanische Rindenverletzungen gehören zu den häufigsten Schäden, die an der Rinde vor allem älterer Bäume beobachtet werden können. Bei leichteren Verletzungen beschränkt sich der Schaden meist auf die Rinde, bei der oft noch keine aktive Wundreaktion erfolgt. Geht die Beeinträchtigung aber bis zum Kambium oder Splintholz, so erfolgt eine aktive Abwehr, die vor allem vom Bast ausgeht.

Die meisten mechanischen Rindenschäden gehen mittelbar auf den Menschen zurück: Im Bestand sind es überwiegend Rückeschäden, Fällungsschäden oder Astungsschäden, bei Straßenbäumen Anfahr- oder Prellungschäden durch Fahrzeuge, und an besonders exponierten Bäumen sind es Verletzungen, die dem Baum durch Einritzen von Namen oder Zeichen zugefügt werden. – Zu den leicht vermeidbaren mechanischen Schäden gehören auch Fehler, die bei der Anbringung von Stützeinrichtungen bei jungen Bäumen gemacht werden. Bei der Verwendung von Draht oder unelastischem Bindematerial kann es mit fortschreitendem Dickenwachstum zur Einschnürung des Stammes kommen: Der Baum wird „erwürgt“. Gartenbesitzer wundern sich dann über die graugrüne, schließlich braune Verfärbung der Nadeln. Eine Kontrolle der Abstützung und gegebenenfalls eine Lockerung des Befestigungsmaterials sind mindestens jedes zweite Jahr erforderlich, sofern nicht nach einiger Zeit ganz auf eine Abstützung verzichtet werden kann.

Sonnenbrand oder **Sonnennekrosen** (Abb. 80) sind zunächst abiotische axial ausgeprägte Rindenschäden, die sich – ausgelöst durch starke Erhitzung der Bast- und Kambialzone im Sommer – durch mehr oder weniger großflächiges Absterben und Abblättern der Rinde auf der

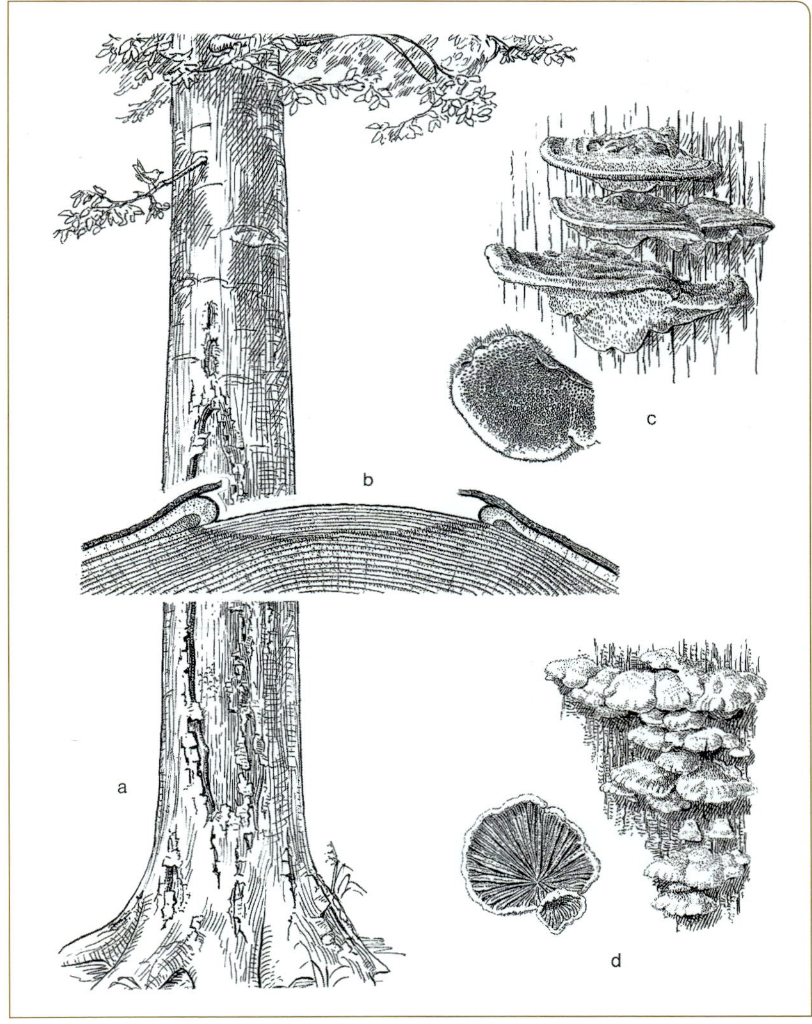

Abb. 80. Sonnenbrand an Rotbuche. **a** Krankheitsbild, **b** Querschnitt (Ausschnitt) durch einen sonnenbrandgeschädigten Stamm mit beginnender Überwallung, **c** Fruchtkörper von *Trametes hirsuta,* **d** Fruchtkörper von *Schizophyllum commune.*

Südwestseite der Bäume bemerkbar machen. Sonnennekrosen können aber auch im Spätwinter entstehen, wenn tagsüber der Stamm durch die Sonne intensiv erwärmt wurde und in der Nacht durch starken Frost wieder rasch abkühlt. Geschädigt werden überwiegend jüngere sowie dünnrindige Baumarten wie Ahorn, Linde, Rotbuche, Rosskastanie, Erle und Fichte. Besonders gefährdet sind plötzlich freigestellte Bäume an Bestandesrändern, die nach Südwesten exponiert sind. Das Gleiche trifft für Bäume zu, die bei einer Verpflanzung frisch umgesetzt worden sind. Handelt es sich um kleinere Rindennekrosen, so werden die Wunden vom Baum bald überwallt, wobei die Schäden je nach Baumart unterschiedlich effektiv abgeschottet werden (Dujesiefken und Liese 2008). Bei großflächigen Rindenschäden kann es zu Infektionen durch

Holz zerstörende Pilze kommen, die dann im Stamm eine mehr oder weniger ausgedehnte Holzfäule verursachen. Sonnenbrandgeschädigte Bäume sind daher in späteren Jahren bruchgefährdet (Schneidewind 2006).

Ältere Sonnenbrandschäden lassen fast regelmäßig eine charakteristische Pilzflora erkennen, zu der z. B. bei der Rotbuche *Schizophyllum commune* und *Trametes hirsuta* gehören (Abb. 80 c, d). Derartig befallene Bäume verlieren bald ihren wirtschaftlichen Wert; trotzdem sollten sie dem Bestand noch erhalten bleiben, da sie die benachbarten Bäume durch Schattenwirkung vor gleichartigen Schäden bewahren. Bei unvermeidbarer Freistellung eines nach Südwesten offenen Bestandes kann die Gefahr eines Sonnenbrandes durch Auftragen eines pigmentierten Anstrichs auf den untersten Abschnitt des Stammes verringert werden. Bei der Verpflanzung wertvoller Solitärbäume können die Stämme durch Anbringen von Schilfrohrmatten wirksam vor Sonnenbrand geschützt werden, vorausgesetzt, die Schutzvorrichtung lässt genügend Platz für einen temperaturregulierenden Luftaustausch (Schneidewind 2002). Dies gilt auch für die Anbringung von Stammschutzsäulen zur Verhütung von Fege-, Verbiss- und Schälschäden (Tomiczek 1999).

Sind nur die äußeren Rindenzellen durch Sonneneinstrahlung geschädigt, ohne dass hierbei das Kambium wesentlich in Mitleidenschaft

Abb. 81. Rindenrisse. **a–c** Trockenriss an Fichte: **a** überwallter Trockenriss an Fichtenstamm, **b** junger Radialriss vor der Überwallung (Stammquerschnitt), **c** Radialriss und Wundleiste nach fünfjähriger Überwallung; **d** zweijähriger Frostriss an Scheinzypresse.

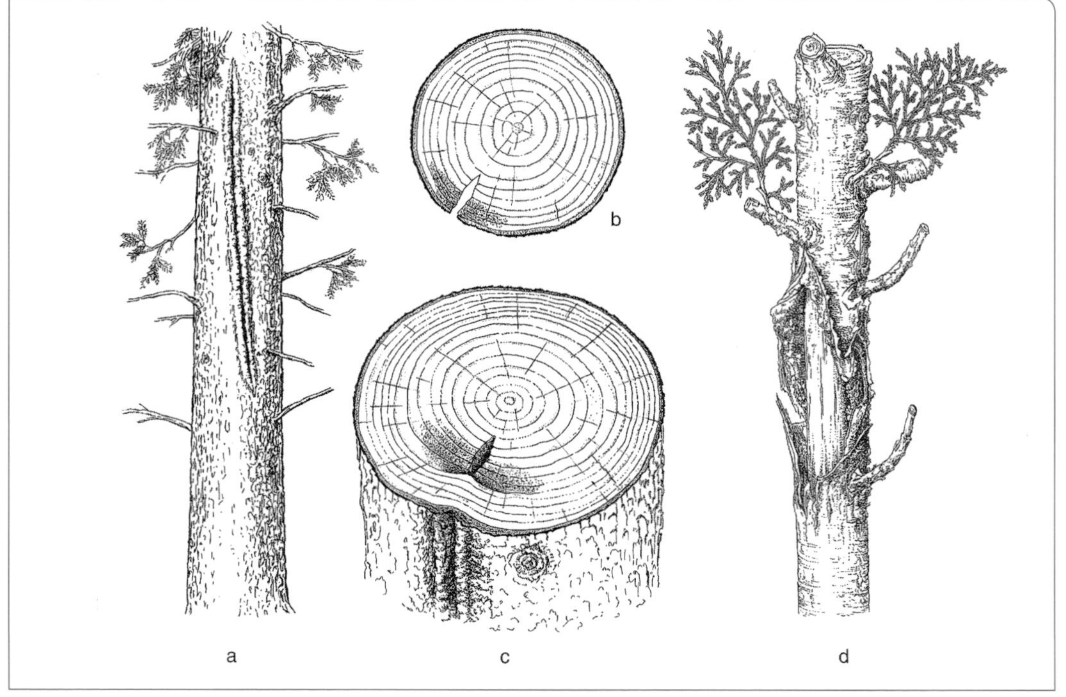

gezogen worden ist, kommt es – z. B. bei der Rotbuche – zu einer subletalen Schädigung und zur Ausbildung einer nach Süden ausgerichteten „traumatischen" Borke. Sie ist gekennzeichnet durch eine raue, meist würfelartig aufgerissene Rindenoberfläche der unteren Stammpartie. Nicht selten findet man ähnliche Schadbilder auch an Ahorn und Linde.

Trockenrisse sind radial verlaufende Schaftrisse, die z. B. an vorwüchsigen Fichten in 15- bis 30-jährigen Beständen auftreten und durch axial verlaufende, 0,5–2,5 m lange, bald überwallende Risse in der Rinde und den angrenzenden Jahrringen ausgezeichnet sind. Sie entstehen im Spätsommer während länger anhaltender Trockenperioden und werden als Folge von extremen Saugspannungen im Holz gedeutet (Caspari und Sachsse 1990). Ausgangspunkte sind kleinere Xylemspalten, die sich verlängern können, bis sie schließlich den Rindenmantel aufreißen. Die äußerlich sichtbaren Rindenrisse sind demnach das Ergebnis einer vorangegangenen Strukturänderung im Holz. Rissgeschädigte Bäume sind konsequent dem Bestand zu entnehmen (Abb. 81 a–c).

Wachstums- oder **Borkenrisse** sind in der Regel das Ergebnis natürlicher Vorgänge, bei denen die äußere Rindenschicht (Borke) mit dem Dickenwachstum des Baumes mangels teilungsfähiger Zellen nicht mehr Schritt halten kann. Es kommt zum Aufreißen der Borke bis zu einer Länge von 2 m, wobei das Kambium in der Regel unbeschädigt bleibt. Dem längs verlaufenden Borkenriss folgen meist zahlreiche quer angelegte Rindenrisse, die schließlich zum typischen Rindenmuster eines Baumes führen. Derartige Borkenrisse finden sich regelmäßig bei starkwüchsigen Rosskastanien, Linden und Ahornarten.

Selten gehen Wachstumsrisse bis zum Kambium, wobei dann unliebsame Verfärbungen und Strukturfehler im angrenzenden Holz auftreten können. Ein Beispiel für derart tief reichende Spannungsrisse finden wir bei der schnell wachsenden Pappel-Hybride 'Muhle-Larsen' sowie bei der Linde.

6.3 Parasitäre Rindenschäden

6.3.1 Nectria-Krebs der Fichte

Erreger: *Neonectria fuckeliana* (C. Booth) Castle & Rossman
Anamorphe: *Cylindrocarpon cylindroides* var. *tenue* Wollenw.

Der als „Fichtenrindenkrankheit" bekannte Pilzbefall tritt vorwiegend an Sitka-Fichte auf, weniger häufig an der Gemeinen Fichte. Bei der Sitka-Fichte entspricht das Krankheitsbild dem klassischen Baumkrebs, charakterisiert durch zahlreiche gleichmäßig angelegte Überwallungsränder einer sich nicht schließenden Wunde. Wenn auch ein befallener Baum viele Jahre alt werden kann, führt der Befall doch zu einer Wertminderung des Holzes sowie gelegentlich zum Stammbruch. Bei der Gemeinen Fichte kommt es zu weniger auffälligen Rindennekrosen, die sich meist an der Basis von Totästen entwickeln. In parasitischer Form tritt der Pilz weiterhin auf der Tanne auf, wo es zum Absterben junger Triebe und zur Ausbildung verschieden großer Rindennekrosen kommt.

Der langlebige Pilz kann äußerlich an seinen fuchsroten birnenförmigen, etwa 0,5 mm großen, gesellig wachsenden Perithecien erkannt werden, die vorwiegend an den Wundrändern zu finden sind. Die Ascosporen sind zweizellig, spindelförmig und 13–16 × 5–6 µm groß. Bei fehlender Fruchtkörperbildung kann der Pilz auch durch Isolierung und Kultivierung auf künstlichen Nährmedien nachgewiesen werden. Die Erkennungsmerkmale sind hier Mikrokonidien vom *Cephalosporium*-Typ sowie 33–40 × 4–5 µm große, mehrfach septierte Makrokonidien vom *Cylindrocarpon*-Typ (Tafel II/14).

6.3.2 Stammkrebs der Drehkiefer

Erreger: *Crumenulopsis sororia* (P. Karst.) J. W. Groves
Anamorphe: *Digitosporium piniphilum* Gremmen

Die ersten Anzeichen eines Befalles sind Abheben von Rindenschildchen, zunehmender Harzfluss sowie kleinere Aufwölbungen am unteren Stammabschnitt. Die entsprechenden Stellen werden nekrotisch und platzen auf. Aus ihnen entwickeln sich krebsartige Wunden mit seitlichen Überwallungswülsten, die jedes Jahr erneut zum Absterben ge-

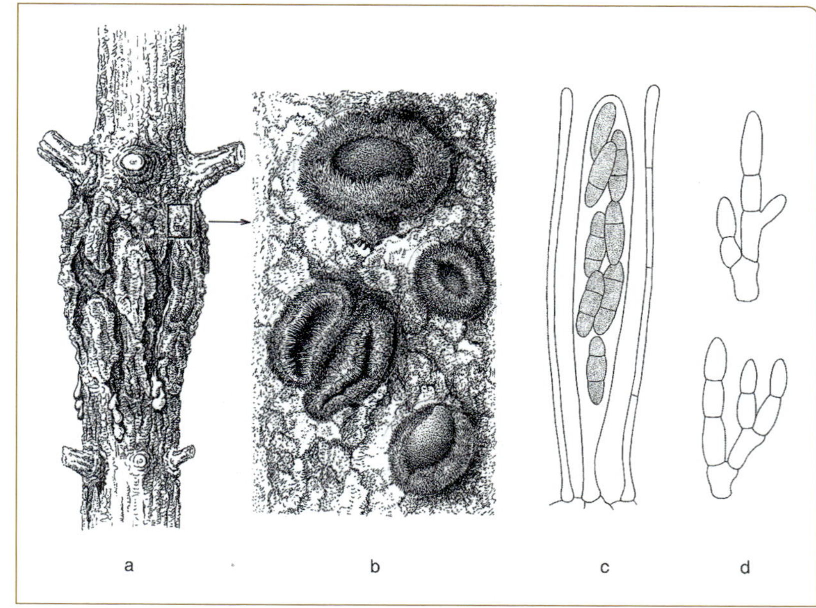

Abb. 82. Stammkrebs durch *Crumenulopsis sororia*.
a Befall an Drehkiefer, **b** Apothecien auf abgestorbener Rinde, **c** Ascus mit Ascosporen nebst Paraphysen, **d** Konidien der *Digitosporium*-Anamorphe (**b**, **c** aus Stephan und Butin 1980).

bracht werden können. Der an *Pinus contorta, P. nigra* und anderen Kiefernarten auftretende Baumkrebs führt zu einer Entwertung des Holzes und zu einem allmählichen Absterben der Bäume, von denen vor allem schwachwüchsige Exemplare betroffen sind.

Urheber der Erkrankung ist der Pilz *Crumenulopsis sororia*, der durch grauschwärzliche 1–2 mm große, scheibenförmige Apothecien gekennzeichnet ist. Seine Asci sind 80–100 × 11 µm groß und von fadenförmigen Paraphysen umgeben. Die zu acht im Ascus liegenden Ascosporen sind rauchfarben, erst einzellig, dann vierzellig und 17–23 × 5–6 µm groß. In enger Vergesellschaftung kommt häufig die zugehörige Anamorphe mit fingerförmigen mehrzelligen Konidien vor, die gleichfalls zur Identifizierung des Erregers herangezogen werden kann (Abb. 82).

Eine direkte Bekämpfung des Krebserregers an der Wirtspflanze ist nicht möglich. Umso mehr sollten vorbeugende Maßnahmen beachtet werden, die u. a. in der Auswahl wüchsiger und für den jeweiligen Standort geeigneter Herkünfte bestehen. Befallene Bäume sollten zur Verhütung von Infektionen benachbarter Kiefern frühzeitig dem Bestand entnommen werden (Stephan und Butin 1980).

6.3.3 Kiefernrinden-Blasenrost

Erreger: *Cronartium flaccidum* (Alb. & Schweinitz) G. Winter und *Cronartium pini* (Willd.) Jørst.

Der Kiefernrinden-Blasenrost gehört zu den gefährlichsten Feinden von *Pinus sylvestris* sowie anderer zweinadeliger Kiefern. Sein Krankheitsbild tritt – aufgrund erhöhter Altersanfälligkeit – am häufigsten und auffälligsten an älteren Kiefern in Erscheinung, wenn der Gipfel nach jahrelanger Erkrankung vertrocknet und schließlich mit kahlen Zweigen aus dem noch grünen Kronenbereich herausragt. An der Basis des abgestorbenen und durch partielle Kambiumschädigung deformierten Wipfeltriebes kommt es zu stärkerem Harzfluss und zur Verkienung der betroffenen Rinden- und Holzteile (Kienzopf). Weniger auffällig und häufig zeigt sich ein Befall an jüngeren Bäumen. Neben Auftreibungen der Rinde bilden sich namentlich an den Astquirlen des Hauptstammes orangegelbe Äcidienblasen, an denen die Krankheitsursache sicher erkannt werden kann. Befallen werden im europäischen Raum neben *Pinus sylvestris* auch *P. halepensis, P. mugo, P. nigra, P. pinaster* und *P. pinea* (Abb. 83).

Bei mikroskopischer Untersuchung von Befallsstellen findet man Pilzmyzel sowohl zwischen den Zellen der äußeren Rinde als auch zwischen denen des Bastes. Von hier aus wächst der Pilz durch die Markstrahlen bis etwa 10 cm tief in den Holzkörper hinein, wo es zum Absterben der noch lebenden Zellen und zur Verkienung des Gewebes kommt. Alljährlich dringt das Myzel über die erkrankte Rindenpartie weiter vor, wobei weiteres Rindengewebe abgetötet wird. Da es nur zu

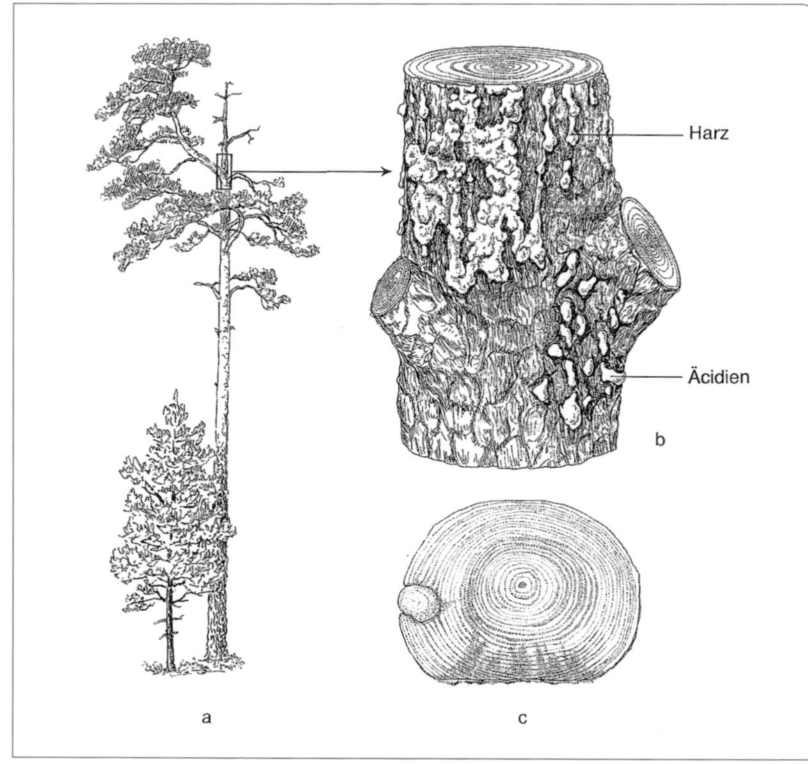

Abb. 83. Kieferrindenblasenrost *(Cronartium flaccidum)*.
a ältere Kiefer mit Zopftrocknis, **b** Kienzopfabschnitt mit Harzfluss und Äcidien, **c** Querschnitt durch einen verkienten Stamm.

einer schwachen Überwallungsreaktion kommt, wird der betroffene Stammabschnitt einseitig abgeflacht und mit der Zeit stark deformiert.

Als Erreger der krebsartigen Erkrankung kommen zwei nahe verwandte Rostpilze in Betracht, deren Krankheitsbilder auf der Kiefer nicht unterschieden werden können. Wesentliche Abweichungen zeigen sich allerdings im Entwicklungzyklus beider Pilze. Denn die eine Rostart *Cronartium flaccidum* ist wirtswechselnd. Als Dikaryontenwirte kommen hier mehrere krautige Pflanzen infrage, die in ihrem Vorkommen je nach Wuchsgebiet der Kiefer verschieden sein können. Bekannt sind bisher die Weiße Schwalbenwurz *(Vincetoxicum hirundinaria)* sowie verschiedene *Melampyrum-*, *Paeonia-* und *Pedicularis*-Arten, auf denen die Uredo-, Teleuto- und Basidiosporen gebildet werden.

Von dieser Grundart wird heute eine asexuelle Mutante abgetrennt, die in der bisherigen forstpathologischen Literatur als *Peridermium pini* (heute *Cronartium pini*) bezeichnet worden ist. Die Besonderheit dieser Variante liegt darin, dass der Pilz ohne Wirtswechsel von Kiefer zu Kiefer übergehen kann. Es werden nur Äcidiosporen ausgebildet, die im Gegensatz zum normalen Entwicklungsgang der Rostpilze mit haploidem einkernigem Myzel auskeimen und dadurch den gleichen Wirt bzw. dessen Nachbarbäume unmittelbar wieder infizieren können. Die

Folge davon ist die Möglichkeit einer epidemischen Krankheitsentwicklung, von der vor allem Mitteleuropa betroffen ist (Klenke und Scholler 2015).

Zur Verhütung eines Befalles bietet sich bei *Cronartium flaccidum* die Vernichtung der entsprechenden Dikaryontenwirte an. In Gebieten, in denen *C. pini* die dominante Art darstellt, ist ein solches Verfahren nicht anwendbar, weil hier kein Zwischenwirt benötigt wird. Da in diesem Fall auch keine direkte Bekämpfungsmöglichkeit bekannt ist, bleibt für die Behandlung erkrankter Bestände nur das Abfangen stammkranker Kiefern. Das Kienzopfproblem ist damit zunächst ein bestandsweise zu lösendes Durchforstungs- und Nutzungsproblem. Die Züchtung weniger anfälliger Typen durch Individualauslese scheint zwar möglich; praktikable Angebote liegen jedoch bisher noch nicht vor.

6.3.4 Weymouths Kiefern-Blasenrost

Erreger: *Cronartium ribicola* J. C. Fisch.

Die Krankheitssymptome dieser auch als „Strobenrost" bezeichneten Rindenkrankheit sind denen des Kiefernrinden-Blasenrostes sehr ähnlich. Auch hier treten an den Zweigen und am Stamm Anschwellungen, Harzfluss und orangegelbe Äcidien auf. Die für den Kienzopf typische Wipfelinfektion mit nachfolgender Zopftrocknis wird allerdings seltener beobachtet. Bei Befall junger Pflanzen kommt es zu Kümmerwuchs, Verbuschung („Bubikopf") und zu gelbgrüner Nadelverfärbung. Bei älteren Bäumen kann eine Stammerkrankung bis zu 20 Jahre andauern, ehe der Stamm abstirbt. Als sicherstes Kennzeichen eines Strobenrostbefalls findet man in solchen Fällen verharzte und oft eingesunkene nekrotische Rindenpartien, die meist im unteren Stammbereich liegen.

Cronartium ribicola tritt nur an fünfnadeligen Kiefernarten auf. Neben *Pinus strobus* werden fast alle übrigen nordamerikanischen Fünfnadler wie *P. flexilis, P. lambertiana* und *P. monticola* stark befallen. Weniger gefährdet sind dagegen die eurasischen Arten wie *P. cembra* und *P. peuce*, in deren Verbreitungsgebiet der Pilz von Natur aus vorkommt. Eine besondere Beachtung hat die Tränenkiefer *(P. wallichiana)* gefunden, da sie der Weymouths Kiefer waldbaulich fast gleichwertig, jedoch weniger rostanfällig ist. Von den Dikaryontenwirten gelten die Kulturformen der Johannis- und Stachelbeere als besonders rostgefährdet.

Cronartium ribicola gehört zu den obligat wirtswechselnden Rostpilzen. Die Krankheit tritt nur dort auf, wo ein Haplontenwirt (*Pinus*-Art) und ein Dikaryontenwirt (*Ribes*-Art) gemeinsam vorkommen. Auf dem Haplontenwirt kommt es zur Ausbildung blasenförmiger Äcidien, deren Sporen die Blätter der Stachel- oder Johannisbeere infizieren. Auf dem Dikaryontenwirt äußert sich ein Befall durch bräunliche Uredolager und – im Herbst – durch säulchenförmige gelbbraune Teleutolager blattunterseits („Säulchenrost"). Der Entwicklungszyklus ist dann wieder geschlossen, wenn die auf dem Dikaryontenwirt gebildeten Basidiosporen die Kiefer erreicht haben. Nach der Infektion, die noch im gleichen Herbst erfolgt, wandert der Pilz symptomlos über die Nadeln in die Rinde ein, wo es im folgenden Jahr oder mehrere Jahre später wieder zur Ausbildung von Pyknidien und Äcidiosporen kommt (Abb. 84).

Die Ausbreitung des Strobenrostes über große Gebiete der Erde hat eine bemerkenswerte Geschichte, die zu den klassischen Beispielen von Epidemien bei Pflanzenkrankheiten gehört. – *Cronartium ribicola* war ursprünglich nur im Gebiet der sibirischen und alpinen Arve endemisch verbreitet, ohne für diese Baumart jedoch lebensbedrohend zu sein. Die Situation änderte sich, als man begann, die aus Nordamerika stammende hoch anfällige *Pinus strobus* in Europa in verstärktem Maße anzubauen. Nachdem der Kontakt zwischen dem sibirischen Arvenareal und den europäischen Stroben-Anbaugebieten hergestellt war, brach der Strobenrost derart in die europäischen Strobenbestände ein, dass der weitere Anbau der Strobe zunächst infrage gestellt schien. Durch Einfuhr infizierter Pflanzen in die Nordoststaaten Amerikas wurde der Pilz auch in die nordamerikanischen Kiefernbestände eingeschleppt. Hier erkrankten vor allem *Pinus monticola* und *P. strobus*, zumal dort auch zahlreiche anfällige *Ribes*-Arten zur Verfügung standen. Heute zählt der Strobenrost in beiden Kontinenten zu den bedeutendsten Krankheiten fünfnadeliger Kiefern.

Die durch den Strobenrost verursachten wirtschaftlichen Schäden können im europäischen Anbaugebiet der Strobe erheblich sein. Junge Pflanzen sterben häufig ab, ältere kränkeln oft jahrelang, sodass der erwartete Holzertrag oder der ästhetische Nutzeffekt ausbleibt. Über-

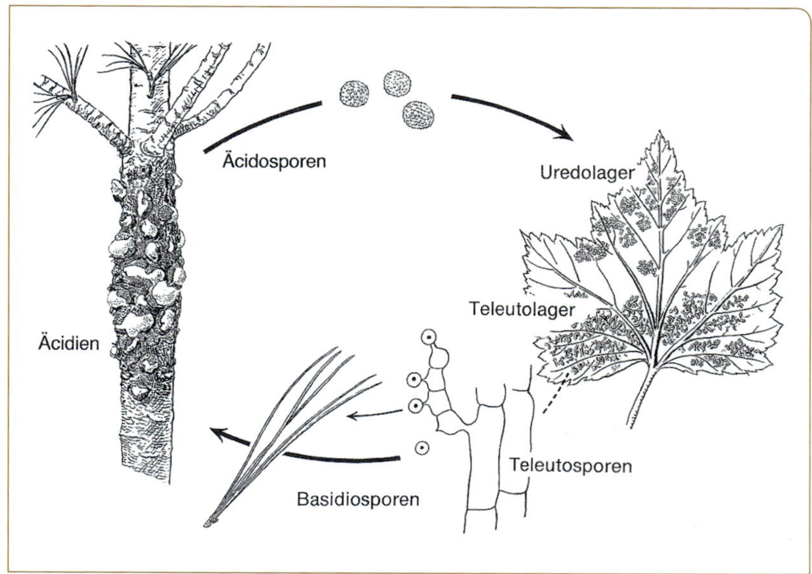

Abb. 84. Weymouthskiefernblasenrost *(Cronartium ribicola)*. Einjähriger Entwicklungzyklus mit Wirtswechsel und entsprechenden Befallssymptomen an Strobe (links) und Johannisbeere (rechts).

sehen werden darf dabei nicht, dass auch die Schäden an kultivierten *Ribes*-Arten zu bedeutsamen Ernteausfällen führen können. Dementsprechend hängen auch die Benennung und die Bewertung der Krankheit von der beruflichen Blickrichtung ab. So schreibt Gäumann (1951): „Der Forstmann spricht von Weymouthskiefern-Blasenrost und denkt böse über den Ribesbesitzer, der ihm den Zwischenwirt stellt; und der Gärtner spricht vom Ribesblattrost und verübelt dem Forstmann dieses Geschenk".

Zur Verhütung der Krankheit empfiehlt sich das bei wirtswechselnden Rostpilzen allgemeingültige Verfahren, beide Wirtspflanzen räumlich getrennt zu halten, den Dikaryontenwirt im Wuchsgebiet der Strobe zu entfernen oder nur rostresistente *Ribes*-Arten anzupflanzen. Bei Neuanlagen sollte ein Sicherheitsabstand von mindestens 500 m zwischen Strobe und Johannis- bzw. Stachelbeere eingehalten werden. Dies gilt besonders für Baumschulen. Bei erhöhter Infektionsgefahr ist die Anwendung von Fungiziden zu erwägen, was sich ebenfalls nur auf Kampanlagen und Baumschulen beschränken dürfte. – In waldbaulicher Hinsicht spielen Forstschutzmaßnahmen keine große Rolle mehr, da die hohe Krankheitsanfälligkeit des Baumes zu einem allgemeinen Rückgang des Strobenanbaues geführt hat. Wo jedoch noch größere Bestände vorhanden sind, sollte darauf geachtet werden, möglichst zeitig ein geschlossenes Kronendach zu erzielen, damit die unteren Äste, die als erste erkranken, vorzeitig absterben. Das gleiche Resultat lässt sich durch künstliche Astung herbeiführen. Bäume mit Stammbefall sollten grundsätzlich entfernt werden, um eine weitere Ausbreitung des Pilzes zu verhindern.

6.3.5 Lärchenkrebs

Erreger: *Lachnellula willkommii* (R. Hartig) Dennis

Das auffallendste Merkmal dieser Baumkrankheit sind lokale Deformationen oder offene Wunden an Ästen und Stämmen, die sich im Querschnitt als symmetrischer Baumkrebs zu erkennen geben. Jüngere Äste können als Folge des Pilzbefalles absterben. An älteren Zweigen oder Stämmen kommt es durch periodisches Absterben der Wundränder und durch wiederholte Überwallungsansätze zu mehr oder weniger gleichmäßigen Wundkratern, die in der Regel nicht mehr überwallt werden. Wirtschaftlich bedeutsam sind nur die Stammkrebse, die dann entstehen, wenn eine Astinfektion sehr nahe am Stamm erfolgt und der Pilz in die Stammrinde einwandert. In solchen Fällen bleibt der bald absterbende Seitenast im Zentrum der Stammwunde noch lange Zeit nachweisbar (Abb. 85).

Ein weiteres Kennzeichen des Lärchenkrebses sind die orangefarbenen, 1–4 mm großen, schüsselförmigen und am Rand mit weißen Haaren besetzten Apothecien, deren Hymenium aus zahlreichen Asci mit je

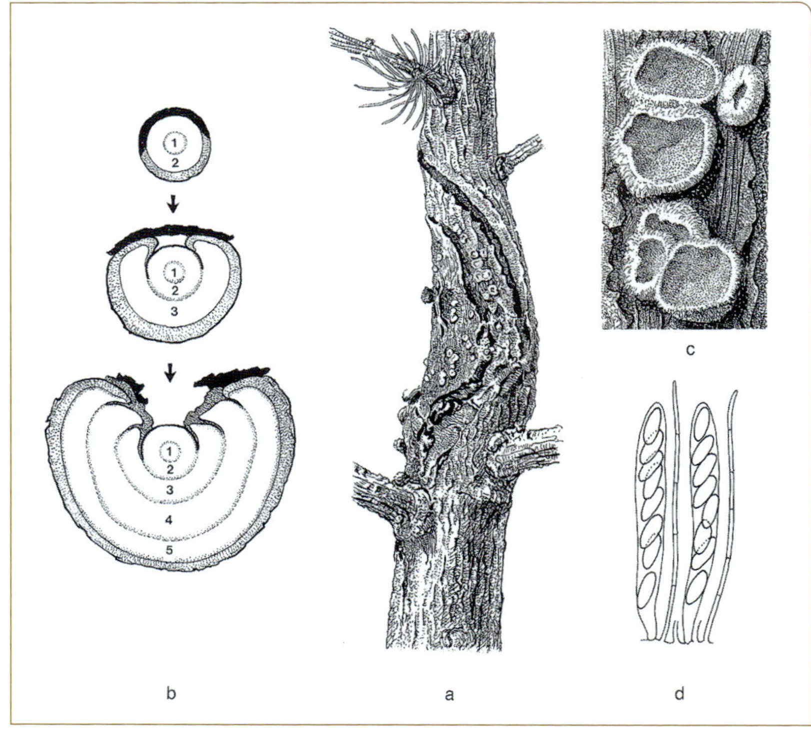

Abb. 85. Lärchenkrebs.
a Krebsbildung an einem Stämmchen der Europäischen Lärche,
b Querschnitte durch verschiedene Entwicklungsstadien des Lärchenkrebses,
c Apothecien auf abgestorbener Rinde,
d Asci mit Ascosporen und Paraphysen.

acht farblosen, einzelligen und 21–24 × 8–10 µm großen Ascosporen besteht (Baral 1984).

Der Lärchenkrebs ist eine in Europa weit verbreitete typische Krankheit der Europäischen Lärche *(Larix europaea)*. Anfällig ist auch die Amerikanische Lärche *(L. laricina)*. Die Japanische Lärche *(L. kaempferi)* gilt demgegenüber in Europa als weitgehend resistent, wogegen sie in ihrem Heimatland befallen wird.

Für die waldbauliche Behandlung des Lärchenkrebsproblems ist die Beobachtung wichtig, dass bestimmte Lärchenherkünfte weniger häufig vom Lärchenkrebspilz befallen werden. Daneben haben klimatische Bedingungen des Standortes großen Einfluss auf das Auftreten der Krankheit. So ist stagnierende Luftfeuchtigkeit, namentlich im Herbst, eine wesentliche Voraussetzung für die Entstehung eines Lärchenkrebses.

Auf toten Ästen von Lärchen kommt sehr häufig eine weitere *Lachnellula*-Art vor, die mit dem Erreger des Lärchenkrebses leicht verwechselt werden kann. Diese saprobisch lebende *L. occidentalis* (G. G. Hahn & Ayers) Dharne besitzt jedoch kleinere, 18–20 × 7–9 µm große Ascosporen (Baral 1984).

Von den Vertretern der Gattung *Lachnellula* ist schließlich eine weitere noch nicht eindeutig identifizierte pathogene Art erwähnenswert, die an jungen Weißtannen einen einjährigen Rindenbrand bzw. mehrjährigen Baumkrebs verursacht. Das vor allem in den Tannengebieten des Schwarzwaldes vorkommende Krankheitsbild wird auch als „Tannenkomplex-Krankheit“ bezeichnet, da an dem Krankheitsgeschehen noch andere Faktoren – z. B. die Tannenrindenlaus – beteiligt sein können (Schumacher et al. 2015).

6.3.6 Phomopsis-Krankheit der Douglasie

Erreger: *Phacidium coniferarum* (G. G. Hahn) DiCosmo, Nag Raj & Kendrick
Anamorphe: *Allantophomopsiella pseudotsugae* (M. Wilson) Crous
Syn. *Phomopsis pseudotsugae* M. Wilson

Die Phomopsis-Krankheit ist durch einen typischen Rindenbrand gekennzeichnet, der an Douglasien verschiedener Altersklassen auftreten kann. Entsprechend ihrem charakteristischen Befallsbild ist sie in der Praxis auch als „Rindenschildkrankheit“ bekannt. Bei jüngeren, ein- bis siebenjährigen Pflanzen kann der Gipfeltrieb absterben, oder es kommt zu lokalen Einschnürungen am Stämmchen, was ebenfalls ein Absterben von Ast- oder Stammteilen zur Folge hat. Ein Befall älterer Bäume bleibt in der Regel auf die Ausbildung rautenförmiger, etwa 20 × 10 cm großer Rindennekrosen beschränkt, die bald austrocknen und von den an den Wundrändern gebildeten Überwallungswülsten schildartig vom Holz abgehoben werden. Bei der dünnrindigen Douglasie lässt sich ein solcher *Phomopsis*-Schaden schon ein Jahr nach der Infektion deutlich erkennen; bei der dickborkigen Japanischen Lärche, die ebenfalls zu

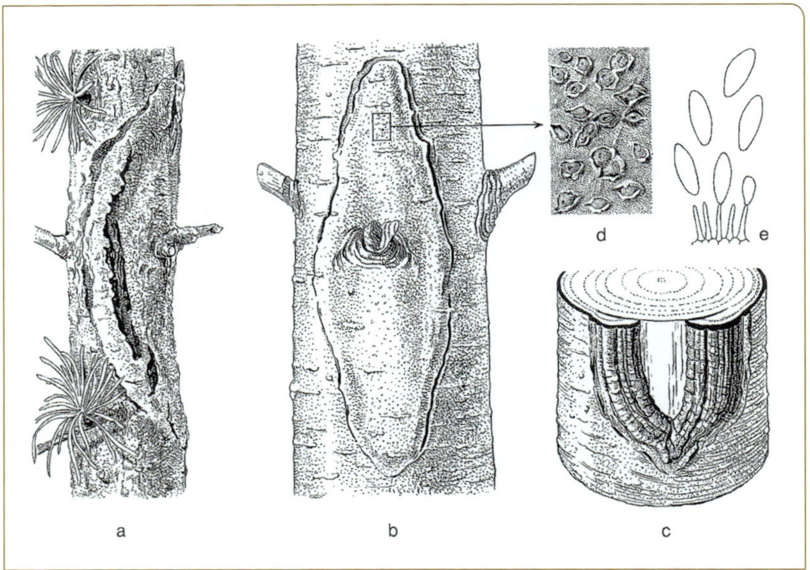

Abb. 86. Rindenschildkrankheit. **a** Rindenbrand an Japanischer Lärche, **b** Rindenschildbildung an Douglasie, **c** fortgeschrittene Überwallung, **d** Conidiomata, **e** Konidienträger mit Sporen der Anamorphe.

den Wirtspflanzen des Pilzes gehört, ist der Rindenbrand nicht so auffällig, sodass er dort in den ersten Jahren leicht übersehen werden kann (Abb. 86).

Auf der abgestorbenen Rinde tritt der Pilz fast ausschließlich als Anamorphe in Gestalt schwarzer, 0,3 mm großer Pyknidien auf, aus deren Mündung bei feuchtem Wetter zahlreiche ovale, 5–7 × 2–3 µm große Konidien austreten. Die zugehörige Teleomorphe in Gestalt von scheibchenförmigen Apothecien wird nur selten ausgebildet resp. gefunden.

In seinem Auftreten besitzt *Phacidium coniferarum* eine ungewöhnlich breite ökologische Valenz. Die häufigste Verbreitung findet der Pilz als Saprobiont, indem er die durch Lichtmangel abgestorbenen Zweige der Douglasie besiedelt und abbaut, sodass er in dieser Form geradezu als Nützling bezeichnet werden kann. Auf jungen Bäumen, die unter Wassermangel leiden, erscheint er als Schwächeparasit, und als Saisonparasit vermag er sogar lebendes Rindengewebe während der Vegetationsruhe anzugreifen. Schließlich hat er eine ökologische Nische auch im Holz gefunden, wo er als Erreger einer Stammholzbläue bei der Kiefer auftritt.

Als Wirtspflanzen des Pilzes sind Douglasie, Lärche, Kiefer und Tanne bekannt. Wirtschaftlich bedeutsame Schäden werden in Mitteleuropa jedoch nur an der Douglasie beobachtet. In Nordeuropa kann auch *Pinus sylvestris* betroffen sein.

In bestimmten Entwicklungsabschnitten und unter bestimmten Voraussetzungen ist die Douglasie in erhöhtem Maße krankheitsanfällig. So werden die ersten größeren Ausfälle meist im ersten Jahr nach der Pflanzung beobachtet, wenn die jungen Bäumchen durch vorangegangene Wasserverluste weniger widerstandsfähig sind. Zur Aufrechterhaltung der vollen Vitalität sollte daher die Zeitspanne zwischen Ausheben und Pflanzung möglichst kurz gehalten werden; auch sollte man längere Einschlagzeiten vermeiden. Wo es möglich ist, sollten Douglasienkulturen unter einem ausreichend dichten Altholzschirm oder – bei kleineren Flächen – im Seitenschutz älterer Bestände angelegt werden. Als weitere kritische Phase gilt die Zeit der ersten Astung. Die hierbei entstehenden Wunden sind Eintrittspforten für den allgegenwärtigen Pilz. Der Infektionsvorgang gelingt allerdings nur während der Vegetationsruhe, wenn der Baum nicht in der Lage ist, die Wunden zeitig genug abzuriegeln. Die Winterastung, die auch im Interesse der Schmuckreisiggewinnung allgemein geschätzt wird, bringt demnach ein gewisses Risiko mit sich. Allerdings können die möglichen Schäden dadurch abgewehrt werden, dass von jedem Ast etwa 10 cm am Baum belassen werden. Zur Erziehung von Qualitätsholz empfiehlt es sich, die verbliebenen Aststummel in der folgenden Vegetationsperiode zu entfernen. Als weitere Verhütungsmaßnahme hat sich die Anwendung von Wundverschlussmitteln bewährt, die nach der Aufastung im Winter auf die frischen Schnittwunden aufgebracht werden.

6.3.7 Rotpustelkrankheit

Erreger: *Nectria cinnabarina* (Tode) Fr.
Anamorphe: *Tubercularia vulgaris* Tode

Die Rotpustelkrankheit ist – neben ihrem Vorkommen im Wald – eine typische Erscheinung an Laubgehölzen in Parkanlagen und Gärten, Baumschulen sowie an frisch gepflanzten Allee- und Straßenbäumen. Als Krankheitssymptome finden sich hier oft schon im Frühsommer kränkelnde Jahrestriebe mit welkendem und bald verdorrendem Laub. Oft geht die Entwicklung der Krankheit von Aststümpfen oder Schnittwunden aus, wobei sich die Nekrose unterschiedlich weit auf den befallenen Ast ausdehnt. Hierbei kommt es nicht selten zu einer grünlichen bis bräunlichen Verfärbung des Holzes. Am sichersten ist die Krankheit an den in den Wintermonaten erscheinenden, aus der Rinde hervorbrechenden Fruchtkörpern des „Rotpustelpilzes" zu erkennen. Zunächst erscheinen die Konidienlager in Form wachsartig weicher, bei feuchter Witterung zinnoberroter, bei trockenem Wetter blass rötlich gefärbter stecknadelkopfgroßer Wärzchen (Sporodochien). Bei mikroskopischer Untersuchung der Sporenlager findet man zahlreiche elliptisch bis zylindrisch geformte, 5–7 × 2–3 µm große Konidien, die sowohl apikal als auch seitlich von langen Konidienträgern abgeschnürt werden. Im Frühjahr erscheinen an gleicher Stelle die zugehörigen dunkelrot gefärbten Perithecien, in denen die Asci mit acht zweizelligen, 14–18 × 5,5–6,5 µm großen Ascosporen gebildet werden (Abb. 87).

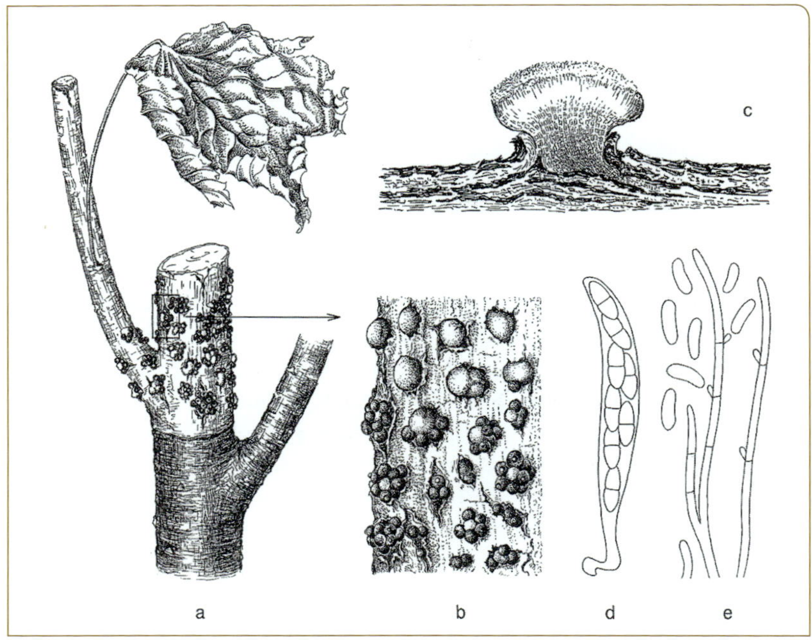

Abb. 87. Rotpustelkrankheit. **a** Befallsbild an Ahornstämmchen nach Rückschnitt, **b** Sporodochien der *Tubercularia*-Anamorphe (oben), Perithecien der *Nectria*-Teleomorphe (unten), **c** Querschnitt durch ein Sporodochium, **d** Ascus mit Ascosporen, **e** Konidienträger mit Konidien (**c** nach Ferdinandsen und Jørgensen 1938/39, **e** nach Booth 1959).

Nectria cinnabarina tritt überwiegend als Saprobiont an absterbenden und abgeschnittenen Ästen auf. An frostgeschädigten oder durch Wasserverlust gestressten Pflanzen kann sie jedoch auch als Schwächeparasit in Erscheinung treten und durch sein rasches Umsichgreifen schädlich werden. Gefährdet sind junge Bäumchen, die vor oder während der Pflanzung größere Wasserverluste erlitten haben. Bevorzugt befallen werden Ahorn, Linde, Rosskastanie, Ulme und Hainbuche, wobei die Gattung *Acer* mit besonders empfindlichen Kulturformen extrem gefährdet ist. Bei Linde werden Ausfälle besonders nach dem Aufasten von Hochstämmen beobachtet.

Das Schwergewicht von Pflanzenschutzmaßnahmen gegen den Rotpustelpilz liegt auf vorbeugenden Maßnahmen. Diese umfassen u. a. eine ausgewogene Versorgung der Pflanze mit Nährstoffen und Wasser. Bereits ein geringes Austrocknen der Wurzeln beim Umpflanzen kann eine erhöhte Befallsdisposition nach sich ziehen. Der Baumschnitt sollte möglichst im Sommer bei trockenem Wetter durchgeführt werden, wobei ein zusätzlicher Infektionsschutz durch Verwendung eines Wundverschlussmittels erzielt werden kann. Befallene Pflanzen sind bis ins gesunde Holz zurückzuschneiden. In Baumschulen ist darauf zu achten, dass befallenes Material sofort aus der Anlage entfernt wird. Über die Anwendung fungizider Spritzmittel liegen ausreichende Erfahrungen bisher noch nicht vor.

Rotpustelbefall ist nicht selten Anlass zu Reklamationen und Ersatzforderungen. Man sollte hierbei davon ausgehen, dass Pilzsporen immer und überall – auch an Pflanzenteilen – vorhanden sind und praktisch nicht ausgeschaltet werden können. Die Frage ist demnach nicht: „Wann ist die Pflanze besiedelt oder infiziert worden?“, sondern: „Zu welchem Zeitpunkt und durch welche Umstände bzw. (unsachgemäße) Pflanzenbehandlung ist die Erkrankungsdisposition herbeigeführt worden?“.

6.3.8 Fusicoccum-Rindenbrand der Eiche

Erreger: *Fusicoccum quercus* Oudem.

Das durch *Fusicoccum quercus* hervorgerufene Krankheitsbild stellt in der typischen Form einen einjährigen Rindenbrand dar, dessen Entwicklung in der Regel noch im gleichen Entwicklungsjahr abgeschlossen wird. Die ersten Anzeichen eines Befalls machen sich im zeitigen Frühjahr durch 5–15 cm lange, elliptische, rötlich gelbe Verfärbungen der Rinde bemerkbar, wobei im Zentrum der Nekrose oft ein Zweigansatz liegt. Mit dem Beginn der Vegetationszeit setzt die histogene Abwehrreaktion des Baumes ein, die mit der Überwallung der Läsion endet. Gelegentlich breitet sich der Pilz im folgenden Jahr erneut über die Wundränder weiter aus, sodass es zu einer mehrjährigen Rindenerkrankung mit krebsartiger, unregelmäßig verlaufender Wundheilung kommt.

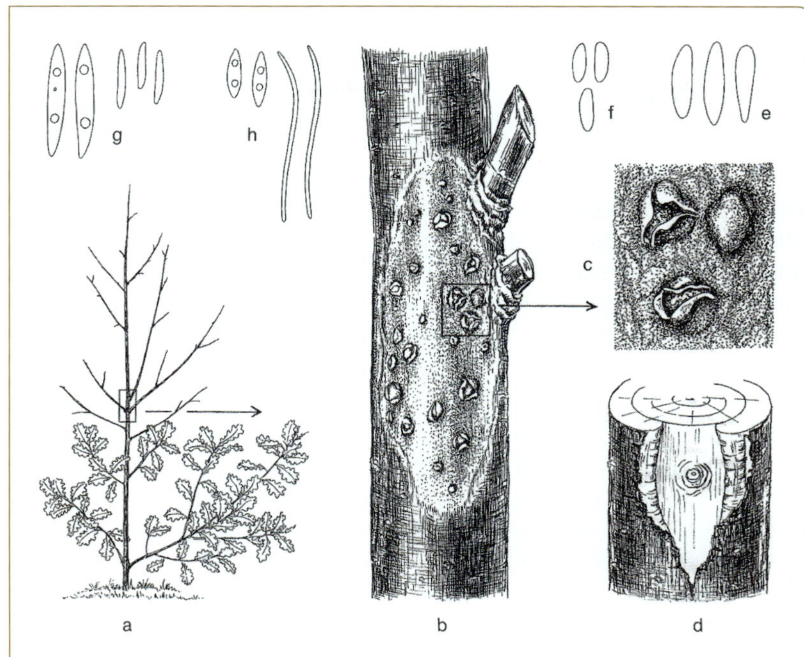

Abb. 88. Rindenpilze der Eiche.
a–f *Fusicoccum quercus:* **a** Befallsbild an Eichenheister, **b** Rindennekrose mit Conidiomata an dreijährigem Stämmchen, **c** teilweise aufgeplatzte Conidiomata, **d** beginnende Wundüberwallung, **e** Makrokonidien, **f** Mikrokonidien; **g** α- und ß-Konidien von *Phomopsis quercina*; **h** α- und ß-Konidien von *Ph. quercella*.

Befallen werden zwei und dreijährige Sämlinge sowie Heister und Stangenhölzer von *Quercus robur* und anderen Eichenarten. Diese sterben allerdings nur dann ab, wenn sich die Nekrose stängelumfassend entwickelt. Auch Triebspitzen älterer Eichen können befallen werden, was dann im Frühjahr besonders ins Auge fällt, wenn die abgestorbenen Triebspitzen aus der grünen Krone herausragen. Möglicherweise steht dieses letztgenannte Krankheitsbild mit subletalen Frostschäden in mittelbarem Zusammenhang. Neben dem parasitischen Vorkommen tritt der Pilz auch als Saprobiont in der Rinde absterbender dickerer Äste auf.

Vom Rindenbranderreger der Eiche kennt man verschiedene Fruktifikationsformen, die alle zum Entwicklungsgang der gleichen Teleomorphe (*Apiognomonia quercina* [Kleb.] Höhn.) gehören. Der Name der Hauptfruchtform war lange Zeit nur in Verbindung mit der Blattbräune der Eiche bekannt (s. Kap. 4.4.2). Neben den auf den Blättern vorkommenden flachen Acervuli werden Fruchtkörper aber auch auf der Rinde ausgebildet, wobei die hier entstehenden Conidiomata eine mehr oder weniger stromatische Struktur besitzen (Butin 1980). Während des Sommerhalbjahres werden auf der Rinde zunächst einkammerige, mit einem mächtigen apikalen Stroma versehene 0,5–1,5 mm große „Sommerlager“ gebildet. Im Winterhalbjahr findet man überwiegend kissenförmige, bis zu 3 mm große mehrkammerige „Winterlager“, die von Oudemans (1889) unter dem Namen *Fusicoccum quercus* beschrieben worden sind. (Von den Phytopathologen ist dieser Name zur Charakterisierung des Eichen-Rindenbrandes bis heute beibehalten worden.) In beiden Fruchtkörperformen finden sich entweder 12–16 × 3,5–4,5 µm große, elliptische Makrokonidien oder kleinere, ebenfalls elliptische, aber 5,5–6,5 × 2,5–3,5 µm große Mikrokonidien. Beide Sporenformen sind keimfähig (Abb. 88 a–f).

In Monokulturen und in Baumschulen kann der Pilz epidemisch auftreten. Gefährdet sind vor allem jüngere Bestände auf sandigen Böden mit geringer Speicherfähigkeit für Feuchtigkeit. Zur Vorbeugung eines Befalls sind daher stark wasserdurchlässige Böden zu meiden. In trockenen Frühjahrsmonaten könnte die Prädisposition junger Pflanzen durch Beregnung verringert werden. Über den möglichen Einsatz von Fungiziden liegen noch zu geringe Erfahrungen vor.

Weitere Rindenpilze der Eiche:

- *Colpoma quercinum* (Pers.) Wallr.: Ascomycet mit schiffchenförmigen, bis zu 15 mm langen weiß berandeten, quer zur Längsrichtung des Astes eingesenkten Apothecien; Ascosporen fadenförmig, bis zu 90 µm lang; Anamorphe: *Conostroma didymum*; als Endophyt in lebender Rinde oder als Schwächeparasit und Astreiniger auf unterdrückten absterbenden Ästen (Abb. 65 a–c).
- *Cryptosporiopsis grisea* (Pers.) Petrak, (Teleomorphe *Pezicula cinnamomea*): Makrokonidien zylindrisch, farblos, 28–38 × 9–12 µm; Schwächeparasit auf Ästen und Heisterpflanzen sowie in der Stammrinde; wirtschaftlich bedeutsam nur auf der Roteiche (Abb. 90).
- *Dichomera saubinetii* (Mont.) Cooke: Schwächeparasit in der Rinde von Eichenheistern; Conidiomata bis 2 mm, aus der Epidermis hervorbrechend, dunkelbraun, multiloculär-stromatisch; Konidien bräunlich kugelig mit mehreren transversalen und longitudinalen Septen, 10–14 × 6–9 µm groß (Tafel III/9).
- *Diplodia mutila* (Fr.) Mont. (Teleomorphe *Botryosphaeria stevensii*): verursacht in wärmeren Ländern auf *Quercus petraea* und *Q. suber* Zopftrocknis und Zweigsterben; wurde in Mitteleuropa aus kleineren Rindennekrosen isoliert (Kehr und Wulf 1993); auch auf anderen Baumarten (Ulme, Esche), hier Zurücksterben von Kronenästen verursachend; Conidiomata uni- oder multiloculär, mit anfangs einzelligen farblosen, später zweizelligen braunen, 22–31 × 10–14 µm großen Konidien mit körnigem Inhalt (Tafel III/4).
- *Phomopsis quercella* (Sacc. & Roum.) Died.: saprobiontisch auf dürregestressten Jungpflanzen und Sämlingen; α-Sporen elliptisch, 8–10 × 2–3 µm, ß-Sporen wurmförmig und 25–30 × 1,5–2,0 µm groß (Abb. 88 h).
- *Phomopsis quercina* (Sacc.) Höhn.: als Saprobiont lebender Begleitpilz von *Fusicoccum quercus* oder als Schwächeparasit auf dürregeschädigten Jungpflanzen; α-Sporen spindelförmig, 13–21 × 3,5–4,5 µm, ß-Sporen 10–15 × 1,8–2,2 µm (Abb. 88 g).

- *Phytophthora cinnamomi* Rands: Erreger der „Tintenkrankheit" der Eiche, besonders auf *Quercus rubra*; verursacht Rindenfäule am Stammfuß älterer Bäume mit dunkler Verfärbung unter der Rinde; Wassermangel erhöht die Anfälligkeit; Vorkommen nur in wärmeren Ländern.

6.3.9 Eichensterben in Mitteleuropa

Ursache: Abiotisch/biotischer Faktorenkomplex

Seit Mitte der Achtzigerjahre werden in Mitteleuropa Krankheitserscheinungen an Stiel- und Traubeneiche beobachtet, die nach mehrjährigem Kränkeln zu örtlich gehäuftem Absterben der betroffenen Bäume führen. Charakteristische Symptome sind vermehrte Zweigabsprünge, eine büschelige Restbelaubung am Ende kahler Triebe und häufig auch vergilbte verkleinerte Blätter. Weiterhin treten am Stamm Borkenrisse auf, bisweilen in Verbindung mit Schleimfluss sowie streifenförmige Nekrosen im Bast älterer Bäume. Bei sekundärer Ausbreitung der Rindennekrosen kommt es in der Regel zum Absterben der Eichen. Allerdings können primäre Nekrosen zum Stillstand kommen und ausheilen, sodass sich solche Bäume wieder erholen (Hartmann et al. 1989).

Ergebnisse von Jahrringanalysen sprechen dafür, dass die primäre Schädigung durch tiefe Spätwinterfröste ausgelöst worden ist, verbunden mit vorangegangenen Belastungen durch blattfressende Insekten und einer Folge von Trockenjahren. Als weiterer schadverstärkender Faktor, der in das Geschehen des Eichensterbens eingreifen kann, zählen neuerdings bestimmte Feinwurzelzerstörer, z. B. *Phytophthora quercina* (Jung et al. 1999), die besonders auf nährstoffreichen Böden mit guter Kalziumsättigung (pH > 4) zum Zuge kommen. An stark geschädigten, aber noch lebenden Bäumen treten schließlich Sekundärschädlinge auf, die entscheidend für den Eintritt in die irreversible tödliche Erkrankungsphase beitragen. Zu ihnen gehört in erster Linie der Zweipunktierte Eichenprachtkäfer *(Agrilus biguttatus)*. Der an der Wurzel und am Stammfuß nicht selten auftretende Hallimasch gilt demgegenüber als Endglied in der Ursachenkette des Eichensterbens ohne wesentliche Beteiligung am eigentlichen Krankheitsverlauf. Luftverschmutzung sowie bodenchemischer Stress durch Stickstoff-induziertes Nährstoffungleichgewicht scheinen beim Eichensterben keine wesentliche Rolle zu spielen (Thomas et al. 2002).

Die Symptome des heutigen „Eichensterbens" sind in Europa im Laufe des letzten Jahrhunderts wiederholt beobachtet worden. Als Ursachen wurden u. a. Witterungsextreme, Kahlfraß durch Insekten sowie Mehltaubefall angegeben, gefolgt von Hallimasch- und Prachtkäferbefall (Hartmann und Blank 1992). Demnach ist die zurzeit zu beobachtende epidemische Eichenerkrankung nicht „neuartig"; auch wird diese nicht durch einen einzelnen Faktor verursacht (wie z. B. bei der durch

Ceratocystis fagacearum ausgelösten „Amerikanischen Eichenwelke"); vielmehr handelt es sich hier um eine Komplexkrankheit, die durch mehrere gleichzeitig oder nacheinander einwirkende Belastungen und Schädigungen hervorgerufen wird. Dabei kann der Ursachenkomplex örtlich und zeitlich sowie nach Eichenart deutlich variieren.

Für die Praxis ergibt sich hieraus die Frage nach der richtigen Behandlung geschädigter Eichenbestände. Nach einmaligem Kahlfraß sollte – zur Verhinderung erneuter Entlaubung – im Folgejahr eine Bekämpfung der primären blattfressenden Insekten, vor allem des gefährlichen Schwammspinners, durchgeführt werden. Gegen die Ausbreitung des Prachtkäfers als wichtigsten Sekundärschädling in geschwächten Eichenbeständen wird die rechtzeitige Entnahme befallener Stämme, die eine Entlaubung über 60 % aufweisen, empfohlen (Hartmann und Konzog 1994). Diese Maßnahme wirkt auch einer Entwertung des Holzes durch weitere holzbesiedelnde Käfer entgegen.

6.3.10 Stereum-Krebs der Roteiche

Erreger: *Stereum rugosum* Pers.

Symptome dieser Krankheit sind flaschen- oder keulenförmige Anschwellungen des unteren Stammbereichs sowie Rindeneinsenkungen mit später aufreißender absterbender Rinde. Im Zentrum der meist einseitigen Läsionen findet man häufig einen toten Aststummel, der beim Infektionsvorgang eine Rolle spielt. Befallen werden in dieser Form vornehmlich Roteichen auf wärmeren und niederschlagsreichen Standorten. Gelegentlich werden ähnliche Krankheitsbilder auch an unseren heimischen Eichenarten sowie auf Rotbuche und Hainbuche beobachtet. Als weitere Wirtspflanzen gelten Birke, Erle und Weide, auf denen der Pilz allerdings nur als Saprobiont und nützlicher Holzzersetzer vorkommt (Abb. 89).

Als sicherstes Kennzeichen für das Vorliegen einer *Stereum*-Infektion lassen sich die auf der abgetöteten Rinde entstehenden, flach anliegenden graubraunen, später ockerfarbenen, unregelmäßig geformten, krustenförmigen Basidiomata des Pilzes verwenden, dessen mehrschichtiges Hymenium sich bei Verletzungen blutrot verfärbt. Auf ihrer glatten, im Alter rissigen Oberfläche tragen sie einzellige Basidien mit zylindrischen farblosen und $8–12 \times 3–5$ µm großen Basidiosporen.

Beim Stereum-Krebs der Roteiche handelt es sich um eine mehrjährige „Krebsfäule", deren Natur am deutlichsten anhand eines Stammquerschnittes erkannt werden kann: Die vom Baum gebildeten Wundränder (Überwallungsansätze) werden vom Pilz während der Vegetationsruhe abgetötet, sodass das Myzel immer wieder von der Rinde aus in das angrenzende Holz vordringen kann. Im Holz kommt es anschließend zu einer streifenartigen Weißfäule. Nach mehreren Jahren entsteht eine breit angelegte offene Wunde, die auch später nicht mehr

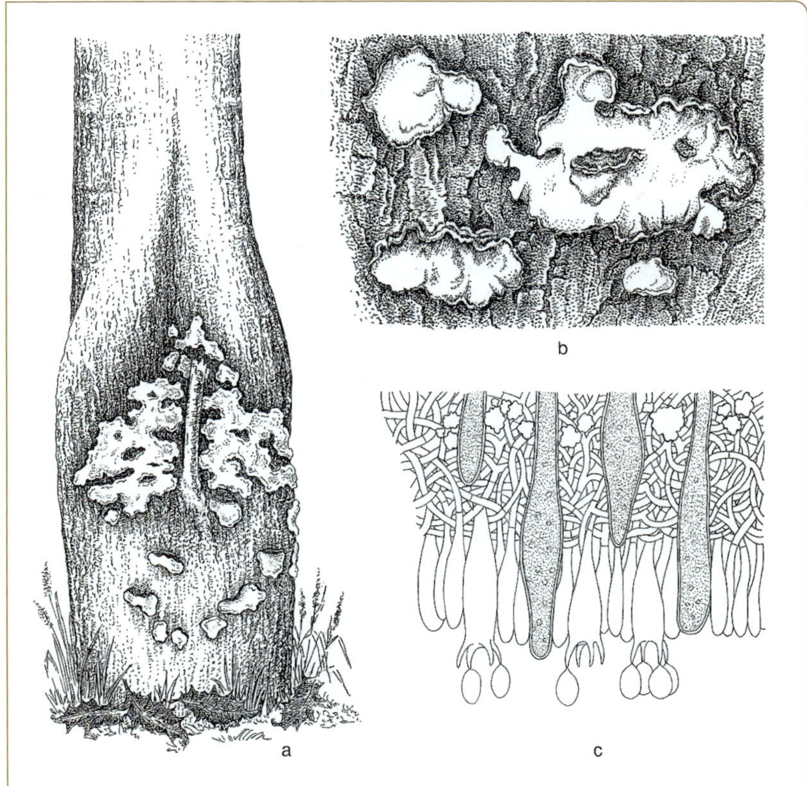

Abb. 89. Stereum-Krebs der Roteiche. **a** Krankheitsbild an 30-jährigem Stamm mit Pilzfruchtkörpern, **b** Fruchtkörper auf abgestorbener Rinde, **c** Querschnitt (Ausschnitt) durch die Hymenialschicht mit Basidien, saftführenden Pseudocystiden und Kristallen (**c** nach Jahn 1971).

verheilt. Bei der Roteiche ist *Stereum rugosum* demnach sowohl Rindenparasit als auch Holzzerstörer. Da der Pilz als Wundparasit über Dürräste in den Stamm eindringt, scheint eine zeitige Abnahme bodennaher Zweige die vorerst einzige Möglichkeit der Krebsverhütung zu sein.

6.3.11 Pezicula-Krebs der Roteiche

Erreger: *Pezicula cinnamomea* (DC.) Sacc.
Anamorphe: *Cryptosporiopsis grisea* (Pers.) Petr.

Das Krankheitsbild dieses 1981 aufgeklärten Rindenkrebses (Butin und Dohmen 1981) ist bei der Roteiche äußerlich durch flaschenförmige Verformungen der Stämme und Absterben größerer Rindenpartien gekennzeichnet. Die Rinde sinkt stellenweise ein, reißt auf und bröckelt schließlich ab. Derartige Nekrosen können sich zungenförmig vom Stammgrund bis zu 2 m hoch erstrecken, wobei über den Befallsstellen Schleimflussflecken auftreten. Infiziert werden vor allem 20- bis 45-jährige Bäume, deren Erkrankungsbereitschaft offenbar durch Störungen im Wasserhaushalt gefördert wird. Urheber solcher Beeinträchtigungen sind u. a. Trockenperioden, die sich nach Bodentyp und Standort unterschiedlich auswirken.

Beim Pezicula-Krebs handelt es sich um eine mehrjährige Erkrankung, die viele Jahre andauern kann, ohne dass der Baum vorzeitig abstirbt. Ursache dieser langsamen Krankheitsentwicklung sind einerseits die heftigen Abwehrreaktionen des Baumes, die sich in unregelmäßigen Kallusbildungen am Rand der Läsionen zu erkennen geben; auf der anderen Seite wächst der Pilz häufig nur in der oberen Rindenschicht, ohne dass das Kambium beeinträchtigt wird. Die Folge ist eine verstärkte Peridermbildung, die zu einer verdickten, nekrotisch veränderten Borke führt.

Der auch als „Zimtscheibe" bezeichnete Pilz ist charakterisiert durch kreisel- bis scheibchenförmige 0,5–1 mm große, ockergelbe Apothecien. Diese finden sich in Gruppen zusammenstehend auf der Oberfläche meist zweijähriger Rindennekrosen. Später werden sie durch saprobisch wachsende Pilze abgelöst, die dann das Bild des eigentlichen Krebserregers verschleiern können. In bestimmten Entwicklungsstadien wird vom Pilz die zugehörige Anamorphe ausgebildet. Diese ist durch kissenförmige, 0,5–1,0 mm große Conidiomata ausgezeichnet, die bei ihrer Reifung die Epidermis lappenförmig aufreißen. In der Anfangsphase findet

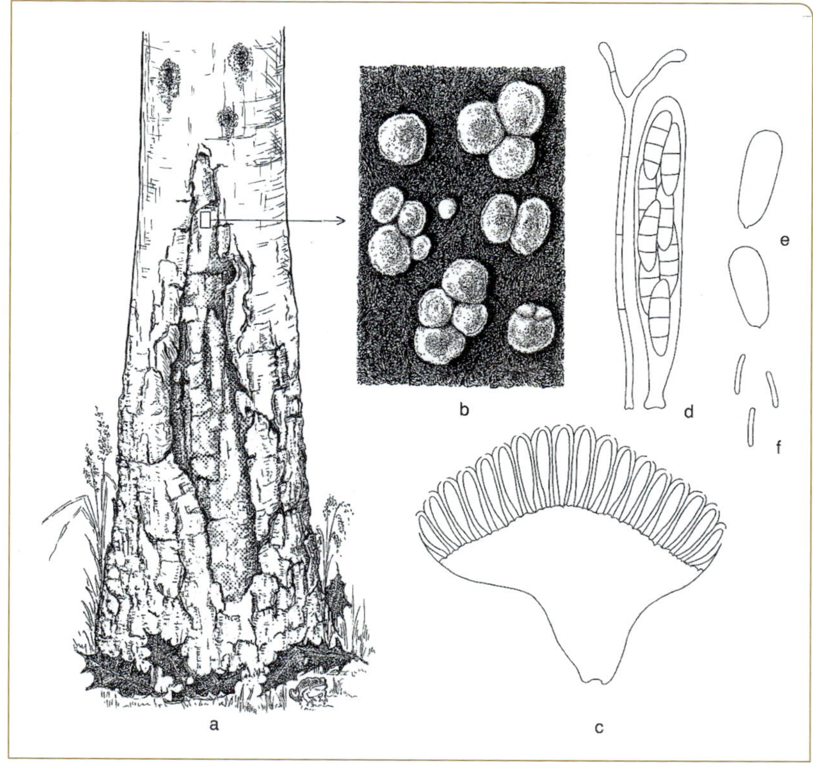

Abb. 90. Pezicula-Krebs der Roteiche. **a** Befallsbild an 30-jährigem Baum mit Schleimflussflecken (oben) und Rindennekrosen (unten), **b** Apothecien auf abgestorbener Rinde, **c** Querschnitt durch ein Apothecium (schematisch), **d** Ascus mit Ascosporen nebst Paraphyse, **e** Makrokonidien, **f** Mikrokonidien.

man zunächst stäbchenförmige, 8–9 ×1,5 µm große Mikrokonidien; anschließend werden 28–38 × 9–12 µm große, fast zylindrische, gelblich erscheinende Makrokonidien ausgebildet (Abb. 90).

Die Sanierung eines erkrankten Baumes ist ausgeschlossen, da der Pilz nach der Infektion in der Rinde nicht mehr erreichbar ist. Auch dürfte eine unmittelbare äußere Bekämpfung des Pilzes wenig sinnvoll sein, da dieser zu den natürlichen Astreinigern der Roteiche gehört. Wohl lassen sich waldbauliche Maßnahmen anwenden, die einen kräftigen Aufwuchs garantieren. So sollte der Anbau auf dürregefährdeten Sandböden vermieden werden. Soweit die Holznutzung infrage kommt, sollten stärker befallene Bäume frühzeitig dem Bestand entnommen werden. Unter den Gesichtspunkten der Landschaftspflege und -erhaltung könnten diese Maßnahmen zurückgestellt werden, da auch erkrankte Bäume noch viele Jahre am Leben bleiben.

Weitere Pezicula-Art:

- *Pezicula livida* (Berk. & Broome) Rehm: forstlich relevante Art; verursacht auf Lärche, Kiefer und Tanne Rindennekrosen und Stammeinschnürungen; gebildet wird überwiegend die Anamorphe *Cryptosporiopsis abietina* Petrak (Tafel II/18).

6.3.12 Buchenrindennekrose

Ursache: Abiotisch/biotischer Faktorenkomplex

Die auch als „Schleimflusskrankheit" oder „Buchensterben" bezeichnete Komplexkrankheit ist eine Rinden- und Holzkrankheit, die sich über mehrere Jahre erstrecken kann und an Rotbuchen jeden Alters auftritt, am häufigsten wird sie allerdings an über 60-jährigen Bäumen beobachtet. Entsprechend der langen Entwicklungsdauer und der Einwirkung mehrerer abiotischer und biotischer Faktoren ergeben sich verschiedene Krankheitsbilder, die nicht jedes Jahr und nicht in gleichartiger Stärke und Reihenfolge auftreten müssen.

Als erstes Glied in der Kette der Schadfaktoren wird von den meisten Autoren die Buchenwollschildlaus *(Cryptococcus fagisuga)* genannt, deren Saugtätigkeit zunächst zum örtlich begrenzten Absterben von Rindenzellen führt. Bei einem solchen Punktbefall werden die Stichwunden meist erfolgreich abgeschottet, erkennbar an der Bildung einer warzenartigen Oberfläche der Rinde. Ein Flächenbefall führt dagegen zum Absterben tiefer liegender Zellkomplexe, wobei auch das Kambium in Mitleidenschaft gezogen werden kann. Die verstärkte Abwehrreaktion des Baumes führt schließlich zum Aufplatzen der betroffenen Rindenpartien. Es entsteht eine „pathologische Borke", charakterisiert durch eine kleinflächige schollige, von tiefen Rissen durchsetzte Rindenoberfläche. Derartige Vernarbungsbilder sind noch mehrere Jahre nach ihrer Entstehung erkennbar, wenn die ursprüngliche Lauspopula-

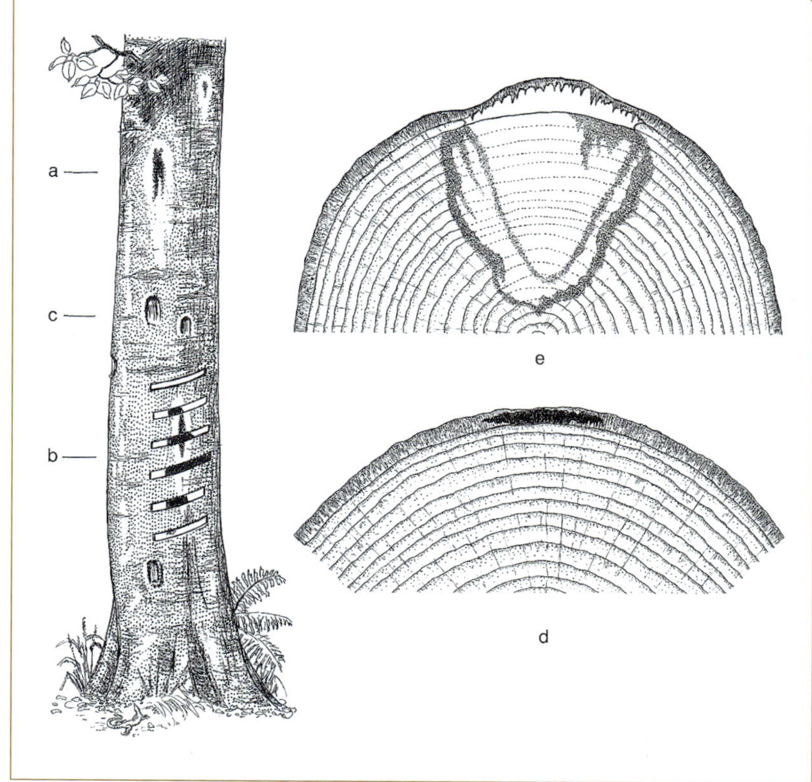

Abb. 91. Buchenrindennekrose. **a** Schleimflussflecken auf der Rinde, **b** Größenermittlung der Nekrosen durch Anreißen der Rinde, **c** vernarbter Rindenschaden, **d** Frühstadium einer Rindennekrose, **e** Spätstadium mit beginnender Weißfäule im Holz.

tion nur noch rudimentär vorhanden ist. Mit schwerer wiegenden Folgen verläuft das Krankheitsgeschehen erst dann, wenn es zusätzlich zu einer Infektion mit *Neonectria coccinea* kommt. Bei guter Kondition des Baumes können zwar noch bis handtellergroße, vom Pilz verursachte Nekrosen erfolgreich überwallt werden. (Im Holz finden sich dann später auf dem Querschnitt kleine T-förmige Holzfehler, die rückwirkend eine genaue Datierung der Schleimflussjahre ermöglichen). Gelingt es dem Baum aber nicht, größere, bis zum Holz gehende Nekrosen abzuriegeln, kommt es zu einem großflächigen Absterben der Buchenrinde, und in Verbindung damit zu einer Störung des Saftstroms. Es bildet sich ein Flüssigkeitsstau, der schließlich zum Austritt einer wässrigen Flüssigkeit führt. Der durch Rindenrisse nach außen tretende „Schleimfluss" ist anfangs durch fremde Mikroorganismen braun gefärbt; später trocknet er ein und ist dann auf der Rinde nur noch als heller verblassender Fleck erkennbar. Zu diesem Zeitpunkt wird die Schwere der Erkrankung oft durch partielles Welken und Absterben der Blätter in der Baumkrone angezeigt. Die letzte Phase der Buchenrindennekrose wird schließlich durch die Entwicklung Holz zerstörender Pilze eingeleitet, die eine rasche Zersetzung des Holzes herbeiführen (Abb. 91).

Als Ursache der „Buchenrindennekrose“ wird ein Zusammenwirken mehrerer Faktoren angenommen, wobei den einzelnen Faktoren – je nach dem Ort des Auftretens und der Meinung der Forscher – unterschiedliche Bedeutung beigemessen wird. Von den abiotischen Einflüssen werden Störungen im Wasserhaushalt des Baumes als disponierender Faktor für wichtig gehalten. Er kann durch bestimmte Standortbedingungen (feuchte Böden mit flach streichenden Wurzeln) sowie durch Witterungsextreme (trocken-heiße Sommer) zur physiologischen Beeinträchtigung des Baumes führen (Zycha 1960, Petercord und Delb 2008). Auf der anderen Seite (Niesar et al. 2007) wird eine anhaltend hohe Feuchtigkeit in milden Wintern als entscheidender prädisponierender Faktor angenommen. Von den biotischen Faktoren werden die Buchenwollschildlaus (Lonsdale 1980) und der Pilz *Neonectria coccinea* (Tafel I/26) als Hauptakteure im Ursachenkomplex der Erkrankung angesehen. Die Buchenwollschildlaus übernimmt hier gewissermaßen die Rolle des Wegbereiters für die Etablierung des Pilzes in der Rinde (Braun 1977). In der Endphase der Erkrankung treten schließlich Holz zerstörende Pilze auf, die das Schicksal des Baumes endgültig besiegeln. Die häufigsten Arten sind hier der Echte Zunderschwamm (*Fomes fomentarius*, Abb. 115), der Rotrandige Baumschwamm (*Fomitopsis pinicola*, Abb. 114) sowie der Angebrannte Rauchporling *(Bjerkandera adusta)*. Bleiben derart befallenen Bäume stehen, muss nach einigen Jahren mit einem Stammbruch gerechnet werden. Als Nutznießer und Sekundärschädling tritt neben den oben aufgeführten biotischen Faktoren gelegentlich noch der Laubnutzholzborkenkäfer *(Trypodendron domesticum)* auf, dessen Bohrgänge vor allem im Randbereich von Rindennekrosen zu finden sind (Hartmann und Butin 2017).

Methoden zur direkten Bekämpfung sind derzeit nicht bekannt. Um Holzverluste zu vermeiden, ist ein frühes Erkennen der Erkrankung wichtig. Weist ein Stamm Schleimflussstellen oder mehrere Rindennekrosen von über Handtellergröße auf, ist mit einer baldigen Fäuleentwicklung zu rechnen. Solche Bäume sollten möglichst frühzeitig dem Bestand entnommen werden. Das Gleiche gilt für dicht mit der Buchenwollschildlaus besetzte Stämme. Schließlich sollten schwach befallene Bäume bereits in 40-jährigen Beständen farblich markiert werden, um den Krankheitsverlauf leichter verfolgen zu können.

Mit den Symptomen der Buchenrindennekrose kann eine andere, durch *Phytophthora citricola* und *P. plurivora* verursachte Rindenerkrankung verwechselt werden. Merkmale dieser Pilzerkrankung sind einseitige unregelmäßig geformte Nekrosen, die sich u. a. durch Schleimflussflecke und Aufreißen der abgetöteten Rinde zu erkennen geben. Die Schäden treten hier – im Gegensatz zu der hauptsächlich durch *Phytophthora cambivora* verursachten Wurzelhalsfäule – ohne Verbindung zum Wurzelanlauf im mittleren und oberen Stammbereich auf. Die Verbreitung der Sporen erfolgt dabei möglicherweise durch Schnecken (Jung 2005).

Ebenso getrennt zu betrachten ist die in Nordamerika vorkommende „beech bark disease“. Zwar handelt es sich hier auch um eine Komplexkrankheit, bei der die Buchenwollschildlaus *(Cryptococcus fagisuga)* die primäre Rolle übernimmt, der pilzliche Partner ist jedoch ein anderer, nämlich *Neonectria faginata* (M. L. Lohmann, A. M. J. Watson & Ayers) Castl. & Rossman. Auch tritt anstelle unserer heimischen *Fagus sylvatica* die Nordamerikanische Buche *(F. grandifolia)*. Diese andersartige Faktorenkombination ist sehr wahrscheinlich der Grund für die unterschiedlichen Krankheitsbilder zwischen der in Europa und Nordamerika auftretenden „Buchenrindennekrose“ (Sinclair und Lyon 2005).

6.3.13 Wurzelhalsfäule der Rotbuche

Erreger: *Phytophthora cambivora* (Petri) Buisman

Die Wurzelhalsfäule der Buche gehört – neben der Buchenrindennekrose – zu den wirtschaftlich bedeutsamsten Krankheiten der Rotbuche. Die Krankheit kann Buchenbestände vom Jungwuchs- bis zum Altholzalter befallen. Bei Altbuchen zeigen sich die Symptome als Kronenverlichtung mit zum Teil vergilbendem Laub, gekoppelt mit exsudierenden Rindennekrosen, die vom Wurzelanlauf aus zungenförmig in der Stammrinde bis in mehrere Meter Höhe aufsteigen oder auch isoliert in höheren Stammbereichen auftreten (und dann leicht mit der Symptomatik der Buchenrindennekrose verwechselt werden können). Ebenfalls können jüngere Buchen befallen werden, bei denen es zu einer Vergilbung des Laubes und zu Wurzelnekrosen kommen kann.

Primärer Erreger der Wurzelhalsfäule ist der Oomycet *Phytophthora cambivora*, der am häufigsten aus nekrotischer Rinde von Wurzelanläufen isoliert werden konnte (Hartmann et al. 2005). Zu den weniger häufigen Arten gehören *P. plurivora* und Vertreter des *P. citricola*-Komplexes, deren Taxonomie erst durch Anwendung molekularbiologischer Methoden entwirrt werden konnte (Jung und Burgess 2009).

Bei allen Arten handelt es sich um bodenbürtige Pathogene, die unter besonderen Umweltbedingungen (Staunässe, lang anhaltende Regenperioden) die Wirtspflanze infizieren können (Jung 2005).

Die Krankheit kommt vorwiegend auf basenreichen, zeitweise nassen Standorten vor. Auch erhöhte Tongehalte fördern die Erkrankung. Unter solchen befallsfördernden Bedingungen kann es in Buchenaltbeständen zu fortschreitenden Ausfällen und damit zur Auflösung ganzer Bestände kommen.

Eindeutig erkrankte Bäume sollten baldmöglichst gefällt werden, da im fortgeschrittenen Stadium sekundäre Pilzarten auftreten (Hallimasch, Brandkrustenpilz), die eine weitgehende Zerstörung des Stammholzes einleiten. Zur Krankheitsvorbeugung sollte auf gefährdeten Standorten auf eine erneute Pflanzung von Rotbuchen zu Gunsten anderer Laubbaumarten verzichtet werden. Bergahorn ist zwar nicht resistent aber weniger anfällig als Rotbuche, während Eiche, Esche, Linde und Ulme weitgehende Feldresistenz gezeigt haben (Hartmann et al. 2005).

6.3.14 Schwarzer Rindenschorf der Buche

Erreger: *Ascodichaena rugosa* Butin
Anamorphe: *Polymorphum quercinum* (Pers.) Chevall.

Diese 1977 aufgeklärte Rindenkrankheit ist durch flecken- oder streifenartige, horizontal verlaufende schwarze Rindenüberzüge gekennzeichnet, die am Stammfuß verschieden alter Buchen anzutreffen sind. Befallen werden außer *Fagus sylvatica* auch *Quercus*-Arten, auf denen sich der Pilz – aufgrund der später eintretenden Borkenbildung – nur bis zum Rindenalter von zehn Jahren halten kann (Butin 1981).

Urheber des Schwarzen Rindenschorfes ist der zu den Rhytismatales gehörende Pilz *Ascodichaena rugosa*, der auf der Buchenrinde fast nur als Anamorphe vorkommt. Die in Gruppen zusammenstehenden Conidiomata sind im Anfangsstadium kaffeebohnenförmig schwarz und 300–450 × 300 μm groß. Sie sitzen auf einem flachen meristematischen Dauerstroma, auf dem jedes Jahr erneut Fruchtkörper ausgebildet werden. Bei diesem Vorgang bleiben Reste von älteren Fruchtkörpern an den jüngeren Conidiomata haften, sodass es im Laufe der Zeit zur Entstehung einer gekröseartigen rauen Pilzkruste kommt. In den Pyknidien werden eiförmige, farblose und 22–30 × 12–16 μm große Konidien ausgebildet, die im Sommer bei feuchtem Wetter entlassen oder von Schne-

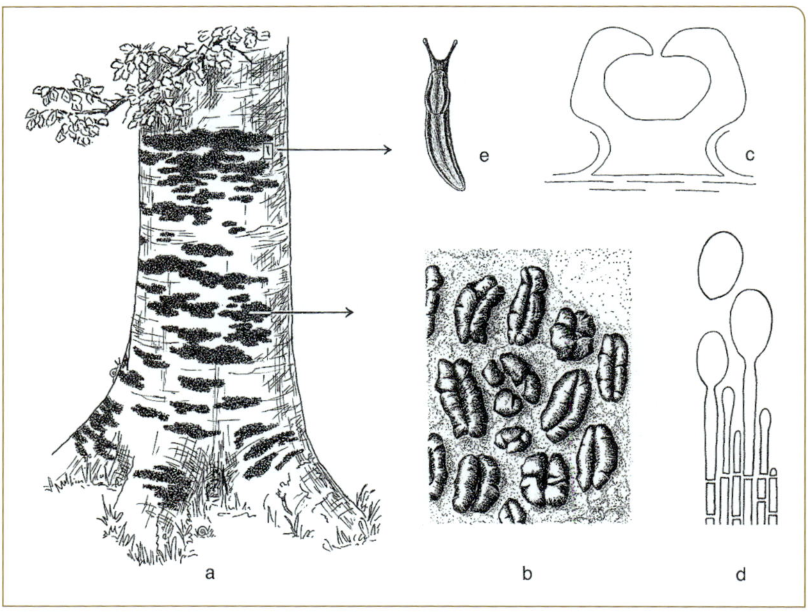

Abb. 92. Schwarzer Rindenschorf der Buche.
a Befall an der Stammbasis einer Rotbuche, **b** Conidiomata der *Polymorphum*-Anamorphe, **c** Querschnitt (schematisch) durch ein Conidioma, **d** Konidienträger mit Konidien, **e** Schnecke als Vektor der Sporenverbreitung.

cken aufgenommen und verbreitet werden (Abb. 92). Die zugehörige Teleomorphe mit ihren eiförmigen 18–24 × 13–16 µm großen Ascosporen wird nur selten gebildet. Eher findet man die Spermogonienform mit stäbchenförmigen 4–8 × 1,5 µm großen Mikrosporen.

Ascodichaena rugosa ist ein spezialisierter Rindenparasit, der nur die Zellen der Rindenkorkschicht besiedelt. Seine Lebensweise ist dadurch gekennzeichnet, dass er die vom Phellogen zuletzt gebildeten, noch mit Zellkern und Plasma versehenen Phellemzellen mittels Haustorien parasitiert. Der Baum reagiert mit einer gesteigerten, lokal begrenzten Zellbildung, was zu einer buckelartigen Ausprägung der Rindenoberfläche führt.

Ein Befall ist sowohl für den Baum als auch für den Forstmann unbedeutend; Bekämpfungsmaßnahmen erübrigen sich daher. Eine gewisse biologische Regulation erfolgt durch Schnecken, die die Pyknidien abgrasen, dabei allerdings auch die Sporen verbreiten. Als biologische Gegenspieler treten weiterhin einige Hyperparasiten auf, die ihrerseits die Fruchtkörper von *Ascodichaena* befallen und deren Sporenbildung unterbinden.

Weitere Rindenpilze der Buche:

- *Asterosporium asterospermum* (Pers.) S. Hughes: häufiger Erstbesiedler der toten Rinde von Ästen und Stämmen; Acervuli subepidermal, 1–2 mm groß, gefüllt mit schwärzlicher Sporenmasse, die aus der spaltenförmig aufreißenden Epidermis austritt; Konidien vierarmig, mehrzellig, dunkelbraun, 40–50 µm groß (Tafel II/16).
- *Biscogniauxia nummularia* (Bull.) Kuntze (Syn. *Hypoxylon nummularium*) „Pfennigkohlenkruste“: bildet auf geschwächten Rotbuchen oft mehrere Dezimeter sich erstreckende streifenartige Fruktifikationsfelder, bestehend aus zahlreichen schwarzen, rundlichen, ca. 3 cm großen Stromata; Ascosporen dunkelbraun, 11–14 × 7–10 µm groß (Tafel IV/9); Rinden- und partieller Holzzerstörer (engl.: strip canker); Vorkommen nicht häufig und meist erst nach außergewöhnlich heißen und trockenen Sommern.
- *Fusarium avenaceum* (Fr.) Sacc.: verursacht längsrissiges Aufplatzen der Rinde junger Buchen, möglicherweise nach abiotischer Vorschädigung; Sporodochien kissenförmig, 1–2 mm; Makrokonidien sichelförmig, mehrzellig, 35–55 × 3,5 µm (Abb. 9 b).
- *Fusicoccum galericulatum* (Tul. & C. Tul.) Sacc.: Erstbesiedler absterbender Äste; Stromata kissenförmig, 1–2 mm, schwarz mit eingesenkten Loculi; Konidien farblos, einzellig, elliptisch, 9–14 × 4–6 µm (Tafel I/24). Ähnlich ist *F. macrosporum* Sacc.& Briard mit 35–45 × 8–10 µm großen Konidien (Tafel II/17).
- *Libertella faginea* Desm.: häufig an abgestorbener Rinde liegender Buchenstämme; Konidien sichelförmig gebogen, 14–17 × 1,5 µm (Tafel I/25), oft in Form goldgelber Sporenranken aus der Rinde tretend.

- *Neonectria coccinea* (Pers.) Rossman & Samuels: Besiedler absterbender Rinde von Stämmen oder dickeren Ästen; Perithecien eiförmig bis kugelig, ziegelrot bis dunkelrot, 0,3 mm groß, zu 5–30 auf einem ebenso gefärbten Stroma; Ascosporen zweizellig, feinwarzig, 12–14 × 5–7 µm (Tafel I/26); Mitverursacher der „Buchenrindennekrose“ (s. Kap. 6.3.12).

6.3.15 Nectria-Krebs der Buche

Erreger: *Neonectria ditissima* (Tul. & C. Tul.) Samuels & Rossman
Anamorphe: *Cylindrocarpon willkommii* (Lindau) Wollenw.

Bei der Entstehung des Buchenkrebses kommt es zunächst zur Ausbildung flacher nekrotischer Rindeneinsenkungen, später dann zu ungleich gestalteten spindelförmigen Astverdickungen (Abb. 93 a–c), die

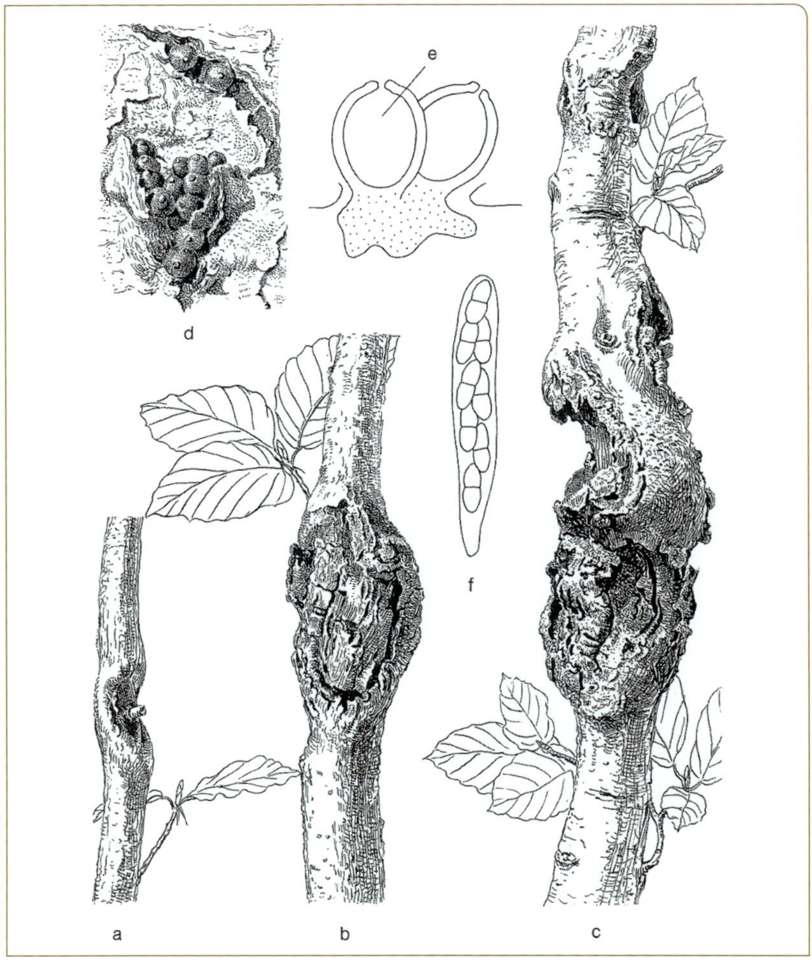

Abb. 93. Nectria-Krebs der Buche. **a–c** verschiedene Stadien der Krebsentwicklung an Rotbuche, **d** aus abgestorbener Rinde hervorbrechende Perithecien, **e** Querschnitt durch zwei Perithecien mit Basalstroma (schematisch), **f** Ascus mit Ascosporen.

jedes Jahr an Umfang zunehmen. Im Sommer geben sich krebsbefallene Äste außerdem – wegen der Behinderung des Wasser- und Nährstofftransportes – durch gelblich grüne Blätter zu erkennen.

Urheber der Krebserkrankung ist der Ascomycet *Neonectria ditissima,* erkennbar an seinen roten, außen glatten stecknadelkopfgroßen Perithecien, die meist zu mehreren (5–30) auf den abgetöteten Rändern der Überwallungsleisten sitzen. Sie sind kugelig bis birnenförmig, etwa 0,5 mm groß und enthalten zahlreiche Asci mit je acht zweizelligen farblosen, 15–19 × 6–8 µm großen Ascosporen. Die zugehörige Anamorphe ist durch weiße Sporodochien vom *Cylindrocarpon*-Typ und 50–80 µm lange zwei- bis sechsmal septierte Sporen ausgezeichnet (Tafel II/15).

Die Infektion erfolgt in der Regel über Blattnarben oder Aststummel, wo es zunächst zur Ausbildung kleinflächiger Nekrosen kommt. Im Laufe der Zeit entsteht durch jährlich sich wiederholende Wundheilungsversuche, die vom Pilz immer wieder gestört werden, ein offener, selten ein geschlossener Baumkrebs, der viele Jahre alt werden kann. Eine Bekämpfung ist nicht möglich. Der Forstmann ist daher auf die Entnahme stark befallener Äste bzw. den Aushieb befallener Stämme angewiesen.

6.3.16 Nectria-Krebs der Esche

Erreger: *Neonectria galligena* (Bres.) Rossman & Samuels

Im Gegensatz zum Bakterienkrebs der Esche besitzt der Nectria-Krebs einen gleichmäßigen, fast symmetrischen Aufbau. Seine Bildung beginnt mit ovalen Rindenspalten, die sich im Laufe der Zeit zu kraterähnlichen, bis zu 30 cm breit werdenden offenen Krebswunden weiterentwickeln. Charakteristisch für derartige Rindenwunden sind die in Ellipsenform angelegten unberindeten Jahrringwülste, aus deren Anzahl auf das Alter des Baumkrebses geschlossen werden kann. Auch hier handelt es sich – wie bei allen durch *Neonectria*-Arten hervorgerufenen Krankheitsbildern – um das Resultat langjähriger Auseinandersetzungen zwischen Wirt und Parasit, wobei der Vorstoß des Pilzes während der Vegetationsruhe jedes Jahr vom Wirt durch Bildung eines Wundperiderms am Rindenrand aufgefangen wird. Dieses meist ausgewogene Wirt-Parasit-Verhältnis kann viele Jahre andauern. Den Schaden davon hat der Forstmann, der mit einer geringeren Güteklasse des Stammholzes rechnen muss.

Der Erreger dieses Baumkrebses ist *Neonectria galligena,* ein weitverbreiteter Ascomycet, der parasitisch in ähnlicher Form auch auf Ahorn, Birke, Pappel, Rosskastanie, Weide und vor allem auf Apfelbäumen vorkommt. Die mit einer Lupe gut erkennbaren Fruchtkörper sind rote bis braunrote, außen raue, stecknadelkopfgroße Perithecien, die meist vereinzelt (zu 2–3) auf den Rändern der abgetöteten Jahrringe sitzen. Die Ascosporen sind zweizellig, farblos und 16–20 × 6–8 µm groß.

6.3.17 Bakterienkrebs der Esche

Erreger: *Pseudomonas savastanoi*

Der Bakterienkrebs der Esche zeigt im äußeren Erscheinungsbild eine gewisse Ähnlichkeit mit dem Bakterienkrebs der Pappel. Auch hier kommt es zunächst zu Zweig- und Stammanschwellungen, die im Laufe der Zeit längsrissig aufplatzen. Durch Absterben von Kambiumzellen mit nachfolgender verstärkter, jedoch immer wieder gestörter Wundheilung kommt es zur Ausbildung von gekröseartigen schwärzlichen Rindenaufbrüchen (Abb. 94 c). Ursache dieser Entwicklung sind Bakterien von *Pseudomonas savastanoi* (Abb. 94 d), die durch Wunden, Lentizellen oder Blattnarben in das Rindenparenchym gelangen. Um eine Ausbreitung des Bakterienkrebses einzuschränken, werden die Beseitigung

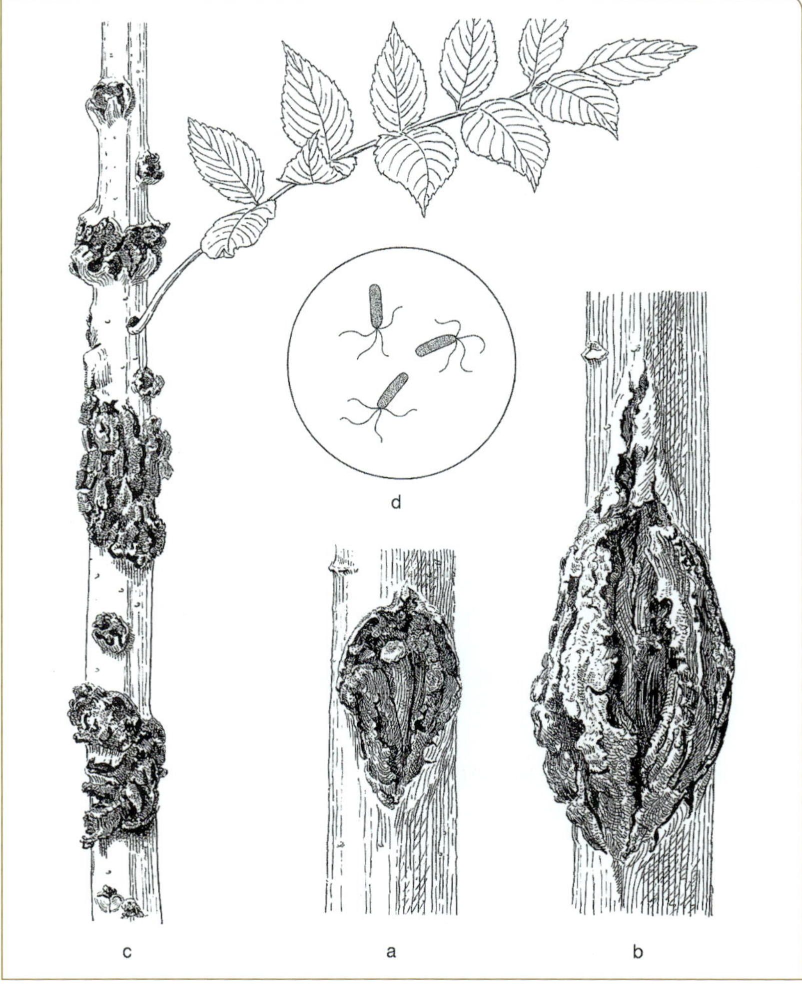

Abb. 94. Bakterienkrebs an Pappel und Esche.
a, b verschiedene Stadien der Krebsentwicklung an einer Schwarzpappel-Hybride, verursacht durch *Xanthomonas populi;*
c *Pseudomonas savastanoi*-Befall an Esche, **d** Bakterien als Erreger (**d** nach Janse 1981).

befallener Bäume (Janse 1981) und der Anbau resistenter Eschenklone empfohlen (van Dam und van Voet 1991).

Junge Krebsstellen können leicht mit dem Überwinterungsfraßbild des Eschenbastkäfers verwechselt werden. Die durch diesen Käfer verursachten Rindenwucherungen, bei denen das Kambium nicht zerstört wird, werden auch als „Eschenrosen“ oder „Käfergrind“ bezeichnet.

6.3.18 Bakterienkrebs der Pappel

Erreger: *Xanthomonas populi*
Syn. *Aplanobacter populi*

Das typische Bild dieser durch Bakterien verursachten Krankheit sind gekröseartig aufbrechende Krebswunden, welche am ganzen Stamm und an den Ästen eines Baumes auftreten und viele Jahre alt werden können (Abb. 94 a, b). Nach der Infektion, die in der Regel über Narben von Blättern oder Knospenschuppen erfolgt, tritt als Primärsymptom im Frühjahr zunächst ein schleimiges Exsudat an jungen Trieben auf, das meist aus kleineren Rindenrissen nach außen tritt. Die weitere Entwicklung hängt von der Krankheitsbereitschaft der jeweiligen Pappel ab. Bei anfälligen Sorten kommt es zu mehr oder weniger großen Nekrosen, deren Überwallung immer wieder durch die Tätigkeit der Bakterien gestört wird. Bei anderen Klonen reagiert der Baum mit einem gesteigerten und ungeregelten Zellwachstum, sodass die Wundränder wulstartig anschwellen. Häufig entstehen ausgedehnte Krebswunden dadurch, dass die Bakterien durch Larven rindenbewohnender Minierfliegen verschleppt werden.

Xanthomonas populi ist ein streng wirtsspezifischer Krankheitserreger, der nur auf Vertretern der Gattung *Populus* vorkommt. Allerdings werden die einzelnen Pappelarten und -klone in sehr unterschiedlichem Maße befallen. So ist *Populus nigra* völlig resistent; auch die meisten heute angebauten *Canadensis*-Hybriden sind relativ krebsfest. Hochanfällig sind die Klone ‘Brabantica’ und ‘Grandis’, die man heute jedoch nur noch als Altstammsorten findet. Ähnlich große Unterschiede beobachtet man in der Gruppe der Balsampappeln. Auf Grund der weitgehenden Eliminierung hoch anfälliger Pappelsorten und des Anbaus resistenter Sorten ist das Vorkommen des Bakterienkrebses in Deutschland stark rückläufig.

6.3.19 Rindenbrand der Pappel

Erreger: *Cryptodiaporthe populea* (Sacc.) Butin
Anamorphe: *Discosporium populeum* (Sacc.) B. Sutton
Syn. *Dothichiza populea* Sacc. & Briard

Diese auch als „Rindentod der Pappel“ bezeichnete Erkrankung ist bei jungen Pappeln durch ellipsenförmige, bräunliche Rindennekrosen am

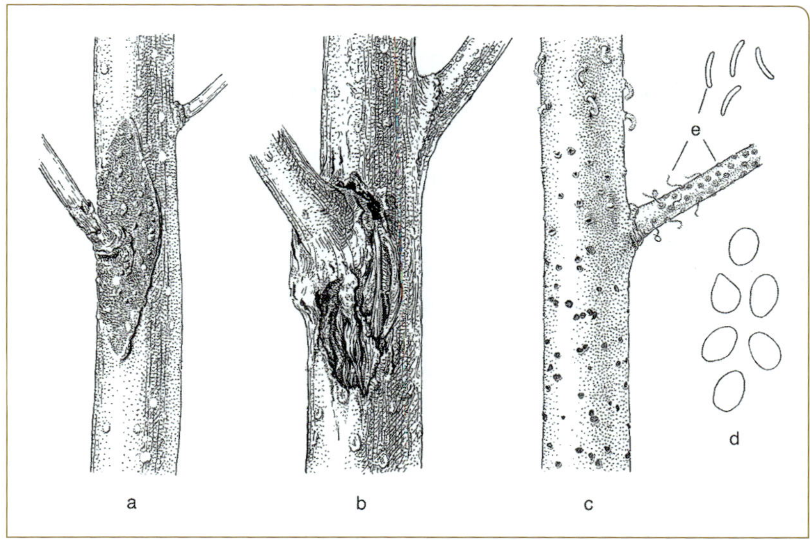

Abb. 95. Rindenpilze der Pappel.
a–d *Cryptodiaporthe populea:* **a** Rindenbrand am Stamm einer Jungpappel, **b** fortgeschrittene Überwallung, **c** abgestorbener Pappelstamm mit Sporenranken (oben) und entleerten Conidiomata (unten) der *Discosporium*-Anamorphe, **d** Konidien; **e** Pyknidien, Sporenranken und Konidien von *Cytospora nivea.*

Stamm und durch Absterben von Zweigen bzw. des Terminaltriebes ausgezeichnet. Bei der Ausbildung von Rindenschilden am Stamm liegen die Nekrosen in der Regel an der Basis von Seitenzweigen. Bei kleineren Läsionen kommt es noch im gleichen Jahr zur Abriegelung und Überwallung der Schadstelle (Abb. 95 a–d). Im typischen Fall ist der Rindenbrand der Pappel daher einjährig. Unter besonderen Bedingungen kann der Pilz im folgenden Jahr aus seiner Isolierung ausbrechen und in das benachbarte gesunde Gewebe vordringen, wodurch krebsartige Rindennekrosen entstehen. Eine solche Erkrankungsform findet man an den Gipfeltrieben von Altpappeln. Bei der Säulenpappel ist dieses mit Frost kombinierte Krankheitsbild unter dem Namen „Wipfeldürre“ bekannt (Abb. 64 c).

Ebenfalls zur Symptomatik des Rindenbrandes der Pappel gehört der sogenannte „Pappelgrind“ oder „Braunfleckengrind“, der allerdings nur an älteren Pappeln auftritt, und zwar vornehmlich an den Narben von Astabsprüngen. Am unverborkten Stamm ist er durch etwa handtellergroße elliptische, eingesunkene Rindennekrosen gekennzeichnet; bei stark verborkter Rinde sind die Nekrosen erst nach Entfernen der Rinde auf dem Kambium sichtbar. Bei vitalen Bäumen werden kleinere Läsionen bald überwallt; ein großflächiges Auftreten kann jedoch zum Absterben des ganzen Baumes führen. Begünstigt wird das Auftreten des Braunfleckengrindes durch ein Wasserdefizit in der Rinde; auch scheint Staunässe am Standort eine gewisse Rolle zu spielen. Im Übrigen ist die Krankheit deutlich klonabhängig; besonders anfällig ist z. B. *Populus* ‘Robusta’.

Aus der abgestorbenen Rinde brechen im Frühjahr und Sommer etwa 1 mm große papillenförmige Conidiomata hervor, die bei feuchter Witterung eiförmige, farblose und 10–13 × 7–9 µm große Konidien in Form dunkler Sporenranken entlassen. Nach der Sporenentleerung bleiben die Pyknidien als schwarze Vertiefungen in der Rinde zurück. Die zugehörige Teleomorphe, die durch kugelige, mit einem langen Fruchtkörperhals versehene Perithecien ausgezeichnet ist, wird regelmäßig auf abgestorbenen Triebspitzen von Altpappeln, und hier im zweiten Jahr einer Erkrankung, an den Rändern wieder aufgebrochener Rindennarben ausgebildet.

Der Rindenbranderreger der Pappel ist in hohem Maße wirtsspezifisch. Er kommt nur auf Vertretern der Gattung *Populus* vor. Allerdings ist die Anfälligkeit der Arten und Klone sehr unterschiedlich. So besitzen die Schwarzpappel und die meisten ihrer Hybriden eine allgemein hohe Affinität zu „Dothichiza"; Espen sowie Silber- und Graupappeln sind dagegen nur gering anfällig und die Vertreter der Balsampappel-Gruppe bleiben aufgrund ihrer fungistatischen Rindeninhaltsstoffe praktisch befallsfrei.

Entsprechend der sortenspezifischen Krankheitsanfälligkeit ist die Klonwahl der wichtigste und umweltfreundlichste Schutz vor einer Erkrankung. Weiterhin sollte bei der Pflanzung darauf geachtet werden, dass junge Pappeln keinen Feuchtigkeitsverlust erleiden, denn Wasserdefizite setzen die Abwehrbereitschaft des Rindengewebes herab. Schließlich sollten Pappelquartiere nicht in der Nähe von Altpappeln angelegt werden, da diese häufig latente Infektionsstellen darstellen. Bei Einhaltung dieser verschiedenen prophylaktischen Maßnahmen kann auf einen chemischen Pflanzenschutz verzichtet werden.

Weitere Rindenpilze der Pappel:

- *Cytospora chrysosperma* (Pers.) Fr. und *C. nivea* Sacc.: regelmäßige Besiedler absterbender oder bereits toter dünner Äste verschiedener Pappelarten bzw. -klone; Konidien klein, würstchenförmig, farblos, meist in rötlichen Ranken aus der Rinde austretend (Abb. 95 e).
- *Entoleuca mammata* (Wahlenb.) J.D. Rogers & Y.M. Ju: gefürchteter Erreger eines Rindenbrandes an *Populus tremula, P. tremuloides* und deren Hybriden; verbreitet in Nordamerika; in Europa nur sporadisch in gebirgigen Lagen; Ascosporen schwarzbraun, 20–33 × 9–12 µm (Tafel I/27).

6.3.20 Rußrindenkrankheit des Ahorns

Erreger: *Cryptostroma corticale* (Ellis & Everh.) P.H. Gregory & S. Waller

Auffallendstes Merkmal dieser Rindenerkrankung ist zunächst das Aufplatzen und grobschollige Abfallen von Rindenteilen. Unter der Rinde bzw. auf dem freiliegenden Holz wird dann eine charakteristische braunschwarze Verfärbung sichtbar, die der Krankheit den englischen Namen „sooty bark disease" gegeben hat. Die flächenartig ausgedehnte Verfärbung besteht aus einer dicken puderartigen Schicht von Pilzsporen, die mit der Zeit vom Winde verbreitet oder von Regen abgeschwemmt wird.

Neben dem flächenartigen Absterben der Rinde – was vor allem an der Stammbasis beobachtet werden kann – können auch streifenartige Rindennekrosen auftreten, die sich dann mehrere Meter stammaufwärts erstrecken. Weitere Krankheitssymptome sind Welkwerden von Kronenteilen und Absterben einzelner Äste. Schließlich zeigt sich eine Erkrankung auch an der grünlich gelben bis bräunlichen Verfärbung des Stammholzes. Bei stärkerem Befall können Bäume innerhalb eines Jahres absterben. Als Hauptwirt gilt in Europa der Bergahorn *(Acer pseudoplatanus)*. Daneben können auch der Spitzahorn *(A. platanoides)* und der Silberahorn *(A. saccharinum)* befallen werden (Robeck et al. 2008). Außerhalb Europas sind Krankheitsfälle noch bei *Carya, Aesculus* und *Tilia* festgestellt worden.

Erreger der Rußrindenkrankheit ist der Hyphomycet *Cryptostroma corticale* (Kehr 2007). Nach der Infektion des Wirtes breitet sich der Pilz zunächst im Holz aus. Von dort aus besiedelt er das Kambium und die Rinde. Unter der Rinde entwickelt sich schließlich ein flaches dunkles Stroma, in dessen Mittelschicht blassbraune, 4–6 × 3,5–4 µm große Konidien an zylindrischen Sporenträgern ausgebildet werden (Ellis und Ellis 1985).

Nach den bisherigen Beobachtungen scheint der Pilz nur in Verbindung mit bestimmten Stressfaktoren aufzutreten. So wurden episodische Krankheitsausbrüche vor allem in Jahren nach besonders heißen Sommern beobachtet. Experimentelle Arbeiten (Dickenson und Wheeler 1981) haben bestätigt, dass das Wachstum des Pilzes durch hohe Temperaturen besonders gefördert wird; auf der anderen Seite erhöht sich die Anfälligkeit des Wirtes bei mangelnder Verfügbarkeit von Wasser. – Aus phytopathologischer Sicht wird der Krankheit, die im Übrigen nicht häufig beobachtet wird, nur lokale Bedeutung beigemessen. Eine besondere Gefahr dürfte in humanmedizinischer Hinsicht bestehen, denn die Sporen des Pilzes können Asthma verursachen.

6.3.21 Platanenkrebs

Erreger: *Ceratocystis platani* (J. M. Walter) Engelbr. & T. C. Harr.

Die nur an Platane vorkommende Rinden- und Gefäßerkrankung – auch „Platanenwelke" genannt – ist in Europa erst seit 1972 bekannt, wobei der Erreger sehr wahrscheinlich mehrere Jahrzehnte zuvor (um 1945) aus Nordamerika eingeschleppt worden ist. Sein Vorkommen in Europa erstreckt sich zurzeit noch auf südliche Gebiete (Frankreich, Griechenland Italien, Spanien und die Schweiz). Es ist jedoch nicht ausgeschlossen, dass der Pilz weiter nach Norden vordringen wird.

Die ersten Symptome eines Befalls machen sich durch kleinflächige Einsenkungen der Rinde bemerkbar, die sich an diesen Stellen violettbraun verfärbt. Im fortgeschrittenen Stadium findet man längs verlaufende zusammenhängende Rindennekrosen, die meist von der Stammbasis ausgehen und im Endstadium von einer feldrig aufplatzenden Rinde begleitet werden (Abb. 96 a). Typisch für eine Erkrankung ist weiterhin das Auftreten von bläulich braunen, radial sich erstreckenden, streifenartigen Verfärbungen im Holz. Bei stärkeren Rindenschäden können sich die Verfärbungen keilförmig bis in den Stammkern erstrecken (Abb. 96 b, c). In bestimmten Entwicklungsstadien kann es schließlich zu einer Blattwelke kommen, die jedoch nur einzelne Äste betrifft und auch nicht immer auftritt.

Der Erreger ist der Pilz *Ceratocystis platani*, der über Wunden in den Baum eindringt und zunächst die Rindenzellen sowie das Kambium abtötet. Anschließend breitet sich das Myzel auf dem Weg über die Markstrahlen auch im Splintholz aus, wo es zur Verstopfung (Verthyllung) der Gefäße kommt. Der Pilz ist demnach nicht nur ein Rinden-, sondern auch ein Gefäßparasit. Nach axialer Ausdehnung kann der Pilz wieder über Markstrahlen zurück zum Rindenmantel gelangen, um dort – in verschiedener Höhe am Stamm – erneut streifenartige Rindennekrosen zu verursachen. Eine einmal vollzogene Infektion hat meist den Tod des Baumes zur Folge, wobei die Erkrankungsdauer drei bis sechs Jahre betragen kann.

Die Reproduktionsorgane des Pilzes finden sich bevorzugt auf Schnittstellen geasteter oder gefällter Bäume. Im asexuellen Stadium werden verschiedene Anamorphe ausgebildet (Abb. 96 d, e). Für diagnostische Zwecke ist am ehesten die *Chalara*-Form mit der Ausbildung

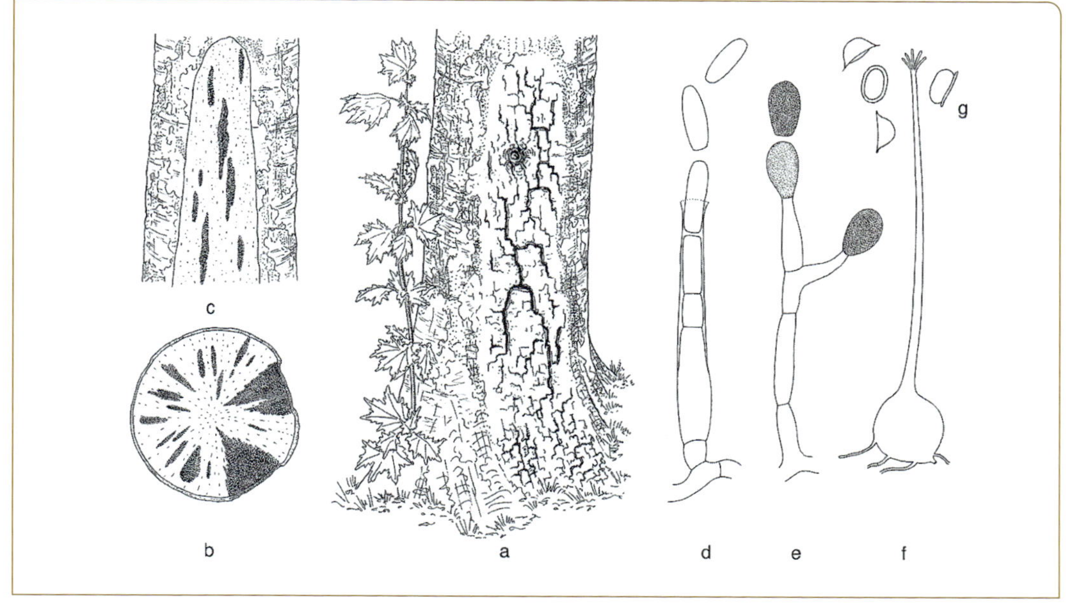

Abb. 96. Platanenkrebs. **a** Krankheitsbild an Platane, **b** Stammquerschnitt mit Verfärbungen im Holz, **c** tangentialer Stammanschnitt mit streifenartigen Verfärbungen, **d** Phialide mit Konidien der *Chalara*-Anamorphe, **e** Konidienträger mit Chlamydosporen, **f** Ascoma, **g** Ascosporen.

kettenförmiger 10–20 × 4–6 µm großer Endokonidien verwendbar, die sich auf den von erkrankten Bäumen gewonnenen Bohrkernen nach Inkubation im Laboratorium entwickeln. Die Teleomorphe ist durch dunkle, etwa 1 mm hohe lang geschnäbelte Perithecien mit nierenförmigen, 4–7 × 2–2,5 µm großen Ascosporen ausgezeichnet (Abb. 96 f, g).

Die Übertragung des Erregers von Baum zu Baum erfolgt meist bei Astungsarbeiten oder durch Wurzelkontakte. Die Verbreitung des Pilzes kann also durch entsprechende hygienische Maßnahmen und durch die Einhaltung größerer Baumabstände eingeschränkt werden. Weiterhin sind vorbeugende und therapeutische Maßnahmen durch Injektion flüssiger Fungizide in den äußeren Splintbereich des Baumes möglich, jedoch für eine allgemeine Anwendung noch zu wenig erprobt. Neu auftretende Befallsherde sollten möglichst frühzeitig durch Vernichtung der betroffenen Bäume eliminiert werden. Zur Verhütung einer großräumigen Verschleppung des Erregers sind schließlich die aktuellen EU-Richtlinien sowie die nationalen Bestimmungen der Pflanzenbeschauverordnung zu beachten.

6.3.22 Massaria-Krankheit der Platane

Erreger: *Splanchnonema platani* (Ces.) M. E. Barr
Syn. *Massaria platani* Ces.
Anamorphe: *Macrodiplodiopsis desmazieresii* (Mont.) Petr.

Die Massaria-Krankheit der Platane gehört zu den neueren Baumkrankheiten, die erst Anfang dieses Jahrhunderts in Deutschland festgestellt worden sind (Kehr und Krauthausen 2004). Die Anzeichen eines Befalls sind Absterben von Ästen und dickeren Zweigen sowie die Ausbildung von Rinden- und Kambiumnekrosen. Als Endstadium einer Erkrankung tritt eine intensive hellbraune bis graue Holzfäule (Moderfäule) auf, die in Stadtgebieten zu ernsthaften Problemen bei der Verkehrssicherheit führen kann.

Der bisher nur aus dem Mittelmeerraum und den südlichen USA bekannte Pilz kann sowohl an seiner Konidienform als auch anhand seiner Hauptfruchtform diagnostiziert werden. Im abgestorbenen Rindengewebe findet man zunächst die Fruchtkörper der Anamorphe mit dunkelbraunen vierzelligen und 42–45 × 17–19 µm großen Konidien (Sutton 1980). In Rindenpartien, die schon vor längerer Zeit abgestorben sind, entwickelt sich schließlich die Teleomorphe mit braunen, mehrzelligen, 45–65 × 13–16 µm großen Ascosporen.

Der Pilz wird allgemein als Schwächeparasit eingestuft, der erst dann auf dickere Äste übergreifen kann, wenn die Abwehrbereitschaft des Baumes durch bestimmte Stressfaktoren wie heiße und trockene Sommer eingeschränkt worden ist. Unter normalen Aufwuchsbedingungen übernimmt der Pilz vermutlich die ökologische Rolle eines „Astreinigers“ (s. Kap. 5.1.3).

Erfahrungen über die Sanierung befallener Bäume fehlen bislang in Deutschland weitgehend. Grundsätzlich dürfte sich aber eine verbesserte Wasserversorgung positiv auf die Abwehrbereitschaft des Baumes auswirken. Davon unabhängig sollten befallene Äste ausgeschnitten werden, um den hohen Infektionsdruck, der von befallenen Bäumen ausgeht, zu reduzieren. Ansonsten gilt die allgemeingültige Maßnahme, regelmäßige Baumkontrollen durchzuführen, die nicht nur einen *Massaria*-Befall, sondern auch den gefährlicheren Platanenkrebs erfassen würden, dessen Symptome leicht mit denen der Massaria-Krankheit verwechselt werden können.

6.3.23 Phytophthora-Krankheit der Erle

Erreger: *Phytophthora alni* Brasier & S. A. Kirk

Seit Mitte der 90er-Jahre wird in Mitteleuropa eine bis dahin unbekannte Krankheit der Erle beobachtet, die inzwischen epidemische Ausmaße erreicht hat und bereits gravierende Ausfälle, vor allem bei der Schwarzerle, verursacht hat. Charakteristisches Symptom dieser auch als „Wurzelhalsfäule" bezeichneten Erkrankung sind Rindennekrosen, die sich von den oberen Hauptwurzeln zungenförmig am Stammfuß aufwärts ausdehnen. Durch Flüssigkeitsaustritt kommt es außen auf der Rinde zur Ausbildung dunkelbrauner Flecke (Leckstellen). Unter der Rinde sind der Bast sowie das Kambium rotbraun verfärbt. Als Folge der Wurzelhalserkrankung kommt es zunächst zu einer schütteren Krone mit kleinblättrigem Laub. Später können Zweige und Äste absterben. Bei stammumfassender Ausbreitung der Nekrosen geht der Baum schließlich ganz ein. Kleinere Rindenschäden können allerdings vom Baum abgeriegelt und überwallt werden.

Haupterreger dieses „Neuartigen Erlensterbens" ist eine durch Hybridisierung rezent entstandene *Phytophthora*-Art, die als *P. alni* mit drei unterschiedlich virulenten Unterarten beschrieben wurde (Brasier et al. 2004) und als „Erlen-Phytophthora" in die Literatur eingegangen ist.

P. alni lässt eine eindeutige Bindung an Fließgewässer bzw. periodisch überflutete Standorte erkennen. Die hier vorliegenden Bedingungen sind für die Entwicklung des Erregers besonders günstig, denn in sauerstoffreichem Wasser vermögen die Mikroorganismen ihre Zoosporen auszubilden. Von hier aus können sie den Wurzelanlauf der Bäume auch durch die unverletzte Oberfläche infizieren. Potenziell betroffen sind alle Vertreter der Gattung *Alnus,* wobei in Europa vor allem die Schwarzerle, ferner auch die Grauerle sowie die Herzblättrige Erle befallen werden. Auf der Grünerle ist der Pilz bisher noch nicht aufgetreten.

Als Bekämpfungsmaßnahmen sollen absterbende Bäume aus dem Uferbereich entfernt und verbrannt werden. Erkrankte, aber noch vitale Erlen könnten eventuell auf den Stock gesetzt werden. Bei erneuter

Anpflanzung sollte gesundes, möglichst aus der Region stammendes Pflanzgut verwendet werden.

6.3.24 Phytophthora-Krankheit der Rosskastanie

Erreger: *Phytophthora cactorum* (Lebert. & Cohn) J. Schroet. und *Phytophthora citricola* Sawada

Nachdem 1976 erstmals aus England von Schäden an Rosskastanien durch *Phytophthora*-Arten berichtet worden ist (Brasier und Strouts 1976), wurden ca. 20 Jahre später gleichartige Symptome auch in Deutschland beobachtet (Werres et al. 1995). Als äußerlich erkennbare Krankheitserscheinungen werden Blattvergilbung und vorzeitiger Blattfall angegeben, begleitet von schwarzen Rindenverfärbungen, die sich bis zu 2 m über Stammgrund ausdehnen können. Ein weiteres Anzeichen für die an älteren Bäumen auftretende Erkrankung sind gummiflussähnliche Ausscheidungen aus der betroffenen Rindenpartie. (daher auch „Schleimflusskrankheit"). Unter der Rinde ist das befallene Gewebe braunrot bis dunkelbraun verfärbt und scharf vom gesunden hellen Gewebe abgegrenzt. Neben den oberirdisch feststellbaren Krankheitssymptomen können auch Wurzelschäden auftreten, die das Absterben befallener Bäume beschleunigen können.

Für die Rindenkrankheit der Rosskastanie und das im Endstadium auftretende „Rosskastaniensterben" sind verschiedene *Phytophthora*-Arten verantwortlich, die die Rinde über die Wurzel, den Wurzelhals oder den Stammgrund infizieren. Als primärer Erreger gilt *Ph. cactorum*, der weitverbreitet vorkommt und bei Forstpflanzen z. B. als Urheber der Buchenkeimlingsfäule bekannt ist (Abb. 10). Am Krankheitsbild der Rindenfäule ist weiterhin *P. citricola* beteiligt, die eine ähnlich hohe Pathogenität besitzt wie *P. cactorum*.

Zu einem massiven Ausbruch kommt es offenbar nur dann, wenn bestimmte Voraussetzungen seitens der Kastanie sowie seitens der Krankheitserreger erfüllt sind. So führt eine Schwächung der Bäume zu einer erhöhten Befallsdisposition. Auf der anderen Seite können erhöhte Temperaturen die Aggressivität der Krankheitserreger steigern. Unter anderen Bedingungen können die Pilze über viele Jahre latent vorkommen oder sich nur durch unspezifische Symptome (z. B. Blattvergilbung) bemerkbar machen. Eine Sanierung stark erkrankter Bäume wird für wenig aussichtsreich gehalten, sodass die Entnahme solcher Bäume unvermeidlich erscheint.

An der Rosskastanie ist neuerdings eine sehr ähnliche Erkrankung aufgetreten, die aber durch ein Bakterium *(Pseudomonas syringae* pv. *aesculi)* verursacht wird. Als äußeres Symptom dieser „Pseudomonas-Rindenkrankheit" finden sich hier ebenfalls neben Blattaufhellungen dunkel gefärbte Exsudate auf der Rinde (Leckstellen), wobei hier allerdings höhere Stammteile sowie dickere Äste betroffen sind. Bei einem Befall ist mit dem Abgang des Baumes zu rechnen. Beobachtet wurde diese in Europa inzwischen weitverbreitete Krankheit erstmals Anfang 2000 (Schmidt et al. 2008). Zum schnellen Nachweis des Krankheitserregers ist ein molekularer Test auf der Basis des PCR-Verfahrens entwickelt worden (Kehr et al. 2010).

Im Anschluss an eine *Pseudomonas syringae*-Infektion kann es zur Besiedelung durch verschiedene Holz zerstörende Pilze kommen, von denen der Austernseitling, der Samtfußrübling und der Violette Knorpelschichtpilz häufiger auftreten. Die hiermit verbundenen Fäuleschäden führen nicht selten zu erheblichen Problemen in der Standsicherheit des Baumes und damit auch hinsichtlich der allgemeinen Verkehrssicherheit (Dujesiefken et al. 2016).

6.3.25 Rindenkrebs der Esskastanie

Erreger: *Cryphonectria parasitica* (Murrill) M. E. Barr
Syn. *Endothia parasitica* (Murrill) P. J. Anderson & H. W. Anderson

Der im letzten Jahrhundert aus Asien über Nordamerika nach Europa eingeschleppte Erreger des „Kastanienrindenkrebses" gehört zu den wirtschaftlich bedeutsamsten Krankheitserregern, der jemals auf *Castanea sativa* sowie auf anderen verwandten Arten aufgetreten ist (Anagnostakis 1987). Die Symptome dieser Infektionskrankheit sind rötlich braune Rindenflecke, die später einsinken und in Längsrissen aufplatzen. An älteren grobborkigen Stämmen ist das mehrjährige Krankheitsbild durch Aufbrechen der abgestorbenen Rinde und durch ein darunterliegendes cremefarbenes Myzel gekennzeichnet. Gelingt es dem Baum nicht, die Ausbreitung des Pilzes durch Wundperidermbildung aufzuhalten, so kommt es meist zu größeren Kambiumschäden und damit zum Absterben von Ästen oder ganzen Bäumen, oft verbunden mit einer mehr oder weniger umfangreichen Blattwelke. Die Folge davon ist die Entwicklung von Stockausschlägen, die über viele Jahre gesund bleiben können.

Der zu den Ascomyceten gehörende Pilz dringt über Wunden in die Rinde ein, die entweder oberflächlich oder bis zum Kambium partiell abstirbt. Bei länger andauernder Erkrankung können auch offene Krebswunden entstehen. Die in der Rinde eingesenkten und in Gruppen zusammenstehenden Ascomata enthalten zahlreiche Asci mit je acht zweizelligen, $7–11 \times 3{,}5–5$ µm großen Ascosporen (Abb. 97).

Eine wirtschaftliche Bedeutung hat *Cryphonectria parasitica* in Europa nur für die Esskastanie, obwohl auch andere Vertreter der Fagaceen schwach befallen werden können *(Quercus pubescens, Q. ilex* und *Q. petraea)*. Trotzdem dürfen diese Baumarten nicht außer Acht gelassen werden, da sie die Rolle infektionstüchtiger Nebenwirte übernehmen können.

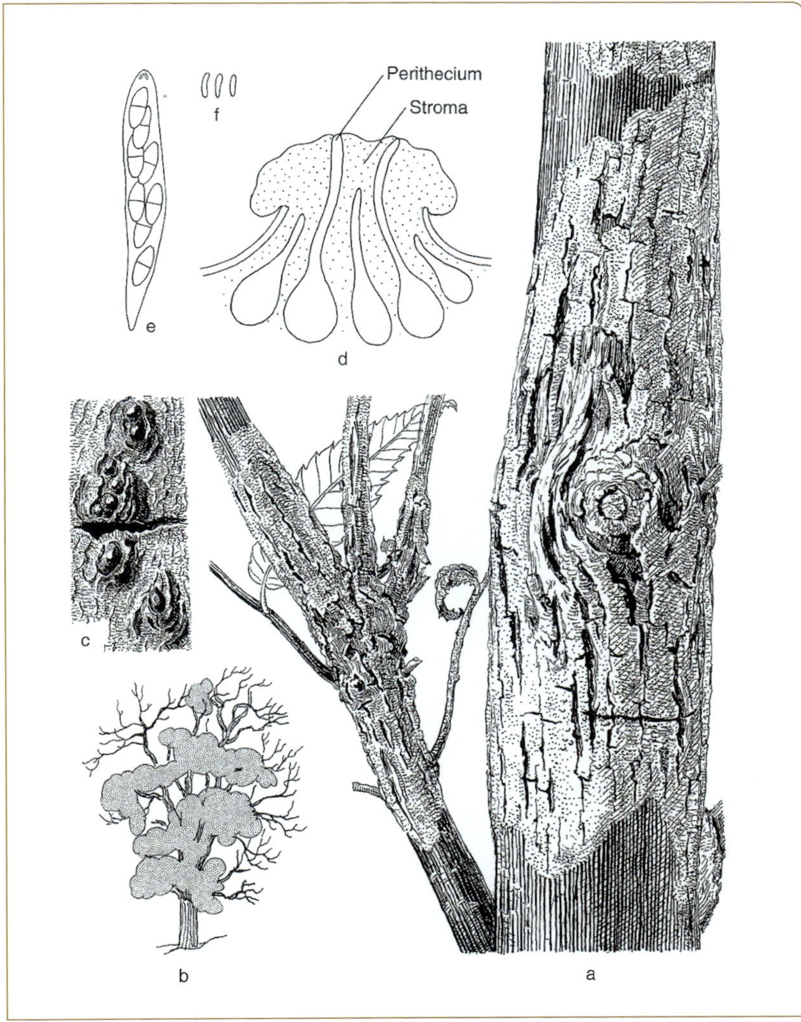

Abb. 97. Rindenkrebs der Esskastanie. **a** Krankheitsbild an Stamm und Ästen, **b** Gesamtansicht eines erkrankten Baumes, **c** aus abgestorbener Rinde hervorbrechende Ascomata, **d** Schnitt (schematisch) durch eine Stromapartie mit Perithecien, **e** Ascus mit Ascosporen, **f** Konidien.

Die Verbreitung des Erregers über weite Gebiete der Erde hat eine bemerkenswerte Geschichte, die etwa mit der Pandemie des Strobenrostes vergleichbar ist. *Cryphonectria parasitica* war ursprünglich in Asien heimisch, ohne für die dortigen Kastanienbestände lebensbedrohend zu sein. Die Situation änderte sich, als der Pilz zu Beginn des letzten Jahrhunderts Nordamerika erreichte, wo die hoch anfällige *Castanea dentata*, die vorher nie mit dem Pilz in Berührung gekommen war, fast völlig vernichtet wurde. Wenige Jahre später, 1938, wurde der Pilz nach Europa eingeschleppt, wo er seinen Seuchenzug durch die *C. sativa*-Bestände von Italien, Südfrankreich, Österreich und der Schweiz fortsetzte. Inzwischen sind einige Befallsherde auch in Süddeutschland festgestellt worden (Seemann und Zachone 1994).

Einige Jahrzehnte nach dem Ausbruch der Krankheit in Europa wurde eine abnehmende Sterberate krebskranker Bäume festgestellt, ohne hierfür zunächst eine plausible Erklärung zu finden. Heute weiß man, dass der Pilz in hypovirulenten Formen auftreten kann, die zwar noch die Rinde anzugreifen vermögen, nicht aber mehr das Kambium. Die Folge davon ist die Ausbildung nicht-letaler oberflächiger Rindenkrebse, die dem Baum eine deutliche Überlebenschance geben. Ursache dieser Aggressivitätsänderung ist ein aus RNS bestehender virusähnlicher Faktor (Hypovirus), der von einem Pilzstamm auf einen anderen der gleichen Kompatibilitätsgruppe übertragen werden kann. Die Folge davon ist eine deutliche Reduktion der Virulenz von *C. parasitica* (Bazzigher et al. 1981).

Bei der Entwicklung moderner Bekämpfungsverfahren wird heute versucht (Nuss 1992), den für die Hypovirulenz verantwortlichen Faktor zunächst in Kompatibilitätsgruppen einzuschleusen, um diese dann in natürliche Populationen einzubringen. Auf der anderen Seite ist man bestrebt, die Methoden der Resistenzzüchtung verstärkt einzusetzen. Ansonsten gelten die klassischen Bekämpfungsstrategien, befallenes Material zu verbrennen und Wunden möglichst zu vermeiden.

Weitere Rindenpilze der Esskastanie:

- *Cryptodiaporthe castanea* (Tul. & C. Tul.) Wehm.: verursacht Zweigsterben und Rindennekrosen an Trieben und dickeren Ästen; Perithecien in Gruppen mit spindel- bis keulenförmigen Asci und zweizelligen, farblosen, 13–18 × 2–4 µm großen Ascosporen (Tafel III/5); Konidien der *Diplodina*-Anamorphe zweizellig, spindelförmig, 8–12 × 2–3 µm groß.
- *Phytophthora cambivora* (Petri) Buisman sowie *P. cinnamomi* Rands: beide sind Erreger der „Tintenkrankheit“ der Esskastanie. *P. cinnamomi* tritt mit einem Verbreitungsschwerpunkt im westlichen Europa auf; *P. cambivora* ist dagegen im mittleren und östlichen Europa das häufigere Pathogen. Vereinzelt können auch andere *Phytophthora*-Arten am Krankheitsprozess beteiligt sein (Schumacher und Schröder 2007). Als Krankheitssymptome zeigen sich an der Stammbasis älterer Bäume nach Entfernen der äußeren Rinde (Borke) zungenförmig aufsteigende violettbraune bis schwarze Verfärbungen des Kambiums sowie des Phloems (innere Rinde). Äußere Symptome einer Erkrankung sind Blattvergilbung, Kleinblättrigkeit sowie fehlender Fruchtansatz oder verkleinerte Früchte. Stark erkrankte Bäume können absterben. – Für den eindeutigen Nachweis sind Isolierung und Anzucht der Erreger auf selektiven Nährböden erforderlich. Praktikable Bekämpfungsmaßnahmen sind nicht bekannt.

7 Gefäßkrankheiten

7.1 Holländische Ulmenkrankheit

Erreger: *Ophiostoma ulmi* (Buisman) Nannf. bzw.
Ophiostoma novo-ulmi Brasier

Die auch als „Ulmensterben" oder „Ulmenwelke" bezeichnete Holländische Ulmenkrankheit ist eine der schädlichsten Baumkrankheiten, der im letzten Jahrhundert viele Millionen von Ulmen zum Opfer gefallen sind. Aufgetreten ist die Krankheit bisher in zwei zeitlich getrennten Epidemien, von denen sowohl Europa als auch Nordamerika sowie Teile von Asien heimgesucht worden sind (Brasier and Buck 2001).

Das Krankheitsbild ist charakterisiert durch Welken und Verfärbung der Blätter während der Vegetationsperiode. Typisch ist weiterhin das Absterben einzelner Äste. Je nach der Aggressivität des Erregerstammes sterben befallene Bäume innerhalb von zwei bis fünf Jahren. Eine Erholung älterer Bäume wird nur selten beobachtet. Weitere Symptome eines Befalles sind dunkle punktförmige Verfärbungen, die auf dem Querschnitt befallener Äste in der Frühholzzone erkennbar sind. Die Flecke sind entsprechend dem Jahrringverlauf kreisförmig angeordnet. Im tangentialen Schnitt sind die Verbräunungen der Gefäßbahnen im Holz als axial verlaufende Streifen wahrnehmbar. Ist das Kambium braun verfärbt, so dürfte der betreffende Ast bereits abgestorben sein (Abb. 98).

Ausgelöst wird die parasitische Welke durch Arten der Gattung *Ophiostoma*, deren Myzel sich u. a. im Innern der Gefäße entwickelt und dort durch Ausscheiden von Welketoxinen zu Störungen im Wasserhaushalt des Baumes führt. Gleichzeitig kommt es in den Gefäßen zur verstärkten Thyllenbildung und damit ebenfalls zur Behinderung der Wasserleitfähigkeit.

Als Urheber der Erkrankung galt ursprünglich *Ophiostoma ulmi*, von dem später ein nichtaggressiver und ein aggressiver Stamm unterschieden wurden. Inzwischen (Brasier 1991) ist der aggressive Stamm auf Grund morphologischer, physiologischer und molekularbiologischer Unterschiede von *O. ulmi* abgetrennt und als *O. novo-ulmi* in den Rang einer eigenen Art erhoben worden. Der nichtaggressive, nur schwach pathogene Stamm ist offenbar für die 1920–1940 aufgetretene Epidemie in Europa und in Nordamerika verantwortlich, wogegen der hoch pathogene Stamm, der heute *O. novo-ulmi* genannt wird, die gegenwärtig zu beobachtenden Schäden verursacht hat. Diesem Krankheitserreger sind inzwischen auch diejenigen Ulmenklone zum Opfer gefallen, die gegenüber *O. ulmi* resistent waren. In der Natur bilden beide Arten in den Larvengängen der Ulmensplintkäfer die zugehörigen Anamorphen der Formgattung *Graphium*, deren Konidiophoren an der Spitze

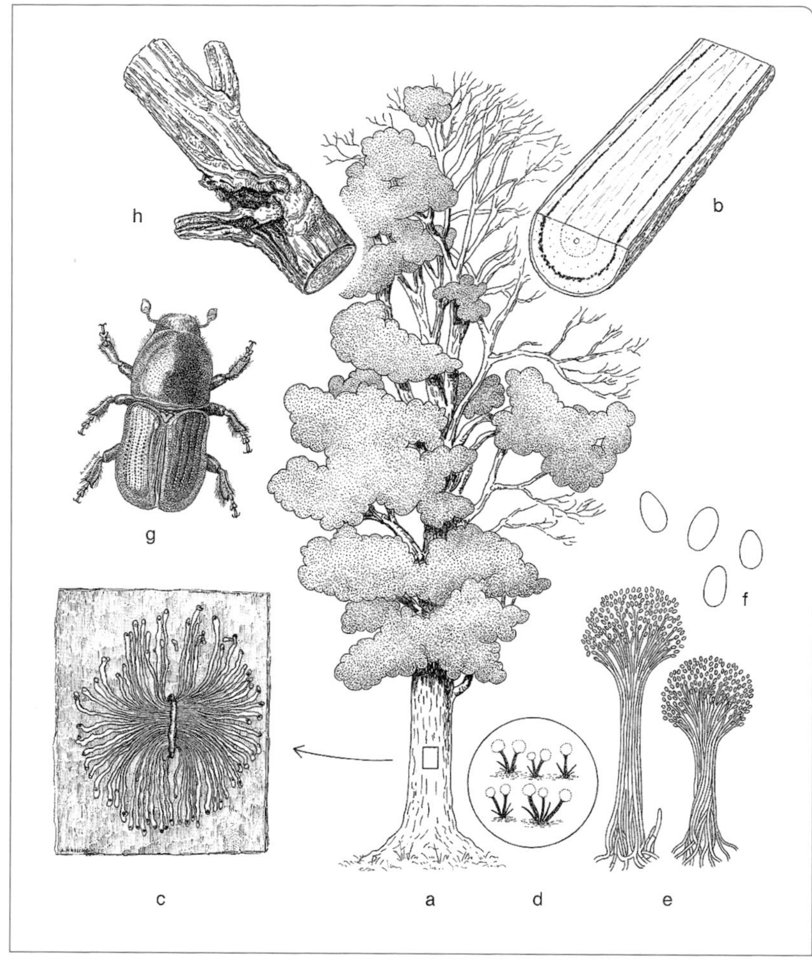

Abb. 98. Holländische Ulmenkrankheit. Pilz- und Krankheitsentwicklung an der Ulme: **a** Gesamtansicht eines erkrankten Baumes, **b** Längs- und Querschnitt durch einen befallenen Ast mit typischer Verfärbung, **c** Fraßgänge des Ulmensplintkäfers mit *Graphium*-Anamorphe **(d, e)**, sowie Konidien **(f)**, **g** kleiner Ulmensplintkäfer, **h** Fraßbild an Zweigbasis.

farblose Konidien ausbilden. Perithecien mit 250–500 μm langen Hälsen werden seltener gebildet.

Beide *Ophiostoma*-Arten besitzen eine bemerkenswerte Verbreitungsbiologie, die sich auf die enge Assoziation mit dem Kleinen oder dem Großen Ulmensplintkäfer begründet, denn die in den Brutgängen gebildeten Pilzsporen werden von den jungen Imagines der Ulmensplintkäfer aufgenommen und beim Reifungsfraß auf das Holz noch unbefallener Ulmen übertragen. Die Fraßspuren der Käfer findet man meist in den Astgabeln dünnerer Zweige. Feldbeobachtungen sprechen dafür, dass der Pilz auch über Wurzelverwachsungen vom kranken zu einem gesunden Baum gelangen kann.

Zur Bekämpfung der Holländischen Ulmenkrankheit sind verschiedene Maßnahmen bekannt (Mackenthun 2004), von denen die meisten jedoch nur vorübergehend oder nicht ausreichend wirksam sind. So kann der Käfer als Überträger des Erregers mit Insektiziden bekämpft werden. Umweltfreundlicher ist die Anwendung von Lockstoffen (Pheromonen), um die Anzahl der Käfer zu reduzieren. Zur Bekämpfung des Pilzes werden von der Praxis gelegentlich Fungizide empfohlen, die entweder durch Injektion oder Infusion in den Stamm eingebracht werden. Ihre Wirksamkeit ist allerdings noch nicht ausreichend belegt. Die gleiche Anwendungstechnik wird für die Einbringung von Antiseren schwach pathogener Pilze genutzt. Nach den bisherigen Erfahrungen scheint die Resistenzzüchtung immer noch der aussichtsreichste Weg zu sein, die Ulme als Landschafts- und Parkbaum auf Dauer zu erhalten. Neben der Individualauslese aus heimischen Ulmenpopulationen bieten sich neuerdings auch Kreuzungen mit asiatischen Ulmenarten an, die von Haus aus eine hohe Resistenz gegenüber der Holländischen Ulmenkrankheit mitbringen.

7.2 Amerikanische Eichenwelke

Erreger: *Ceratocystis fagacearum* (Bretz) J. Hunt
Anamorphe: *Chalara quercina* B. W. Henry

Die bisher nur aus Nordamerika bekannte Infektionskrankheit äußert sich während der Vegetationsperiode durch Schlaffwerden und Welken der Blätter mit nachfolgender Blattverbräunung, die meist von den Blatträndern ausgeht. Weiterhin tritt vorzeitiger Blattabwurf ein, der auch unverfärbte Blätter erfassen kann. Bei der Roteiche beginnen die Symptome meist im oberen Kronenbereich; bei Weißeichen sind oft nur einzelne Äste befallen.

Ausgelöst wird die Erkrankung durch *Ceratocystis fagacearum*, deren Konidien mit dem Transpirationsstrom des jüngsten Jahrringes rasch stammaufwärts transportiert werden. Als Abwehrreaktion kommt es in den Gefäßen zur Thyllenbildung und damit zu Störungen im Wasserleitsystem. Nach dem Absterben des Baumes dringt der Pilz tiefer in das Splintholz und auch in die Rinde ein. Auf der Kambialschicht werden schließlich Sporen bildende Myzelmatten ausgebildet, die zur Pilzbestimmung herangezogen werden können. Die Verbreitung des Pilzes erfolgt durch Sporen, wobei bestimmte Käferarten an der Verschleppung beteiligt sein können. Auch ist die Ausbreitung über Wurzelverwachsungen möglich.

Zur Absicherung einer Diagnose sind in der Regel die Isolierung des Pilzes aus Holz und seine Darstellung in Kultur erforderlich. Auf Malzagar bildet der Pilz ein bräunliches Myzel sowie Konidienträger mit charakteristischen, zylindrischen 8–15 × 2–4 µm großen Endokonidien, die kettenförmig abgeschnürt werden.

Befallen werden bevorzugt Roteichen, die innerhalb weniger Wochen absterben können. Weißeichen werden seltener infiziert; auch erstreckt sich hier der Krankheitsverlauf meist über mehrere Jahre, wobei eine völlige Genesung möglich ist. Wegen der potenziellen Gefahr für den Eichenanbau in Europa unterliegt die Einfuhr von Eichenstammholz den Quarantäne-Richtlinien der EU unter Berücksichtigung von Ausnahmeregelungen (Einfuhr aus befallsfreien Gebieten nach Anwendung vorheriger Pflanzenschutzmaßnahmen).

7.3 Verticillium-Welke

Erreger: *Verticillium albo-atrum* Reinke & Berthold und *Verticillium dahliae* Kleb.

Die Verticillium-Welke ist bei den Gehölzen vorwiegend ein Problem der Baumschulen sowie der Alleen, Park- und Gartenanlagen, wenngleich in den letzten Jahren die Schäden auch in Waldbeständen zugenommen haben. Auffallendstes Symptom ist hier zunächst das Welken von Blättern und Triebspitzen, die später ganz absterben können. Weiterhin zeigen sich im Splintholz auf dem Stammquerschnitt grünlich bräunliche Verfärbungen, die als Flecke oder Punkte ringförmig angeordnet sind (Abb. 99 a). Schließlich können bei fortschreitender Krankheitsentwicklung Stammrisse auftreten, die sich vom Stamminneren nach außen bis zur Rinde ausdehnen (endogene Rissbildung). Derartige Risse, die z. B. an Ahorn oder Rosskastanie nicht selten sind, folgen oft dem Drehwuchs der betroffenen Bäume. Auch sind versetzte Risse bzw. die entsprechenden, äußerlich erkennbaren Wundleisten ein charakteristisches Merkmal für einen *Verticillium*-Befall (Schneidewind 2006).

Bei mikroskopischer Prüfung lassen sich vor allem in den Gefäßen des Frühholzes zahlreiche Hyphen nachweisen, die zu einer Verstop-

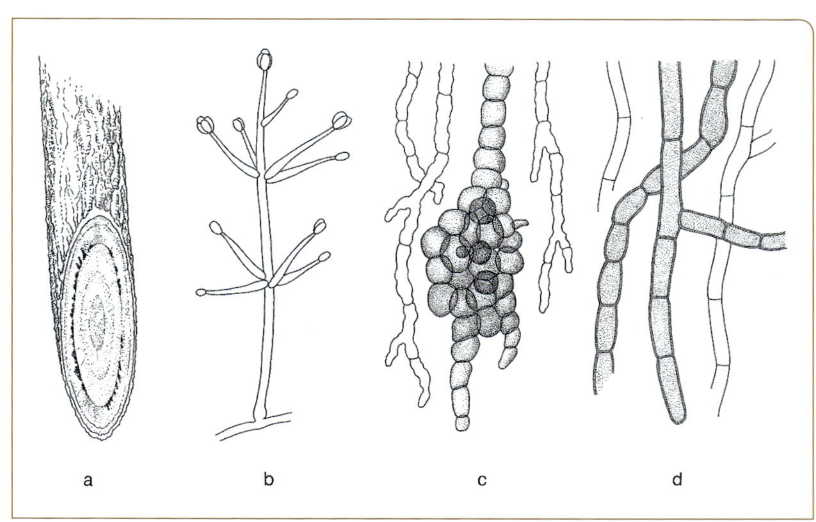

Abb. 99. Verticillium-Welke. **a** Querschnitt durch einen befallenen Ahornzweig; **b** Sporenträger von *Verticillium dahliae*, **c** zugehöriges Sklerotium aus Kultur; **d** Dauerzellen mit normalen Hyphen von *V. albo-atrum* aus Kultur.

fung der Gefäße und – in Verbindung mit der Ausscheidung von Welketoxinen – zu einer Störung des Wasserhaushaltes der Pflanzen führen. Anfällige Baumarten oder Sämlinge können bereits im ersten Befallsjahr absterben; bei älteren Bäumen verläuft eine Erkrankung meist chronisch, wobei eine schüttere Belaubung und ein späteres Absterben typisch sind.

Für den gesicherten Nachweis einer Verticilliose ist die Isolierung des Erregers aus frisch befallenem Holz erforderlich. Auf Malzagar bilden beide *Verticillium*-Arten zunächst ein helles Myzel mit charakteristischen wirtelig angeordneten Phialiden, an deren Enden farblose, eiförmige bis elliptische Konidien austreten. Bei Vorliegen des häufigeren *V. dahliae* (Abb. 99 b, c) bilden sich zusätzlich dunkel gefärbte, traubenförmige Mikrosklerotien, die der Kultur mit der Zeit ein grauschwärzliches Aussehen verleihen. In den Kulturen von *V. albo-atrum* (Abb. 99 d), die auch später weiß bleiben oder nur stellenweise grau erscheinen, fehlen typische Mikrosklerotien; stattdessen werden in älteren Kulturen dickere dunkelbraune Hyphen ausgebildet, die als Dauerzellen fungieren. Physiologisch lassen sich beide Arten im Laboratorium aufgrund unterschiedlicher Temperaturansprüche trennen: *V. dahliae* zeigt noch bei 30 °C gutes Wachstum, während *V. albo-atrum* bei dieser Temperatur ihr Wachstum einstellt. Weiterhin können *Verticillium*-Arten auch mithilfe eines serologischen Verfahrens, dem ELISA-Test, zweifelsfrei nachgewiesen werden (Werres 1997).

Beide *Verticillium*-Arten, von denen wirtsspezifische Rassen und morphologische Varietäten unterschieden werden, kommen weltweit auf etwa 70 Gehölzarten vor. Von den bekannteren Wald- und Parkbäumen werden hauptsächlich Ahorn, Esche, Kastanie, Linde, Robinie und Eberesche befallen. Unter den Ziergehölzen sind Trompetenbaum, Judasbaum, Perückenstrauch, Mandelbäumchen, Götterbaum und Essigbaum hoch anfällig.

Die Infektion der bodenbürtigen Erreger erfolgt über die Wurzel, wobei Nematoden als Vektoren eine Rolle spielen, oder oberirdisch über Wunden, die bei Schnittmaßnahmen entstehen. Bei diesem Vorgang wird der Erreger, der jahrelang im Boden auf Pflanzenresten überdauern kann, mitgeschleppt und übertragen. Die Ausbreitung in den Gefäßen erfolgt dann entweder durch Hyphenwachstum oder durch den Transport der Konidien mittels Saftstrom.

Hygienisches Arbeiten sowie Vermeiden von Rindenverletzungen sind die wirksamsten Voraussetzungen für die Verhütung einer Erkrankung. Weiterhin sollten Neuanpflanzungen nicht auf Böden angelegt werden, auf denen vorher an *Verticillium* erkrankte Pflanzen gestanden haben. Schließlich sollte darauf geachtet werden, dass nur gesunde Pflanzen eingesetzt werden. Trotzdem kann nicht immer ausgeschlossen werden, dass latent infizierte Pflanzen in den Handel geraten, die den Erreger vielleicht schon in der Baumschule aufgenommen haben.

7.4 Wasserzeichenkrankheit der Weide

Erreger: *Brenneria salicis*
Syn. *Erwinia salicis*

Ursache dieser Welke ist ein Bakterium, das Ausfälle sowohl bei Zierweiden, in Korbweidenkulturen als auch bei natürlich vorkommenden Weiden auslöst. Besonders anfällig sind *Salix alba, S. caprea, S. cinerea, S. fragilis, S. purpurea* und *S. triandra*. Erwähnenswerte Ausfälle sind vor allem aus den Niederlanden und England bekannt geworden.

Als Frühsymptom treten an Bäumen verschiedenen Alters von Mai bis Juli Welkesymptome an Blättern und jungen Trieben auf. Jüngere Pflanzen können bereits im ersten Jahr der Erkrankung sterben. Bei älteren Bäumen beschränkt sich die Erkrankung zunächst auf einzelne Äste, die bald verdorren und dann noch einige Zeit aus der grünen Krone herausragen. Nach einigen Jahren wird auch der Hauptstamm in Mitleidenschaft gezogen, sodass auch ältere Bäume mit der Zeit absterben können. Als weiteres Indiz einer Erkrankung gelten die auf dem Querschnitt befallener Äste erkennbaren dunklen Flecke und Streifen, die zu größeren Farbringen zusammenfließen können (Abb. 100).

Bei mikroskopischer Untersuchung des verfärbten Holzes lassen sich in den teilweise verthyllten Gefäßen Anhäufungen von Bakterien nachweisen, deren peritriche Begeißelung mit speziellen Färbemethoden sichtbar gemacht werden kann. Da *Brenneria salicis* auch in den Gefä-

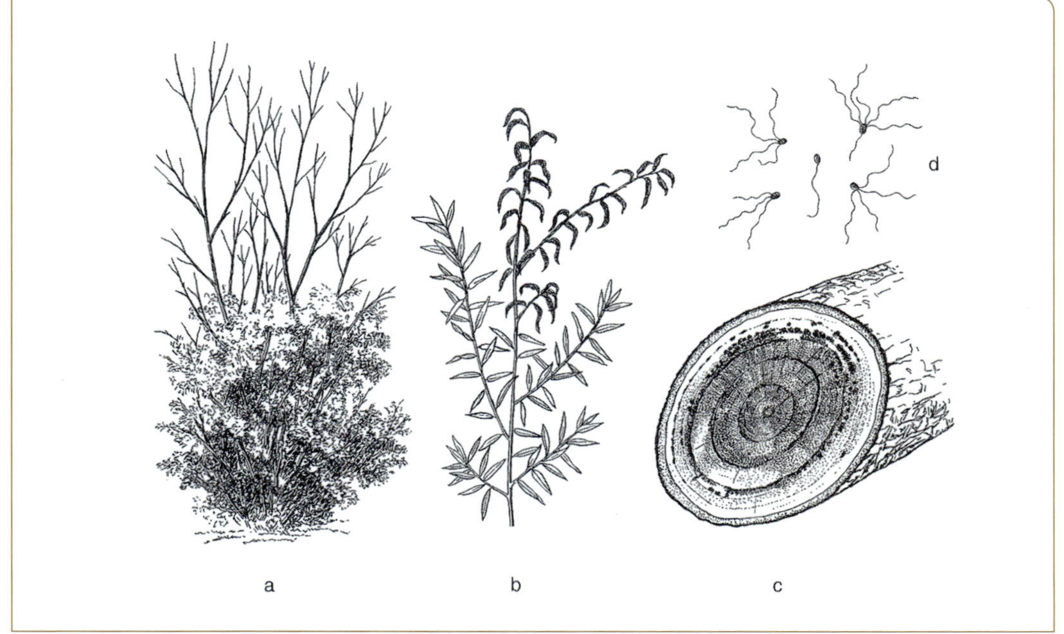

Abb. 100. Wasserzeichenkrankheit der Weide.
a Gesamtansicht einer befallenen *Salix alba*,
b Frühstadium mit Welkesymptomen,
c Stammquerschnitt mit kreisförmig angeordneten Flecken,
d begeißelte Bakterien des Erregers *Brenneria salicis* (**d** nach Gremmen und de Kam 1970).

ßen gesunder Weiden lebt und selbst als Epiphyt auf den Blättern gesunder Bäume vorkommt, wird angenommen (Gremmen und de Cam 1970), dass es nur dann zur Ausprägung des typischen Welkesyndroms kommt, wenn die Bakterieninfektion mit einem oder mehreren Stressfaktoren gekoppelt ist.

Die Übertragung des Erregers erfolgt durch Wind und Regen, vermutlich auch durch Insekten, die Verbreitung über größere Strecken durch infizierte Steckhölzer. Durch sorgfältige Kontrolle der Vermehrungsbeete wie auch durch Beseitigung erkrankter Weiden könnte einer Ausbreitung der Krankheit bzw. des Erregers vorgebeugt werden.

8 Wurzel- und Stammholzschäden

8.1 Abiotisch bedingte Strukturschäden

Schäden, die am stehenden Stamm auftreten, können erhebliche wirtschaftliche Folgen haben, treffen sie doch das ursprüngliche Produktionsziel der Forstwirtschaft: das Nutzholz. Teilweise treten die Schäden in spektakulärer Form auf, wie bei Sturmwurf oder Schneebruch. Andere Strukturschäden bleiben dem Auge so lange verborgen, bis der Baum umstürzt oder gefällt wird. Von den abiotisch bedingten Strukturschäden des Holzes sollen folgende genannt werden:

Astgabelbrüche sowie das Auseinanderbrechen gleichstarker Stämmlinge (Stammzwiesel) haben ihre Ursache im Vorhandensein eingeschlossener Rinde zwischen Ast und Stamm resp. zwischen zwei nebeneinander aufwachsenden gleichwertigen Stämmlingen. – Wenn bei normaler Entwicklung die Rinde in der Gabelung zwischen Ast und Stamm nach oben und außen geschoben wird (Astrindenleiste), so bleibt bei spitzwinklig aufwachsenden Ästen oder sich berührenden Stämmlingen die Rinde an der Innenseite erhalten. An dieser Stelle fehlt ein fester Zusammenhalt. Die Folge davon ist eine erhöhte Bruchgefahr, die sich vor allem bei Straßen- und Parkbäumen fatal auswirken kann. In welchem Maße Bäume mit Vergabelung gefährdet sind, lässt sich heute anhand äußerlich sichtbarer Merkmale einigermaßen sicher beurteilen (Weihs und Dujesiefken 2010). Baumgattungen mit häufiger Zwieselbildung sind u. a. Ahorn, Esche, Pappel, Rotbuche, Eiche und Weide.

Blitzschäden treten meist nur an Einzelbäumen auf, die entweder aus dem Bestand herausragen, auf freier Fläche stehen oder aus anderen Gründen blitzgefährdet sind. Seltener kommt es zum Absterben von mehreren Bäumen durch flächige Wurzelschädigung (Blitzlöcher). Die Folge von Blitzeinschlägen sind Umknicken, Umbrechen oder Splittern von Stämmen sowie vertikales Aufreißen der Rinde und des Splintholzes. Im letzten Fall findet man auf dem freigelegten Splintholz eine rillenartige „Entladungsspur“, die sich von der Krone bis zur Stammbasis hinziehen kann. Schmale Blitzrinnen können leichter verheilen; breitere Blitzrinnen bleiben länger offen und sind dann oft Ausgangspunkt für mehr oder weniger ausgedehnte Holzfäulen.

Feuerschäden gehören – bei großflächigen Bränden – zu den schwerwiegendsten abiotischen Einwirkungen, die zur Vernichtung ganzer Waldbestände führen können, vor allem wenn es sich um Wipfel- oder Kronenfeuer handelt. Ausgesprochene Waldbrandjahre sind durch trocken-heiße Witterung ausgezeichnet. Über die Entstehung,

Verhütung und Bekämpfung von Waldbrandschäden muss auf Spezialliteratur verwiesen werden (Schwerdtfeger 1981).

Narben im Holz sind meist die Folgen zeitlich zurückliegender überwallter Kambiumschäden. Durch Einbeziehung der Jahrringe lässt sich ein zeitlich genaues Bild entwerfen, in welchem Umfang und zu welchem Zeitpunkt ein Schaden am Stamm entstanden ist. So deuten T-förmige Holzfehler auf dem Stammquerschnitt von Rotbuchen auf eine frühere überwundene „Schleimflusskrankheit" hin (s. Kap. 6.3.12). Auch lassen sich mechanische Schädigungen, die dem Baum einmal durch Einritzen von Namen oder Zeichen bis zum Kambium zugefügt worden sind, zeitlich genau datieren.

Ringrisse, auch **Ringschäle** genannt, entstehen dann, wenn sich Zellen längs eines Jahrringes großflächig voneinander lösen. Die vollständige Trennung beider Holzflächen erfolgt oft erst bei Trocknung und Aufschneiden des Stammes. Für die Ausbildung eines solchen gefügeschwachen Jahrrings werden meist Kambiumverletzungen verantwortlich gemacht, in deren Gefolge – als Abwehrreaktion des Baumes – in den entsprechenden Jahrringen mehr Parenchymzellen als normal angelegt werden. Derart veränderte Zellpartien werden in Wundnähe ausgebildet, können aber bei umfangreichen Kambiumschäden den gesamten neuen Jahrring in Mitleidenschaft ziehen. Bei Laubbäumen geben sich die präformierten späteren Ringrisse durch eine dunklere Färbung im Holz zu erkennen.

Ringrisse können aber auch – überwiegend bei Nadelholz – durch frühere starke Sommertrockenheit ausgelöst werden, wobei dann meist mehrere Bäume eines Gebietes betroffen sind. Hinweise auf solche „Trockenheitsringe" ergeben sich aus der Jahrringanalyse und den meteorologischen Daten der entsprechenden Jahre.

Schneebruch- und **Eisbruchschäden** treten bei extremen winterlichen Witterungslagen auf. Schneebruch wird durch zu hohe Schneelasten auf den Ästen, Eisbruch durch gefrierenden Regen (Eis-Anhang) verursacht. Beides führt zu Verbiegungen und schließlich zu Wipfel- oder Astabbrüchen. Besonders gefährdet sind Kiefer, Fichte, Tanne sowie Rotbuche und Birke.

Stammrisse sind endogene Holzrisse, die sich erst dann zu erkennen geben, wenn sie durch stete radiale Ausdehnung den Rindenmantel erreicht haben und dann als Rindenrisse ins Auge fallen. Ihre Entwicklung kann sich dabei über mehrere Jahre erstrecken. Solche nach außen getretene Radialrisse werden vom Baum meist überwallt. In kalten Wintern kann das Überwallungsgewebe allerdings wieder aufreißen (nach Aussagen von Forstleuten oft begleitet von einem lauten Knall). Durch wiederholtes Aufplatzen und Überwallen entsteht schließlich eine wulstartig vorspringende **Wundleiste** (früher „Frostleiste" genannt), die mehrere Meter lang werden kann (Butin und Volger 1982). An der Entstehung von Radialrissen sind Pilze in der Regel nicht beteiligt; wohl

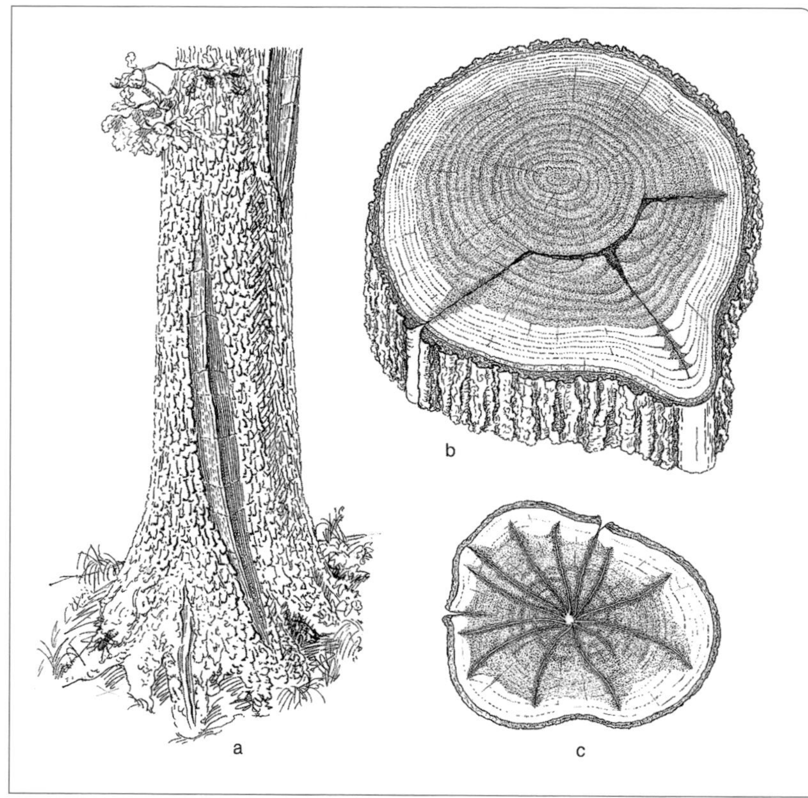

Abb. 101. Stammrisse an Eiche.
a Äußeres Erscheinungsbild von Stammrissen mit mehreren Wundleisten,
b Stammquerschnitt mit alter Kambiumverletzung als Ausgangspunkt von Radialrissen, **c** Sternrisse an Roteiche (Querschnitt) ausgehend von einer zentral gelegenen Fäule.

findet man in den Holzspalten regelmäßig Bakterien, die höchstwahrscheinlich für die sukzessive Verlängerung der Risse verantwortlich sind (Schmidt et al. 2001). Unter dieser Prämisse wäre die Bildung von Stammrissen zu den biotischen Krankheitserscheinungen zu rechnen (Abb. 101).

Ausgangspunkt von Radialrissen sind Wunden, die in Form von Astabbrüchen, Wurzelschäden oder anderen Holzverletzungen auftreten. Im urbanen Bereich sind es vor allem stammparallele Astungswunden, die als Eintrittspforten für Bakterien und andere Mikroorganismen dienen (Butin und Brand 2017). Von hier aus erfolgt ihre Ausbreitung meist stammabwärts, wobei als Wanderwege die nährstoffreichen Holzstrahlen fungieren. Die Standfestigkeit eines Baumes wird dadurch kaum beeinträchtigt, wohl kann es bei der Nutzung des Holzes zu erheblichen Wertminderungen kommen. Wirtschaftlich bedeutsam sind Radialrisse vor allem bei der Eiche. Weitere Baumgattungen, an denen derartige Symptome häufiger beobachtet werden können, sind Ahorn, Esche, Pappel, Platane und Ulme.

Wenn man davon ausgeht, dass Bakterien wesentlich an der Entstehung von Stammrissen beteiligt sind, besteht die Möglichkeit, durch

Auftragen von Wundverschlussmitteln, z. B. bei Astungsarbeiten, das Auftreten von Stammrissen grundsätzlich zu verhindern.

Neben Bakterien kommen in besonderen Fällen auch Pilze als Urheber von Radialrissen in Betracht. Dazu gehört die z. B. an Ahorn auftretende **Verticilliose** (Schneidewind 2006).

An Bäumen mit Radialrissen bzw. Wundleisten tritt nicht selten **Schleimfluss** auf, begleitet von einem äußerlich nicht erkennbaren **Nasskern** (s. Kap. 8.3). Zwischen beiden Phänomenen (Radialrisse und Schleimfluss) besteht sehr wahrscheinlich ein enger kausaler Zusammenhang.

Sturmschäden geben sich entweder durch Wurf zu erkennen, wenn der ganze Stamm mit dem Wurzelballen ausgehoben wird, oder durch Bruch, wenn bei fester Bodenverankerung der Sturmdruck die Biegefestigkeit des Stammes überschreitet, sodass der Stamm bricht. Je nach dem Umfang der Schäden spricht man von Einzel-, Nester- oder Flächenbruch bzw. -wurf. Biologisch können Sturmschäden zu erheblichen Störungen des Waldgefüges führen.

Trockenrisse im Holz äußern sich zunächst durch kleinere Xylemspalten, die durch extreme Saugspannungen in minderfesten Holzpartien nach länger anhaltenden Trockenperioden entstehen (Caspari und Sachsse 1990). Als Folgeschäden treten vertikale Rindenrisse auf, die bald überwallt werden und im Laufe der Jahre ihre Verbindung zu den inneren primären Holzrissen verlieren (Abb. 81 a–c).

8.2 Holzverfärbungen

Außer der natürlichen Farbänderung des Holzes, wie z. B. bei der Kernholzbildung (obligatorischer Kernbildung), gibt es anormale „pathologische“ Verfärbungen, die erst nach besonderen Ereignissen im Holz lebender Bäume auftreten. Auf der einen Seite sind es nichtparasitäre Erscheinungen, bei deren Entstehung Mikroorganismen keine oder eine nur untergeordnete Rolle spielen. Auf der anderen Seite können Verfärbungen im Holz ausschließlich durch Pilze hervorgerufen werden, wobei die Holzstruktur entweder unbeeinträchtigt bleibt (z. B. bei der Bläue des Koniferenholzes) oder die Verfärbung kommt durch Änderung in der Zusammensetzung des Holzes zustande, wie es bei der Weißfäule oder Braunfäule der Fall ist.

Von den nichtparasitären Holzverfärbungen sollen einige Grundtypen beschrieben werden, die vor allem bei der Rotbuche eingehender untersucht worden sind, die aber ihrer Ursache und Genese nach auch bei anderen Baumarten vorkommen. (Für die Charakterisierung wurde u. a. die von Sachsse [1991] aufgestellte Typologie verwendet.)

Am bekanntesten ist der **Normale Rotkern** der Buche, der seine Bezeichnung der rotbraunen wolkenartig gemusterten Färbung des zentralen Stammholzes verdankt. Für diesen Verfärbungstyp ist in der Praxis

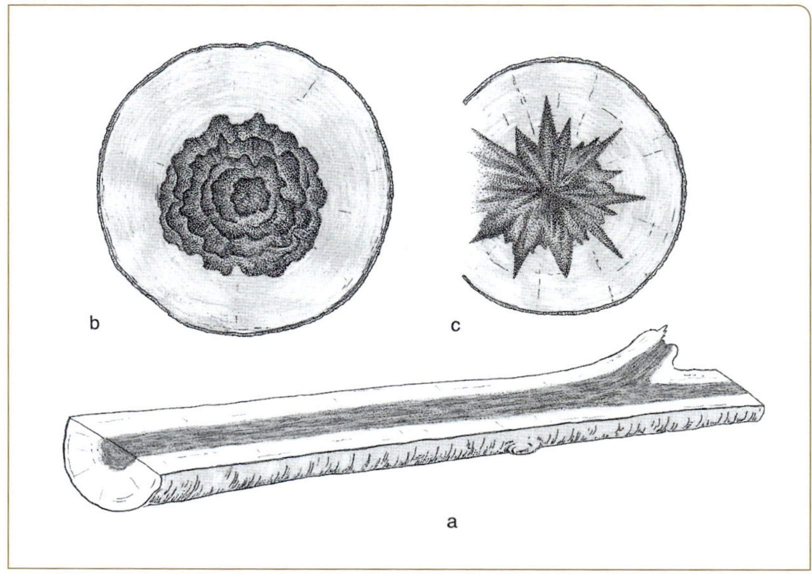

Abb. 102. Buchenrotkern.
a Längsschnitt durch einen Stamm mit zentral gelegener Verfärbung; **b, c** Stammquerschnitt mit Wolkenkern **(b)** bzw. Spritzkern **(c)**.

der Name „Wolkenkern" gebräuchlich (Abb. 102 a, b). Bei mikroskopischer Untersuchung erweisen sich die dunklen Zonen reich an verthyllten Gefäßen, während die helleren Zwischenfelder nur schwach verkernt sind. Bei Trocknung geht die Verfärbung stark zurück. Weiterhin werden Kernholzstoffe in das Innere der abgestorbenen Parenchymzellen eingelagert, wodurch der Rotkern eine erhöhte Dauerhaftigkeit erhalten soll. Eine aktive Abwehrreaktion des abgestorbenen Gewebes ist allerdings nicht mehr möglich, sodass sich vorhandene Faulstellen im Holz relativ rasch ausdehnen können.

Die Ausbildung eines Rotkerns wird heute als altersbedingter, physiologischer, normaler Vorgang interpretiert, der allerdings nicht bei allen älteren Bäumen auftritt. – Über die Ursache der Rotkernbildung gibt es in der Literatur verschiedene Erklärungsversuche. Als wichtigste Voraussetzung werden das Baumalter und der Stammdurchmesser angesehen. Weitere Einflussfaktoren sind extreme Standortbedingungen sowie gravierende Schäden in Form von Astabbrüchen oder Sonnenbrand, die wesentlich für den Lufteinbruch in die Gefäße verantwortlich sind.

Als besondere Modifikation des Rotkerns wird der **Spritzkern** angesehen, der durch eine bizarr-zackenartige Begrenzung der Verfärbungszone und eine besonders starke Verthyllung und Anhäufung von Kernstoffen im äußeren Randbereich des Kerns ausgezeichnet ist (Abb. 102 c). Auch dieser Verkernungstyp kommt fast ausschließlich bei Altbuchen vor, wobei hier der Kerndurchmesser meist größer ist als beim Normalen Rotkern. Als Ursache werden komplexe Einflüsse mehrerer Faktoren angenommen, unter denen Witterungsextreme eine besondere Rolle spielen.

Neben dem Wolken- und Spritzkern findet man bei der Rotbuche noch einen weiteren Kerntyp, der als **Abnormer Kern** bezeichnet wird. Er besitzt eine gewisse Ähnlichkeit mit dem Spritzkern, zeigt aber in der Randzone der Verfärbung schon kurz nach der Fällung des Baumes eine auffallend tiefschwarze Verfärbung und eine besonders hohe Feuchtigkeit. Außerdem kann man einen unangenehmen Geruch nach Buttersäure feststellen, der auf die Tätigkeit von Bakterien zurückgeführt wird. (Sowohl die erhöhte Feuchtigkeit als auch das Bakterienvorkommen erinnern stark an den Nasskern.) Weitere Charakteristika sind eine extrem starke Verthyllung der Gefäße sowie ein hoher Gehalt an phenolischen Stoffen. Ursache und Genese des Abnormen Kerns sind weitgehend ungeklärt. Man vermutet eine Beziehung zu Trockenperioden auf bestimmten prädisponierenden Standorten, wobei der Verfärbungsprozess hier rascher abzulaufen scheint als bei den übrigen Kernbildungen.

Alle drei Verkernungstypen können bei der Verarbeitung von Buchenstammholz zu erheblicher Minderung des Gebrauchswertes führen. Dies betrifft zunächst die augenfällige ästhetische Wertminderung des Holzes. Gravierendere Nachteile ergeben sich jedoch aus der Änderung des Sorptions-, Tränkungs- und Trocknungsverhaltens des Holzes. Dieser Tatsache wird bei der Gütesortierung Rechnung getragen.

Verwandt mit den drei vorangestellten Verfärbungstypen ist das **Schutzholz** (Shigo 1994) – in der Literatur auch als Wundholz oder **Reaktionszone** bezeichnet –, das von vielen Baumarten gebildet wird und eine wichtige Rolle im aktiven Abwehrsystem des Baumes spielt. Die Bildung von Schutzholz wird durch Verletzungen des Kambiums oder durch vordringende Mikroorganismen im Holz ausgelöst. Primär findet es sich in der äußeren Zone des Xylems. Charakterisiert ist Schutzholz bei Laubbäumen durch eine bräunliche Verfärbung, durch Thyllenbildung in den Gefäßen und durch Einlagerung von Phenolstoffen. Es ist demnach dem Rotkern durchaus ähnlich. In ihrer Ausdehnung kann die Schutzholzzone allerdings erheblich variieren. Bei Eiche, Hainbuche, Platane und Rotbuche beträgt sie oft nur wenige Zentimeter. Die genannten Baumarten sind demnach stark abschottende (kompartimentierende) Gehölze. Birke, Pappel, Rosskastanie und Weide sind demgegenüber schwache „Abschotter“ mit weiträumigen, weniger wirksamen Verfärbungszonen (Dujesiefken und Liese 2008). Biologisch bedeutet die Ausbildung von Schutzholz eine Abgrenzung gesunden Holzes gegenüber schadhaften Bereichen. Mit derartigen Abwehrreaktionen schützt sich der Baum vor Lufteinbrüchen (Luftembolie), vor Wasserverlusten und schließlich vor dem Eindringen von Mikroorganismen.

Bei der Charakterisierung von Holzverfärbungen werden in der Literatur noch weitere Begriffe verwendet, die teilweise Varianten oder Synonyme der vier beschriebenen Grundtypen darstellen. So versteht man unter einem **Falschkern** eine fakultative Holzverfärbung, die von Baumarten gebildet wird, die normalerweise kein farbiges Kernholz besitzen. Hier ist die Neigung zur Ausbildung eines **Farbkerns** (Falschkerns) artspezifisch. Ein fakultativer Kernbildner ist z. B. die Esche, die häufig einen zentral gelegenen fakultativen „Braunkern" ausbildet. Im Prinzip gehört auch der Normale Rotkern der Buche zu den Falschkernen, denn hier wird die Verfärbung ebenfalls erst durch Einwirkung bestimmter äußerer Ereignisse in Gang gesetzt. Weitere Laubbäume mit **fakultativer Kernbildung** (Falschkernen) sind Ahorn, Birke, Linde, Pappel und Rosskastanie.

Zu den Verfärbungen, die im Innern von Stämmen auftreten, kann auch der **Nasskern** gerechnet werden. Man versteht hierunter die Ausbildung einer dunkelgefärbten, sehr feuchten Zone im Kern und im inneren Splintholzbereich. Nasskerne sind stets mit Bakterien, meist fakultativ anaeroben Arten, assoziiert, die über Totäste oder defekte Wurzeln in das Innere eines Stammes gelangen, ohne jedoch die Holzstruktur oder Holzqualität wesentlich zu beeinträchtigen. Es kommt vielmehr zu einer erhöhten Resistenz des Holzes, verursacht durch die Anwesenheit der Bakterien, in besonderer Weise aber durch die dort vorhandene extrem hohe Feuchtigkeit. (Eine von der Praxis häufig empfohlene „Entwässerung" von Nasskernen dürfte demnach nicht erforderlich sein.) Bäume mit ausgedehntem Nasskern sind manchmal äußerlich daran zu erkennen, dass Feuchtigkeit durch Rindenspalten oder Astungswunden nach außen tritt, wobei sich die Rinde dunkel verfärbt. Die nährstoffreiche Flüssigkeit wird hier in der Regel von den verschiedensten Mikroorganismen besiedelt, die die sonst wässrige Flüssigkeit in einen bräunlichen **Schleimfluss** verwandeln. Nicht zu verwechseln mit dem pathologischen Schleimfluss ist der im Frühjahr an Astwunden (z. B. nach der Grünastung) auftretende natürliche **Blutungssaft**. Zu den stark „blutenden" Bäumen gehören Ahorn, Birke und Rotbuche; Eschen scheinen dagegen keinen erkennbaren Saftdruck und damit keinen Blutungssaft zu besitzen.

Normale Nasskerne – die bei Birke, Pappel und Ulme relativ häufig auftreten – sollen phytopathologisch nicht überbewertet werden, da sie in der Regel keinen sichtbaren Schaden verursachen. Dringt jedoch die Verfärbung bis zum äußeren Splintholzbereich vor, so kann der Kern in einen **pathologischen Nasskern** übergehen. Charakteristisch für einen solchen Kern ist die ungleichmäßige Ausdehnung der Verfärbung, die oft zackenartig berandet ist. Durch das Übergreifen auf das funktionstüchtige Splintholz kann die Wasserleitfähigkeit so stark beeinträchtigt werden, dass es zu Sekundärschäden kommt, die sich u. a. in der Krone bemerkbar machen. Von den Waldbäumen scheint besonders die Tanne unter dem pathologischen Nasskern zu leiden. Möglicherweise spielt diese Anomalie, deren Entstehungsursache noch weitgehend ungeklärt ist, bei der Pathogenese des „Tannensterbens" eine Rolle (Schütt 1977).

8.3 Holzfäulen und ihre Erreger

Holzfäulen oder Holzzersetzungen sind das Ergebnis meist langjähriger Prozesse, die mit dem Auftreten Holz abbauender Pilze sowie mit Farb- und Strukturänderungen des Holzes verbunden sind. Definitionsgemäß sind **Fäulen** Gewebezersetzungen oder -auflösungen größerer Zellpartien, verursacht durch die enzymatische Tätigkeit von Mikroorganismen bzw. Pilzen. Für den Forstmann bedeuten Holzzersetzungen Wertverluste. Für die Allgemeinheit bringen sie – neben ästhetischer Wertminderung – u. U. erhebliche Gefahren mit sich, wenn durch Abbrechen von Ästen oder Umbrechen erkrankter Bäume Sachschäden entstehen oder sogar Todesfälle zu beklagen sind. Umso wichtiger sind daher regelmäßige Baumkontrollen und die Durchführung von Pflegemaßnahmen. Diese Vorkehrungen gelten vor allem für Straßen- und Parkbäume.

Zum **Erkennen von Schäden**, vor allem von **Holzfäulen** im Stammholz, können verschiedene Geräte und Verfahren herangezogen werden, von denen einige relativ einfach sind, andere aber einen hohen technischen Aufwand benötigen. Eine der ältesten, einfachsten und noch heute eingesetzten Methoden zur Baumuntersuchung ist die Entnahme eines **Bohrkerns** mithilfe eines Zuwachsbohrers. Mit dieser Methode lässt sich die Restwandstärke eines Baumes ermitteln; auch kann diese Methode für phytopathologische Untersuchungen verwendet werden. Für die Bewertung der aktuellen Situation eines Baumes (z. B. für der Beurteilung der Verkehrssicherheit eines Baumes) ist diese Methode allerdings nur sehr begrenzt verwendbar, da sich die Daten nur auf einen engen Bereich des Bohrkanals beschränken. Ein ähnliches „bohrendes" Verfahren liegt der elektrischen **Bohrwiderstandsmessung** zu Grunde, bei der der Stromverbrauch beim Einbohren einer Prüfnadel in das Holz aufgezeichnet wird. Weitere Verfahren zur Ermittlung der Festigkeit des Holzes basieren entweder auf der Messung der **elektrischen Leitfähigkeit** des Holzes oder auf der Ermittlung der **Schallgeschwindigkeit** mittels Schall- oder Ultraschallgeräten (Rust und Weihs 2007).

Ohne die Anwendung von Geräten zur Holzzustandsermittlung bleiben die im Stammholz ablaufenden Fäuleprozesse dem Auge solange verborgen, bis der entsprechende Baum gefällt oder durch Sturm geworfen wird. Anders ist die Situation eines Baumes dann zu bewerten, wenn sich äußerlich schon Fruchtkörper von Pilzen entwickelt haben. Bei dem Auftreten von Pilzfruchtkörpern am Stamm kann grundsätzlich auch mit dem Vorhandensein einer Fäule im Holz ausgegangen werden. Schlussfolgerungen daraus müssen allerdings sehr differenziert vorgenommen werden, denn die Gefährlichkeit von Pilzinfektionen wird von zahlreichen Faktoren bestimmt. Sie ist einmal abhängig von der Pilzart selbst. Weiterhin wird die Geschwindigkeit der Fäuleentwicklung (und damit ihre Gefährlichkeit) durch die arttypische Anfälligkeit sowie durch die Prädisposition des Baumes bestimmt. Technische Erfahrungen in der Ermittlung von Fäuleschäden sowie die Kenntnis der Biologie und Taxonomie Holz zerstörender Pilze sind daher notwendig, um Baumuntersuchungen und -kontrollen erfolgreich durchführen zu können (Dujesiefken et al. 2005).

Ausgangspunkt von Holzzersetzungen sind – mit Ausnahme von Direktinfektionen bei wurzelbürtigen Pilzen – Wunden, die am Stamm, in der Krone oder auch an der Wurzel liegen können. Bevorzugte Eintrittspforten für Pilze sind Astabbrüche, die nicht rechtzeitig abgeschottet werden. Auch unsachgemäß ausgeführte Astungen können Ausgangspunkt einer ausgedehnten Stammfäule sein. Grundsätzlich sind Rindenverletzungen jeder Art, bei denen das Kambium in Mitleidenschaft gezogen wird, Schwachstellen für eine Infektion Holz zerstörender Pilze.

Die **Art der Holzzersetzung (Fäuletyp)** richtet sich im Wesentlichen nach der physiologischen Leistung der einzelnen Pilzart. Auf Grund unterschiedlicher enzymatischer Fähigkeiten kommt es entweder zu einer Weiß- oder einer Braunfäule (Schmidt 1994). Bei der **Braunfäule** (Destruktionsfäule) werden die Kettenmoleküle der Cellulose durch Einwirkung des Enzyms Cellulase in immer kleinere Bruchstücke zerlegt und völlig metabolisiert. Übrig bleibt das von Braunfäuleerregern nicht angreifbare Lignin. Bei der **Weißfäule** (Korrosionsfäule) unterscheidet man zwischen einer Selektiven Delignifizierung (bei der zunächst nur das Lignin abgebaut wird) und einer Simultanen Fäule (bei der Lignin, Cellulose und Hemicellulosen gleichzeitig abgebaut werden). Für den letztgenannten Vorgang stehen den Weißfäulepilzen Phenoloxidasen, Cellulasen und Hemicellulasen zur Verfügung, die meist als Ektoenzyme von den Hyphen ausgeschieden werden. Das von den Braunfäuleerregern angegriffene Holz wird durch Herauslösen der Cellulose rissig und mürbe, bis es schließlich würfelförmig zerfällt und völlig depolymerisiert wird. Bei der Weißfäule schwindet das Holz durch Ligninverlust gleichmäßiger und beginnt erst sehr spät Risse zu bilden. Ein Sonderfall der Weißfäule ist die „Weißlochfäule“, die auch als „Wabenfäule“ bezeichnet wird und für gewisse Pilzarten (z. B. *Porodaedalea pini*) charakteristisch ist. Bei einer solchen Fäule wird das Lignin ungleichmäßig abgebaut, sodass viele kleine längliche Kavernen entstehen, in denen Cellulose zurückbleibt. Bei streifenförmiger Ausbildung der Weißfäule spricht man auch von „Weißstreifigkeit“ (z. B. bei *Stereum rugosum*). Auch die **Rotfäule** ist dem Chemismus nach eine Weißfäule, bei der allerdings die ursprünglich helle Färbung durch andere Farbreaktionen überlagert wird.

Von der klassischen Weiß- und Braunfäule wird eine besondere Form der Holzzersetzung unterschieden, die hauptsächlich von einigen Ascomyceten und Deuteromyceten verursacht und **Moderfäule** (engl. soft rot) genannt wird. Das befallene Holz zeigt hierbei alle Merkmale einer Braunfäule mit auffallender Aufweichung des Holzes. Im mikroskopischen Bild ist dieser Fäuletyp durch kreisförmige, ovale oder rautenförmige Kavernen in der Sekundärwandung von Spätholzzellen ausgezeichnet. Bei den Stammholzfäulen spielt diese Art der Holzzersetzung bis auf wenige Ausnahmen *(Kretzschmaria deusta)* eine untergeordnete Rolle. Wirtschaftlich bedeutsam ist die Moderfäule dagegen bei lagerndem und verbautem Holz. Neuerdings sind Holzabbauerscheinungen nach dem Typ der Moderfäule auch bei Basidiomyceten beobachtet worden *(Inonotus hispidus)*. Der hier zusätzlich zur normalen Weißfäule auftretende Abbauprozess wird auch als **fakultative Moderfäule** bezeichnet (Schwarze et al. 1999).

Zu den Sonderformen und seltener auftretenden Fäuletypen gehört schließlich die **Krebsfäule** (engl. canker rot). Hierbei handelt es sich um eine durch bestimmte Pilzarten verursachte Holzfäule, bei der auch die Rinde in Mitleidenschaft gezogen wird. Bei einem Befall wird zuerst das Holz besiedelt und abgebaut; anschließend wird auch die Rinde befallen und abgetötet. Dieser Prozess kann sich mehrere Male wiederholen, wobei der Erreger die Kambialzone von der Rinde aus (unter Um-

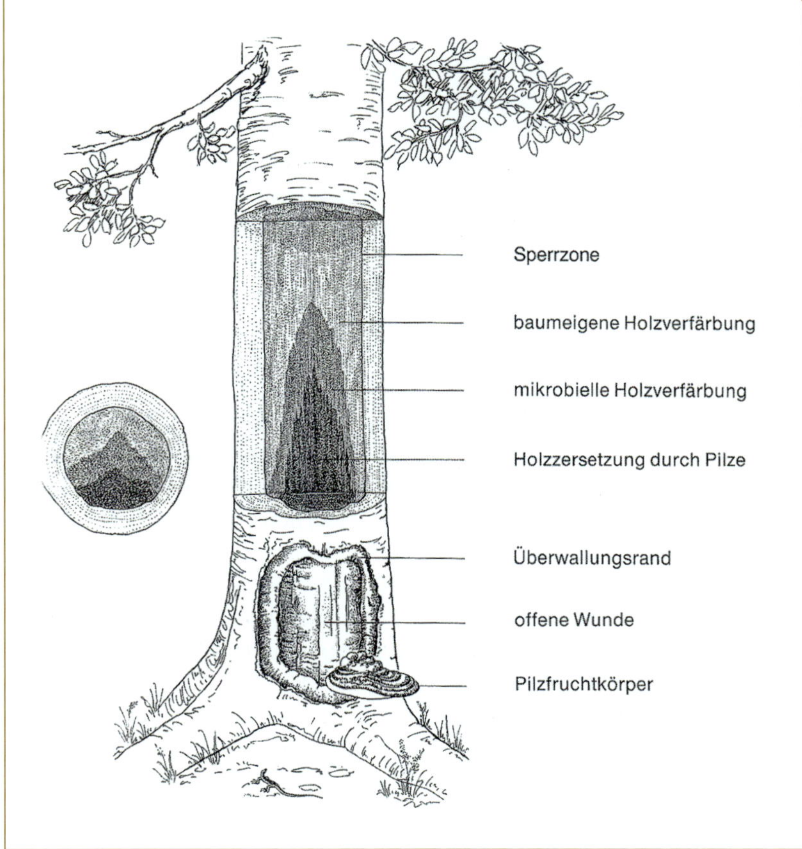

Abb. 103. Modell einer sukzessiven Veränderung im Stammholz eines Laubbaumes nach vorausgegangener Rindenverletzung und Infektion durch Mikroorganismen (nach Shigo und Marx 1977).

gehung der periodisch angelegten Sperrzonen im Holz) immer wieder neu besiedelt und abtötet. „Das Pathogen springt von Holz zur Rinde und umgekehrt“ (Shigo 1994). Typische Vertreter einer solchen Krebsfäule sind *Stereum rugosum* (s. Kap. 6.3.10) und *Porodaedalea pini* (s. Kap. 8.3.11).

Zur **Abwehr von Fäuleerregern** und zur **Abgrenzung von Holzfäulen** stehen dem Baum verschiedene Abwehrmechanismen zur Verfügung, die im Wesentlichen auf der **Abschottung** (Kompartimentierung) des erkrankten Holzes gegenüber gesundem Holz beruhen. Die Reaktionen sind weitgehend unspezifisch und richten sich sowohl gegen Lufteintritt als auch gegen Fremdorganismen. Allerdings bestehen bei den einzelnen Baumarten erhebliche Unterschiede in Form, Wirksamkeit und Zeitpunkt der Abwehrreaktionen. Die komplexen Vorgänge, die sich bei einer Verwundung mit nachfolgender Infektion abspielen, sind in einem Schema in Abb. 103 dargestellt, basierend auf dem von Shigo und Marx (1977) entwickelten CODIT-Modell (= **C**ompartimentation **o**f **D**ecay **i**n **T**rees = Abschottung von Fäule in Bäumen), für das später von Dujesiefken und Liese (2008) der Begriff **CODIT-Prinzip** vorgeschlagen wurde.

Wird das Kambium durch eine Verletzung großflächig geschädigt, so reagiert der Baum zunächst mit der Umwandlung des vorhandenen Holzes in sogenanntes **Schutzholz**, erkennbar an einer mehr oder weniger intensiven baumeigenen Holzverfärbung, die weite Teile des Stammholzes erfassen kann. Dieser auch als **Reaktionszone** bezeichnete Holzbereich ist bei Laubbäumen durch Verthyllung und durch Einlagerung von Gerbstoffen ausgezeichnet, was zu einem erhöhten Schutz gegenüber eindringenden Mikroorganismen führt. Trotzdem gelingt es mit der Zeit bestimmten Pilzen wie auch Bakterien, in das Holz tiefer einzudringen, wobei der Baum mit der Bildung weiterer pilzwidriger Stoffe reagiert, erkennbar an der Vertiefung der Verfärbung (mikrobielle Holzverfärbung). Erst in einer späteren Phase kommt es zu einer Holzzersetzung durch Holz zerstörende Pilze, die von der Wunde aus einwandern und das Holz entweder in weißliche oder bräunliche Abbauprodukte umwandeln. Diese Endphase der Holzbesiedlung ist schließlich durch das Erscheinen von Pilzfruchtkörpern ausgezeichnet, die an verschiedenen Stellen des Stammes in Erscheinung treten können. Pilzfruchtkörper sind ein Zeichen dafür, dass größere Teile des Stamm- oder Wurzelholzes für die Energie- und Stoffgewinnung des Pilzes umgesetzt worden sind und dass bei einer weiteren Fäuleausdehnung mit statischen Problemen zu rechnen ist.

Neben zahlreichen Faktoren, die die Entwicklung und Ausdehnungsgeschwindigkeit einer Stamm- oder Wurzelholzfäule beeinflussen können (u. a. Standort, Baumart, physiologischer Zustand des Baumes, Pilzart), gehört auch das Schicksal der Wunde selbst. Je eher eine Wunde durch **Überwallung** und Bildung neuer Holzzellen **(Wundholz)** geschlossen wird, umso früher kommt auch die Fäuleentwicklung zum Stillstand bzw. wird diese in ihrer Ausdehnungsgeschwindigkeit gebremst. Die Abkapselung eines Schadens ist damit ein weiterer wirkungsvoller Faktor im Abwehrsystem des Baumes gegenüber der Ausbreitung von Schadorganismen (Abb. 101).

Die im Stamm entstandene Fäule bleibt in der Regel auf diejenigen Holzpartien beschränkt, die bereits vor der Verwundung vorhanden waren. Ursache dafür ist die besonders effektive pilzwidrige **Barrierezone** (Sperrzone), die unmittelbar nach einer Verletzung im wundnahen Bereich vom Kambium gebildet wird und dem Jahrringverlauf folgt. Bei Laubhölzern ist diese Gewebezone reich an parenchymatischen Zellen und pilzwidrigen Inhaltsstoffen. Bei Nadelbäumen werden stattdessen vermehrt Harzkanäle gebildet, die auch bei Baumarten beobachtet werden können, die normalerweise keine Harzkanäle besitzen (Tanne). Auf Grund der hoch wirksamen Sperrzone sind die meisten Organismen nicht in der Lage, diese Grenze zu durchbrechen und in das angrenzende Splintholz einzudringen. In dem nach der Verwundung neu gebildeten Holz (Wundholz) kann sich eine Fäule erst dann entwickeln, wenn eine neue Infektion von außen stattgefunden hat oder wenn es einem Spezialisten gelungen ist, die Barrierezone zu durchbrechen.

Will man die gewonnenen Erkenntnisse in die **praktische Baumpflege** umsetzen, so steht am Anfang aller Vorkehrungen die Vermeidung von Rinden- und Kambiumverletzungen, denn diese sind Voraussetzungen und Ausgangspunkte für oft folgenschwere Fäulnisprozesse in Stamm und Wurzel. Zwar ist dadurch – wie aus dem obigen Abwehrprogramm hervorgeht – nicht immer das Leben des Baumes in unmittelbarer Gefahr; bei Waldbäumen kommt es jedoch häufig genug zu erheblichen Holzverlusten (Beispiel: Wundfäule der Fichte durch *Stereum sanguinolentum*). Bei Straßen- und Parkbäumen sind es Sachschäden oder auch Personenschäden, die durch einen stammfaulen und dann umstürzenden Baum entstehen können. Pflegemaßnahmen nehmen daher in beiden Bereichen einen immer breiter werdenden Raum ein. Dies gilt besonders für baumpflegerische (früher baumchirurgische) Maßnahmen, über deren Stand verschiedene Sachbücher Auskunft geben (Dujesiefken und Liese 2008, Roloff 2008). Weitere Angaben, die sich vor allem auf die Überprüfung der Verkehrssicherheit von Bäumen beziehen, finden sich in speziellen Baumkontrollempfehlungen und -richtlinien (Balder et al. 2009, Dujesiefken et al. 2005, FLL 2004).

Die an Stamm- und Wurzelholz vorkommenden, wirtschaftlich bedeutsamen **Holz zersetzenden Pilze** gehören fast alle – mit Ausnahme einiger Ascomyceten – zu den Basidiomyceten, verteilt auf die noch im Umbau begriffenen klassischen Ordnungen der Polyporales („Porlinge“), Stereales (heute Russulales) und der Agaricales (überwiegend Blätterpilze). Für die Bestimmung einzelner Arten ist in der Regel die Vorlage von Fruchtkörpern erforderlich (Horak 2005, Jahn 2005; Wohlers et al. 2003). Liegen Fruchtkörper nicht vor, so kann der Fäuleerreger anhand bestimmter Kulturmerkmale oder mithilfe molekularbiologischer Methoden identifiziert werden.

Nach dem Ausgangspunkt von Fäulen kann man die entsprechenden Pilzarten in **wurzelbürtige** (Kap. 8.3.1–8.3.7) und **stammbürtige Fäuleerreger** (Kap. 8.3.8–8.3.19) unterteilen. Bei den wurzelbürtigen Arten kommt es zunächst im Wurzelbereich zu einer mehr oder weniger ausgedehnten Holzzersetzung, die sich entweder auf den Wurzelbereich beschränkt (z. B. *Rhizina undulata*) oder auf das Stammholz übergreift (z. B. *Heterobasidion annosum*). Die stammbürtigen Fäulen nehmen dagegen ihren Ausgangspunkt von oberirdisch am Stamm gelegenen Wunden. – Diese differenzierende Betrachtungsweise ist für eine Bekämpfung nicht ganz unbedeutend, denn stammbürtige Fäulen können evtl. durch baumpflegerische Maßnahmen zum Stillstand gebracht werden oder – besser noch – durch eine vorherige fachgerechte Baumpflege ganz vermieden werden. Ein Fäuleschaden an der Wurzel kann dagegen direkt nur schwer behandelt werden. Hier sind eher Vorkehrungen zu empfehlen, die auf die Vermeidung von mechanischen Wurzelschäden abzielen oder die die Abwehrfähigkeit der Bäume stärken (Bewässerung, ausgewogene Düngung, Einhaltung einer ausreichend großen Baumscheibe usw.). Diese Maßnahmen gelten vor allem für Straßen- und Parkbäume, die oft genug unter nicht-standortgemäßen Bedingungen leben müssen (Balder et al. 1997).

8.3.1 Wurzellorchel

Rhizina undulata Fr.

Der zu den Pezizales gehörende Pilz ist ein spezifischer Wurzelparasit, der sowohl Kiefernsämlinge als auch ältere Bäume, vor allem 20- bis 30-jährige Bestände von *Picea sitchensis* und *Pinus nigra*, zu befallen vermag. Weniger häufig tritt die Wurzellorchel in Jungbeständen von *Larix decidua, Picea abies* und *Pinus sylvestris* auf. Ein Befall macht sich dadurch bemerkbar, dass die neu gebildeten Triebe kurz bleiben; die Nadeln verfärben sich gelblich, und der Baum stirbt schließlich ab. Typisch für das Auftreten des Pilzes im Bestand ist die Entstehung kreisförmiger Sterbelücken (Ringfäule), die sich mit der Zeit weiter ausdehnen. Da eine solche Erscheinung auch andere Ursachen haben kann, ist entweder das Auffinden von Fruchtkörpern des Pilzes oder der Nachweis von gelblichen Myzelsträngen erforderlich, die im Wurzelbereich erkrankter Bäume zu finden sind.

Die unauffälligen halbkugelig gewölbten Ascomata treten stets an der Peripherie von Befallsstellen auf. Sie sind kastanien- bis schwarzbraun, 3–8 cm groß und außen von einem weißen Rand eingefasst. Die

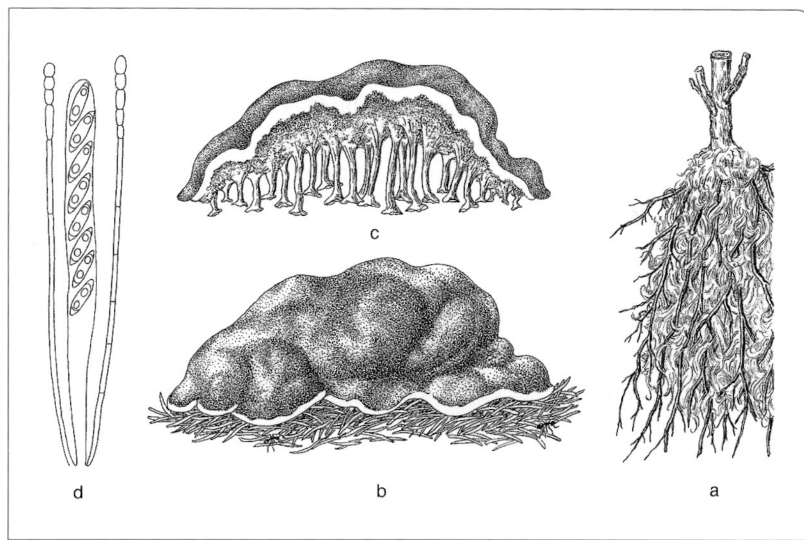

Abb. 104. Wurzellorchel.
a Befallene Wurzel einer jungen Weißtanne mit Pilzmyzel,
b Fruchtkörperseitenansicht, **c** Fruchtkörperquerschnitt, **d** Ascus mit Ascosporen sowie Paraphysen
(**a** nach Hartig 1900).

Unterseite ist mit weißlichen, später bräunlichen füßchenförmigen Myzelsträngen besetzt, die den Fruchtkörper mit dem Erdboden verbinden. Die Oberseite wird fast vollständig von der Fruchtschicht eingenommen, die sich aus Paraphysen und eng beieinanderstehenden Asci mit je acht farblosen, spindelförmigen und 30–40 × 8–10 µm großen Ascosporen zusammensetzt (Abb. 104).

Die ökologische Besonderheit des Pilzes liegt in seiner engen Bindung an Feuerstellen, von denen er seinen Ausgangspunkt nimmt. Durch kurzfristige Erhitzung der im Boden ruhenden Sporen wird die Keimruhe der Sporen gebrochen, wodurch zunächst die saprobische Entwicklungsphase des Pilzes eingeleitet wird. Trifft das nur in sauren Böden sich ausbreitende Myzel auf Wurzeln anfälliger Wirtspflanzen, so kommt es zunächst zu einer engen Verflechtung zwischen Wurzeln und Myzelien, anschließend zu Infektion und Fäuleentwicklung im Wurzelbereich. Die Zeit zwischen Sporenkeimung und Auftreten der ersten Krankheitssymptome beträgt ein bis zwei Jahre. Die gleiche Zeitspanne benötigt der Pilz zur Ausbildung seiner Fruchtkörper.

Die sicherste Verhütung der „Ringfäule“ ergibt sich aus der Biologie des Erregers: Jede Art von Feuerstelle ist strikt zu vermeiden, vor allem in Beständen von Schwarzkiefer und Sitkafichte. Das Gleiche gilt für künftige Nadelholzkulturflächen, auf denen häufig zur Räumung der Fläche Reisig verbrannt wird. Bei einer Neuaufforstung von Waldbrandflächen sollte ein Sicherheitszeitraum von mindestens zwei Jahren eingehalten werden. Hat der Pilz einmal Fuß gefasst, so lässt sich eine weitere Ausbreitung des Myzels durch Ausheben von Gräben verhindern. Diese Maßnahme hat jedoch nur im ersten Stadium der Krankheitsentwicklung und bei kleineren Sterbelücken Erfolg.

8.3.2 Wurzelschwamm

Heterobasidion annosum (Fr.) Bres. s. l.
Syn. *Fomes annosus* (Fr.) Cooke

Der Wurzelschwamm ist in forstlicher Hinsicht der bedeutendste pilzliche Schaderreger, der vor allem in Nadelholzbeständen erhebliche Wertverluste verursacht. Seine Gefährlichkeit beruht auf der parasitischen Fähigkeit, lebende Wurzeln anzugreifen und eine im Stamm des lebenden Baumes aufsteigende Kernfäule („Rotfäule“) zu verursachen. In Mitteleuropa rechnet man mit einer Stammholzentwertung von 20 % des gesamten Fichteneinschlags durch Kernfäulen (Zycha und Cato 1967). Hierbei ist allerdings zu berücksichtigen, dass nur etwa 70 % dieser Holzfäulen durch *Heterobasidion annosum* verursacht wird; der restliche Anteil wird von anderen ähnlich lebenden Basidiomyceten hervorgerufen. Zu diesen gehören u. a. *Armillaria*-Arten, *Climacocystis borealis, Coniophora puteana, Resinicium bicolor* und *Serpula himantioides*.

Die parasitische Aktivität des Wurzelschwammes ist zunächst mit einer mehr oder weniger schwerwiegenden Wurzelfäule verbunden, die bei der Kiefer zum Absterben umfangreicher Teile des Wurzelsystems führt. Bei der Fichte verlagert sich die Tätigkeit des Pilzes bald auf das Innere der Wurzeln und auf das Kernholz im Stamm, ohne dass die Vitalität des Baumes wesentlich beeinträchtigt wird. Infolge der Abwehrreaktion des Baumes kommt es jedoch zu Zuwachsverlusten. Neben Fichte und Kiefer werden vom Wurzelschwamm auch Tanne, Douglasie und Lärche befallen, wobei hier der Schaden meist weniger gravierend ausfällt. Schließlich kann der Pilz vereinzelt auch auf Laubholz (Ahorn, Birke, Buche und Esche) auftreten.

Mit dem Eindringen des Pilzes in das aus toten Zellen bestehende Kern- bzw. Reifholz beginnt die saprobische Phase, die sich je nach Baumart unterschiedlich auswirken kann. Bei der stark verharzten Kiefer dringt der Pilz meist nur unbedeutend in den Stamm vor, doch sterben dann die Bäume wegen des Wurzelschadens ab. Bei der Lärche findet sich das Myzel in der Kern-Splintholz-Zone, erreicht aber ebenfalls nur eine geringe Höhe. Bei der Fichte kann der Pilz im Laufe der Jahre im Reifholz bis in die Krone aufsteigen (Abb. 105). Im Gegensatz zu den inneren Schäden treten äußere Symptome am Baum erst in einem sehr späten Stadium der Pilzentwicklung auf. Hierzu gehören zunächst Nadelverfärbungen und Kronenverlichtung. Möglicherweise ist auch die „Flaschenbauchfichte“ eine der Folgeerscheinungen einer langjährigen *Heterobasidion*-Erkrankung.

Das von diesem Pilz befallene Holz weist zunächst eine graue bis violette Verfärbung, dann eine rotbraune Fäule auf, die oft von kleinen weißen, spindelförmigen Nestern mit schwarzem Kern durchsetzt ist. Schließlich löst sich das Holz faserig auf und wird von anderen Organismen völlig abgebaut, sodass der Stamm innen hohl wird.

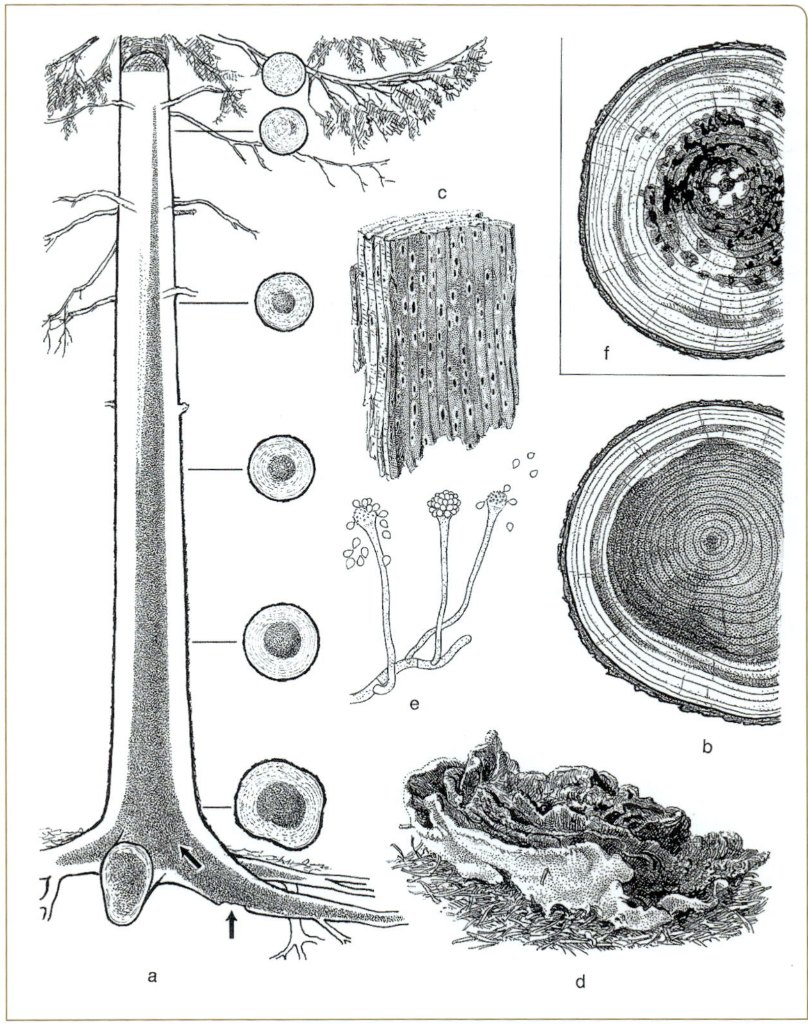

Abb. 105. Rotfäule der Fichte.
a–e *Heterobasidion annosum:* **a** Längsschnitt durch eine kernfaule Fichte mit Stammquerschnitten, **b** Querschnitt durch einen erkrankten Fichtenstamm im Frühstadium, **c** spätes Stadium der Holzzersetzung, **d** Fruchtkörper der Teleomorphe, **e** Konidienträger mit Konidien der *Spiniger*-Anamorphe; **f** durch Hallimasch verursachte Kernfäule.

Die Fruchtkörper sind das sicherste Kennzeichen für einen Wurzelschwammbefall. Man findet sie an der Stammbasis oder an flach streichenden Wurzeln, teilweise auf der Wurzelunterseite, manchmal auch von der Nadelstreu bedeckt. Die mehrjährigen Konsolen sind 10–20 cm groß, mit einer braunen runzeligen, oft gezonten lederig-krustigen Oberseite (im Querschnitt ist diese Kruste als feine braune Linie erkennbar) und einer cremeweißen Unterseite, in welcher feine, dicht aneinanderliegende Poren eingelassen sind. Die Fruchtkörper sind – im Gegensatz zu ähnlichen Porlingen – von der Unterlage leicht ablösbar. Außer den Basidiosporen, die von Basidien abgeschnürt werden und die für die Ausbreitung wichtig sind, bildet der Pilz an feuchtem, frischem Holz die Sporenträger der Formgattung *Spiniger* aus, deren biologische

Bedeutung allerdings noch unklar ist. Sie kann jedoch als gutes Erkennungsmerkmal für den Wurzelschwamm herangezogen werden.

Der Wurzelschwamm besteht aus mehreren intersterilen Gruppen mit Bindung an bestimmte Baumarten. Er wird heute als Artenkomplex aufgefasst. In Europa gibt es drei Wurzelschwamm-Arten. Diese sind untereinander nicht kreuzbar, wenn sie natürlicherweise im gleichen Gebiet vorkommen. Mit zunehmender geografischer Distanz steigt jedoch die Kreuzbarkeit, sodass Einschleppungen aus weit entfernten Gebieten zur Bildung von Hybriden führen können (Korhonen und Holdenrieder 2005).

Heterobasidion annosum (Fr.) Bref. s. str., der **Kiefernwurzelschwamm**, ist ein typischer Pilz der Kiefernwälder oder von Standorten, an denen früher *Pinus*-Arten vorkamen. Er verursacht eine aggressive Wurzelfäule an Kiefern in allen Altersklassen. Typisch für das Endstadium eines Befalls ist die gleichzeitige Verbräunung der gesamten Baumkrone. Daneben befällt der Pilz auch andere Nadelbäume (Douglasie, Fichte, Lärche und Wacholder) und gelegentlich sogar Laubbäume.

Heterobasidion parviporum Niemelä & Korhonen kommt in Europa fast ausschließlich auf der Fichte (*Picea abies*) vor und wird daher **Fichtenwurzelschwamm** genannt. – *Heterobasidion abietinum* Niemelä & Korhonen, der **Tannenwurzelschwamm**, kommt in den Tannenwäldern von Mittel- und Südeuropa mit unterschiedlicher Pathogenität vor. Der hauptsächliche Wirt ist *Abies alba*; allerdings werden auch andere Arten mehr oder weniger stark befallen.

Die sicherste Trennung der genannten Arten gelingt durch Reinkulturen und durch Kreuzungstests im Labor oder mithilfe molekularbiologischer Verfahren (DNA-Sequenzierung). Allerdings kann eine Unterscheidung mit Einschränkung auch anhand spezifischer Fruchtkörpermerkmale durchgeführt werden. So besitzt der Fichtenwurzelschwamm sehr kleine Poren (bis zu 5 pro mm) sowie (bei jungen Fruchtkörpern) eine behaarte Oberseite, während der Kiefernwurzelschwamm größere Poren und eine kahle Oberseite besitzt (Niemelä und Korhonen 1998).

Die Infektion des Baumes erfolgt in der Regel im Wurzelbereich entweder durch Sporen, die mit dem Regen in den Boden eingewaschen werden und auf prädisponierten Wurzeln auskeimen, oder durch Wurzelkontakte mit einem erkrankten Baum oder infizierten Stubben. Auf diese Weise können größere Baumgruppen bis zu einem Durchmesser von ca. 50 m „angesteckt“ werden (Queloz und Holdenrieder 2005). Besonders häufig sind Infektionen, die ihren Weg über die Schnittfläche frischer Koniferenstubben nehmen (Stumpfinfektionen). Der Pilz besiedelt hierbei zunächst das Wurzelsystem der Stümpfe und breitet sich von dort über Wurzelkontakte auf benachbarte Bäume aus. Wundinfektionen am Stamm kommen dagegen seltener vor.

Besonders infektionsgefährdet sind Erstaufforstungen ehemals landwirtschaftlich genutzter Böden (Ackersterbe). Auch haben Koniferen auf basischen und dicht gelagerten Böden sowie auf stark wechselfeuchten Standorten stärker unter dem Wurzelschwamm zu leiden als Bestände auf saueren, lockeren und gleichmäßig wasserversorgten Böden. Auf manchen Wurzelschwammstandorten ist jedoch der Zuwachs der Fichten so gut, dass man dafür die auftretenden Fäuleschäden in Kauf nimmt und nicht auf andere Baumarten ausweicht.

Eine direkte Bekämpfung des Pilzes ist bisher noch nicht möglich. Man ist daher weitgehend auf vorbeugende Maßnahmen angewiesen. So kann bereits bei der Bestandesbegründung durch Einbringung von Laubholz in Nadelholzbestände die Höhe des späteren Fäuleanteils reduziert werden. Vorbeugend wirksam ist auch eine Stubbenbehandlung, da neu infizierte Stubben häufig Ausgangspunkte für die weitere Ausbreitung des Pilzes darstellen. Bewährt hat sich die Behandlung der frischen Schnittflächen mit Harnstoff oder Borax, wodurch nur die Besiedelung durch den Wurzelschwamm, nicht aber die Zersetzung der Stubben durch Saprobionten verhindert wird. In ähnlicher Weise kann der Wurzelschwamm durch Aufbringen einer Sporensuspension antagonistischer Pilze, z. B. des apathogenen Riesen-Rindenpilzes *Phlebiopsis gigantea* (Metzler et al. 2005) eingedämmt werden. Die Verfahren einer Stubbenbehandlung sind jedoch nur in solchen Beständen sinnvoll, die nicht bereits vom Wurzelschwamm durchseucht sind (Rishbeth 1979) Der Infektionsdruck kann zwar durch Rodung der Stubben reduziert werden, in mitteleuropäischen Wäldern ist diese Methode jedoch aus ökologischen und landschaftsästhetischen Gründen kaum anwendbar. Schließlich versucht man auf dem Wege der Pflanzenzüchtung und Provenienzauswahl zu weniger krankheitsanfälligen Fichten zu kommen.

8.3.3 Kiefern-Braunporling

Phaeolus schweinitzii (Fr.) Pat.
Syn. *Phaeolus spadiceus* (Pers.) Rauschert

Der Kiefern-Braunporling ist neben *Sparassis crispa* der bedeutendste Stammholzzerstörer von Kiefer und Douglasie. Er tritt zuerst an der Wurzel auf. Die näheren Umstände der Infektion sind allerdings noch ungeklärt. Möglicherweise benötigt er den Hallimasch als Wegbereiter. Später findet man im Kern des Stammes eine nur wenig hochsteigende Braunfäule, die sich neben dem typischen Würfelbruch durch einen auffallenden Terpentingeruch zu erkennen gibt. Kennzeichnend für diesen Pilz ist weiterhin das an den Wänden der Schwundrisse abgelagerte, weiße kreidig-flockige Myzel. Da sich die Fäule auf den unteren Teil des Stammes beschränkt, spricht man in diesem Fall auch von „Stockfäule“.

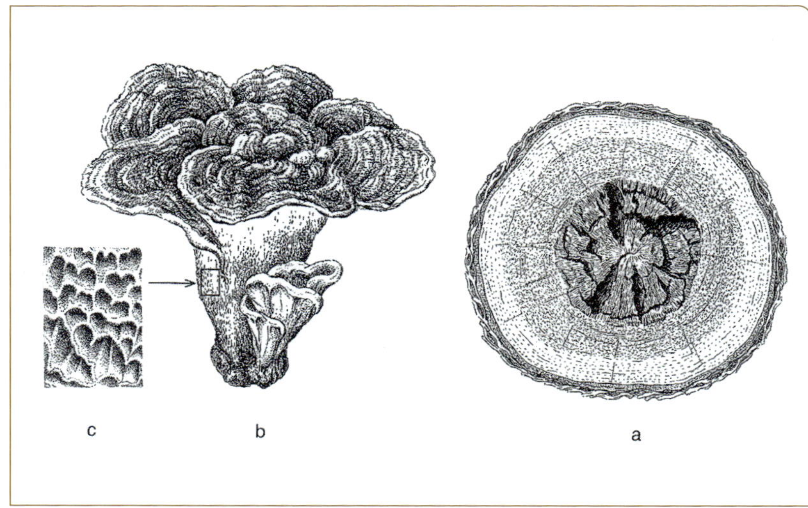

Abb. 106. Kiefern-Braunporling. **a** Querschnitt durch einen befallenen Kiefernstamm mit Kernfäule, **b** Fruchtkörper, **c** Ausschnitt der Fruchtkörperunterseite.

Die leicht vergänglichen Fruchtkörper des Pilzes findet man am Boden in Wurzelnähe. An gefällten Kiefern entwickeln sie sich nicht selten noch nachträglich auf den Hirnflächen der geschlagenen Stämme. Die mit einem nach oben dicker werdenden Stiel versehenen Fruchtkörper sind bis zu 30 cm groß, anfangs kreiselförmig, später mit mehreren dachziegelig abstehenden Hüten ausgestattet. Ihre Farbe variiert – je nach Entwicklungszustand – von gelbbraun bis kastanienbraun. Die Oberseite ist mit rostrotem wolligem Filz bedeckt; auf der Unterseite findet man die auffällig gefärbte gelblich grüne, bei Berührung dunkelbraun werdende Porenschicht, die sich aus anfangs rundlichen, später länglich labyrinthischen Poren zusammensetzt (Abb. 106).

Die Verbreitung des Pilzes erfolgt durch hyaline bis blassgelbliche, elliptische Basidiosporen, die erst dann entlassen werden, wenn das sommerlich Temperaturmaximum bereits überschritten und die Durchschnittstemperatur unter 15 °C gefallen ist. Die Sporulationsperiode hält drei bis vier Monate an.

Phaeolus schweinitzii ist ein in Europa weitverbreiteter Parasit, der darüber hinaus in Sibirien, Nordamerika, Nordafrika und sogar in den Tropen vorkommt. In Deutschland findet man ihn relativ gleichmäßig zerstreut von den Berchtesgadener Alpen bis ins norddeutsche Tiefland.

Die Artbezeichnung des Pilzes erfolgte durch E. M. Fries zu Ehren von L. D. von Schweinitz (1780–1834), nordamerikanischer Theologe und Mykologe mit späterem Aufenthalt in der Oberlausitz (aus: Dörfelt, H., Hecklaus, H. 1998: Die Geschichte der Mykologie, Einhorn Verlag, Schwäbisch Gmünd).

8.3.4 Krause Glucke

Sparassis crispa (Wulfen) Fr.

Der als „Krause Glucke“ bekannte Pilz lebt zunächst parasitisch in den Wurzeln hauptsächlich älterer Kiefern, von wo er bis zu 3 m hoch im Stamm aufsteigen kann. Die Folge davon ist eine meist auf den Kernbereich beschränkte Braunfäule. Das angegriffene Holz verfärbt sich gelbbraun bis rötlich braun und zerfällt würfelförmig. Wirtschaftlich empfindliche Wertholzverluste verursacht der Pilz in erster Linie bei der Gemeinen Kiefer. Allerdings können auch jüngere Douglasienbestände erheblich geschädigt werden (Siepmann 1977). Als weitere Wirtspflanzen des Pilzes gelten Fichte und Tanne, an denen die Fruchtkörper des Pilzes jedoch weniger häufig beobachtet werden.

Die bis zu 30 cm breiten und 20 cm hoch werdenden cremeweißen bis ockergelben Fruchtkörper finden sich an der Basis lebender Bäume oder auch auf den Hirnflächen frisch gefällter Stämme. Ihrer Größe und Struktur nach erinnern sie an einen Blumenkohl. Sie entspringen einem dicken, mehr oder weniger tief wurzelnden, fleischigen Stiel, der sich nach oben in zahlreiche bandartig gewundene Enden mit buchtig gelappten Rändern verästelt. Die flachen Äste sind von der Fruchtschicht überzogen, die u. a. aus eng beieinandersitzenden Basidien besteht, von denen im Herbst die Basidiosporen abgeschnürt werden (Abb. 107).

Weitere wurzelbürtige Fäuleerreger der Kiefer:

- Kiefern-Filzporling (*Onnia triquetra* [Pers.] Imazeki): Erreger einer intensiven Stockfäule im Kernholz älterer Kiefern; neben Wurzelschäden auch Stammfäuleschäden bis 5 m stammaufwärts; waben-

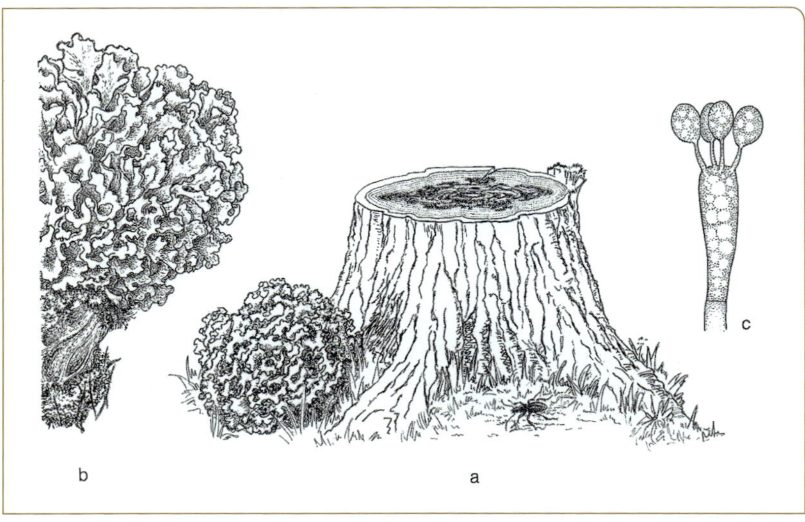

Abb. 107. Krause Glucke. **a** Douglasienstubben mit zentral gelegener Faulstelle und seitlich ansitzendem Fruchtkörper, **b** Fruchtkörper (halbiert), **c** Basidie mit Basidiosporen.

artige Holzzerstörung (Wabenfäule); Hüte zimt- bis rostbraun, wollig, filzig behaart, lederartig; Unterseite graubraun.

- Klebriger Hörnling (*Calocera viscosa* [Pers.] Fr.): lebt vorwiegend als Saprobiont auf Koniferenstubben; kann auch parasitisch als Erreger einer Wurzel- und Stockfäule (Braunfäule) bei Kiefer, Douglasie und Fichte auftreten; Fruchtkörper ziegenbartähnlich mit mehreren, mehrfach dichotom verzweigten Ästchen, 3–7 cm hoch, goldgelb, bei feuchtem Wetter klebrig.

8.3.5 Riesenporling

Meripilus giganteus (Pers.) P. Karsten

Auch der Riesenporling ist ein wurzelbürtiger Fäuleerreger, der zunächst in den Wurzeln und im unterirdischen Stockbereich älterer Bäume lebt, von dort aber nur wenig in das Stammholz vordringt, wo er eine Weißfäule verursacht. Über seine Lebensweise wissen wir noch relativ wenig. Er scheint überwiegend als Saprobiont in absterbenden oder bereits toten Wurzeln zu wachsen.

Im Anfangsstadium eines Befalles findet sich das Myzel nur im zentralen Teil, vor allem von tiefer liegenden Wurzeln. Später dringt der Pilz auch in die äußeren Rindenteile vor, wodurch die Wasseraufnahme und -weiterleitung gestört wird. Die Folge sind partielle Blattwelke, Kleinblättrigkeit sowie Ausbildung einer schütteren Krone. Mit fortschreitender Weißfäule vermindert sich die Standfestigkeit des Baumes, was vor allem in Stadtgebieten zu Überraschungen führen kann.

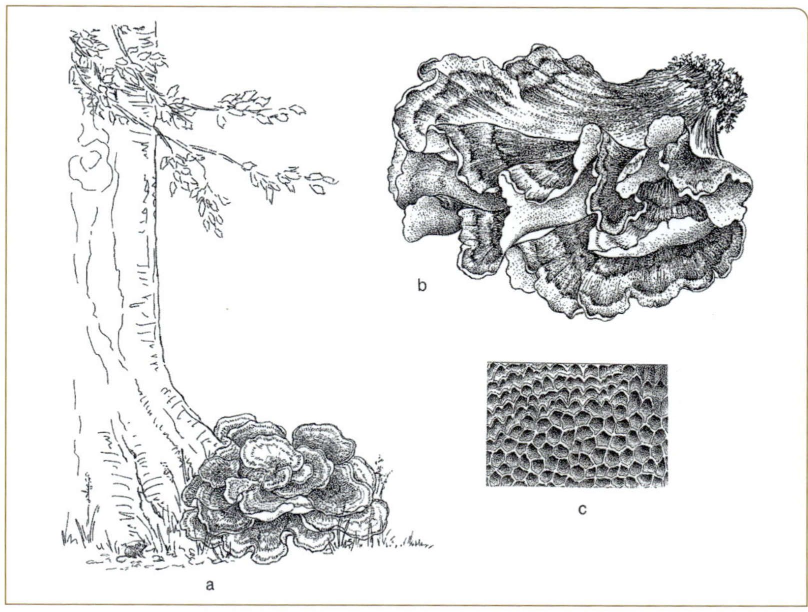

Abb. 108. Riesenporling.
a Fruchtkörpergruppe an der Stammbasis einer Rotbuche,
b Fruchtkörper,
c Ausschnitt der Fruchtkörperunterseite.

Eine der Ursachen für das frühzeitige Absterben von Wurzeln kann die Asphaltierung eines Weges unweit älterer Laubbäume sein; ähnliche Voraussetzungen können durch Bauarbeiten eintreten, bei denen Wurzelteile indirekt geschädigt werden. In allen Fällen ist das Auftreten von Fruchtkörpern des Pilzes stets ein Zeichen für ein stark zerstörtes Wurzelwerk, das den meist älteren Bäumen nur noch wenig Zeit zum Überleben lässt. Befallen werden fast ausschließlich Laubbaumarten, bevorzugt Rotbuche, Linde, Eiche, Mehlbeere und Platane.

Die Fruchtkörper des kaum zu übersehenden Pilzes finden sich an Stubben kürzlich gefällter Bäume oder am Grunde noch stehender erkrankter Bäume, oft in Parkanlagen und andernorts außerhalb des Waldes. Sie werden bis zu 1 m groß und setzen sich aus zahlreichen, oft dachziegelig übereinanderliegenden, fächerförmigen, gelbbraunen Hüten zusammen. Zum Unterschied vom Klapperschwamm wird hier die Porenschicht auf Druck schwärzlich. Die Fruchtkörperbasis besteht aus einem derbknolligen Strunk, der meist in einiger Entfernung vom Stamm aus dem Wurzelwerk hervorbricht (Abb. 108).

Weitere wurzelbürtige Fäuleerreger mit Poren:

- Eichhase (*Dendropolyporus umbellatus* [Pers.:Fr.] Jül.): Fruchtkörper 20–40 cm groß, zusammengesetzt aus einem dicken Strunk und mehrfach verzweigten, blassen Ästen, die zahlreiche (bis zu 100) zentral gestielte, 1–4 cm breite Hütchen tragen; mit perennierendem Sklerotium im Boden; Parasit und Saprobiont am Grund von Stämmen oder Stümpfen; vor allem an Rotbuche und Eiche.
- Eschen-Baumschwamm (*Perenniporia fraxinea* [Bull.] Ryvarden): Fruchtkörper einzeln oder dachziegelig angeordnet, bis 15 cm, mehrjährig, hart, mit geschichteten Röhren; Oberseite bräunlich, Unterseite mit holzfarbenen Poren; wärmeliebende Art; Weißfäuleerreger im Stammfuß- und Wurzelbereich vorzugsweise von Robinie (Kehr et al. 1999); auch an Erle, Esche und Eiche.
- Klapperschwamm (*Grifola frondosa* [Dicks.] Gray): ähnlich dem Riesenporling, jedoch mit kleineren zahlreicheren, einander überlappenden, spatelförmigen Einzelhütchen; Oberseite graubräunlich, oft radial gestreift; Fleisch weiß, nicht schwärzend; Schwächeparasit und Weißfäuleerreger; an der Basis alter Eichen oder Edelkastanien.

8.3.6 Hallimasch

Armillaria mellea (Vahl) P. Kummer s. l.

Der Hallimasch – von Pilzfreunden geschätzt, von Forstleuten gefürchtet – gehört zu den wichtigsten und weltweit verbreiteten Baumschädlingen inner- und außerhalb des Waldes, der an nahezu sämtlichen Baumarten auftreten kann. Der Hallimasch ist ein Pilzkomplex, der sich aus mehreren, nicht immer leicht zu unterscheidenden Arten zusammensetzt. Beschränkt man sich auf die biologisch-pathologischen Eigenarten der einzelnen Formen, so ergibt sich folgende Darstellung:

Auf Grund seiner breiten ökologischen Flexibilität findet man den Pilz einmal als Saprobiont auf Stubben und liegendem Totholz von Laub- und Nadelbäumen. Hier ist er wesentlich am Abbau toter Holzmasse beteiligt und spielt somit eine wichtige Rolle im Waldökosystem. Der Übergang zur parasitischen Phase erfolgt meist erst dann, wenn ein Baum durch die Einwirkung von Stressfaktoren (Pflanzschock, Schädlingsbefall, Staunässe, Wasser- und Nährstoffmangel) geschwächt worden ist. Gelingt es dem Baum nicht, den durch Wunden oder direkt durch die Rinde in die Wurzel eindringenden Pilz durch histogene oder chemische Barrieren abzuwehren, so breitet er sich im Kambialbereich zwischen Rinde und Holz nach oben aus. Hat er die Rinde rings um den Stamm besiedelt, so stirbt der befallene Baum ab. Dies kann mehrere Jahre dauern. Die Gefährlichkeit des Hallimasch besteht also im Befall des Kambiums, das nicht mehr regeneriert werden kann. Pilzformen mit einem solchen Krankheitsbild werden dementsprechend auch als „Kambiumkiller“ bezeichnet.

Das Holz von Bäumen, die durch den Hallimasch abgetötet wurden, bleibt anfangs noch weitgehend unverändert. Später breitet sich der Pilz aber im Stamminneren aus, wo es mit der Zeit zu einer Weißfäule kommt. Die für die Mehrzahl der anderen Weißfäuleerreger typische helle Verfärbung des Holzes fehlt jedoch bei der Hallimaschfäule. Das zersetzte Holz ist hier dunkel rotbraun, später faserig, oft sehr feucht und vom gesunden Holz meist scharf abgesetzt. Da diese Fäule meist auf Wurzeln und Stammbasis beschränkt bleibt, spricht man hier auch von „Stockfäule“. Oft tötet der Pilz nur Teile des Wurzelsystems ab und dringt dann im Kernholz in den Stamm vor. Da in diesem Fall das lebende Splintholz von der Holzzersetzung größtenteils verschont bleibt, können kernfaule Bäume noch jahrelang überleben, ohne äußerlich erkennbare Symptome zu zeigen. Bei wurzelkranken Jungfichten tritt allerdings schon frühzeitig eine gelblich grüne Verfärbungen der Nadeln auf, die schließlich absterben und braun werden. Da ähnliche Schadbilder auch von anderen Schadfaktoren (Insektenbefall oder Nährstoffmangel) verursacht werden, suche man nach weiteren Indizien, die einen Hallimaschbefall anzeigen könnten. So weist auch ein starker Harzfluss (Harzsticken) am Stammfuß von Koniferen auf einen Hallimaschbefall hin.

Besonders kennzeichnend für ein Hallimaschvorkommen sind die unter der Rinde und in der Umgebung der Wurzeln zu findenden verschiedenen **Rhizomorphen**. Die Rindenrhizomorphe besteht aus fächerartig ausstrahlenden, weißen Myzellappen, die sich zwischen Rinde und Holz entwickeln. Nach dem Absterben des Baumes wächst der Pilz aus dem Rand dieses Fächermyzels in Form von schnurähnlichen, wenig abgeflachten, dunkel gefärbten Rhizomorphen unter der Rinde weiter.

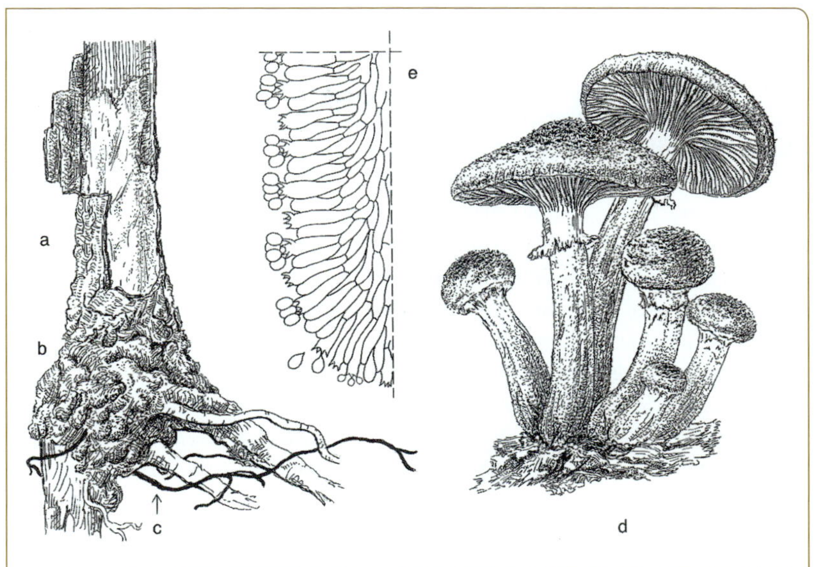

Abb. 109. Hallimasch. **a–d** Befallsmerkmale an junger Fichte: **a** weiße Myzelmatten unter der abgetöteten Rinde, **b** Harzsticken, **c** Rhizomorphen, **d** Fruchtkörper, **e** Querschnitt (Ausschnitt) durch eine Basidien tragende Lamelle.

Die Bodenrhizomorphe findet sich dagegen meist außerhalb des Baumes in Gestalt 1–3 mm starker, schwärzlicher, elastischer Myzelstränge, die von Baum zu Baum vordringen können. Sie dienen dem Pilz zum Nährstoff- und Wassertransport. Außerdem spielen sie eine wichtige Rolle beim Infektionsvorgang. Der Hallimasch kann auf diese Weise sehr ausgedehnte Myzelien im Boden bilden, die ein Alter von mehreren Jahrhunderten und eine Größe von mehreren Hektaren erreichen können. Häufig bildet der Hallimasch auch pseudosklerotische Schichten im befallenen Holz. Diese Strukturen sind im Querschnitt als schwarze Linien erkennbar (Demarkationslinien). Der Pilz grenzt sich dadurch gegen Konkurrenten ab. Auch schützen ihn derartige Strukturen einmal vor zu starker Austrocknung, andererseits aber auch vor zu starker Befeuchtung, z. B. in beregneten Holzlagern.

Der Hallimasch gehört zu den wenigen Pilzen, deren Myzel in befallenem Holz leuchtet. Diese Biolumineszenz ist ein gutes Erkennungs- und Diagnosemerkmal, welches allerdings nur an frisch verletztem Holz in absoluter Dunkelheit wahrgenommen werden kann.

Ein kaum zu übersehendes Kennzeichen des Pilzes sind seine Fruchtkörper, die – je nach Art – von Juli bis Dezember meist an toten Stubben oder am Wurzelanlauf befallener Bäume auftreten und dort häufig auffällige Büschel bilden. Sie bestehen aus einem beringten Stiel mit einem meist gewölbten, im Alter auch abgeflachten oder trichterförmigem Hut, der sehr verschiedene Farben (honiggelb bräunlich, oliv und rötlich) aufweisen kann. Der 5–15 cm breite Hut trägt – ebenfalls artabhängig – unterschiedlich große, gelbliche oder dunkelbraune Schuppen. Unterseits liegen die radiär angeordneten Lamellen, deren Oberfläche dicht mit winzigen Basidien bedeckt ist, die je vier farblose Basidiosporen tragen (Abb. 109).

Der *Armillaria mellea*-Komplex umfasst heute in Europa fünf Arten, die sich in ihrer geografischen und ökologischen Verbreitung, in ihrer Wirtsspezifität und Standortabhängigkeit sowie in ihrer Pathogenität unterscheiden (Guillaumin et al. 1993). Obwohl die einzelnen Arten gewisse Unterschiede in der Form, Farbe und Beschuppung ihrer Fruchtkörper erkennen lassen (Horak 2005), ist eine sichere Bestimmung der meisten Arten erst durch Kreuzungstests mit Reinkulturen oder durch Anwendung molekularbiologischer Methoden möglich. Die fünf in Europa forstlich relevanten Arten sind durch folgende biologisch-ökologische Merkmale gekennzeichnet (Nierhaus-Wunderwald 1994):

- Nördlicher Hallimasch (*Armillaria borealis* Marxm. & Korhonen): überwiegend als Saprobiont an Stöcken und absterbenden Bäumen von Laub- und Nadelholz, gelegentlich auch als Kernfäuleerreger an Fichte.
- Keuliger Hallimasch (*Armillaria cepistipes* Velen.): Saprobiont an morschen Stöcken und Stämmen, in Nordeuropa auch parasitisch auftretend; vorwiegend an Nadelholz, vor allem im Gebirge; weniger häufige Art.
- Gelbschuppiger Hallimasch (*Armillaria gallica* Marxm. & Romagn., Syn. *A. bulbosa, A. lutea*): Saprobiont oder Schwächeparasit; befällt geschwächtes Laubholz, seltener Nadelholz; in Laub- und Mischwäldern, auch in Park- und Obstanlagen; häufigste Art im Eichensterben-Komplex.
- Honiggelber Hallimasch (*Armillaria mellea* [Vahl] P. Kumm.): gelegentlich sehr aggressiver Primärparasit, häufiger saprobisch; befällt zahlreiche Laubgehölze, auch Obstbäume, seltener Nadelholz; wärmeliebende Art.
- Dunkler Hallimasch (*Armillaria ostoyae* [Romagn.] Herink, Syn. *A. obscura*): Primärparasit, häufig als „Kambiumkiller“ auftretend; auch Kernfäuleerreger; saprobisch an Stöcken und Wurzeln; besonders an Nadelholz; in Mitteleuropa häufig.

Die Bekämpfung des Hallimasch ist schwierig, da er fast überall im Boden vorkommt und im Baum nicht erreichbar ist. Es gibt jedoch vorbeugende Maßnahmen, die zur Reduktion der Befallshäufigkeit beitragen können. Diese liegen vor allem darin, die Abwehrfähigkeit des Baumes zu stärken. Sie beginnen bereits bei der Bestandesgründung durch die Wahl geeigneter Baumarten und Provenienzen. Weiterhin sollte auf eine gute Pflanzenqualität und sorgfältiges Pflanzen geachtet werden. Wo sich Naturverjüngung anbietet, sollte man dieser den Vorzug geben. Bei Pflegemaßnahmen vermeide man das Befahren des Waldbodens mit schweren Maschinen (Rückefahrzeugen), da es hierbei zu Bodenverdichtungen und zu Wurzelverletzungen kommen kann, denn jede Verletzung im Wurzelbereich bedeutet eine Erhöhung der Infektionsgefahr.

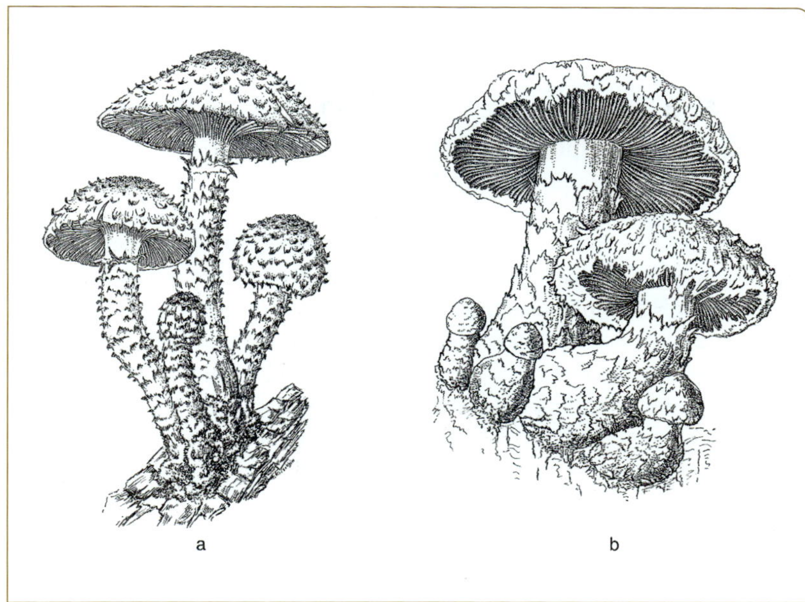

Abb. 110. Fruchtkörper Holz zerstörender Blätterpilze.
a Sparriger Schüppling,
b Pappel-Schüppling.

Auf der anderen Seite kann die Vitalität des Pilzes, die von leicht aufschließbaren Nahrungsquellen abhängt, durch Rodung von Stubben und Wurzeln eingeschränkt werden. Befallene Bäume oder Sträucher in Park und Garten sollten frühzeitig und möglichst vollständig entfernt werden, um eine Ausbreitung des Pilzes zu verhindern. Chemische Bekämpfungsverfahren werden heute kaum mehr diskutiert, da ihre Anwendung sehr kostenintensiv und aus Gründen des Umweltschutzes nicht zu vertreten ist.

Weitere wurzelbürtige Fäuleerreger mit Lamellen:

- Spindeliger Rübling *(Gymnopus fusipes* [Bull.] Quél., Syn. *Collybia fusipes)*: Parasit am Fuß von Eichen, vor allem an Roteiche ab Alter 80, seltener an Rotbuche und Esskastanie; (Gefährdung der Standsicherheit vor allem im urbanen Bereich!); auch als Saprobiont an Stubben; Weißfäuleerreger; Fruchtkörper meist büschelig wachsend, dunkelrotbraun, mit gefurchtem spindelförmigem, oft gedrehten Stiel; wärmeliebende Art.
- Pappel-Schüppling (*Hemipholiota populnea* [Pers.] Bon): Parasit an stehenden Pappeln; als Weißfäuleerreger auch an Stümpfen und frisch gefällten Stämmen; Fruchtkörper derb, holzfarben, mit faseriger Ringzone; Hut und Stiel mit weißen, vergänglichen Schuppen (Abb. 110 b).
- Sparriger Schüppling (*Pholiota squarrosa* [Bull.] P. Kumm.): Wurzelparasit und Weißfäuleerreger im unteren Stammbereich von Ahorn, Birke, Linde, Pappel, Rotbuche, Weide und Apfelbaum; auch an

Fichte; Fruchtkörper am Stammgrund, meist büschelig wachsend, rostgelb; Hut und Stiel mit sparrig abstehenden, rotbraunen Schuppen; Sporenstaub braun (Abb. 110 a).

8.3.7 Brandkrustenpilz

Kretzschmaria deusta (Hoffm.) P. M. D. Martin

Der auch als *Ustulina deusta* bezeichnete und phytopathologisch lange verkannte Pilz gehört zu den wenigen Ascomyceten, die wirtschaftlich bedeutsame Holzschäden am stehenden Stamm verursachen können. In seiner parasitischen Phase dringt der Pilz über Rindenverletzungen oder im Gefolge anderer Pilzinfektionen in das Holz des unteren Stammteils ein, wo es zu einer intensiven, von dünnen schwarzen Demarkationslinien abgegrenzten brüchigen Moderfäule kommt. Bei längerer Erkrankungsdauer kann der Pilz auch höher am Stamm vorkommen. Bei einigen Baumarten (Rotbuche) lässt sich ein Befall schon frühzeitig am Abheben und Aufplatzen der absterbenden Rinde am Stammgrund erkennen. Bei anderen Baumarten (Rosskastanie) bleibt das Fäulegeschehen wegen fehlender Rindensymptome oft bis zum unmittelbaren Umstürzen des Baumes unerkannt. In solchen Fällen können die Fruchtkörper des Pilzes nur selten als Diagnosemerkmal herangezogen werden, da diese in der pathogenen Phase schwach entwickelt sind und daher leicht übersehen werden. Wo ein Mikroskop zur Verfügung steht, kann *Kretzschmaria* durch Untersuchung des befallenen Holzes nachgewiesen werden. Die Art der Holzzerstörung entspricht hier dem Moderfäule-Typ, bei dem die Sekundärwand der Holzzellen im Querschnitt rundliche bis ovale bzw. im Längsschnitt rautenartige Kavernen aufweist (Schwarze et al. 1995).

Straßenbäume sind im Allgemeinen stärker gefährdet als Waldbäume, da sie häufiger Verletzungen an der Stammbasis und an den Wurzeln erleiden (Kappen von Wurzeln bei Straßenbauarbeiten, Anfahrschäden etc.). Besonders anfällig sind Rotbuche, Linde und Rosskastanie; weitere Wirtsbäume sind Ahorn, Hainbuche, Birke, Roteiche, Esche, Tulpenbaum und Ulme. Die Ausbreitungsgeschwindigkeit des Pilzes wird dabei im entscheidenden Maß von der Abwehrfähigkeit und Vitalität des Baumes bestimmt. So können infizierte Bäume durch Bildung von Kompensationsholz und durch Verstärkung der Wurzelanläufe noch viele Jahre mit einem Pilzbefall leben, ehe ihre Standsicherheit beeinträchtigt wird.

Im Wald tritt der Brandkrustenpilz vornehmlich an der Rotbuche auf. Hier kennt man ihn allerdings weniger als Parasit und Erreger einer Wurzel- und Stockfäule denn als wertvolles Glied im Waldökosystem, indem er wesentlich am Abbau von Buchenstubben beteiligt ist. Das Spätstadium eines solchen Stubbenabbaus ist durch Ausbildung weniger Millimeter starker inkrustierter, schwarzer Wandschichten charakterisiert, die das befallene Holz nach außen hin vollständig ummanteln. Die mit phenolischen Stoffen angereicherten lamellenartigen Wandschichten bleiben auch dann noch erhalten, wenn das Holz im Inneren bereits vollständig abgebaut ist.

Die Fruchtkörperbildung des Pilzes ist durch eine regelmäßige Abfolge von Anamorphe und Teleomorphe charakterisiert. Im Frühjahr entstehen zunächst krustenartig-flache, weiß berandete Gebilde, auf deren Oberfläche 6–8 × 3 µm große Konidien in Form eines mehlartigen weißlich grauen Überzugs abgeschnürt werden (*Hadrotrichum*-Typ). Im Sommer verwandeln sich die bis zu 20 cm groß werdenden Stromata in ein schwarzes kohleartiges, höckeriges Ascoma mit zahlreichen in die Oberfläche eingesenkten, 1 mm großen Perithecien. Die hier gebildeten Asci enthalten 30–40 × 8–12 µm große, dunkelbraune Ascosporen (Tafel IV/6). Die alten Fruchtkörper bleiben meist bis zum nächsten Frühjahr erhalten, bis sich die weißliche Innenmasse des Stromas aufzulösen beginnt, sodass schließlich eine schwarze brüchige Masse zurückbleibt. Jahn (2005) schreibt hierzu: „Der verbleibende dünnkrustige Rest des Stromas ist sehr spröde und zerbricht krachend, wenn man darauf drückt".

8.3.8 Blutender Schichtpilz

Stereum sanguinolentum (Alb. & Schwein.) Fr.

Der Blutende Schichtpilz ist die bedeutendste Pilzart bei der Entstehung der „Wundfäule" der Fichte, wenn auch Kiefer und Tanne gleichartige Symptome aufweisen können. Schon wenige Tage nach einer Rindenverletzung, die größer als 10 cm ist, siedeln sich auf der Wundfläche Sporen des Pilzes an, die bald auskeimen und das Holz infizieren. Von der Wunde aus breitet sich der Pilz – unter rötlicher Verfärbung des Holzes – nach oben und unten im Stamm aus, wobei hauptsächlich die jüngeren Jahrringe befallen werden. Wird die Wunde durch Überwallung geschlossen, so kommt die Weißfäule zum Stillstand, oder sie breitet sich nur langsam aus; andernfalls kann der Pilz mehrere Meter im Stamm hochsteigen, wobei fast alle Teile des Stammholzes beeinträchtigt werden. Seltener entwickelt sich eine Fäule im zentralen Teil des Stammes; auch bleibt das neu gebildete Holz – aufgrund der Bildung einer pilzwidrigen harzreichen Schutzholzzone – befallsfrei. Eine Fäuleentwicklung wäre hier erst nach erneuter Infektion von außen möglich. Da das Fäulegeschehen überwiegend im Inneren des Baumes abläuft und auch keine auffälligen äußeren Krankheitssymptome auftreten, wird der Wundfäule vom Forstmann wenig Beachtung geschenkt. Der wahre Schaden kommt erst dann ans Licht, wenn das Holz zum Sägewerk gelangt. Beim Aufschneiden erkennt man das Ausmaß der hier als „Rotstreifigkeit" bezeichneten Holzverfärbung bzw. -fäule. Allerdings ist der Ligninabbau oft so gering, dass das Holz noch für verschiedene Bauzwecke verwendet werden kann. In jedem Fall ist mit einem Wertverlust des Holzes zu rechnen (Abb. 111 a–c).

Solange der Baum noch nicht gefällt ist, können Fruchtkörper des Pilzes nur selten an den Wundrändern beobachtet werden. Umso regelmäßiger entwickeln sich diese an geschlagenem Holz, hauptsächlich auf den Hirnflächen, wo ihre muschelförmigen Hütchen oft dachziegelige Rasen bilden. Nicht selten ist das ockergraue Hymenium flächig ausgebildet und liegt dann direkt der Unterlage auf. Bei Verletzungen tritt aus Saft führenden Hyphen des Hymeniums eine an der Luft sich rötende Flüssigkeit aus, die dem Pilz den Namen gegeben hat (Abb. 111 d).

Die Wundfäule ist auf der einen Seite ein relativ altes Problem, das schon des Öfteren zu heftigen Kontroversen zwischen Waldbauern und Jägerschaft geführt hat, denn durch das Schälen des Rotwildes werden Rindenverletzungen geschaffen, die von den Wundfäuleerregern als Eintrittspforten in den Stamm genutzt werden. Die so entstehenden Wertverluste werden dadurch noch erhöht, dass stammfaule Bäume bei Sturm leichter umbrechen. Auf der anderen Seite sieht man heute eine weitere Verschärfung des Wundfäuleproblems in der verstärkten Technisierung der Forstwirtschaft, denn durch den Einsatz schwerer Rückemaschinen bei Durchforstungsmaßnahmen kommt es immer häufiger zu größeren Rindenschäden, die eine mehr oder weniger ausgedehnte Fäule nach sich ziehen. Als vorrangige Bekämpfungsmaßnahme wird

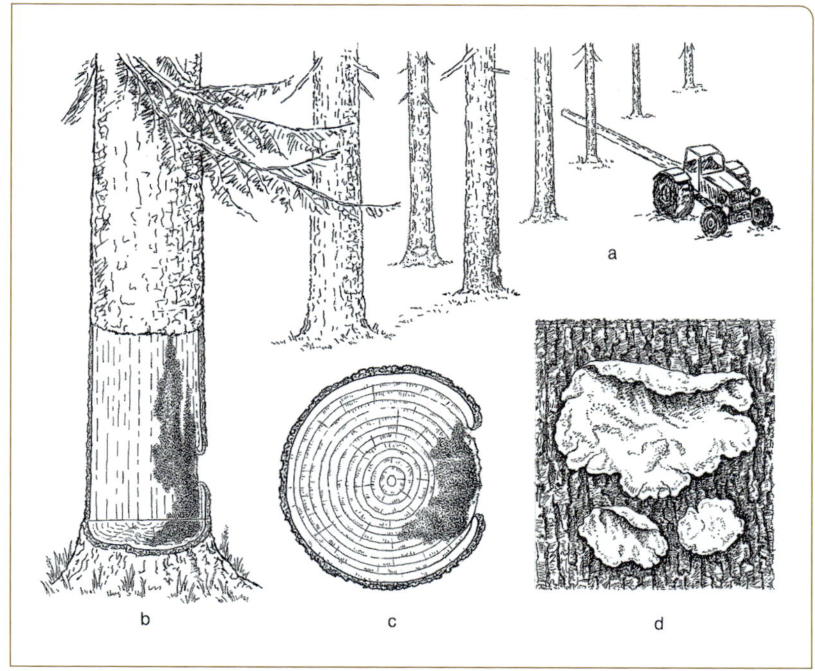

Abb. 111. Blutender Schichtpilz. **a** Entstehung von Rindenverletzungen in einem Fichtenaltbestand, **b** Fäuleausdehnung in einem Fichtenstamm zwei Jahre nach der Verwundung (halbschematisch), **c** Stammquerschnitt mit Fäule und Überwallungsreaktion, **d** Fruchtkörper auf abgestorbener Rinde.

daher zunächst eine schonendere Durchführung von Durchforstungsmaßnahmen gefordert. Weiterhin kann die Infektionsgefahr durch Anwendung von Wundverschlussmitteln herabgesetzt werden (Dujesiefken 1995).

Weitere Wundfäuleerreger an Koniferen:

- Bitterer Saftporling (*Postia stiptica* [Pers.] Jülich): Fruchtkörper meist einzeln, weichfleischig, 2–4 cm breit, konsolenartig, weißlich mit herbem bitteren Geschmack; Braunfäuleerreger im Stammholz der Fichte; auch als Saprobiont an liegendem Holz.
- Blauer Saftporling (*Postia caesia* [Schrad.] P. Karst.): Fruchtkörper zu mehreren beisammenstehend, blassbläulich oder intensiver blau mit weißlichem Rand, sonst in Größe und Konsistenz wie *P. stiptica*; an Wunden rückegeschädigter Fichten, auch an liegenden Stämmen.

8.3.9 Mosaikschichtpilz

Xylobolus frustulatus (Pers.) Boidin

Der zu den Stereaceen gehörende Mosaikschichtpilz ist ein spezifischer Besiedler von Eichenkernholz, das in charakteristischer Weise in Form einer „Weißlochfäule" zersetzt wird. Hierbei entstehen durch unterschiedlich starken Ligninabbau kleine, gleichmäßig im rotbraun verfärbten Holz verteilte längliche Löcher, die anfangs mit weißer Cellulose ausgestopft sind. Derartig zersetztes Holz wird auch als „Rebhuhnholz" bezeichnet. Ein wirtschaftlich empfindlicher Schaden kann bei einem Auftreten des Pilzes im Kernholz alter, noch stehender Eichen eintreten. Befallen werden jedoch auch liegende Stämme und zersägte Stammreste; selbst an verbautem Holz kann der Mosaikschichtpilz noch Fruchtkörper ausbilden (Abb. 112).

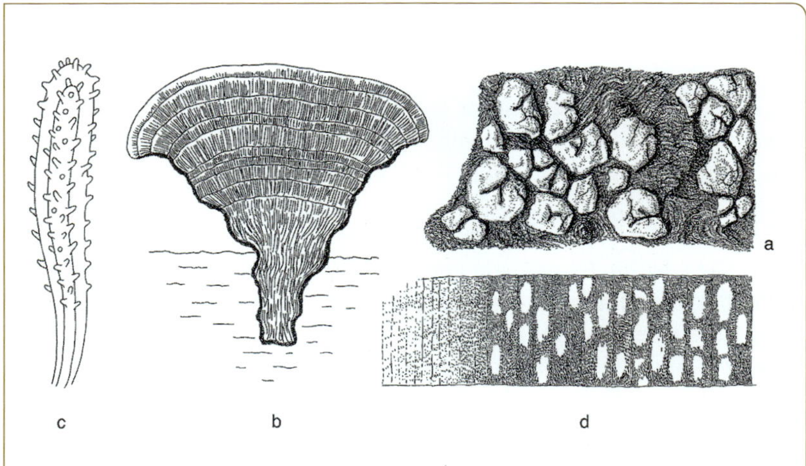

Abb. 112. Mosaikschichtpilz. **a** Fruchtkörperkolonie, **b** Längsschnitt durch einen mehrjährigen Fruchtkörper mit mehreren Fruchtschichten, **c** Zystide aus dem Hymenium, **d** Längsschnitt durch befallenes Eichenholz mit Weißlochfäule (**b**, **c** nach Jahn 1971).

Die Fruchtkörper des Pilzes erscheinen in Rindenrissen oder auf dem frei liegenden Kernholz. Sie sind krustenförmig, oberseits weißlich und durch Risse in viele polygonale Stücke von 0,5–1,5 mm Durchmesser zerteilt. Alljährlich wird auf der Oberseite eine neue Hymenialschicht angelegt, sodass die Fruchtkörper mit der Zeit eine Dicke bis zu 8 mm erreichen (Jahn 1971). An der Basis sind die einzelnen Fruchtkörper schmal zusammengezogen und stielartig angewachsen. Im Innern finden sich zahlreiche dickwandige, bräunliche Zystiden mit kurzen Stacheln. Der Pilz gilt allgemein als selten mit zerstreutem Vorkommen vor allem in wärmebegünstigten Lagen.

8.3.10 Leberpilz

Fistulina hepatica (Schaeff.) With.

Der auch als „Ochsenzunge“ bekannte Pilz ist der Erreger der „Hartröte“ im Stammholz älterer Eichen sowie Esskastanien. Das Befallsbild zeichnet sich anfangs durch unregelmäßig auftretende, braunrote Holzverfärbungen aus, die bänder- oder zungenartig größere Bereiche des Kernholzes im unteren Stammteil, selten höher, durchziehen. Auch kann sich der Kern einheitlich dunkel verfärben. In diesem Stadium tritt noch keine wesentliche Festigkeitsminderung auf, sodass das Holz noch für verschiedene Zwecke verwendet werden kann. Im fortgeschrittenen Stadium kommt es zu einer würfelförmigen, von Rissen begleiteten Braunfäule. Als Saprobiont wächst der Pilz auch an Stubben und lagernden Stämmen.

Die Fruchtkörper dieses eigenartigen Pilzes sind zungen- oder leberförmig gelappt, 10–30 cm breit, 3–6 cm dick und auffallend blutrot oder braunrot gefärbt; beim Anschneiden der fleischigen Fruchtkörper tritt ein rötlicher Saft aus. Die Unterseite besteht aus dicht gedrängt stehenden, etwa 1 cm langen, einzelnen Röhrchen, die nach Jahn (2005) „an Makkaroni-Nudeln erinnern“. Systematisch wird der Pilz heute mit eigener Familie (Fistulinaceen) zu den Agaricales gerechnet.

8.3.11 Kiefern-Feuerschwamm

Porodaedalea pini (Brot.) Murrill
Syn. *Phellinus pini* (Brot.) Pilat

Der Kiefern-Feuerschwamm ist ein spezifischer stammbürtiger Fäuleerreger, der lebende Bäume von abgestorbenen Aststummeln aus infiziert, wobei die Infektionsstellen meist höher am Stamm liegen. Von den tief ins Holz reichenden Totästen dringt der Pilz nach oben wie nach unten zwischen Kern- und Splintholz vor. Durch periodische Abwehrreaktionen des Baumes kommt es zur Beschränkung des Pilzes auf bestimmte Ringzonen und damit zur Ausbildung einer Ringfäule. Bei diesem Prozess wird periodisch auch die Rinde in Mitleidenschaft gezogen, sodass

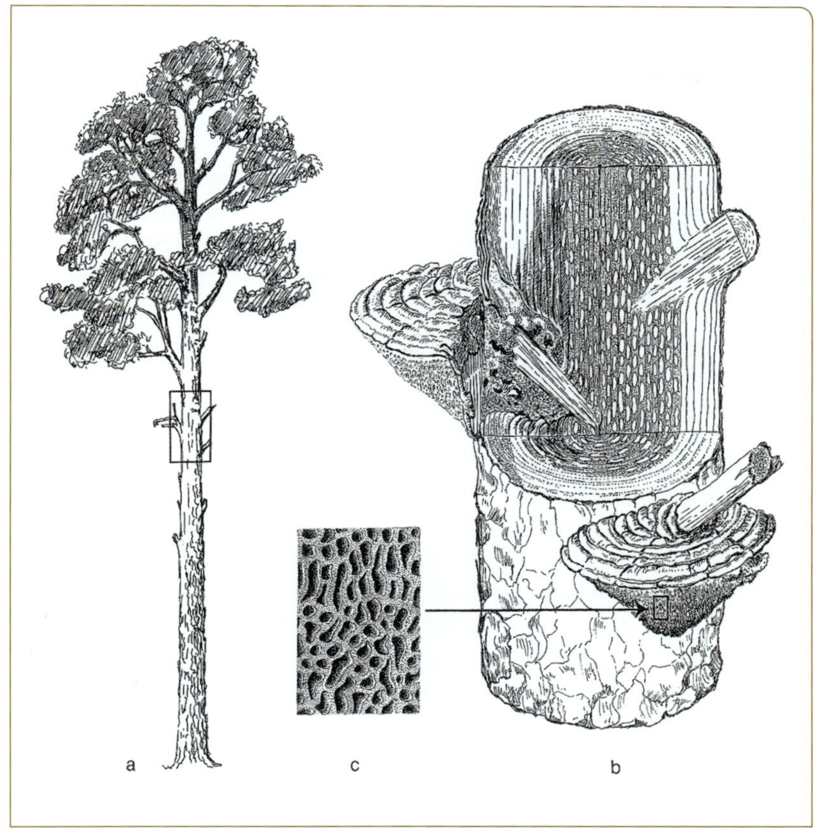

Abb. 113. Kiefern-Feuerschwamm. **a** Gesamtansicht einer älteren Kiefer mit Befall in mittlerer Höhe des Stammes, **b** Stammquerschnitt mit Wabenfäule im Kernholz sowie außen ansitzenden Fruchtkörpern, **c** Oberflächenansicht der Porenschicht (Ausschnitt).

man das Krankheitsbild auch als „Krebsfäule" bezeichnet. Später wird auch das übrige Holz befallen. Dieses färbt sich zunächst rötlich braun; anschließend kommt es zur Bildung spindelförmiger weißer Flecke und zu einer „Weißlochfäule". Das vom Pilz angegriffene Holz behält lange Zeit eine nicht unerhebliche Festigkeit, sodass es zwar minderwertig, jedoch für viele Zwecke noch brauchbar ist.

Die Fruchtkörperentwicklung setzt erst 10–20 Jahre nach einem Befall ein. Die Konsolen erscheinen dann – da lebendes Splintholz nicht durchwachsen werden kann – um Astlöcher oder unter Totästen in verschiedener Höhe am Stamm älterer Bäume. Die 5–12 cm breiten Fruchtkörper sind mehrjährig und sehr hart, anfangs rotbraun, später dunkelbraun. Die konzentrisch gefurchte Oberseite ist anfangs filzig-rau, im Alter oft feinrissig; die gelb- bis graubraunen Poren sind rundlich oder länglich und 0,2–0,4 mm im Durchmesser. Eine Schichtung der Röhren ist meist nicht zu erkennen (Abb. 113).

Der Kiefern-Feuerschwamm ist vor allem im nordöstlichen Europa verbreitet und gilt dort als wirtschaftlich bedeutsamer Kiefernpilz. Westlich der Elbe tritt er seltener auf und dann nur an sehr alten Kiefern. Er vermag allerdings auch andere Nadelbaumarten zu befallen, doch sind die Schäden an Fichte, Lärche und Douglasie relativ gering (Hartig 1900).

Verwandte Arten:

- Eichen-Feuerschwamm *(Fomitiporia robusta* [P. Karst.] Fiasson & Niemelä, Syn. *Phellinus robustus)*: langsam wachsender Parasit an meist älteren Eichen, seltener an Robinie und Esskastanie, eine Weißfäule im oberen Stammbereich verursachend; Fruchtkörper mehrjährig, faustgroß, sehr hart, mit zimtgelben Poren; Oberseite oft durch Algenanflug grün; meist in Gruppen um Astbruchstellen, gelegentlich – wenn das Kambium abgetötet worden ist – auch auf der eingesunkenen Rinde.
- Gemeiner Feuerschwamm (*Phellinus igniarius* [L.] Quél.): bekannt als „Falscher Zunderschwamm"; Konsolen 10–25 cm breit, 4–10 cm dick, schwärzlich braun mit dickwulstiger, brauner Zuwachskante; Weißfäuleerreger; hauptsächlich an Weiden und Apfelbäumen; in verschiedenen Varietäten vorkommend.
- Pflaumen-Feuerschwamm *(Phellinus pomaceus* [Pers.] Maire, Syn. *Phellinus tuberculosus)*: Fruchtkörper 2–7 cm breit, entweder schräg am Baum herablaufend oder konsolenförmig; Röhrenschicht grau- bis gelbbraun; häufiger Parasit und Holzzerstörer an *Prunus*-Arten, besonders an stark zurückgeschnittenen Zierpflaumen.
- Stachelbeer-Feuerschwamm, „Ribiselpilz" *(Phylloporia ribis* [Schumach.] Ryvarden, Syn. *Phellinus ribis)*: konsolenartige Fruchtkörper mehrjährig, oberseits rostbraun bis schwärzlich mit gelber Zuwachskante; am Grund alter Sträucher von *Ribes*-Arten; schwacher Weißfäuleerreger; nach Jahn (2005) „ein relativ friedlicher Parasit".
- Tannen-Feuerschwamm (*Phellinus hartigii* [Allesch. & Schnabl] Pat.): dem Gemeinen Feuerschwamm sehr ähnlich, jedoch Röhren kaum erkennbar geschichtet; Konsolen sehr hart, oberseits dunkelbraun mit blassem Rand; Porenschicht zimt- bis dunkelbraun; Vorkommen im Verbreitungsgebiet der Tanne. (Der Pilz wurde von dem deutschen Forstpathologen Robert Hartig 1878 erstmals beschrieben und nach ihm benannt.)

8.3.12 Rotrandiger Baumschwamm

Fomitopsis pinicola (Sw.) P. Karst.

Der Rotrandige Baumschwamm ist ein intensiver Cellulosezersetzer und damit ein gutes Beispiel für einen Braunfäuleerreger. Der Pilz besiedelt auf der Rotbuche den gleichen Lebensraum wie *Fomes fomentarius* und kommt mit diesem oft gemeinsam vor. Die Fäulebereiche beider Pilze sind jedoch scharf voneinander abgegrenzt. Befallen werden stark beschädigte und absterbende Bäume, wobei der Pilz den unteren Teil des

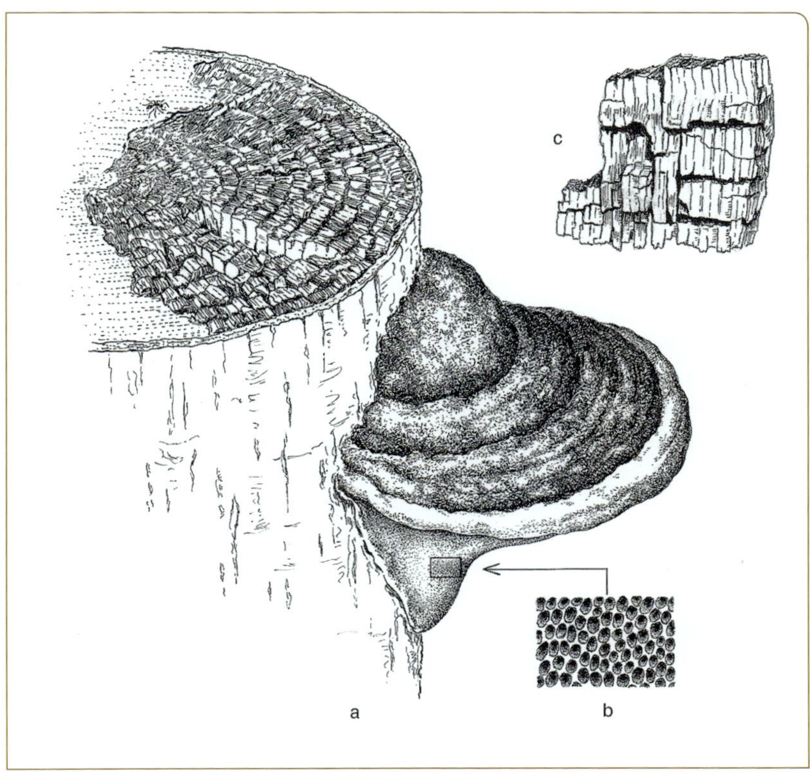

Abb. 114. Rotrandiger Baumschwamm. **a** Stammquerschnitt einer Rotbuche mit Braunfäule und außen ansitzendem Fruchtkörper, **b** Fruchtkörperunterseite (Ausschnitt) mit Poren, **c** würfelförmiger Zerfall des abgebauten Holzes.

Stammes bevorzugt. Auf gefällten oder umgeworfenen Stämmen kann er sein Wachstum fortsetzen und dort auch fruktifizieren. Im Alpen- und Mittelgebirgsraum kommt er häufiger auf Tanne und Fichte vor. Das vom Pilz angegriffene Holz wird mit der Zeit braun, brüchig und mürbe. Durch Substanzverlust wird es beim Trocknen quer- und längsrissig, sodass im Endstadium eine typische Würfelbruchfäule vorliegt (Abb. 114), bei der man das Holz zwischen den Fingern zu braunem Pulver zerreiben kann. Kennzeichnend für das Befallsbild sind weiterhin weiße Myzelreste in den Schwundrissen des Holzes. Im „Ökosystem Wald“, vor allem in den Naturreservaten, spielt diese Pilzart eine hervorragende Rolle bei der Zersetzung des im Wald verbleibenden Totholzes.

Die mehrere Jahre alt werdenden Furchtkörper sind konsolenförmig, 10–30 cm groß, oberseits mit harziger Kruste und ziemlich glatt, anfangs orange- bis rostrot mit gelblich-weißem Rand, später schwärzlich mit dunkelrotem Rand. Die Poren sind gelblich bis hellbraun mit gelblichem Sporenstaub. Zur Unterscheidung vom manchmal ähnlichen Zunderschwamm genügt es nach Jahn (2005) „ein (angezündetes) Streichholz an die Kruste zu halten: sie wird beim Rotrandigen Baumschwamm klebrig“.

8.3.13 Echter Zunderschwamm

Fomes fomentarius (L.) Fr.

Der Echte Zunderschwamm gehört zu den auffälligsten Großporlingen mit einem Vorkommen hauptsächlich an der Rotbuche, weniger häufig auf Birke, Erle und Hainbuche. Als stammbürtiger Fäuleerreger dringt er durch Rindenwunden oder Astabbrüche in das Holz geschwächter Bäume ein, wo es zu einer Weißfäule kommt. Typisch für den Zunderschwamm sind die im weißfaulen Holz auftretenden schwarzen Linien, die als Demarkationslinien bekannt sind und einzelne Pilzkolonien gegen andere Myzelien oder das noch unbefallene Holz abgrenzen. Sie kommen durch die verstärkte Tätigkeit von Phenoloxidasen zustande, wobei pilz- oder auch wirtseigene Stoffe in Melanine umgewandelt werden. Bei ausgedehnter Holzzerstörung kommt es zu einer Festigkeitsverminderung des Holzes, sodass der Stamm bei Sturm umbrechen kann. In Verbindung mit diesem Krankheitsbild spielt der Pilz bei der „Buchenrindennekrose" eine gewisse Rolle, wo er die Endphase einer oft mehrjährigen Erkrankung einleitet.

Die Anwesenheit des Pilzes in Buchenwäldern wird in der Regel durch konsolenartige Fruchtkörper angezeigt, die viele Jahre alt werden können. Sie finden sich an Wundstellen oder auch direkt auf der Rinde überalterter oder abgestorbener Bäume. An liegenden Stämmen lebt er noch jahrelang saprobisch weiter, wobei er massenhaft fruktifizieren kann. Die Konsolen sind 10–40 cm groß, hellbraun bis schwärzlich, jung häufig bräunlich mit wulstig gezonter, gewölbter Oberseite. Unter der 1–2 mm dicken sehr harten Kruste liegt eine gelbbraune, zähfaserige Trama, an die sich nach unten braune Röhrenschichten anschließen. In den beiden Sporulationsphasen – Frühjahr und Herbst – werden un-

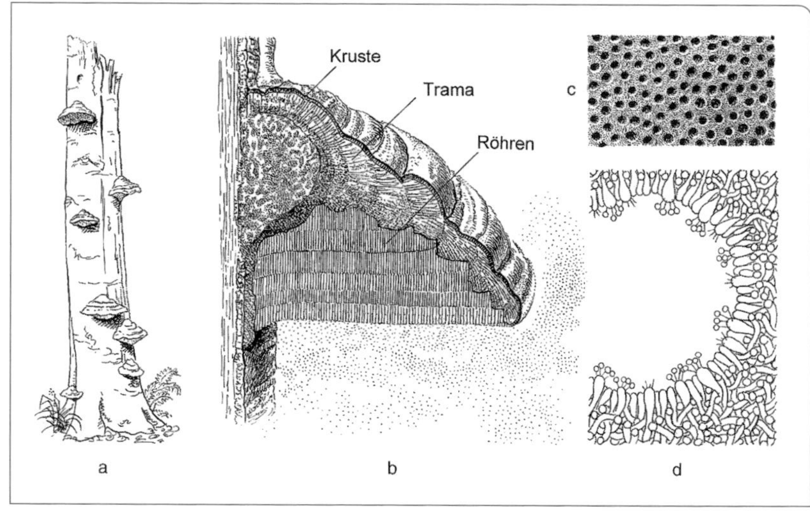

Abb. 115. Echter Zunderschwamm. **a** Gesamtansicht eines befallenen gebrochenen Buchenstammes mit Fruchtkörpern, **b** Querschnitt durch eine Konsole mit austretender Sporenwolke, **c** Ansicht der Fruchtkörperunterseite, **d** Porenquerschnitt (Ausschnitt) mit Basidien an der Innenwandung der Röhrchen.

geheure Mengen von Basidiosporen entlassen, die von Luftströmungen fortgetragen werden und sich bei trockenem Wetter als weiße Staubschicht auf der Oberseite der Fruchtkörper oder in deren Nähe ablagern (Abb. 115).

In früherer Zeit wurden die Fruchtkörper des Pilzes in waldreichen Gegenden – nach Einlegen in Lauge und anschließender mechanischer Aufbereitung („Schwammklopfen") – zum Feueranmachen und zur Wundbehandlung sowie zur Herstellung von Mützen und Handschuhen verwendet (Scholian 1996).

Forstwirtschaftlich ist der Pilz insofern zu beachten, als erkrankte und vor allem schleimflussgeschädigte Buchen möglichst rasch geschlagen werden müssten, um einen weiteren Wertholzverlust zu vermeiden. Im Übrigen aber sollte man *Fomes fomentarius*, zumal er als Schwächeparasit gesunde Rotbuchen nicht zu schädigen vermag, als ein natürliches Glied in der Biozönose eines Buchenwaldes ansehen, wo sich der Pilz wesentlich an der Zersetzung nicht verwertbarer Holzreste beteiligt.

8.3.14 Flacher Lackporling

Ganoderma applanatum (Pers.) Pat.

Kennzeichnend für diesen an verschiedenen Laubbaumarten, vor allem an Rotbuche wachsenden Pilz sind seine 10–50 cm breiten, halbkreisförmigen, flachen Fruchtkörper, die nur wenige Zentimeter dick werden. Oberseits sind die höckerig-runzeligen Konsolen konzentrisch gezont und von einer harten grauen bis braunen Kruste bedeckt (Abb. 116 a, b). Auf der Unterseite befindet sich die bräunliche, mit feinen Mündungen versehene Röhrenschicht, die unter günstigen Bedingungen im Sommer täglich mehrere Milliarden Sporen auswerfen kann. Nicht selten findet man Fruchtkörper, deren Oberseite und Umgebung wie von einem rotbraunen Puder mit Sporen eingestäubt sind.

Die mehrjährigen Fruchtkörper findet man am unteren Stammteil älterer, häufig von anderen Pilzen bereits besiedelter Bäume; meist lebt der Flache Lackporling jedoch rein saprobisch an bereits abgestorbenen älteren Stubben, wo er eine intensive Weißfäule hervorruft.

Gelegentlich sind ältere Fruchtkörper auf der Unterseite mit warzen- oder stiftförmigen Auswüchsen bedeckt. Es handelt sich hierbei um die Gallen der Zitzengallfliege *Agathomyia wankowiczi*.

Weitere Ganoderma-Arten:

- Glänzender Lackporling (*Ganoderma lucidum* [Curtis] P. Karst.): Fruchtkörper oberseits und am Stiel hellgelb bis braunrötlich glänzend wie lackiert; Weißfäuleerreger an Laubholz; auch an Fichte, Kiefer und Lärche. (Wird in der Traditionellen Chinesischen Medizin als Heilpilz verwendet.)

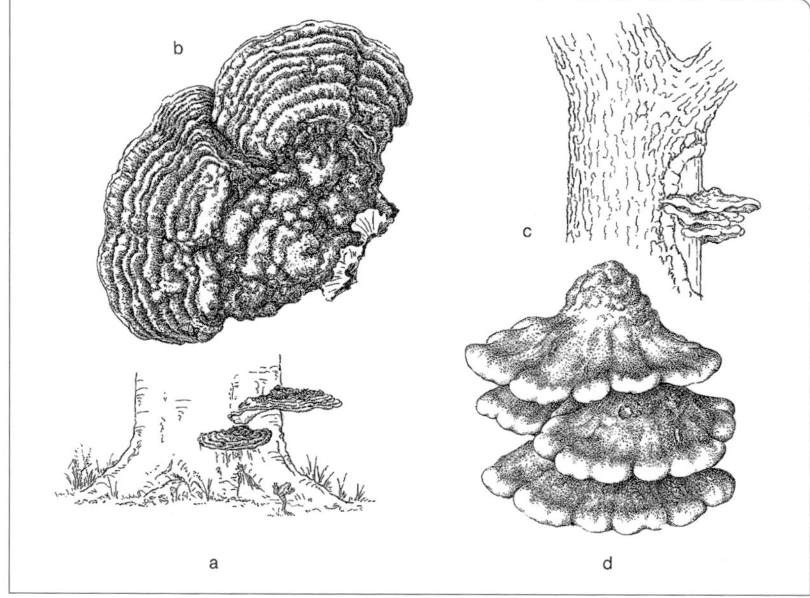

Abb. 116. Stammfäuleerreger an Rotbuche und Eiche. **a** Fruchtkörper von Flachem Lackporling an der Stammbasis einer Rotbuche, **b** Fruchtkörperoberseite; **c** Fruchtkörper vom Schwefelporling am Stamm einer Eiche, **d** zugehöriger Fruchtkörper.

- Harziger Lackporling (*Ganoderma resinaceum* Boud.): Fruchtkörper gelblich, dünnkrustig, anfangs mit kurzem goldgelbem Stiel, einjährig; Sporen auffallend fein punktiert; parasitisch an Laubbäumen, meist Eichen und Buchen; bevorzugt in wärmeren Gebieten, auch im urbanen Bereich.
- Wulstiger Lackporling (*Ganoderma adspersum* [Schulzer] Donk): im Unterschied zum Flachen Lackporling mit dickeren wulstigen, oft übereinanderliegenden Konsolen und 1–2 mm dicker Kruste; Weißfäuleerreger; bevorzugtes Vorkommen in Gärten und Parkanlagen; auch an Straßenbäumen; Schwächeparasit an Eiche, Linde, Rosskastanie, Rotbuche und Mehlbeere.

8.3.15 Schwefelporling

Laetiporus sulphureus (Bull.) Murrill

Der Schwefelporling gehört wegen seiner Größe und weithin leuchtenden Fruchtkörperfarbe zu den auffälligsten Baumporlingen. Seine 20–40 cm breiten Konsolen sind oberseits orange gelb, unterseits schwefelgelb. Ab Mai findet man die oft dachziegelig wachsenden Fruchtkörper sowohl am Stammgrund als auch in größerer Höhe am Baum. Trotz ihrer fleischigen Konsistenz bleiben die Fruchtkörper noch bis weit in den Winter hinein am Stamm haften, nehmen dann aber durch Ausblassen einen weißlichen Farbton an (Abb. 116 c, d).

Der Pilz dringt durch Wunden bis in das Stamminnere vor, wo er im Kernholzbereich jahrelang weiterwächst und eine intensive Braunfäule hervorruft, die bis zur völligen Aushöhlung des Stammes gehen kann. Das Myzel wächst dabei in breiten, bandartigen Streifen längs der im Holz entstehenden Risse und Spalten und bedeckt diese mit einem gelblichen Überzug. Die Entgiftung der im Kernholz enthaltenen phenolischen Stoffe erfolgt beim Schwefelporling durch die zu den Phenoloxidasen gehörende Tyrosinase. Das Splintholz wird demgegenüber in der Regel nicht angegriffen, sodass der befallene Baum noch lange Zeit am Leben bleibt, wenn ihn nicht ein Sturm umwirft. Die Frage der Standfestigkeit stellt sich vor allem bei erkrankten Straßen- und Parkbäumen.

Der Pilz befällt bevorzugt Laubbäume mit einem Farbkern, vor allem Eiche, Robinie, Walnuss und *Prunus*-Arten; auch findet er sich an Weichhölzern wie Eberesche, Rosskastanie, Weide und Apfelbaum. Seltener wird er auf Lärche (im Gebirge) und an Altstämmen der Eibe beobachtet.

8.3.16 Schuppiger Porling

Polyporus squamosus (Hudson) Fr.

Der Schuppige Porling gehört zu den Pilzen mit besonders groß werdenden, bis zu 50 cm breiten Fruchtkörpern, die sowohl an der Stammbasis als auch höher am Stamm vorkommen können. Die Konsolen sind nieren- oder fächerförmig, im frischen Zustand blassgelb bis ockergelb, mit exzentrischem, an der Basis schwärzlichem Stiel. Als besonderes Kennzeichen gelten die auf der Hutoberseite befindlichen, konzentrisch angeordneten braunen Schuppen. Die auf der Hutunterseite liegende Röhrenschicht ist durch 1–2 mm weite, netzartig verbundene, gelblich blasse Poren ausgezeichnet. Der Pilz bewohnt Laub- und Mischwälder, Gärten und Parkanlagen, wo er im Stamm oder an Stubben eine Weißfäule hervorruft, mit Vorkommen an Ahorn, Esche, Linde, Pappel, Rosskastanie, Ulme, Walnuss und Weide.

8.3.17 Zottiger Schillerporling

Inonotus hispidus (Bull.) P. Karst.

Der nur an Laubholz und hier an lebenden Bäumen besonders von Esche, Walnuss, Platane und Apfelbäumen vorkommende Pilz ist einer der aktivsten Parasiten unter den Porlingen. Er dringt über Astabbrüche oder Astungswunden in den zentralen Holzbereich ein und verursacht dort eine schwammige Weißfäule mit feiner weißlicher Längs- und Querstreifung auf dunklem Holz. Eindeutiges Merkmal eines Befalls sind seine Fruchtkörper, die 2–10 m hoch am Stamm oder an dickeren Ästen, meist an Astungswunden, beobachtet werden können (Abb. 117 a). Sie sind einjährig, konsolenförmig, 20–30 cm breit und oberseits von einem zottigen Filz bedeckt; ihre Farbe ist anfangs lebhaft gelb bis rostrot, später rostbraun bis dunkelbraun und schließlich – nach dem Absterben im Winter – schwarz. Ebenso gefärbt sind das weiche wässrige Fleisch (Trama) sowie die 1–3 cm lange Röhrenschicht (Hymenium), deren Poren sich bei Berührung dunkel verfärben. Frische, noch wachsende Fruchtkörper scheiden auf der Unterseite reichlich wässrige Tropfen aus, die sich in 2–4 mm weiten Kanälen sammeln (Abb. 117 b).

Bei der Untersuchung befallenen Holzes findet man im mikroskopischen Bild (Abb. 117 c) u. a. Pilzhyphen in den Lumina von Fasertracheiden, die die Zellen von der Innenwand aus entsprechend dem Weißfäuletyp angreifen (Abbau von Lignin und Cellulose in etwa gleichen Anteilen). Bei stärkerem Vordringen des Pilzes reagiert der Baum mit der Bildung pilzwidriger Substanzen (Polyphenole), die in den Lumina der Holzzellen abgelagert werden. Die hierdurch entstehende ungastliche Reaktionszone vermag der Pilz allerdings dadurch zu umgehen, indem er in das Innere der Zellwände eindringt und von hier aus das Holz in Form einer Moderfäule abbaut (Bildung ovaler oder rundlicher Hohlräume in der Sekundärwand der Holzzellen). Der Zottige Schillerporling verfügt damit über verschiedene Strategien, das Holz seines Wirtes für sich nutzbar zu machen (Schwarze et al. 1999). Das Pilzwachstum kommt erst dann zum Stillstand, wenn der Baum im Bereich des Kambiums eine zelluläre Sperrzone angelegt hat (vgl. Abb. 103). Die Platane zählt zu den relativ stark abschottenden Baumarten. Ihre Stand- und Bruchfestigkeit ist daher nur selten gefährdet. Weniger wiederstandsfähig sind dagegen Eberesche, Esche und Walnuss, bei denen der Zottige Schillerporling daher größeren Schaden anrichten kann.

Weitere verwandte Arten:

- Buchen-Schillerporling (*Mensularia nodulosa* [Fr.] T. Wagner & M. Fisch.): Fruchtkörper krustenförmig mit zahlreichen, dachziegelig angeordneten, nur 0,5–1,5 cm weit abstehenden kleinen Hütchen und weit herablaufender Porenschicht; Oberseite gelblich bis braun

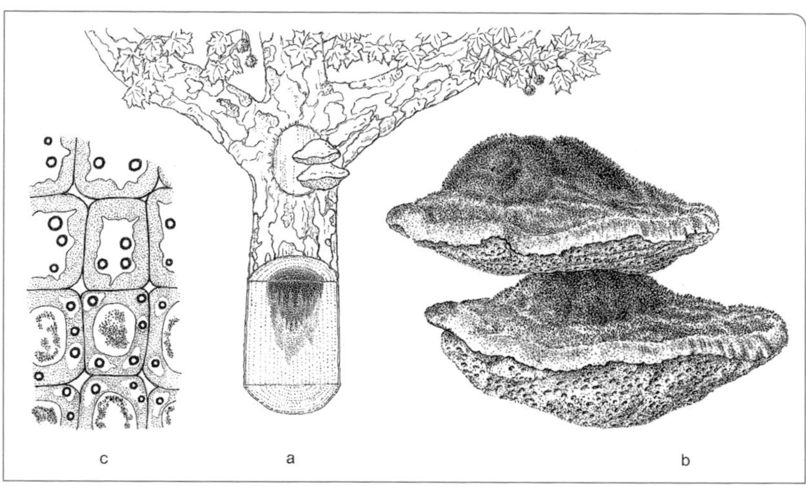

Abb. 117. Zottiger Schillerporling an Platane. **a** Gesamtansicht einer befallenen Platane mit Fruchtkörpern an einer Ästungswunde, **b** zwei Konsolen des Pilzes, **c** Querschnitt (Ausschnitt) durch befallenes Holz mit Hyphen im Lumen von Fasertracheiden (obere Holzzellen) und Hyphen innerhalb der Sekundärwand (untere Holzzellen).

mit silbrig schimmernden, ungleich großen Poren; Weißfäuleerreger; Schwächeparasit und Saprobiont auf geschädigten oder absterbenden Buchen (z. B. als Besiedler schleimflusskranker Buchen); oft viele Meter hoch am Stamm.

- Erlen-Schillerporling (*Xanthoporia radiata* [Sowerby] Tura et al.): Fruchtkörper meist dachziegelig in Gruppen, halbkreisförmig, 4–7 cm breit, flach mit dünner Kante, Oberseite rotbraun faserig, alt radial-runzelig, Porenschicht jung silbrig glänzend, teilweise resupinat; häufigster Wund- und Schwächeparasit vor allem an *Alnus*, gelegentlich auch an Birke und Hasel, selten an anderen Laubhölzern.
- Tropfender Schillerporling (*Pseudoinonotus dryadeus* [Fr.] T. Wagner & M. Fisch.): Fruchtkörper konsolenförmig bis 40 cm breit, oberseits anfangs mit weißlich-gelbem Flaum bedeckt, später kahl und bräunlich, mit rotbraunen Wassertropfen; Röhren ziemlich klein, bräunlich, frisch silbrig schimmernd; meist an der Stammbasis von alten Eichen; im unteren Stammteil und in den Wurzeln eine Weißfäule verursachend.

8.3.18 Birkenporling

Fomitopsis betulina (Bull.) P. K. Cui et al.
Syn. *Piptoporus betulinus* (Bull.) P. Karst.

Der in und außerhalb von Wäldern vorkommende Birkenporling ist ein streng wirtsspezifischer Stammfäuleerreger, der bisher nur an Birken gefunden wurde. Er kann als Schwächeparasit bezeichnet werden, denn

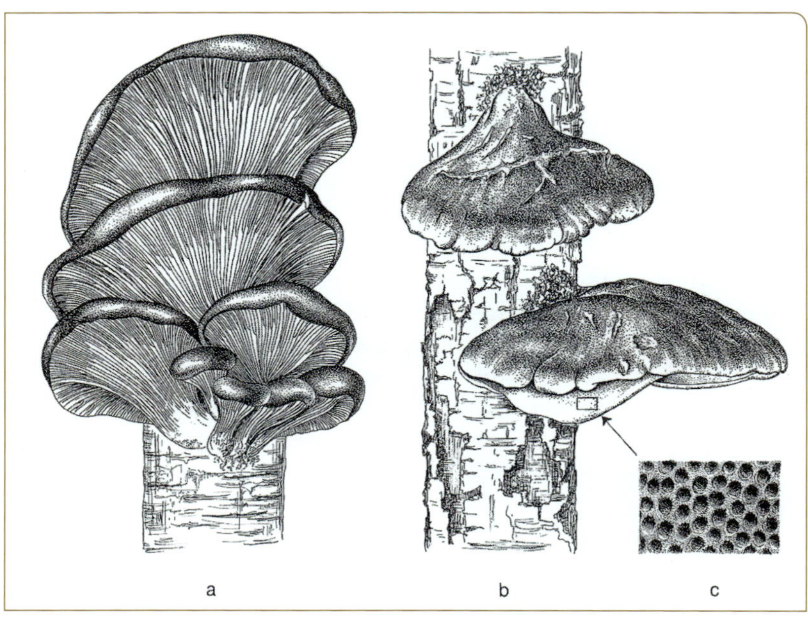

Abb. 118. Stammfäuleerreger. **a** Fruchtkörper vom Austernseitling an Rotbuche; **b** Fruchtkörper vom Birkenporling an Birke, **c** Ausschnitt der Fruchtkörperunterseite.

er befällt nur ältere, seneszente oder anderweitig geschwächte Bäume. Er dringt durch Aststummel oder frei liegendes Holz in den oberen Stammteil ein, wandert dann stammabwärts und bewirkt eine dunkelrote bis bräunliche, kräftige Braunfäule. Die einjährigen Fruchtkörper erscheinen einzeln oder in Gruppen, oftmals mehrere Meter hoch am Stamm. Im Anfangsstadium sind sie glockenförmig, oberseits kahl und glatt, im Alter nierenförmig, oft rissig und mit einer dünnen ledrig-häutigen, grauweißen bis bräunlichen Kruste überzogen. Die Unterseite wird von der grauweißen Porenschicht eingenommen, die sich aus kurzen Röhrchen mit sehr kleinen rundlichen Porenmündungen zusammensetzt. Ein kurzer, nahe dem Scheitel entspringender Stiel verbindet den Fruchtkörper mit dem Stamm (Abb. 118 b, c).

Birken im Garten und in Parkanlagen, an denen Fruchtkörper festgestellt werden, sollten baldmöglichst gefällt werden, da bei ihnen eine erhöhte Bruchgefahr besteht.

8.3.19 Austernseitling

Pleurotus ostreatus (Jacq.) P. Kumm.

Der Austernseitling wächst als Wundparasit an lebenden Laubbäumen, bevorzugt an Pappel, Weide, Rotbuche und Linde. Als Saprobiont besiedelt er Stubben und liegende Stämme, wo er das Kernholz angreift und eine Weißfäule hervorruft. Die in Büscheln am Holz erscheinenden Fruchtkörper sind hellblättrige Lamellenpilze mit halbiertem oder nierenförmigem Hut und einem seitlich ansitzenden Stiel. Die Hutfarbe ist graulila, ockerbraun, graubraun, blaugrünlich oder blauschwarz. Die Fruchtkörper des Austernseitlings (Abb. 118 a) werden als Speisepilze geschätzt und gesucht; man findet sie relativ spät im Jahr, selbst noch nach Frostnächten. Wer sich von zufälligen Funden unabhängig machen will, kann den Pilz im Garten oder auch im Wald züchten (Steineck 1990).

Weitere Pleurotus-Art:

- Behangener Seitling (*Pleurotus dryinus* [Pers.] P. Kumm.): Hut 5–15 cm groß, muschelförmig, weißlich bis blass gelblich mit graubraunen, angedrückten Schuppen; Lamellen herablaufend, an der Basis netzartig miteinander verbunden; Stiel seitlich bis fast zentral, weiß, jung mit einem häutigen, mit dem Hutrand verbundenen Ring; an lebenden oder toten Laubbäumen; im urbanen Bereich vornehmlich an Ahorn, Linde, Rosskastanie und Apfelbäumen, sonst an Eiche und Rotbuche; er verursacht im Stamm eine örtlich begrenzte Weißfäule.

9 Lagerschäden

Wird ein Baum gefällt oder stürzt er um, so kommt es zu einschneidenden Veränderungen, die auch das Schicksal des Holzes betreffen: Alle lebenden Zellen sterben mehr oder weniger schnell ab. Damit brechen auch die aktiven Abwehrsysteme zusammen, und der Baum wird – sofern er nicht rechtzeitig aufgearbeitet wird – von zahlreichen tierischen und pflanzlichen Organismen besiedelt, die den Abbau des organischen Materials besorgen.

Bei den am liegenden Stamm auftretenden Lagerschäden können zwei Prozesse unterschieden werden, die bezüglich der Holzschädigung getrennt bewertet werden müssen. Bei den bereits in den ersten Wochen der Lagerung auftretenden Veränderungen sind es in der Regel nur **Holzverfärbungen**, die keinen Einfluss auf die Festigkeit des Holzes haben, wohl aber zu seiner Wertminderung beitragen. Es handelt sich hierbei entweder um abiotisch induzierte Verfärbungen oder um die Einwirkung holzverfärbender Pilze. Erst nach längerer Lagerungszeit muss mit einem Befall durch Holz zerstörende Pilze gerechnet werden. Zu den häufigsten und effektivsten Holzzersetzern gehören Basidiomyceten, die in der Endphase eine **Braun-** oder **Weißfäule** verursachen. Als **Moderfäule** wird eine weniger intensive Holzzerstörung bezeichnet, die überwiegend durch Ascomyceten und Deuteromyceten ausgelöst wird. Ihr Befallsbild ist durch typische, von Rissen durchzogene Holzzersetzungsmuster charakterisiert (Schwarze et al.1999). In Sonderfällen, z. B. bei der Nasslagerung, können sich auch Bakterien an der Besiedlung des Holzes beteiligen, ohne jedoch die Festigkeit des Holzes merklich zu beeinträchtigen.

9.1 Holzverfärbungen

9.1.1 Einlauf

Als Einlauf bezeichnet man eine bei Laubhölzern auftretende bräunliche (Buche) oder graubraune (Eiche) Holzverfärbung, die von der Hirnfläche lagernder Stämme ausgeht und sich axial unterschiedlich tief in den Stamm hineinzieht. Sie entsteht beim Zusammentreffen des eindringenden Sauerstoffs mit den phenolischen Zellinhaltsstoffen des Baumes (Oxidationsverfärbung). Pilze oder andere Organismen sind an diesem Vorgang nicht beteiligt.

Bleibt z. B. ein Buchenstamm mehrere Wochen oder Monate im Wald liegen, so beginnt das Holz langsam auszutrocknen. Bei einem Feuchtigkeitsgehalt von etwa 50 % des Trockengewichtes beginnen die noch lebenden Parenchymzellen blasenartige Ausstülpungen zu bilden, wobei ein Teil des Cytoplasmas einschließlich des Zellkerns in benachbarte

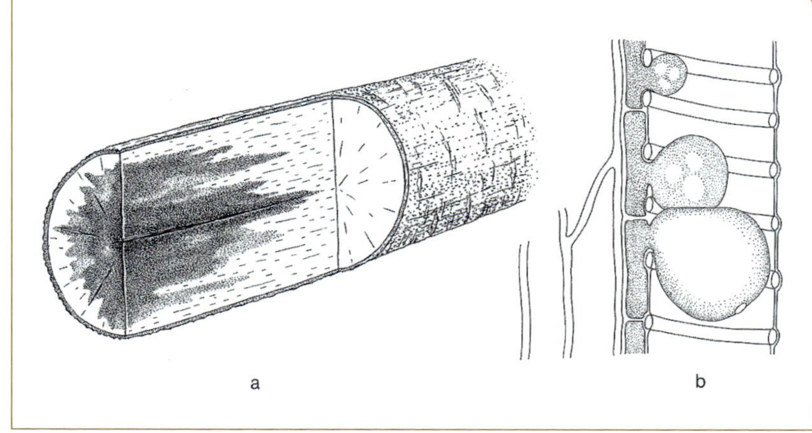

Abb. 119. Einlauf an Rotbuche.
a Verfärbung im Holz eines liegenden Stammes, **b** mikroskopischer Längsschnitt durch ein verthylltes Gefäß.

Gefäße einwandert, sodass diese verstopft werden (Abb. 119). Die Parenchymzellen sterben bald ab und verfärben sich – durch Oxidation ihrer Zellinhaltsstoffe – gelbbraun. Die technologischen Holzeigenschaften werden durch diese Thyllenbildung nicht beeinträchtigt, doch lässt sich das Holz nicht mehr ausreichend mit Schutzmitteln tränken. Auch kann sich die Verfärbung, wo das Holz zu Furnierzwecken verwendet werden soll, wertmindernd auswirken. Dem Einlauf folgt in der Regel bald ein Befall durch Holz abbauende Pilze, wodurch das Holz „verstockt" und weißfaul wird.

Einlaufschäden kann vorgebeugt werden, indem das Rundholz bis zum Abtransport in der Rinde belassen und möglichst feucht gelagert wird. Ein stärkeres Austrocknen lässt sich durch Auftragen eines Schutzfilms auf die Hirnflächen verhindern. So werden besonders wertvolle Furnierabschnitte an den Hirnflächen durch luftabschließende Anstriche, z. B. mit Schlämmkreide, pigmentiertem Alkydharzlack oder Paraffin geschützt.

Abiotisch bedingte Verfärbungen der Holzoberfläche:

- **Vergrauen** des Holzes: oberflächliche Verwitterung, verursacht durch die Einwirkung des ultravioletten Lichtes mit nachfolgender Auswaschung des freigelegten Lignins durch Regen; es bleibt eine silbrigweiße, cellulosereiche Oberfläche zurück; an verbautem Holz verschiedener Nadelhölzer; vornehmlich im Gebirge (Butin 1991).
- **Verkohlung** oder **Bräunung:** dunkle Verfärbung von Holzoberflächen, verursacht durch intensive Sonneneinstrahlung bei trockener Witterung. Im Gegensatz zum Vergrauen des Holzes bleiben in diesem Fall die Zersetzungsprodukte des Lingninabbaus, die Huminsäuren, auf der regenabgewandten Seite als schwarzbraune amorphe Masse erhalten; Vorkommen überwiegend im Gebirge; Verwechslung mit Verfärbungen durch Schwärzepilze möglich (s. Kap. 9.1.3).

9.1.2 Rotstreifigkeit

Unter „Rotstreifigkeit" versteht man eine rotbraune, bisweilen auch rötliche bis gelbe Holzverfärbung, die sich von der Mantelfläche und dem Stammende aus in das Stammholz hineinzieht. Die Entwicklung der Rotstreifigkeit beginnt damit, dass Pilze über die Hirnflächen oder von der Rinde aus in das Holz lagernder Stämme eindringen, wo sie sich – bei einem mittleren Feuchtigkeitsgehalt – relativ schnell in axialer und radialer Richtung ausbreiten. Es kommt hierbei zu einer oxidativen Verfärbung des Holzes, die sich beim Anschneiden in Längsrichtung durch unterschiedlich breite Streifen zu erkennen gibt. Bei mikroskopischer Untersuchung von rotstreifigem Holz (Abb. 120) lassen sich zahlreiche feine, farblose Hyphen nachweisen, die miteinander verbunden sind. In den ersten Wochen und Monaten findet in den befallenen Holzpartien ein nur schwacher Ligninabbau statt, sodass das Holz für verschiedene Bauzwecke noch verwendbar ist. Erst später kommt es zu einer intensiveren Weißfäule.

Bei der Fichte gilt der Blutende Schichtpilz *(Stereum sanguinolentum)* als wichtigster Rotstreifeerreger. Er tritt bereits am stehenden Stamm auf und verursacht hier eine Wundfäule (Abb. 111). Zur gleichen Gruppe der Holzverfärber gehören ähnliche Schichtpilze *(Amylostereum areolatum* sowie *Amylostereum chailletii)*, die allerdings nur an Gebirgsstandorten eine lokale Bedeutung haben. Bei der Kiefer wird die Rotstreifigkeit hauptsächlich durch den Violetten Lederporling *(Trichaptum abietinum)* hervorgerufen, dessen violette, weiß berandete Fruchtkörper entweder breitflächig der Unterlage anliegen oder hütchenartig vom Holz abstehen. Sein auffallendstes Merkmal sind die violetten Poren.

Die Rotstreifigkeit entwickelt sich besonders dann, wenn das Holz längere Zeit – vor allem in der wärmeren Jahreszeit – im halbfeuchten Zustand bleibt. Zur Verhütung empfiehlt sich daher zunächst die Winterfällung, die in höheren Lagen bereits ab Herbst begonnen werden

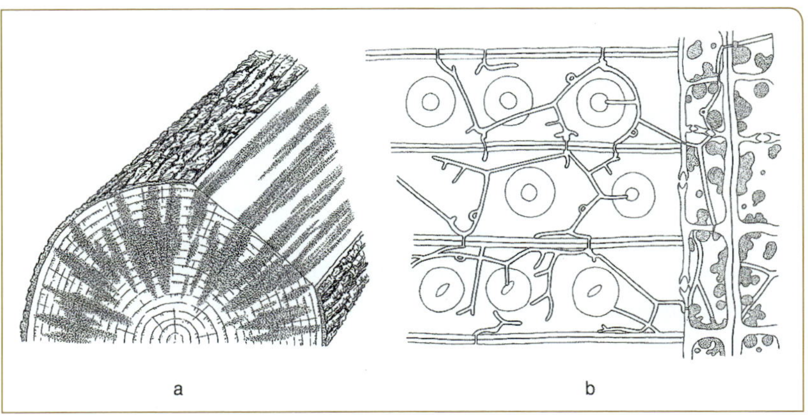

Abb. 120. Rotstreifigkeit der Fichte. **a** Quer- und Längsschnitt durch einen liegenden Fichtenstamm mit streifenförmiger Verfärbung, **b** radialer Längsschnitt durch rotstreifiges Splintholz mit Pilzhyphen in Tracheiden und Holzstrahlen.

kann. Weiterhin kann eine rasche Abtrocknung der entrindeten Stämme auf luftigen Lagerplätzen das Auftreten der Rotstreifigkeit verhindern.

9.1.3 Bläue

Unter „Bläue" versteht man eine blaue bis bläulich graue Verfärbung von Nadelholz, hervorgerufen durch verschiedene Pilzarten, den sogenannten Bläuepilzen. Sie tritt sowohl auf der Oberfläche in Gestalt dunkler Flecken oder Streifen als auch im Innern des Holzes auf. Befallen wird nur das Splintholz (Abb. 121 a). Voraussetzung dafür ist ein mittlerer Feuchtigkeitsgehalt des Holzes, der zwischen 30 und 120 % des Trockengewichtes liegen kann. Wirtschaftlich spielt die Bläue vor allem bei der Kiefer eine Rolle, gebietsweise auch bei der Fichte.

Die Ursache der Verfärbung geht auf die Anwesenheit dunkelgefärbter Hyphen zurück, die sich vor allem in den radial verlaufenden nährstoffreichen Holzstrahlen ausbreiten (Abb. 121 b). Der Übergang von Zelle zu Zelle erfolgt dabei entweder auf dem Wege über die Tüpfel oder direkt durch die Zellwand, wobei dünne Perforationshyphen den mechanischen Durchbruch besorgen.

Die Bläue des Nadelholzes kann während verschiedener Phasen der Holzaufbereitung auftreten. Die umfangreichste Ausdehnung erfährt die Bläue in langsam austrocknenden, berindeten Kiefernstämmen, die über Wochen oder Monate im Wald liegen gelassen werden.

Die Pilze, die hier die sogenannte **Stammholzbläue** (primäre Bläue) verursachen, gehören entweder zu den Ascomyceten oder zu den Deuteromyceten. Die Ascomyceten sind durch zahlreiche Arten der Gattungen *Ceratocystis* und *Ophiostoma* vertreten, von denen *Ophiostoma piceae* (Münch) Syd. & P. Syd. besonders häufig vorkommt. Sie bildet lang geschnäbelte Perithecien und pinselförmige Graphien, deren Sporen von Regen, Wind und Borkenkäfern verbreitet werden (Abb. 121 c–f).

Die **Schnittholzbläue** (sekundäre Bläue) stellt sich erst nach dem Einschneiden des Holzes ein, wenn dieses noch nicht völlig lufttrocken ist. Die Pilzarten, die zu diesem Zeitpunkt das Holz infizieren, gehören überwiegend zur Gattung *Cladosporium*. Eine weitere häufige Art ist *Strasseria geniculata*, die auch bei der Triebspitzenkrankheit der Koniferensämlinge eine Rolle spielt (Abb. 12e).

Die **Anstrichbläue** (tertiäre Bläue) beschränkt sich auf bereits verarbeitetes Holz, das erneut Feuchtigkeit aufgenommen hat. Urheber dieser z. B. an Garagentoren und klar lackierten Fensterrahmen auftretenden Holzverfärbung, sind die imperfekten Pilze *Aureobasidium pullulans* und *Sclerophoma pithyophila* (Abb. 22) sowie Pilzarten, die auch auf unbehandelten Holzoberflächen (als Schwärzepilze) vorkommen.

Der sicherste Schutz vor der Stammholzbläue ist eine zeitgemäße Fällung von Oktober bis Januar und ein baldige Aufarbeitung des Stammes. Bei verzögertem Abtransport haben sich die Wasserlagerung und

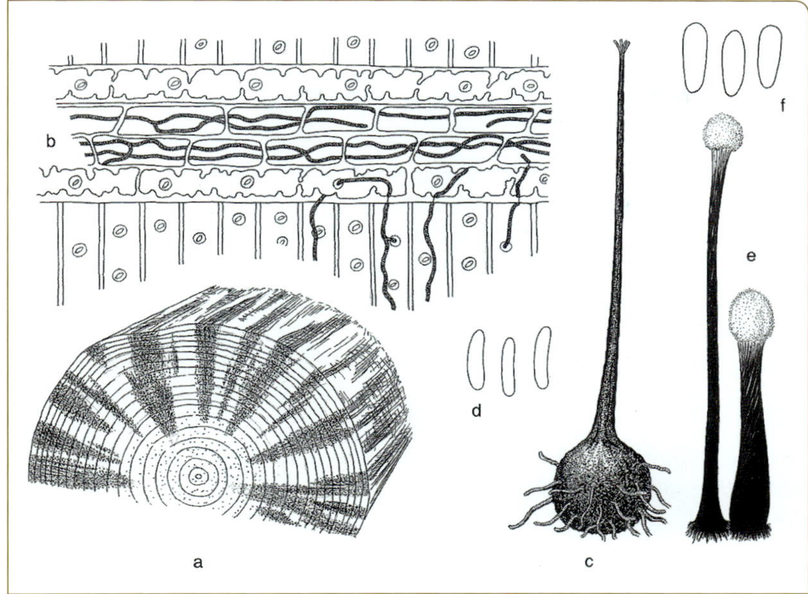

Abb. 121. Bläue in Kiefernstammholz. **a** Sektoriale Verfärbung des Splintholzes, **b** radialer Längsschnitt durch verblautes Splintholz mit Bläuehyphen, **c** Perithecium von *Ophiostoma piceae,* **d** Ascosporen, **e** zugehörige *Graphium*-Anamorphe, **f** Konidien.

die Beregnung berindeter Stämme bewährt. Das Auftreten der Schnittholzbläue lässt sich sowohl durch luftige Lagerung des Schnittholzes als auch durch Anwendung wässriger Fungizide vermeiden. Bei maltechnisch behandeltem Holz kann – zur Verhütung der Anstrichbläue – ein fungizides Grundiermittel eingesetzt werden.

Andere Holzverfärbungen durch Pilze:

- **Vergrauen des Pappelholzes:** bedingt durch zahlreiche fein verteilte braune Hyphen des Hyphomyceten *Cadophora fastigiata* Lagerb. & Melin; Vorkommen im Holz länger liegender Pappelstämme.
- **Schwärzung unbehandelter Holzoberflächen:** verursacht durch verschiedene hochgradig trocken- und hitzeresistenter, imperfekter Schwärzepilze, vor allem *Phaeosclera dematioides* Sigler, Tsuneda & Carmichael mit inkrustierten, kettenförmigen Zellen (Tafel IV/8); vorwiegend im Gebirge, meist in Verbindung mit dem abiotisch bedingtem Vergrauen des Holzes (Butin 1991).
- **Rotfleckigkeit des Buchenholzes:** verursacht durch den Ascomyceten *Melanomma sanguinarium* (P. Karst.) Sacc.; häufig auf der Hirnfläche von Stämmen und Stubben frisch gefällter Buchen; Myzel färbt das Holz fleckenartig rotviolett.
- **Schwarzstreifigkeit des Buchenholzes:** verursacht durch die schwarzen Konidien des Hyphomyceten *Bispora antennata* (Pers.) E. W. Mason; radiär angeordnete schwarze, elliptische Streifen als typisches Befallsbild (Abb. 126 a, b); auf frischen Schnittflächen von Buchenstümpfen und -stämmen, seltener auf Birke und Eiche.

- **Grünfäule des Holzes:** verursacht durch den Kleinsporigen Grünspanbecherling (*Chlorociboria aeruginascens* [Nyl.] Kanouse) und verwandte Arten; erzeugt eine Weißfäule und verfärbt dabei das Holz innen und außen blaugrün; kommt an dickeren, feucht liegenden Ästen verschiedener Laubbaumarten vor, z. B. Eiche, Pappel, Esche oder Buche. (*Chlorociboria*-Holz wurde früher bei Intarsienarbeiten zur Erzielung eines besonderen Farbeffektes verwendet.)
- **Giraffenholz:** Bezeichnung für die schwarz-weiße Oberflächenmarmorierung von weißfaulen, am Boden liegenden Laubbaumästen, vor allem Ahorn; Urheber ist *Xylaria longipes*, die Langstielige Holzkeule (Butin 2017).

9.2 Holzfäulen und ihre Erreger

Mit der Fällung eines Baumes werden neue ökologische Bedingungen geschaffen, die jetzt auch anderen, saprobisch lebenden Pilzen die Möglichkeit geben, in austrocknendem Holz Fuß zu fassen. Einige Stammfäuleerreger, die vorher schon im Baum gelebt haben, können zwar noch eine gewisse Zeit weiterwachsen und sogar fruktifizieren *(Fomes fomentarius)*. Bald jedoch werden die Lebensverhältnisse so speziell, dass nur noch solche Arten zu gedeihen vermögen, die an die jeweiligen Zustandsänderungen des liegenden Holzes angepasst sind. Zu diesen Holzzersetzern gehören spezialisierte Basidiomyceten sowie einige Ascomyceten und Bakterien. Die Besiedlung des Holzes erfolgt dabei oft in zeitlicher Reihenfolge bestimmter Pilzarten, je nach der physiologischen Leistungsfähigkeit der einzelnen Organismen. Gut untersucht ist in dieser Hinsicht die **Pilz-Sukzession** an Buchenstubben, bei deren Besiedlung zwischen einer Initialphase, einer Optimalphase und einer Finalphase mit dem entsprechenden Vorkommen bestimmter Pilzarten unterschieden wird (Kreisel 1961).

Die Stärke und Geschwindigkeit des Holzabbaues hängt jedoch nicht ausschließlich von der Pilzart ab. Zu den mitbestimmenden Faktoren gehören u. a. die Feuchtigkeit und die Temperatur sowie die natürliche artspezifische Dauerhaftigkeit des Holzes. So ist das Kernholz von Lärche, Kiefer und Douglasie für Pilze schwer angreifbar, wogegen ihr Splintholz weniger widerstandsfähig ist. Bei der Fichte und Tanne bezieht sich diese letzte Feststellung generell auf das gesamte Stammholz. Bei Laubbäumen ist das Kernholz von Robinie, Eiche und Ulme sehr dauerhaft, während das Holz von Buche, Ahorn, Birke und Rosskastanie leichter von Pilzen oder anderen Organismen besiedelt und zersetzt werden kann. Schließlich gibt es Holzarten, die eine extrem dauerhafte Fäuleresistenz besitzen. So fand man in der Küstenkordillere von Südchile eine 2000 Jahre alte Alerce *(Fitzroya cupressoides)*, deren Wurzeln sich über einen ebenso alten, im Boden liegenden abgestorbenen Baumstamm entwickelt hatten. Das Holz des liegenden Baumveteranen war praktisch fäulefrei, sodass es von den Einheimischen noch als gutes Sägeholz verwendet werden konnte (Schmithüsen 1960).

Aus dem großen Heer der an Lagerholz vorkommenden Holzzersetzern sollen einige wenige dargestellt werden, die durch ihre Größe, Färbung oder Häufigkeit besonders ins Auge fallen. Zum eingehenderen Studium dieser Pilzgruppe sollten entsprechende Fachbücher herangezogen werden (Dujesiefken et al. 2005, Jahn 2005, Schmidt 1994, Wohlers et al. 2003).

9.2.1 Zaun-Blättling

Gloeophyllum sepiarium (Wulfen) P. Karst.

Der Zaun-Blättling gehört zu den stärksten Holzzerstörern an geschlagenem Nadelholz. Er tritt regelmäßig an Nadelholzstümpfen auf und besiedelt auch nachträglich wieder feucht gewordenes, verarbeitetes Nadelholz wie Pfosten, Zaunpfähle, Masten oder andere Holzkonstruktionen, wo er das Holz – sofern dieses nicht mit einem geeigneten Holzschutzmittel behandelt worden ist – in eine würfelförmig zerfallende Braunfäule verwandelt. Obwohl der Pilz feuchtigkeitsliebend ist, kann er lange Trockenperioden überstehen, um dann sein Zerstörungswerk fortzusetzen. Da sich die Fäule zunächst nur im Innern des Holzes entwickelt, bleibt ein Befall oft lange Zeit unerkannt.

Die Fruchtkörper des Pilzes finden sich regelmäßig auf älteren Stubben, wo sie meist rosettenförmig beisammenstehen; auf vertikalen Flächen entwickeln sich deutlich vom Holz abstehende Hütchen, die miteinander verbunden sein können. Diese sind etwa 3 cm breit, halbrund oder nierenförmig und oberseits anfangs rostgelb bis rostbraun; später werden sie dunkler. Auf der Unterseite sind sie durch ein lamellenartiges Hymenium ausgezeichnet, dessen eng stehende Lamellen (14–24 auf 1 cm) gelegentlich labyrinthisch miteinander verbunden sind (Abb. 122).

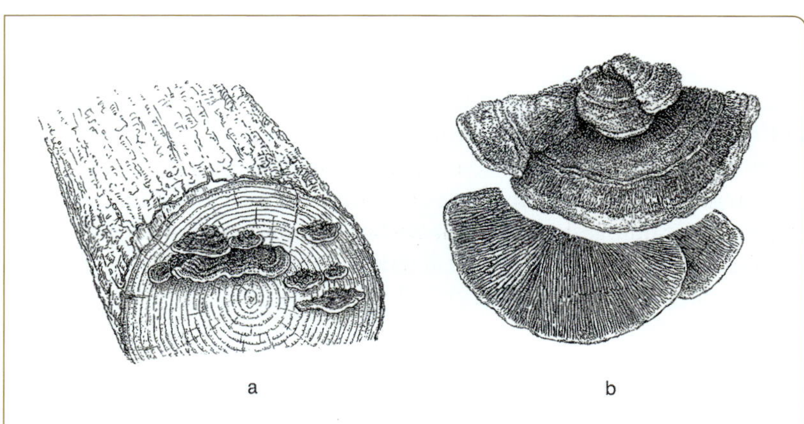

Abb. 122. Zaun-Blättling. **a** Fruchtkörper auf der Hirnfläche eines geschlagenen Fichtenstammes, **b** Fruchtkörperober- (oben) und -unterseite (unten).

Weitere Gloeophyllum-Arten an Nadelholz:

- Tannen-Blättling (*Gloeophyllum abietinum* [Bull.] P. Karst.): Fruchtkörper blassocker bis zimtbraun, oft in Form schmaler, bis 30 cm langer Streifen aus Trockenrissen des Holzes austretend; Lamellen weniger dicht als beim Zaun-Blättling (nur 9–11 Lamellen auf 1 cm); starker Braunfäuleerreger, besonders an verbautem Nadelholz.
- Fenchelporling (*Gloeophyllum odoratum* [Wulfen:Fr.] Imazeki): Fruchtkörper der Unterlage oft anliegend, jung gelborange, später mit schwarzem Buckel; mit typischem Duft nach Fenchel oder Anis; Braunfäuleerreger; häufig auf der Hirnfläche älterer Nadelholzstubben.

9.2.2 Gemeiner Spaltblättling

Schizophyllum commune Fr.

Der Gemeine Spaltblättling kann das ganze Jahr über beobachtet werden. Er ist die einzige Art seiner Gattung und kommt vornehmlich an lagernden Laubholzstämmen und toten Ästen vor, wo er zu den Erstbesiedlern gehört und nicht selten mit der Striegeligen Tramete gemeinsam auftritt. Häufig findet er sich an außerhalb des Waldes liegenden Buchenrollen, wo er stärkere Besonnung und zeitweilige Austrocknung ohne Schaden überstehen kann. Seine Fruchtkörper entwickeln sich jedoch auch an stehenden Buchen, die unter Sonnenbrand gelitten haben. Schließlich ist er in der Lage, auch verbautes und maltechnisch behandeltes Holz zu besiedeln. Der Pilz gehört zu den Weißfäuleerregern.

Die meist herdenweise auftretenden 2–5 cm großen Fruchtkörper sind muschel- oder fächerförmig, ungestielt, lederig-zäh, oft mit gelapptem Rand. Die Oberseite ist hellgrau und filzig-wollig. Auf der Unterseite liegen die fächerartig angeordneten braunrötlichen „Lamellen“, die an der Schneide der Länge nach gespalten sind (Abb. 80 d).

9.2.3 Eichenwirrling

Daedalea quercina (L.). Pers.

Der bei uns nur an Eiche, im Süden auch an Edelkastanie vorkommende Pilz findet seine Lebensbedingungen einmal als Saprobiont an Stubben sowie an verarbeitetem Holz, wo er eine intensive Braunfäule verursacht. Als Wundparasit kann er jedoch auch auf lebende Bäume übergehen. Gefährdet ist vor allem die an Straßen und in Parkanlagen angepflanzte Roteiche, die bei einem Befall nicht selten Probleme der Verkehrssicherheit verursacht.

Der leicht kenntliche Pilz ist durch 5–20 cm große konsolenförmige Fruchtkörper ausgezeichnet, die sich am stehenden Stamm sowohl am Stammfuß als auch mehrere Meter hoch an Astungswunden oder absterbenden Ästen entwickeln können. Die relativ flache Hutoberfläche

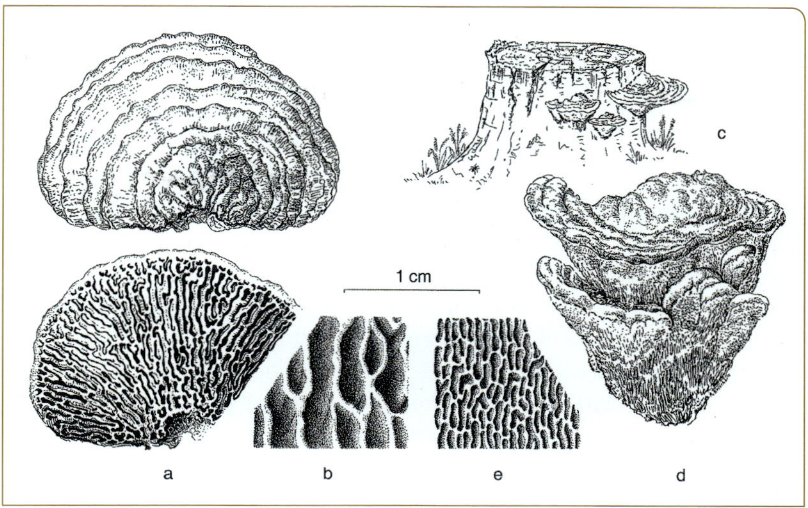

Abb. 123. Fruchtkörper von Porlingen an Laubholz. **a, b** Eichenwirrling: **a** Fruchtkörperansichten, **b** Ausschnitt der Unterseite; **c–e** Buckel-Tramete: **c** Fruchtkörper an einem Rotbuchenstubben, **d** Fruchtkörperansicht, **e** Ausschnitt der Unterseite.

ist blassbräunlich bis graubraun, fast kahl und mehr oder weniger deutlich konzentrisch gezont (Abb. 123 a, b). Die Fruchtkörperunterseite ist durch weit entfernt stehende labyrinthartige, lamellig aufgelöste Röhren ausgezeichnet, die ihrer charakteristischen Form wegen für die Benennung der Gattung *Daedalea* verwendet worden sind. (In der griechischen Mythologie soll Dädalus auf Kreta das Labyrinth für den Minotaurus geschaffen haben.) Die lederig-zähen, korkartigen Fruchtkörper können mehrere Jahre überdauern, wobei die Röhren ohne sichtbare Grenze weiterwachsen. Verlässt man sich bei der Bestimmung ausschließlich auf die Form der Röhren, so kann der Pilz mit der Buckel-Tramete verwechselt werden, die jedoch enger angeordnete, radial verlängerte, weiße Poren besitzt und überdies bevorzugt an Buche vorkommt.

Weitere an Laubholz vorkommende Arten mit länglichen Poren:

- Buckel-Tramete (*Trametes gibbosa* [Pers.] Fr.): Saprobiont an Buchenstubben und liegendem Holz; Fruchtkörper 8–15 cm breit, am Scheitel meist mit charakteristischem Buckel; oberseits grauweiß, im Alter oft durch Algenanflug grünlich; unterseits mit verlängerten labyrinthischen Poren; Weißfäuleerreger; Konsolen werden leicht von Käferlarven zerfressen (Abb. 123 c–e).
- Rötende Tramete (*Daedaleopsis confragosa* [Bolton] J. Schroet.): Vorkommen an meist noch stehenden, aber abgestorbenen Stämmen und Ästen von Birke, Erle und Weide; Fruchtkörper sehr formenreich, konsolen- oder muschelförmig, 4–10 cm breit, an Druckstellen rötlich violett verfärbend, oberseits kahl, konzentrisch gezont; auch farblich sehr variabel: hellbraun bis dunkelbraun, auch dunkelrot; unterseits mit poren- oder lamellenartigem Hymenium; Weißfäuleerreger.

9.2.4 Schmetterlings-Tramete

Trametes versicolor (L.) Lloyd

Die Schmetterlings-Tramete – auch Bunte Tramete genannt – kommt weitverbreitet in Buchenwäldern vor, wo sie regelmäßig die Stubben vier bis sechs Jahre vorher geschlagener Buchen besiedelt. Allerdings ist sie auch außerhalb des Waldes an absterbenden Bäumen oder an Laubholzstubben jeder Art anzutreffen. In der Biozönose der an Laubholzstubben auftretenden Pilzgesellschaft gehört sie zu den stärksten Holzzersetzern, wobei das von ihr befallene Holz weißfaul wird und gelegentlich einen strohgelben Farbton annimmt.

Kenntlich ist die Schmetterlings-Tramete an den dünnen halbkreis- oder fächerförmigen, 5–8 cm breiten Hüten, die oberseits eine oft bunte Zonierung aufweisen. Die konzentrisch angeordneten, seidenglänzenden Zonen können abwechselnd sowohl rotbraune und gelbliche, dunkelgraue und blaue als auch grünliche Farbtöne aufweisen. Auf der Unterseite liegt die gelblich weiße, beim Eintrocknen schwachorange werdende Röhrenschicht, deren Poren wie eingebohrt erscheinen und mit bloßem Auge nur mit Mühe wahrgenommen werden können (Abb. 124).

Weitere an Laubholz vorkommende Arten mit rundlichen Poren:

- Striegelige Tramete (*Trametes hirsuta* [Wulfen] Lloyd): Saprobiont an lagernden Stämmen; auch an sonnenbrandgeschädigten Bäumen (Abb. 80 c) und an verarbeitetem Holz; Fruchtkörper oberseits mit graugelblichen starren Haaren; unterseits mit rundlichen, gelbweißen Poren; Weißfäuleerreger.
- Zinnoberrote Tramete (*Pycnoporus cinnabarinus* [Jacq.] P. Karst.); lebt saprobisch an toten, meist am Boden liegenden Ästen von Birke, Rotbuche und Eberesche, vornehmlich an stark besonnten Standorten; färbt das Holz rot; seltener als Wundfäuleerreger an noch stehenden Stämmen, z. B. nach Sonnenbrand; Weißfäuleerreger; Fruchtkörper 3–8 cm breit, flach, lebhaft zinnoberrot.

Abb. 124. Schmetterlings-Tramete. **a** Rotbuchenstubben mit Fruchtkörperbesatz, **b** Fruchtkörperoberseite, **c** Porenschicht auf der Fruchtkörperunterseite.

- Angebrannter Rauchporling (*Bjerkandera adusta* [Willd.] P. Karst.): Saprobiont an Stubben vieler Laubhölzer, gelegentlich jedoch auch als Wund- und Schwächeparasit an lebenden Bäumen; Fruchtkörperunterseite charakteristisch silbergrau mit sehr kleinen, an Druckstellen schwarz werdenden Poren; Weißfäuleerreger.

9.2.5 Striegeliger Schichtpilz

Stereum hirsutum (Willd.) Pers.

Der Striegelige Schichtpilz lebt überwiegend als Saprobiont an gefällten Stämmen und liegendem Holz verschiedener Laubbaumarten, wo er als Erstbesiedler auftritt und schon nach wenigen Monaten eine deutliche Weißfäule verursachen kann.

Der zu den Stereaceen gehörende Pilz ist durch sein glattes nichtporiges Hymenium und durch seine gelblichen, im frischen Zustand orangefarbenen, oberseits striegelig behaarten Fruchtkörper gekennzeichnet. Sie wachsen in der Regel dachziegelartig, sind oft seitlich verwachsen und bilden dann horizontal verlaufende, wellig-gebogene Reihen. Bei den im Wald oder auf dem Holzplatz lagernden Eichen findet man diesen auffälligen Pilz häufig an den Hirnflächen, wo seine Fruchtkörper das Splintholz besiedeln. Bei längerer Entwicklungsmöglichkeit findet man diese auch auf der Rinde des Stammes (Abb. 125 a).

Weitere an Laubholz vorkommende Arten mit glattem Hymenium:

- Runzeliger Schichtpilz (*Stereum rugosum* Pers.): Fruchtkörper flach anliegend, mit weißem abstehendem Rand; Hymenium weißlich bis ocker, bei Verletzung rötend; häufiger Saprobiont und Erreger der Weißstreifigkeit des Holzes; an Roteiche Baumkrebs verursachend (Abb. 89).

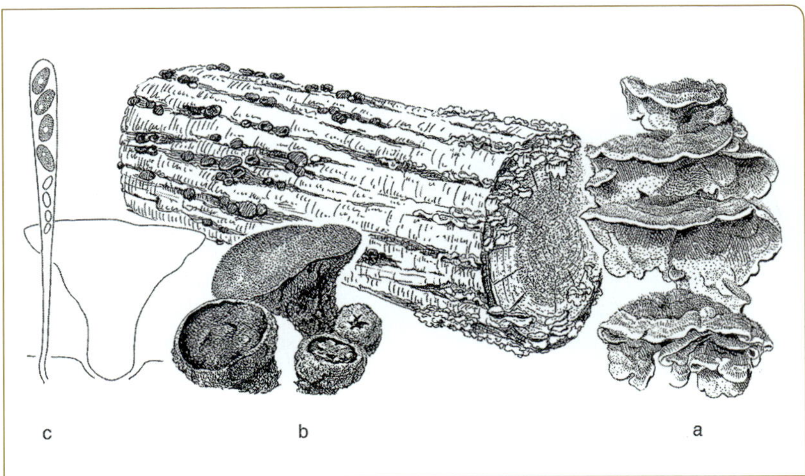

Abb. 125. Lagerfäulepilze an Eiche. **a** Fruchtkörper von Striegeligem Schichtpilz; **b** Fruchtkörper vom Schmutzbecherling, **c** zugehöriger Ascus mit Ascosporen.

- Violetter Schichtpilz (*Chondrostereum purpureum* [Pers.] Pouzar): Fruchtkörper der Unterlage breit angewachsen, mit violetten Farben; Oberkante in lang gestreckte Hütchen auslaufend; als saprobischer Erstbesiedler von Schnittflächen, vor allem an Rotbuche; auch als Rinden- und Kambiumkiller im Bereich von Astungswunden; Erreger des „Bleiglanzes“ bei Obstbäumen.
- Ablösender Rindenpilz *(Cylindrobasidium laeve* [Pers.] Chamuris, Syn. *Cylindrobasidium evolvens)*: Fruchtkörper in Form kleiner weißer, bald zusammenfließender Überzüge mit schmalem, weißem Rand; ältere Fruchtkörper ockerfarben und rissig; auf frischen Schnittflächen, besonders von Rotbuche.

9.2.6 Schmutzbecherling

Bulgaria inquinans (Pers.) Fr.

Dieser zu den Ascomyceten gehörende Pilz findet sich häufig an lagernden Stämmen von Eiche und Rotbuche. Seine Fruchtkörper (Abb. 125 b, c) sind 1–3 cm große, gallertartige, büschelig auftretende Scheiben, die mit ihrem kreiselförmigem Basalteil in der Rinde verankert sind. Die Oberseite ist glänzend schwarz bis braunschwarz. Eine Besonderheit stellen die parallel im Hymenium angeordneten Asci dar, die zwei verschiedene Sporenformen enthalten: vier größere dunkelgefärbte, nierenförmige und vier kleinere farblose Ascosporen. Beide Sporenformen sind keimfähig. Durch Berühren der Fruchtkörper kann man sich leicht von der Schwärze und Menge der ausgestoßenen Sporen überzeugen.

9.2.7 Rötliche Kohlenbeere

Hypoxylon fragiforme (Pers.) J. Kickx f.

Die ebenfalls zu den Ascomyceten gehörende Kohlenbeere findet sich regelmäßig auf der Rinde frisch gefällter Stämme oder abgebrochener Äste der Rotbuche, wo sie eine Weißfäule hervorruft, die allerdings nicht sehr tief in das Holz eindringt. Begleitet wird die Fäule von feinen schwarzen Demarkationslinien im Holz.

Die ca. 1 cm großen Fruchtkörper finden sich meist gesellig auf berindetem Holz. Sie sind kugelig, außen rotbraun, innen schwarz und von kohleartiger Konsistenz. Eingesenkt in die Fruchtkörperoberfläche finden sich die ebenfalls kugeligen Perithecien, in denen lang gestreckte Asci mit je acht Ascosporen ausgebildet werden. Ältere Pilzkolonien zeichnen sich dadurch aus, dass die Rinde der unmittelbaren Umgebung wie von einem schwarzen Puder (Sporen!) bestäubt erscheint (Abb. 126 c–f).

Die Fruchtkörper von *Hypoxylon fragiforme* werden nicht selten von Hyperparasiten befallen, unter denen *Nodulisporium umbrinum* (Pers.) Deigthon (Syn. *Isaria umbrina*) besonders ins Auge fällt. Der Parasit bil-

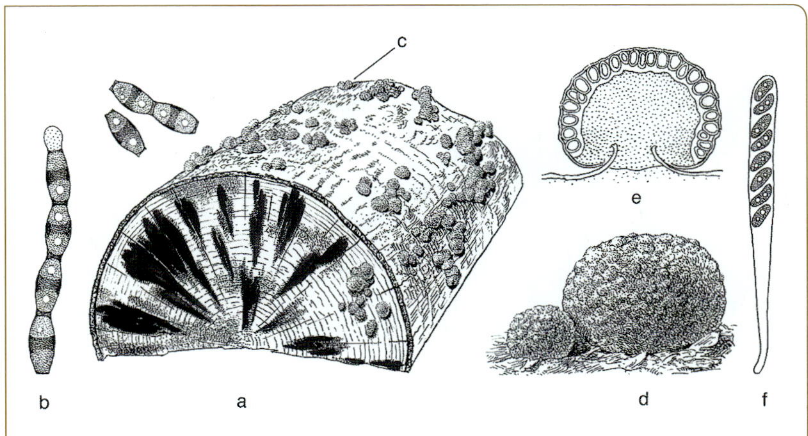

Abb. 126. Lagerfäulepilze an Rotbuche. **a, b** *Bispora monilioides:* **a** Sporenrasen auf der Hirnfläche eines Buchenabschnittes, **b** kettenförmig angeordnete Konidien; **c–f** Rötliche Kohlebeere: **c** Fruchtkörper an liegendem Buchenstammstück, **d** Fruchtkörperansicht, **e** Querschnitt durch ein reifes Ascoma mit eingesenkten Perithecien, **f** Ascus mit Ascosporen.

det bis zu 2 cm lange hellbräunliche Hyphenstränge, die strahlenförmig von den befallenen Stromata nach außen wachsen. Zu den Wirten dieses Parasiten gehört auch die sehr ähnliche, auf Hasel vorkommende *Hypoxylon fuscum* (Pers.) Fr.

9.2.8 Holzkeulen (Xylaria-Arten)

Die Vertreter der Gattung *Xylaria* zeichnen sich unter den Ascomyceten durch besonders große Fruchtkörper mit teilweise abenteuerlichen Formen aus. Es sind überwiegend Saprobionten mit Vorkommen auf Holz, Rinde oder cellulosehaltigem Substrat. In dieser Form sind *Xylaria*-Arten wesentlich an der Umsetzung organischen Materials beteiligt. Allerdings wird vermutet, dass einige Holzkeulen auch als Parasiten an lebenden Bäumen auftreten können. Von den häufiger vorkommenden Arten sollen folgende genannt werden:

- Geweihförmige Holzkeule (*Xylaria hypoxylon* [L.] Grev.): Fruchtkörper herdenweise auf morschen, faulenden Laubholzstümpfen und liegendem Holz, meist von Rotbuche. Die Entwicklung beginnt mit der Ausbildung wenige Zentimeter hoher, schwarz gestielter Keulchen, die sich im Laufe des Winters zu 6–8 cm hohen Gebilden mit geweihartig verzweigten Spitzen ausdifferenzieren (Abb. 127 d). Bei den weißen, wie mit Mehl bestäubten Spitzen handelt es sich um Konidienüberzüge. Erst im Frühjahr entwickeln sich an der keulenförmig angeschwollenen Basis die Perithecien, in denen schwarze, ungleich spindelförmige, 10–14 × 5–6 μm große Ascosporen ausgebildet werden.
- Vielgestaltige Holzkeule (*Xylaria polymorpha* [Pers.] Grev.): Besiedler faulender Laubholzstubben, meist von Rotbuche. Allerdings scheint der Pilz auch lebende Bäume angreifen zu können, wo es dann zur Ausbildung einer schwarzen Wurzelfäule kommt. Die büschelig wachsenden Fruchtkörper (Stromata) sind fingerförmig-

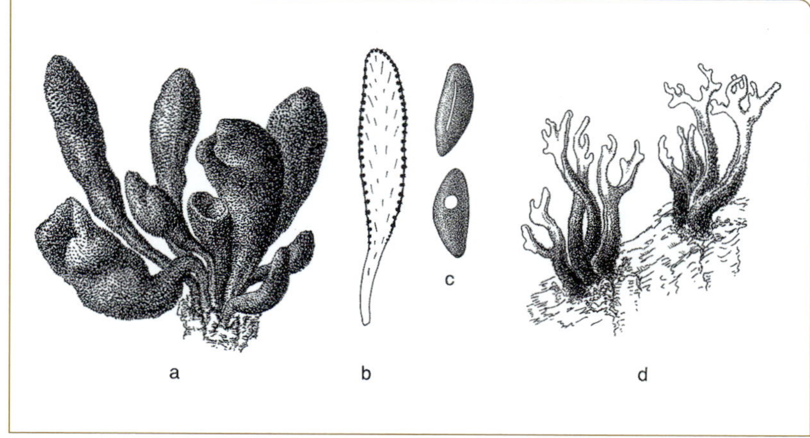

Abb. 127. Ascomyceten an Laubholz. **a–c** Vielgestaltige Holzkeule: **a** Fruchtkörperansicht, **b** Fruchtkörperquerschnitt, **c** Ascosporen; **d** Fruchtkörper von Geweihförmiger Holzkeule.

keulenartig, braunschwarz, 4–8 cm lang und 1–2,5 cm dick. Auf der gesamten Oberfläche finden sich eingesenkt kugelige Perithecien mit schwarzen, ungleich-mandelförmigen, 20–30 × 6–9 μm großen Ascosporen (Abb. 127 a–c).

- Langstielige Holzkeule (*Xylaria longipes* Nitschke): Vorkommen auf abgestorbenen, im Boden vergrabenen Ästen von Laubholz, vor allem Ahorn; Fruchtkörper 3–8 cm hoch, mit walzenförmigem schwarzem Kopfteil und ebenso langem, dünneren Stielteil; Ascosporen kleiner als bei *X. polymorpha*. Verursacher des „Giraffenholzes" (s. Kap. 9.1.3).

10 Epiphyten, Symbionten, Kletterer, parasitische Blütenpflanzen

10.1 Epiphyten

Epiphyten sind nichtparasitische Organismen, die einen Baum oder eine Pflanze ausschließlich als Wachstumsunterlage benutzen. Sie vermögen ihre organischen Nährstoffe entweder selbst zu synthetisieren (Algen, Flechten, Moose), oder sie leben saprobisch von totem, auf der Rinde abgelagertem Material. Allerdings gibt es auch „parasitische" Epiphyten, die zwar nicht den Baum angreifen, trotzdem aber zu den Parasiten gehören, da sie andere, auf der Baumrinde lebende Organismen befallen (z. B. *Athelia epiphylla*). Zu den Epiphyten gehören schließlich auch einige Gefäßpflanzen, die bei uns zwar selten vorkommen, in anderen Florengebieten aber einen hohen Anteil an der Zusammensetzung der Epiphytenflora haben. Es handelt sich vor allem um tropische Orchideen und Bromelien, die bei uns bestenfalls einen Ersatzstandort auf dem Fensterbrett unserer Wohnzimmer gefunden haben.

Unter den in Mitteleuropa vorkommenden Epiphyten gibt es einige Formen, die den Forstmann und Baumfreund interessieren könnten, sei es, dass sie wirtschaftlich von Bedeutung sind, sei es, dass sie durch ihr Aussehen besonders ins Auge fallen.

10.1.1 Algen

Algen sind autotroph lebende Organismen, von denen die Mehrzahl im Wasser vorkommt. Nur wenige Arten sind in der Lage, außerhalb des Wassers zu gedeihen, indem sie den Wasserdampf aus der Luft absorbieren. Im Gegensatz zu den fädigen oder blattartigen marinen Algenformen bilden die meisten „Luftalgen" mehr oder wenige rundliche Zellen vom *Pleurococcus*-Typ (vgl. Abb. 129 b), die sich zu paketartigen Zellkomplexen zusammenschließen. Sie besiedeln die Rinde zahlreicher Baumarten und bilden dort ausgedehnte, grüne Überzüge (moderne Bezeichnung: „Biofilme"). Auf der Baumrinde sind die Algen für den Forstmann bedeutungslos. Einige Luftalgen sind jedoch in der Lage, auch Zweige und Nadeln der Koniferen zu besiedeln und mit einer dicken Kruste zu überziehen. Ihre Entwicklung wird an Orten hoher Luftfeuchtigkeit gefördert, z. B. in Küstennähe oder in feuchten windstillen Lagen; auch scheint ein erhöhter Stickstoffeintrag die Entwicklung bestimmter Grünalgen zu fördern (bei der Deposition anthropogener Schadstoffe). Ein dichter Algenüberzug kann sich bei Douglasie und Tanne auf die Qualität des Schmuckreisigs nachteilig auswirken, denn die von Algen überzogenen Nadeln verlieren ihren Glanz und werden unansehnlich. Für den Baum selbst hat ein stärkerer Algenüberzug einen nur geringfügigen Assimilationsverlust zur Folge.

Zur Verhütung von Algenüberzügen sind waldbauliche Vorkehrungen, z. B. Auswahl geeigneter Standorte sowie Vermeiden von Dichtstand, möglich. Die einzige aktive Bekämpfungsart wird beiläufig von Hunden durchgeführt, wenn diese – z. B. in Parkanlagen – mit ihrem ätzenden Urin die algenüberzogene „begrünte" Rinde an der Stammbasis in ihre ursprüngliche graue Färbung zurückversetzen. Die wiederholte Kontaminierung der Rinde mit Hundeurin kann allerdings zu einer Schädigung der Rinden- und Kambiumzellen und vermutlich auch der Wurzeln führen (Balder 1990).

Ebenfalls zu den epiphytischen Grünalgen (Chlorophyceen) gehört *Trentepohlia umbrina* (Kütz.) Bornet, eine aus kurzen Zellreihen bestehende Luftalge, die durch ihre orangerote Färbung besonders ins Auge fällt. Sie überzieht die Rinde verschiedener Laubbäume (u. a. Ahorn, Esche, Pappel, Weide) und gilt als Anzeiger von lang anhaltender hoher Luftfeuchtigkeit. Ihre ungewöhnliche Färbung beruht auf der Einlagerung von Haematochrom.

10.1.2 Pilze

Zu den Organismen, die den Baum ausschließlich als Unterlage benutzen, gehören auch zahlreiche Pilzarten. Auf Grund ihrer epiphytischen Lebensweise sind sie vom forstpathologischen Gesichtspunkt aus ohne Bedeutung. Sie können jedoch den ästhetischen Wert von Nadeln und Blättern beeinträchtigen. Hierzu gehören z. B. die Rußtaupilze. Auf der anderen Seite gibt es Pilzarten, die fälschlicherweise als Krankheitserreger angesprochen werden, zumal sie in auffälliger und bedrohlicher Form in Erscheinung treten.

Unter dem Namen **Rußtaupilze** wird eine Anzahl systematisch unterschiedlicher Pilzarten zusammengefasst, die sich durch epiphytische Lebensweise auszeichnen und auf Blättern, Nadeln oder Zweigen verschiedener Baumarten schwarze Überzüge bilden. Sie ernähren sich überwiegend von zuckerhaltigen Ausscheidungen (Honigtau) verschiedener Lausarten oder von anderen, von der Pflanze selbst ausgeschiedenen, organischen Stoffen. Auf der glatten Oberfläche der Blätter vor allem von Eiche, Linde, Weide und Pflaumenbaum sind die Überzüge meist dünn und nur aufgrund ihrer dunklen Färbung wahrnehmbar. Vom Laien werden sie meist für Ablagerungen von Straßenstaub gehalten (Abb. 128).

Untersucht man den Rußtau unter dem Mikroskop, so findet man zahlreiche braun gefärbte, meist dickwandige, rundliche Zellen, die entweder mehrzellige Sporenpakete oder kürzere Zellketten bilden. In systematischer Hinsicht setzt sich der Rußtaukomplex aus einer größeren Zahl verschiedener Pilzarten zusammen, die dem zuckerhaltigen

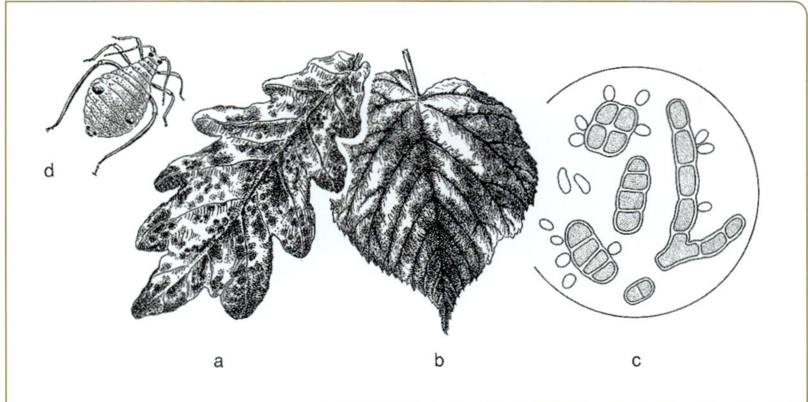

Abb. 128. Rußtaubelag auf der Blattoberseite von **a** Eiche und **b** Linde, **c** Rußtaupilze im mikroskopischen Bild; **d** Eichenrindenlaus als Honigtaulieferant.

Substrat angepasst sind. Zu ihnen gehören einige Fungi imperfecti der Gattungen *Torula, Triposporium* und *Sarcinomyces* sowie bekanntere Schwärzepilze *wie Aureobasidium pullulans* und *Cladosporium herbarum.*

Für den Baum bedeutet ein stärkerer Rußtaubelag eine, wenn auch nur geringfügige Beeinträchtigung der Assimilation. Für den Forstmann ist der Rußtau dort unerwünscht, wo Douglasien- oder Tannenzweige zur Schmuckreisiggewinnung geerntet werden. Auch im urbanen Bereich können unangenehme Erfahrungen mit Rußtaupilzen gemacht werden, wenn diese mit dem Regen von den Blättern abgewaschen werden und dunkle Flecke auf der Kleidung von Passanten hinterlassen. Zur Verhütung solcher Vorfälle werden gelegentlich Insektizide zur Bekämpfung der Honigtau produzierenden Läuse empfohlen. Die Applikation erfolgt dabei durch Gießen, Sprühen oder Stamminjektionen.

Athelia epiphylla Pers. agg. ist ein zu den Polyporales gehörender Basidiomycet, der wegen seiner auffälligen Erscheinung nicht selten für einen Baumschädling gehalten wird. Sein „Befallsbild“ ist im Herbst durch auffällige grauweißliche, oft zusammenfließende Flecke oder Ringe auf der Rinde verschiedener Baumarten gekennzeichnet (Abb. 129). Bei optimaler Entwicklung im Wald (hohe Luftfeuchtigkeit!) erreichen die eng an der Rinde anliegenden Pilzkolonien oft Handtellergröße. Im Winter verschwinden die meisten Flecke und die natürliche Färbung der Rinde kommt wieder zum Vorschein. – Bevorzugte Baumarten sind glattrindige Formen wie Rotbuche und Hainbuche; doch findet sich der Pilz auch auf Ahorn, Eiche, Esche, Linde, Pappel und Rosskastanie; selbst Fichte und Lärche werden unter bestimmten Voraussetzungen als Unterlage benutzt.

Die Verbreitung des Pilzes erfolgt sowohl durch Basidiosporen als auch durch 0,2 mm große Sklerotien, mit denen der Pilz überwintert. Hinsichtlich seiner Lebensweise gehört *Athelia epiphylla* zu den Parasiten, denn der Pilz befällt die auf der Baumrinde lebenden Grünalgen,

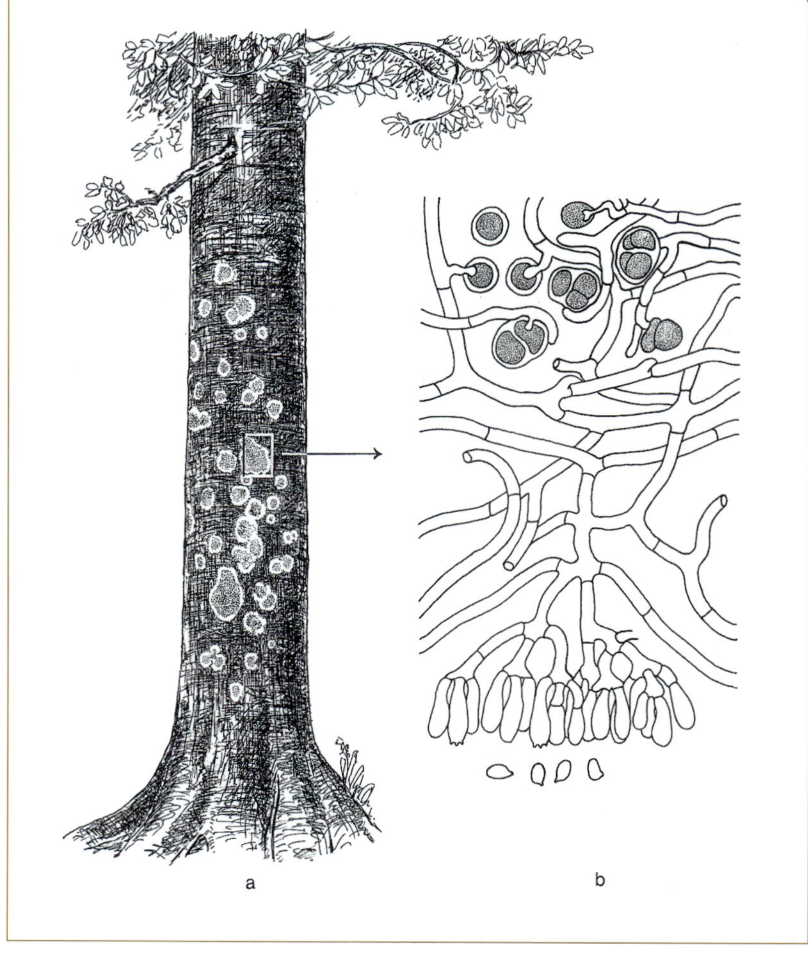

Abb. 129. *Athelia epiphylla.*
a Pilzkolonien auf Rotbuchenrinde, **b** mikroskopisches Bild eines Myzelrasens mit Algen (oben), Myzel (Mitte) und Basidien (unten) (**b** nach Oberwinkler 1977).

umspinnt diese mit seinen Myzelfäden und bildet dabei feine Saughyphen (Haustorien) aus, die in die Algenzellen eindringen (Abb. 129). Die schädigende Wirkung auf Algen kann man bereits mit bloßem Auge erkennen, denn überall dort, wo sich das Myzel des Pilzes ausdehnt, sterben die Algenzellen ab und verfärben sich graubraun. Das gleiche Schicksal erleiden die ebenfalls auf der Rinde vorkommenden Krustenflechten (z. B. *Lecanora conizaeoides*).

A. epiphylla stellt morphologisch eine äußerst plastische Art dar, die daher von den Taxonomen zzt. kontrovers diskutiert wird. Wir möchten hier dem erweiterten Konzept von Krieglsteiner (2000) folgen, der von *A. epiphylla* mehrere Varietäten unterscheidet, die u. a. durch größere Sporen (var. *macrospora*) bzw. zweisporige Basidien (var. *arachnoidea*) gekennzeichnet sind. Die Zuordnung der einzelnen Athelien wird häufig dadurch erschwert, dass die meisten Pilzkolonien steril sind.

A. epiphylla kann auf den ersten Blick mit den weißgrauen Lagern einiger Krustenflechten verwechselt werden. Hierzu gehören vor allem rindenbewohnende Arten der Gattungen *Lecanora, Ochrolechia, Pertusaria* und *Phlyctis*. Derartige Doppelgänger findet man nicht selten an glattrindigen Laubbäumen niederschlagsreicher Gebiete (Kirschbaum und Wirth 1995).

10.1.3 Flechten

Zu den Epiphyten rechnen ebenfalls zahlreiche Flechten, die im Pflanzenreich insofern eine Sonderstellung einnehmen, als sie Doppelwesen darstellen, an deren Bildung sich sowohl Pilze, meist Ascomyceten, als auch Algen beteiligen. Beide Partner leben in enger Symbiose und bilden sowohl morphologisch als auch ernährungsphysiologisch eine Einheit (und könnten daher auch unter Kap. 10.2 aufgeführt werden). Flechten sind sehr vielgestaltig; sie wachsen entweder krustenförmig oder treten als Laub- oder Strauchflechten in Erscheinung. Sie kommen vor allem an Orten hoher Luftfeuchtigkeit oder reichlicher Niederschläge vor und wachsen auf toten oder lebenden Ästen, auf der Rinde, aber auch auf dem Erdboden, auf Steinen oder Holzpfosten.

So resistent die Flechten auch gegen Austrocknung, Hitze und Kälte sind, so empfindlich reagieren viele Arten auf die Einwirkung anthropogener Schadstoffe, besonders auf SO_2. Auf Grund ihrer unterschiedlichen Empfindlichkeit gegenüber Luftschadstoffen können bestimmte Flechtenarten direkt als Bioindikatoren für den Reinheitsgrad der Luft verwendet werden (Kirschbaum und Wirth 1995). Zu den hoch empfindlichen Flechten gehören Arten der Gattungen *Usnea* (Bartflechten)

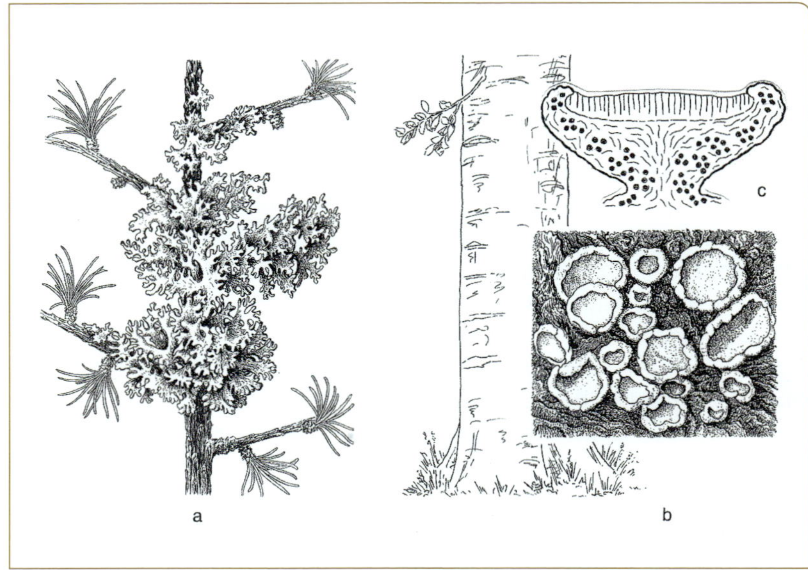

Abb. 130. Flechten. **a** Gewöhnliche Blasenflechte *(Hypogymnia physodes)* auf Lärchenzweig; **b** Staubige Kuchenflechte *(Lecanora conizaeoides)* auf Buchenrinde, **c** zugehöriges Apothecium im Querschnitt.

und *Ramalina* (Astflechten), die heute in dicht besiedelten Gebieten kaum mehr anzutreffen sind. Als säuretolerant gilt dagegen die Blasenflechte *(Hypogymnia physodes)*, die noch in Gebieten mit einer SO_2-Belastung von 60 µg/m^3 vorkommt (Abb. 130 a). Noch höhere Konzentrationen verträgt die acidophile Krustenflechte *Lecanora conizaeoides* (Abb. 130 b, c), die sich daher in den 80er-Jahren besonders stark hat ausbreiten können. Inzwischen belegen Wiederholungskartierungen eine Rückkehr auch empfindlicherer Arten in Gebiete, aus denen sie in den letzten 100 Jahren infolge stärkerer Luftverschmutzung verdrängt worden waren.

Durch starken Flechtenbewuchs auf chlorophyllhaltigen Rinden kann die Assimilationsleistung eines Baumes reduziert werden. Im Obstbau ist Flechtenbewuchs deswegen nicht gerne gesehen, weil unter den Flechtenpolstern schädliche Insekten leichter überwintern können. Ansonsten kann den Flechten keine eindeutige Schadwirkung nachgewiesen werden.

10.2 Symbionten

Unter Symbionten versteht man definitionsgemäß artverschiedene, aneinander angepasste Organismen, die sowohl räumlich als auch ernährungsphysiologisch eine Einheit bilden. Ihr Zusammenleben basiert dabei auf einem gegenseitigen Nutzen. Zu den bekanntesten Symbionten gehören Flechten, Knöllchenbakterien und spezialisierte Pilzarten, die mit bestimmten Pflanzen die sogenannte Mykorrhiza bilden. Im forstlichen Bereich ist hier nur die Mykorrhiza von Interesse.

10.2.1 Mykorrhiza

Unter dem von Frank (1885) eingeführten Begriff *Mykorrhiza* versteht man das unmittelbare Zusammenleben von Pilzen mit Wurzeln höherer Pflanzen. Wesentlich ist hierbei der gegenseitige Stoffaustausch, der in den meisten Fällen zu beiderseitigem Nutzen erfolgt. In einer späteren Arbeit (Frank 1887) unterscheidet Frank bereits auf Grund morphologisch-anatomischer Merkmale eine Endo- und eine Ektomykorrhiza. Bei der **Endomykorrhiza** (auch endotrophe Mykorrhiza) dringen die Pilzhyphen unmittelbar in die Zellen des Rindenparenchyms ein, um dort verschiedenartige Ernährungsorgane auszubilden (intrazelluläre Kolonisierung). Die bekannteste Form ist hier die vesikulär-arbuskuläre Mykorrhiza (VA-Mykorrhiza), die bei vielen krautigen Pflanzen, aber auch bei tropischen Baumarten vorkommt. Demgegenüber sind unsere Wald- und Parkbäume fast alle mit einer **Ektomykorrhiza** (auch ektotrophe Mykorrhiza) ausgestattet, bei der die Pilzhyphen nur interzellulär in das Rindenparenchym der Wurzel vordringen. Zwischen beiden Typen gibt es Übergangsformen, die auch als **Ektendomykorrhiza** bezeichnet werden.

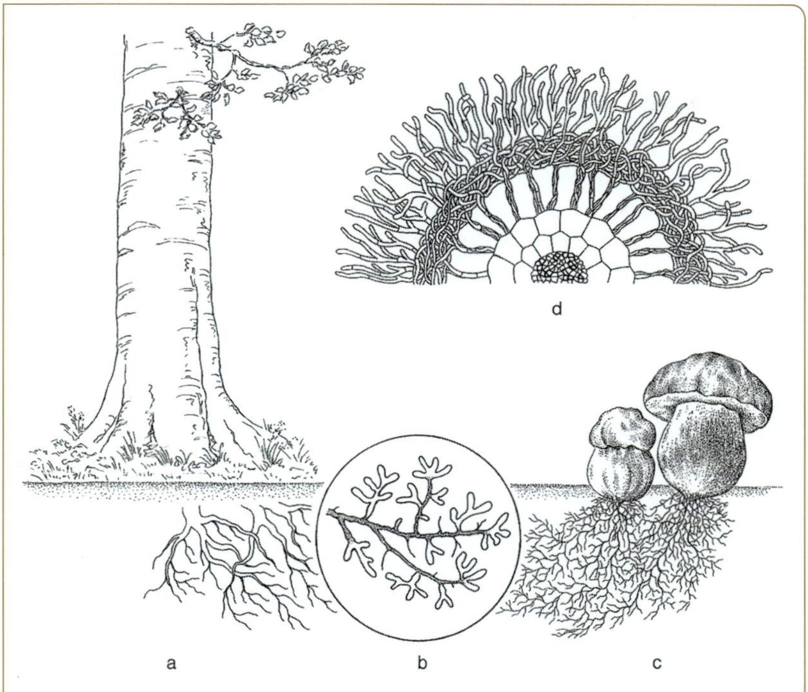

Abb. 131. Mykorrhiza. **a** Rotbuche als Symbiosepartner des Steinpilzes, **b** durch Pilzmyzel verformte Kurzwurzel (Lupenbild), **c** Fruchtkörper des Steinpilzes, **d** Querschnitt (Ausschnitt) durch eine Wurzelspitze mit ektotropher Mykorrhiza.

Morphologisch ist die Ektomykorrhiza dadurch ausgezeichnet, dass die sonst fadenförmigen Saugwurzeln der Wirtspflanze durch den Einfluss des Pilzpartners – vermutlich durch Ausschüttung von Wuchsstoffen – in dichotom verzweigte oder korallenförmige, dickwalzige Kurzwurzeln verformt werden. Die Hyphen dringen bei diesem Vorgang zwischen die äußeren Rindenzellen und umspinnen diese netzartig („Hartigsches Netz"). Auf der Wurzeloberfläche bildet sich ein lockerfadenförmiger oder dichterer Pilzmantel aus, von dem entweder einzelne Hyphen oder Hyphenbündel (Rhizomorphen) in das umgebende Substrat abziehen (Abb. 131).

Physiologisch besteht zwischen den Wurzelzellen und den Pilzhyphen ein enger Stoffaustausch. Der Pilz bezieht vom Baum hauptsächlich einfache lösliche Zucker und bestimmte Wirkstoffe, z. B. Thiamin, das er selbst nicht zu synthetisieren vermag. Der Baum erhält vom Pilz Wasser und verschiedene Nährsalze, vor allem stickstoff- und phosphorhaltige Verbindungen. Der Pilz nimmt diese Stoffe wiederum aus dem Boden auf, wozu er durch sein reich verästeltes Myzelnetz in besonderer Weise befähigt ist. Die Mykorrhiza hat für den Baum demnach die Bedeutung eines besonders leistungsfähigen Absorptionsorgans. Mit dem Vorliegen einer Mykorrhiza scheint auch ein gewisser Schutzeffekt verbunden zu sein, der die Wurzeln vor dem Angriff pathogener Organismen aus der Rhizosphäre bewahrt. Schließlich liegen die Vorteile einer Mykorrhiza in einer erhöhten Resistenz gegenüber Stresssituationen und in einer verringerten Anfälligkeit gegenüber Krankheitserregern (Schönbeck 1978).

Da beide Partner von der eingegangenen Verbindung einen gegenseitigen Nutzen haben, spricht man auch von einer **mutualistischen Symbiose**. Der harmonisch erscheinende Gleichgewichtszustand kann allerdings durch Umwelteinflüsse (durch Säure- oder Stickstoffeintrag in den Boden) zugunsten des einen oder anderen Partners verschoben werden, und es kommt dann zu deutlichen Angriffs- bzw. Abwehrreaktionen. Wenn man diesen latent aggressiven Charakter der Mykorrhizapartner berücksichtigt, so wird die wechselseitige Beziehung zwischen Baum und Pilz am besten durch die Formulierung von Melin (1925) verdeutlicht, „dass die mutualistische Symbiose im Grunde genommen ein doppelter Parasitismus ist, bei dem sich beide Teilnehmer gegenseitig ausnutzen“.

Zu den Mykorrhizabildnern gehören zahlreiche bekannte Formen der Agaricales (Blätterpilze) und Boletales (Röhrlinge). Einige von ihnen sind streng wirtsspezifisch (z. B. Lärchenröhrling); andere bilden mit mehreren Baumarten eine Mykorrhiza (z. B. Steinpilz). Ebenfalls zu den Mykorrhizabildnern gehören Arten der Gattungen *Amanita* (Wulstlinge), *Lactarius* (Milchlinge), *Russula* (Täublinge), verschiedene Röhrlinge der Gattungen *Boletus, Suillus, Xerocomus, Leccinum* sowie Vertreter der Gattung *Scleroderma* (Kartoffelboviste). Auch die als Erstickungspilz bekannte *Thelephora terrestris* hat ihre „guten Seiten“, denn sie gehört zu den effektivsten Mykorrhizabildnern bei Koniferensämlingen. Schließlich sind auch Vertreter der Ascomyceten (Trüffel) sowie Deuteromyceten als Pilzpartner der Mykorrhiza bekannt. Als kleine Sensation gilt die erst kürzlich gemachte Entdeckung, dass an der Flechtenbildung noch ein weiterer symbiontischer Partner beteiligt sein soll. Es sind Hefepilze aus der Basidiomycetengattung *Cyphobasidium*, die bisher in 52 Flechtengattungen weltweit nachgewiesen worden sind und die für das Überleben der Flechten offensichtlich unverzichtbar sind (Spirbilli et al. 2016).

In einem gesunden Waldgefüge gibt es keine Mykorrhizaprobleme. Besondere Vorkehrungen sind aber dort erforderlich, wo Böden aufgeforstet werden, die keinen oder keinen geeigneten Mykorrhizapilz beherbergen, z. B. auf verarmten mageren Böden, in Hochlagen oder auf Steppen- und Prärieböden. Hier muss dafür gesorgt werden, dass dem Boden die entsprechenden Mykorrhizapilze durch Einarbeiten von Waldhumus zugeführt werden, oder dass die Pflanzung bereits mit ausreichend mykorrhizierten Sämlingen erfolgt. Eine künstliche Mykorrhizierung kann auch zur Standortverbesserung bei Stadt- und Straßenbäumen eingesetzt werden, was allerdings eine sorgfältige Auswahl geeigneter Wirtspflanzen und Mykorrhizapilzen erfordert (Hock 2010).

10.3 Kletterer

Nicht zu verwechseln mit den echten Epiphyten sind die **Kletterpflanzen**, die zwar auch den Baum als Unterlage für ihr „Höhenwachstum“ benutzen, jedoch zeitlebens mit ihren Wurzeln im Boden verankert bleiben. Die bekannteste Kletterpflanze ist der Efeu *(Hedera helix)*, der bis in die Kronen großer Bäume aufsteigen kann, wobei seine Haftwurzeln auf der Rinde des Baumes für einen sicheren Halt sorgen. Ob mit einem Bewuchs in jedem Fall ein Schaden für den Baum entsteht, wird in der Literatur unterschiedlich diskutiert (Stetzka 2008). Nachgewiesen ist zumindest ein negativer Beschattungseffekt, sofern Laub tragende Kronenteile davon betroffen sind. Auch können gelegentlich kleinere Äste unter der Last einer starken Efeu-Auflage brechen. Schließlich kann ein starker „Überwuchs“ das Erscheinungsbild eines Baumes völlig verändern, sodass der ästhetische Wert eines Zierbaumes verloren geht. – Zu den weiteren Kletterpflanzen, die durch Lichtkonkurrenz oder Einschnürung von Trieben eine wirtschaftliche Bedeutung haben können, gehören die Echte Waldrebe *(Clematis vitalba)*, das Wald-Geißblatt *(Lonicera periclymenum)* und der Hopfen *(Humulus lupulus)*.

10.4 Parasitische Blütenpflanzen

10.4.1 Gemeine Mistel

Viscum album L.

Die Gemeine Mistel gehört zu den Halbschmarotzern oder Semiparasiten. Sie besitzt grüne Blätter und kann daher einen Teil ihres Nährstoffbedarfs selbst decken. Wasser und Mineralien entzieht sie jedoch der Wirtspflanze, an deren Wasserleitbahnen sie angeschlossen ist. Als Unterlage sind zahlreiche Laub- und Nadelholzgattungen bekannt.

Die Mistel bildet kugelige, bis 1 m Durchmesser erreichende immergrüne Büsche, die dann besonders ins Auge fallen, wenn die Wirtsbäume im Herbst ihre Blätter verlieren. Die zu mehreren einem Astsegment entspringenden grünen Stämmchen des Parasiten bilden gabelästige Zweige, an deren Enden jeweils zwei lederige, grüne, gegenständige Blätter sitzen. Die Pflanzen sind zweihäusig; aus den weiblichen Blüten entstehen im Herbst weiße, beerenartige und erbsengroße Früchte mit zähem, schleimigem Fleisch und einem ovalen, zweikantigen Samen. Gelangen die durch Vögel verschleppten Samen auf die Rinde geeigneter Wirtspflanzen, so entsteht nach der Keimung zunächst an der Wurzelspitze eine klebrige Haftscheibe, aus deren Mitte eine feine, das Rindengewebe durchbohrende, primäre Senkerwurzel herauswächst. Diese Hauptwurzel dringt bis zum Holzkörper vor, ohne jedoch in diesen hineinzuwachsen. Aus dem in der Rindenregion gelegenen Teil der Hauptwurzel treten rechtwinklig sogenannte Rindenwurzeln

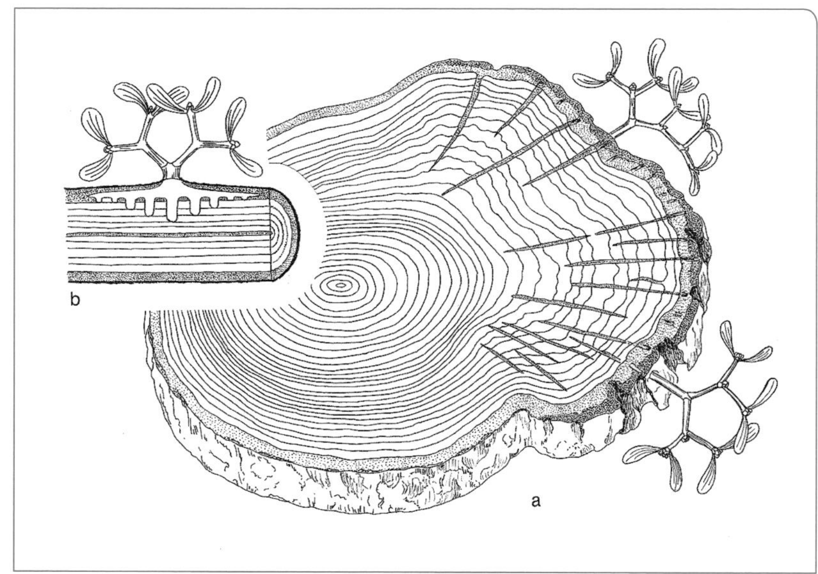

Abb. 132. Mistel. **a** Stammscheibe einer Tanne mit tief in das Holz reichenden Mistelsenkern, **b** schematischer Längsschnitt durch den Stammabschnitt einer Pappel mit aufsitzender Mistel, horizontal verlaufenden Rindenwurzeln und vertikalen Senkerwurzeln.

aus, von denen jährlich zwei bis drei sekundäre Senker (Haustorien) zapfenförmig bis zum Holz vordringen. Mit fortschreitendem Dickenwachstum des Baumes werden die Senker vom Holz umwachsen, sodass sie in dieses einzudringen scheinen. Damit die Verbindung zum grünen Spross aufrechterhalten bleibt, müssen die Senker die Fähigkeit haben, sich nachträglich zu verlängern. Dieses geschieht durch interkalares Wachstum einer meristematischen Gewebezone, die in der Kambialregion des befallenen Zweiges liegt. Nach 10–60 Jahren geht die Fähigkeit des Längenwachstums verloren; die Senker sterben ab und hinterlassen im Holz Kanäle, die nach dem Aufschneiden des Holzes als Löcher in Erscheinung treten (Abb. 132).

Von der in Europa verbreiteten und zur Familie der Loranthaceen gehörenden Mistel werden drei Unterarten unterschieden (Roloff et al. 2012), die sowohl durch ihre morphologischen Eigenarten als auch durch ihr biologisches Verhalten charakterisierbar sind. So bewohnt die Laubholz-Mistel (subsp. *album*) ausschließlich Laubbäume, in erster Linie *Populus, Salix, Malus* und *Tilia*. Die Tannen-Mistel (subsp. *abietis*) kommt nur auf *Abies*-Arten vor, und die Kiefern-Mistel (subsp. *austriacum*) findet man auf *Pinus sylvestris*, weniger häufig auf *P. nigra*, und selten nur auf *Picea, Larix* und *Cedrus*. Darüber hinaus sind bei der Laubholzmistel sehr wahrscheinlich mehrere biologische Rassen vorhanden, da z. B. die Mistel auf Linde ein spezifisches Infektionsvermögen nur für diese Baumart und die Pappelmistel ein solches nur für die Pappel besitzt. Diese stark wirtsspezifische Bindung der einzelnen Mistelrassen deutet auf ein ernährungsphysiologisch fein abgestimmtes Verhältnis zwischen Wirt und Parasit hin.

Der Schaden, der durch einen Mistelbefall entsteht, beschränkt sich auf den Entzug von Wasser und Mineralstoffen, denn Kohlehydrate und Eiweiß vermag der Hemiparasit selbst zu synthetisieren. Ein starker Wasserentzug kann zum Vertrocknen der über einem Mistelbusch gelegenen Äste führen. Der Entzug von Mineralstoffen hat dagegen nur eine Verringerung des Baumwachstums zur Folge. Bedeutsamer ist ein Mistelbefall in forsttechnischer Hinsicht. Durch Ausbildung von Mistelsenkern wird das befallene Holz, besonders von Tanne und Kiefer, löcherig und deformiert, sodass dieses nicht mehr als Nutzholz verwendet werden kann (Janssen und Wulf 1999).

Als Bekämpfungsmaßnahme ist ausschließlich das Abschneiden der befallenen Äste unterhalb der Befallsstelle möglich, womit ein zusätzlicher kommerzieller Nutzen verbunden sein kann, denn Mistelzweige sind zur Weihnachtszeit ein beliebter Zimmerschmuck. Eine Einschränkung dieser „Nebennutzung" könnte dadurch entstehen, dass Misteln – je nach Bundesland – unter Schutz stehen und nicht entfernt werden dürfen.

Verwandte Arten:

- Eichenmistel (*Loranthus europaeus* Jacquin) – auch Riemenblume genannt – halbparasitischer Strauch; befällt verschiedene Eichenarten, seltener die Edelkastanie. Ihre 20–40 cm hohen, dunkelbraunen Zweige tragen sommergrüne Blätter und gelbgrüne, beerenartige Scheinfrüchte (Abb. 133 c). Auf der Wirtspflanze kommt es zu Zweig-

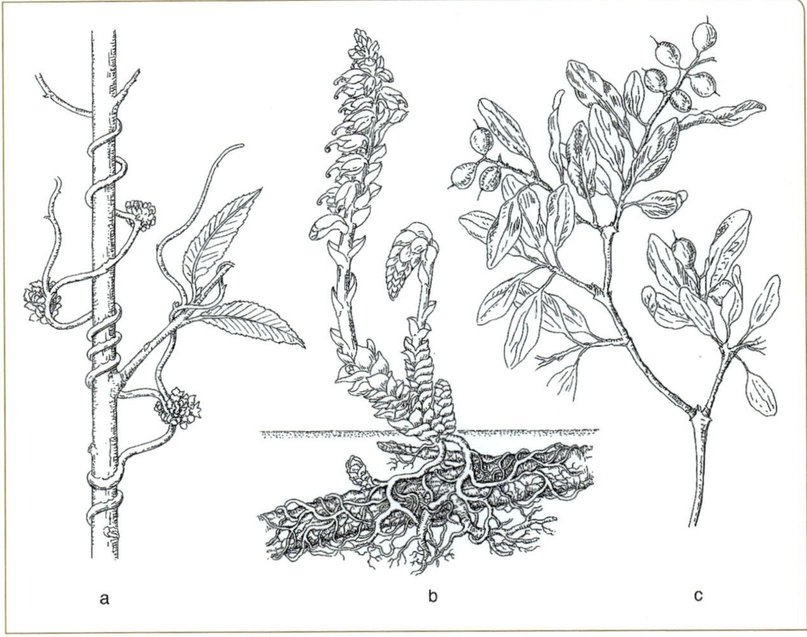

Abb. 133. Parasitische Blütenpflanzen. **a** Pappel-Seide *(Cuscuta lupuliformis)* an Weidenstämmchen; **b** Schuppenwurz *(Lathraea squamaria)* auf Wurzeln der Haselnuss; **c** Zweig der Eichenmistel *(Loranthus europaeus)* mit reifen Beeren.

anschwellungen; stärkerer Befall führt zu schweren Zuwachsverlusten und gelegentlich zum Absterben von Eichen vor der Hiebsreife. Die Übertragung der Scheinbeeren erfolgt durch Vögel, vor allem Drosselarten. Als Bekämpfungsmaßnahmen werden mechanisches Entfernen der Mistelbüsche sowie Pflegemaßnahmen durch Kronenrückschnitt ab Alter 40 empfohlen. Verbreitung vor allem im nördlichen subpannonischen Wuchsgebiet der Eiche.

- Wacholdermistel (*Arceuthobium oxycedri* M. Bieb.) kommt in Südeuropa auf verschiedenen *Juniperus*-Arten vor. Sie bildet gelbgrüne, blattlose Sprossachsen, die stiftförmig aus der Rinde der Zweige hervorbrechen. Eine wirtschaftliche Bedeutung kommt ihr – im Gegensatz zu den in Nordamerika vorkommenden *Arceuthobium*-Arten – nicht zu.

10.4.2 Pappel-Seide

Cuscuta lupuliformis Krock.

Die zu den Windengewächsen (Convolvulaceen) gehörende Pappel-Seide – auch Teufelszwirn genannt – zählt zu den Vollparasiten, die fast keine Blätter und kein Chlorophyll besitzen. Sie ist daher ganz auf eine parasitische Lebensweise angewiesen. Diese beginnt bereits kurz nach der Keimung, sobald der fadenförmige Keim einen geeigneten Wirt gefunden hat. Der Schmarotzer bildet zahlreiche Haustorien aus, die sowohl Anschluss an das Xylem als auch an das Phloem finden. Die Pappel-Seide bezieht hierbei von ihrem Wirt nicht nur Wasser und Salze, sondern auch organische Verbindungen. Aus dem forstlichen Bereich gelten als Wirtspflanzen vor allem Ahorn, Haselnuss, Pappel und Weide (Abb. 133 a). Der Schaden ist hier jedoch nicht nennenswert. Größere Bedeutung besitzt die Seide bei landwirtschaftlichen Kulturpflanzen, die jedoch von anderen *Cuscuta*-Arten befallen werden.

10.4.3 Schuppenwurz

Lathraea squamaria L.

Die zu den Braunwurzgewächsen (Scrophulariaceen) gehörende Schuppenwurz lebt ebenfalls – auf Grund des fehlenden Chlorophylls – holoparasitisch. Sie siedelt sich auf den Wurzeln verschiedener Laubbäume und Sträucher, vor allem der Haselnuss, an und bildet dort knöllchenförmige Haustorien, mit denen sie der Wirtspflanze die erforderlichen Nährstoffe entzieht. Im Frühjahr entstehen oberirdisch blass rosenrote Blütenstände, die mit schuppenförmigen, fleischigen Niederblättern bedeckt sind. Berichte über eine messbare Schädigung der Wirtspflanzen liegen nicht vor (Abb. 133 b).

11 Formveränderungen und Wuchsanomalien

Jede Pflanze besitzt bei der Ausprägung ihrer spezifischen Gestalt sowie ihrer Organteile eine gewisse Schwankungsbreite, deren Extreme gelegentlich auffallen, ohne dass wir von pathologischen Veränderungen sprechen. Urheber solcher Abweichungen sind verschiedene abiotische sowie biotische Faktoren. So reagieren Lichtbaumarten auf einseitigen Lichteinfall mit **Stammkrümmung**. Ähnliche Veränderungen können durch einseitige Windeinwirkungen verursacht werden. Teilweise kann hierzu auch der **Drehwuchs** gerechnet werden, der bei Bäumen an Standorten extrem hoher mechanischer Beanspruchung auftreten kann (wenn er nicht genetisch fixiert ist, wie bei der rechtsdrehenden Rosskastanie oder Hainbuche). Zu den durch Tiere ausgelösten Formveränderungen gehört u. a. die nach Wildverbiss auftretende **Verbuschung**. Schließlich können auch pflanzliche Organismen die Wuchsform von Bäumen beeinflussen, z. B. **Stammeinschnürungen** durch das Wald-Geißblatt, was bei wachsenden Trieben zum **Spiralwuchs** führen kann (Abb. 134). Alle genannten Beispiele sind durch Außenfaktoren induzierte Bildungsabweichungen, die der baumeigenen Reaktionsweise folgen.

Es gibt auf der anderen Seite zahlreiche morphologische Veränderungen, die sich weitgehend den übergeordneten Wachstumsreaktionen der Bäume entziehen und den Charakter von **Missbildungen** haben.

Abb. 134. Einschnürung und Spiralwuchs an Birke, verursacht durch Windendes Geißblatt *(Lonicera periclymenum)*.

Zu ihnen gehören Hexenbesen, Knollenbildungen, Tumore, Maserkröpfe oder Verbänderungen. Als Ursache dieser Wachstumsanomalien kommen genetische Fehlentwicklungen, aber auch Infektionen durch Viren und parasitische Mikroorganismen infrage, die das normale baumeigene Entwicklungsprogramm stören oder umfunktionieren, wobei teilweise fremdartige monströse Formen entstehen.

Auffällige Habitusveränderungen oder Missbildungen werden nicht selten für die Charakterisierung eines ganzen Baumes verwendet. So sind u. a. folgende Bezeichnungen gebräuchlich:

Flaschenbauchfichte: auffällige Verdickung am Stammfuß als Reaktion des Baumes auf einen stamminneren, älteren und anhaltenden Fäuleprozess im Holz.

Garbenbuche: mehrere an der Basis zusammengewachsene Stämme einer Buche; auch bei anderen Baumarten.

Kandelaberfichte (Echte): ältere Fichte mit mehreren, vertikal ausgerichteten Seitenästen (Stämmlingen), die bei aushaltendem Hauptstamm zu Sekundärwipfeln werden (vgl. Schneebruch- und Windbruchkandelaber).

Knollenkiefer: Baum mit mehreren halbkugelförmigen Vorsprüngen auf der Stammoberfläche; Ursache unbekannt.

Kopfweide: Baum mit zahlreichen Ästen oder Büschen an älteren (abgesägten oder abgebrochenen) Stammstümpfen; Gleichartiges bei geschneitelten Birken.

Kropffichte: Fichte mit einer oder mehreren stammumfassenden, aus gesundem Holz bestehenden Holzanschwellungen.

Kugelfichte: Fichte mit kugelförmigem, auf der Spitze thronendem Hexenbesen (Abb. 137 a).

Rädertanne: Tanne mit einzeln auftretender, gleichmäßig ringwulstartiger Verdickung am Stamm, hervorgerufen durch den Rostpilz *Melampsorella caryophyllacearum* (Abb. 135 a).

Ringschuppige Kiefer (Dächsleskiefer): ältere Kiefer mit ringförmig angeordneten, dachartig abspreizenden Borkenschuppen; Ähnliches auch bei Ahorn.

Säbelkiefer: Kiefer mit einseitiger Krümmung des basalen Stammteils, meist als Folge von Schneedruck.

Abb. 135. *Melampsorella caryophyllacearum.*
a Befallsbild am Stamm einer Weißtanne (Rädertanne), **b** Tannenhexenbesen; **c** Dreinervige Nabelmiere als Dikaryontenwirt des heterözischen Rostpilzes.

Säulenfichte: Baum mit ausgesprochen schlanker Kronenform; genetisch bedingt.

Schlangenfichte: Fichte mit schlangenähnlich dünn bleibenden, nicht oder spärlich verzweigten Ästen erster Ordnung; vermutlich genetisch bedingt.

Schneckenkiefer: Kiefer mit gewundenen, mehr oder weniger horizontal verlaufenden Krümmungen im unteren Stammbereich.

Schneebruch- und Windbruchkandelaber: Bäume, bei denen die Ausbildung von Stämmlingen erst nach Verlust der Kronenspitze einsetzt.

Stelzenkiefer: Kiefer mit mehreren, aus dem Boden emporsteigenden Wurzeln, die gemeinsam einen einzelnen Stamm tragen, verursacht durch Abtrag des Bodens oder Auswaschung.

Süntelbuche: Spielart der Rotbuche mit stark gedrehter und verkrüppelter Wuchsform; erstmals im Süntel/Niedersachsen aufgetreten und danach benannt.

Verbissfichte: Fichte mit dichter Verzweigung und gerundeter oder kegelförmiger, niedriger Wuchsform, entstanden durch wiederholten Verlust (Verbiss) der Maitriebe durch Wild oder Weidevieh.

Warzentanne: Tanne mit scharfkantigen, häufig in Ringen am Stamm angeordneten, vorspringenden Borkenschuppen; auch bei Fichte.

Wetterfichte: alte Fichte mit mächtiger starkastiger, dicht verzweigter Krone in exponierter Lage; meist alleinstehende Einzelbäume.

Windbuche: Buche mit einseitiger Ausbildung einer fahnenartigen Krone, entstanden durch stete Windeinwirkung aus einer bestimmten Richtung.

Zwergfichte (Hexenbesenfichte): Fichte von niedrigem Wuchs und sehr dichten, kurzen Zweigen; auch mit verkürzten Nadeln; genetisch bedingt. (Falsche Zwergfichten sind ähnlich aussehende, jedoch sekundär durch Verbiss entstandene Formen.)

Zwiesel, Echter: Verwachsung von zwei selbstständigen Bäumen an der Stammbasis bei getrennten Wurzeln.

Zwiesel, Falscher: Bildung von zwei Sekundärwipfeln oder -stämmen auf einem Einzelbaum, z. B. nach Bruch des Hauptstammes durch Schneelast.

11.1 Hexenbesen

Unter **Hexenbesen** oder Donnerbüschen versteht man das örtlich gehäufte Auftreten meist kürzerer Zweige an normal gebildeten Ästen. Sie kommen durch ein Massenaustreiben schlafender oder neu gebildeter Knospen zustande, wobei kugelige, abgeflachte oder auch besenartige, allseitig verästelte Gebilde entstehen, die einen Durchmesser von 1 m erreichen können. Hexenbesen entziehen sich der Wachstumskontrolle des Baumes. Ihre Triebe sind nicht – wie die übrigen Zweige –plagiotrop ausgerichtet, sondern sie wachsen aufrecht und bilden gewissermaßen selbstständige Bäumchen auf sonst gesunden Ästen. Hexenbesen können an den verschiedensten Baumarten beobachtet werden. Nicht selten sind sie auf Birke, Kiefer, Tanne und Fichte anzutreffen. Auf Lärche, Rotbuche, Hainbuche, Linde und Robinie werden sie nur gelegentlich gefunden, und auf Ahorn sowie Douglasie sind Hexenbesen ausgesprochen selten.

Obwohl Hexenbesen aus morphologischer Sicht recht einheitlich erscheinen, können sie von verschiedenen Faktoren und Organismengruppen hervorgerufen werden. So gehören die meisten bisher bekannten Erreger von Hexenbesen zu den Pilzen. In einigen Fällen wurden rickettsienähnliche Bakterien sowie Phytoplasmen als Urheber ermittelt. Schließlich können hexenbesenartige Verbuschungen auch durch Milben hervorgerufen werden. Von den durch Pilze ausgelösten Hexenbesen sollen folgende ausführlicher beschrieben werden:

Der **Tannenhexenbesen** wird durch den Rostpilz *Melampsorella caryophyllacearum* (DC.) J. Schroet. hervorgerufen (Abb. 135). Auf der

Tanne, dem Haplontenwirt, wächst das Myzel zunächst in der Rinde junger Zweige. Hierbei kommt es zur Bildung kleiner, knollenartiger Wucherungen. Gelingt es dem Pilz in eine Knospe einzudringen, so kommt es im folgenden Frühjahr zur Umwandlung der austreibenden Knospe in ein aufrecht wachsendes reich verzweigtes Bäumchen. Die Nadeln dieser Zweige sind grüngelblich und kleiner als normal. Im Sommer werden auf ihnen die gelben Sporenlager (Äcidien) angelegt, deren Äcidiosporen dann auf einen Dikaryontenwirt (Mieren- oder Hornkrautart) übergehen müssen, um den Entwicklungskreislauf zu schließen. Nach Freilassung der Äcidiosporen werden die Nadeln abgeworfen, sodass jeweils nur immer ein Nadeljahrgang auf den Hexenbesenzweigen vorhanden ist. Hexenbesen dieser Art können viele Jahre alt werden und einen beträchtlichen Umfang erreichen. Da die meisten Hexenbesen an Seitenzweigen auftreten, ist eine unmittelbare Schädigung kaum nachweisbar. Verluste entstehen erst dann, wenn der Pilz am Hauptstamm auftritt, wo es zur Bildung spindelartiger Holzanschwellungen („Rädertanne“) kommt.

Der **Birkenhexenbesen** ist das Ergebnis einer permanenten Wachstumsstörung, verursacht durch den Ascomyceten *Taphrina betulina* Rostr. (Abb. 136). Durch spezifische stoffliche Reize von Seiten des Pilzes kommt es zum Austreiben zahlreicher schlafender Knospen, was schließlich zur Bildung dichtastiger, kugeliger Büsche führt. Kennzeichnend für befallene Zweige sind – im Gegensatz zu dem durch Milben hervorgerufenen Hexenbesen – zwiebelförmige Anschwellungen an der Basis der Triebe, deren Spitzen negativ geotrop nach oben gerichtet sind. Das sicherste Indiz für den pilzlichen Hexenbesen sind im Frühsommer auf der Blattunterseite auftretende Asci, deren farblose Sporen

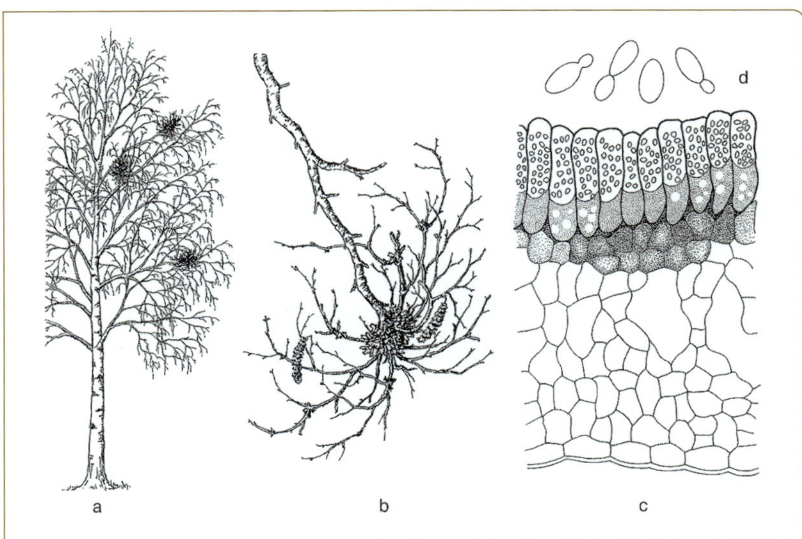

Abb. 136. Birkenhexenbesen, verursacht durch *Taphrina betulina*.
a Gesamtansicht einer Moorbirke mit mehreren Hexenbesen, **b** junger Hexenbesen, **c** Querschnitt durch ein befallenes Blatt mit Asci, **d** sprossende Ascosporen (**c** nach Ferdinandsen und Jørgensen 1938/39).

bereits im Sporenschlauch sekundäre Sprosszellen bilden können. Da das Myzel des Pilzes in den Knospen und in der Rinde überwintert, können Birkenhexenbesen viele Jahre alt werden. Bei stärkerem Befall kann es zu einer Verminderung des Höhenwachstums bis zu 25 % kommen (Spanos und Woodward 1994). Auch können einzelne Äste, die einen Hexenbesen tragen, absterben. Eine wirtschaftliche Bedeutung dürfte dem Birkenhexenbesen trotzdem kaum zukommen.

Hexenbesen an anderen Baumarten:

- **Hexenbesen der Fichte:** finden sich entweder an Seitenästen oder an der Spitze älterer Fichten; im letzteren Fall wird die Kronenspitze in einen riesigen Hexenbesen umgewandelt (Abb. 137 a); Urheber unbekannt.
- **Hexenbesen der Kiefer:** vermutlich durch Knospenmutationen entstanden (Abb. 137 b); Stecklinge von Kiefernhexenbesen wachsen zu dicht verästelten Solitärpflanzen heran.
- **Hexenbesen der Lärche:** Teilsymptom der „Lärchendegeneration", verursacht durch rickettsienähnliche Bakterien; meist nur an älteren Bäumen; Befall kann zum vorzeitigen Absterben führen; nur an Flachland- und Mittelgebirgsstandorten (Nienhaus 1979).
- **Hexenbesen der Hainbuche:** verursacht durch *Taphrina carpini* (Rostr.) Johanson; weniger häufig und kleiner als der Birkenhexenbesen; Triebe sterben meist vorzeitig ab, daher oft Verwechslung mit Vogelnestern.
- **Hexenbesen der Kirsche:** ausgelöst durch *Taphrina wiesneri* (Rathay) Mix; besenartig gebündelte Triebe wachsen orthotrop; keine Blütenbildung, daher in Obstbaumkulturen nicht gerne gesehen.

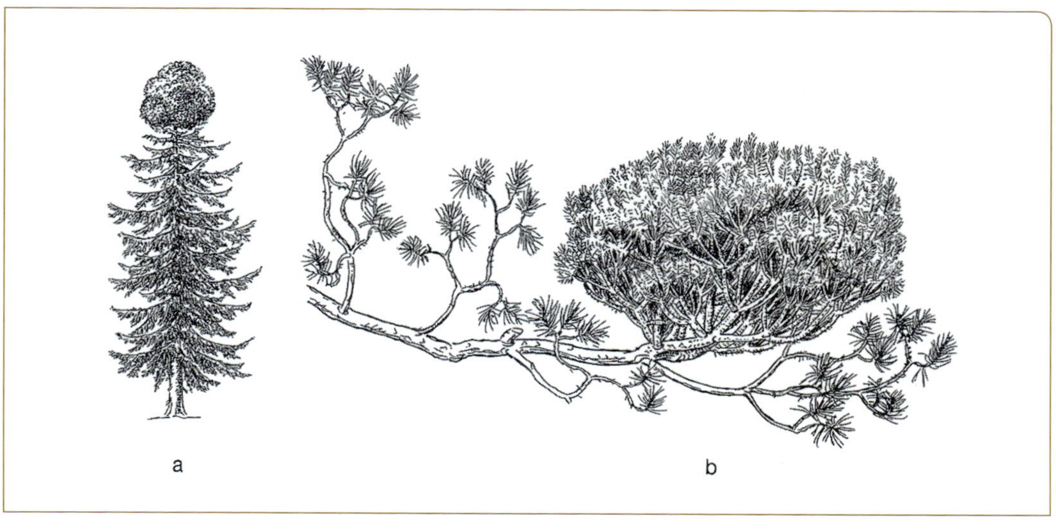

Abb. 137. Hexenbesen an Koniferen. **a** Gipfelständiger Hexenbesen auf einer Fichte; **b** sechsjähriger Hexenbesen an einem Seitenast der Gemeinen Kiefer.

- **Hexenbesen der Pappel:** verursacht durch Phytoplasmen; bei *Populus alba, P. canescens* und *P. nigra* treten Hexenbesen vor allem am Stamm und den Ästen 1. Ordnung auf, bei *P. tremula* hauptsächlich an besonders kräftigen Jahrestrieben; mit dem Fortschreiten der Krankheit kommt es zu Rotlaubigkeit und Blattvergilbung; stark befallene Bäume können absterben.

11.2 Knospensucht und Maserkropf

Eine dem Hexenbesen verwandte Erscheinung stellt die **Knospensucht** dar, die ebenfalls auf vermehrter Knospenbildung beruht, jedoch einen nur kümmerlichen Austrieb und keine Verzweigungsanomalien aufweist. Die Bildungsabweichung besteht in einem gehäuften Austreiben schlafender Knospen auf engstem Raum, wobei viele Triebe bald zugrunde gehen und dann zur Entstehung neuer Knospen Anlass geben. Durch Dichtstand der ausgetriebenen Ästchen kommt es zu einer Verbuschung, für die auch die Bezeichnung „Stammhexenbesen" gebräuchlich ist. In einigen Fällen konnten hierfür Mykoplasmen (Phytoplasmen) verantwortlich gemacht werden. Die meisten Stammhexenbesen werden aber durch mechanisches Entfernen von Wasserreisern hervorgerufen. Bei diesem Vorgang beantwortet der Baum den Verlust des Triebes mit dem Austreiben schlafender Knospen. Diese vor allem an Linde zu beobachtende Erscheinung wird dann besonders gefördert, wenn Park- oder Alleenbäume – wie es bei Klein (1908) heißt – „alle Jahre von der löblichen Stadtverwaltung gründlich geschoren werden". Wei-

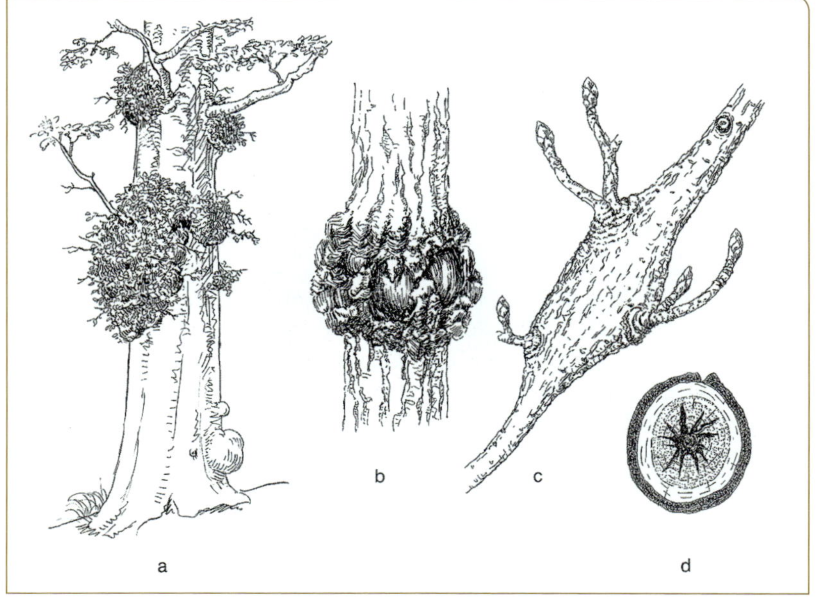

Abb. 138. Wuchsanomalien an Stamm und Ästen.
a Stamm einer Rotbuche mit Knospensucht (oben) und Beulenbildung (unten); **b** Kropfbildung an Eiche; **c** Spindelbildung an einem Zweig der Rosskastanie, **d** zugehöriger Querschnitt.

tere Baumarten mit Neigung zur Knospensucht sind Rotbuche (Abb. 138 a), Eiche, Ahorn, Birke, Rosskastanie und Ulme.

Durch wiederholte Behinderung des Triebwachstums kommt es an der Basis der Triebe zur vermehrten Holzproduktion, sodass die von Knospensucht befallenen Stammpartien beulenartig anschwellen: Es entsteht ein sogenannter **Maserkropf**. Knospensucht und Maserkropfbildung gehören morphogenetisch unmittelbar zusammen. Histologisch ist das Maserholz dadurch ausgezeichnet, dass die Zellelemente stark gekrümmt und stellenweise knäuelartig gruppiert sind. Maserholz findet sich bei Ahorn und Esche, deren gemaserte Furniere von der Möbelindustrie besonders geschätzt sind. Ähnlich strukturell verändertes Holz kommt auch beim sogenannten **Wimmerwuchs** vor. Im Gegensatz zum Maserkropf sind hier die welligen Holzfasern axial orientiert; auch wird von dieser Anomalie der gesamte Stamm – oft nur einseitig – erfasst. Der bei der Rotbuche nicht selten vorkommende Wimmerwuchs ist bei günstigem Lichteinfall leicht an der waschbrettartigen Oberfläche der Rinde zu erkennen.

11.3 Echter Kropf und Knollenbildung

Von Maserkropf grundsätzlich verschieden ist der **Echte Kropf**, der zwar ebenfalls beulen- oder knollenartige Formen aufweist, jedoch eine mehr oder weniger glatte Rinde ohne vermehrte Knospenbildung besitzt. Nicht selten sind Kropfbildungen – die im Übrigen riesige Dimensionen erreichen können – bei Rotbuche, Birke und Rosskastanie; bei der Eiche (Abb. 138 b), deren Stämme ebenfalls zahlreiche beulenartige Verdickungen aufweisen können, spricht man von „Kropfkrankheit“, ohne aber – wie in den meisten übrigen Fällen – die Entstehungsursache zu kennen. Ist die Verdickung stammumfassend, so spricht man eher von Knollen oder **Knollenbildung**. Ein Beispiel hierfür ist die durch *Melampsorella caryophyllacearum* ausgelöste Stammverdickung bei der Tanne („Rädertanne“).

Beginnt die Xylembildung in der Rinde, so entstehen isolierte Holzkerne, die nach außen als kleine, kugelige, leicht ablösbare **Rindenknollen** in Erscheinung treten.

Eine weitere Abwandlung der Knollenbildung ist die *spindelförmige Zweigverdickung*, wie sie bei der Rosskastanie auftritt (Abb. 138 c, d). In diesem Fall ist das Xylem dunkel gefärbt und von Rissen durchzogen, die im Querschnitt sternartig verlaufen. Für ihre Entstehung werden Viren verantwortlich gemacht (Schmelzer 1977).

Eine weitere Variante von Stammdeformationen ist die **Zitzenbildung**. Sie ist dadurch gekennzeichnet, dass an der Basis einzelner Äste ein lokal gesteigertes Holzwachstum stattfindet. Auf diese Weise entstehen an der Astbasis kegelförmige Holzzitzen, die an der Spitze in den normalen, dünneren Ast auslaufen. Ihr Vorkommen beschränkt sich auf ältere Fichten, vor allem Kandelaber- oder Wetterfichten mit Vorkommen in höheren Lagen. Als Ursache werden äußere Faktoren angenommen.

Mit pathologischen Wuchsformen nicht zu verwechseln sind die durch **Pfropfung** entstandenen partiellen Stammveränderungen, die entweder nur an der Veredelungsstelle auftreten oder die gesamte Stammunterlage betreffen. Sie kommen durch Wachstumsunterschiede zwischen Reis und Unterlage zustande. Entweder ist die Pfropfunterlage auffällig verdickt, oder das Reis nimmt an Umfang stärker zu. Ein derartiges Missverhältnis im Wachstum findet man nicht selten bei Park- und Alleenbäumen, vor allem an veredelten Rosskastanien und Zierkirschen.

11.4 Baumkrebs, Rindenbrand und Rindenschorf

Unter der Bezeichnung **Baumkrebs** versteht man in der Forstpathologie eine Rinden- und Holzerkrankung, die durch eine langjährige Auseinandersetzung zwischen einem Pathogen und einer Wirtspflanze zustande kommt. (Im englischen Sprachgebrauch ist hierfür die Bezeichnung „perennial canker" gebräuchlich.) Die Gewebezerstörung, die durch den Erreger während der Vegetationsruhe verursacht wird, beantwortet die Wirtspflanze mit der Neubildung von Rinden- und Holzzellen. Je nach der Ausbreitungsart des Erregers kommt es entweder zur Ausbildung eines **regulären Baumkrebses**, an dessen Zustandekommen ausschließlich Pilze beteiligt sind. Ein klassisches Beispiel für eine solche Krebsform, die sich durch breite flache, aber gleichmäßige Wundkrater und Stammdeformationen zu erkennen gibt, ist der Lärchenkrebs (Abb. 85). Oder es entstehen unregelmäßig gekröseartige Rindenaufbrüche, die den **bakteriellen Baumkrebs** auszeichnen. Ein Beispiel dafür ist der bakterielle Eschenkrebs (Abb. 94 c).

Das Gegenstück zum Baumkrebs ist der **Rindenbrand**, der zwar ebenfalls durch Pilze oder Mikroorganismen ausgelöst wird, aber weit geringere Stammdeformationen zur Folge hat. Denn der Erreger wird noch innerhalb des gleichen Jahres, in dem die Infektion stattgefunden hat, abgeschottet; es kommt zur Ausbildung von Wundperiderm und Wundholz (Wundkallus) und damit zum Verschließen der Wunde, was allerdings, je nach Ausmaß des Rindenbrandes, mehrere Jahre dauern kann. (Im englischen Sprachgebrauch ist hierfür der Name „annual canker" gebräuchlich.) Ein klassisches Beispiel dafür ist die Rindenschildkrankheit der Douglasie (Abb. 86).

Als eine „milde" Form des Rindenbrandes kann man den **Rindenschorf** bezeichnen, der durch eine oberflächlich raue Rindenveränderung ausgezeichnet ist, bei der das Kambium nur geringfügig zur vermehrten Zellbildung angeregt wird. Ein Überwallungsvorgang findet hier wegen der geringen Tiefenwirkung nicht statt. Allerdings können derartige Rindenaufbrüche viele Jahre alt werden. Ein Beispiel dafür ist der Schwarze Rindenschorf der Buche (Abb. 92).

11.5 Baumtumor

Unter pflanzlichen **Tumoren** versteht man selbstständige Gewebewucherungen, die durch ungeordnetes und ungehemmtes Wachstum besonders veränderter Zellen entstehen. Sie zeigen abweichende Stoffwechseleigenschaften und entziehen sich weitgehend der korrelativen Kontrolle durch die Pflanze. Da sie meist aus Kambial- oder Rindenparenchymzellen hervorgehen und keine weitere Differenzierung aufweisen, sind sie – zumindest im Anfang – von weicher fleischiger Konsistenz. Tumore können durch Bakterien, Viren oder genetische Faktoren ausgelöst werden. Aus dem forstlichen Bereich sind folgende Tumoren bemerkenswert:

- **Tumor an Weide und Pappel**, verursacht durch *Rhizobium radiobacter*. Das Krankheitsbild ist durch rundliche oder kropfartige, warzig-raue Auswüchse gekennzeichnet, die mitunter die Größe einer kleinen Faust erreichen können. Bei der Pappel und der Weide (Abb. 139 a, b) treten derartige Wucherungen überwiegend an oberirdischen Pflanzenteilen auf, seltener an Wurzeln. Ihre forstliche Bedeutung ist – im Gegensatz zu den an Obstbäumen und landwirtschaftlichen Kulturpflanzen auftretenden Tumoren – ohne Bedeutung. – Sehr ähnlich sind die an Weide auftretenden gekröseartigen, später verholzenden Anschwellungen von Blütenkätzchen, die allerdings durch Weidengallmilben verursacht werden (Bellmann 2012).
- **Tumor der Kiefer**, verursacht durch *Pseudomonas pini*. Das Krankheitsbild ist durch Knotenbildung an den Zweigen (vor allem von *Pinus halepensis*) gekennzeichnet. Es sind kugelige, mit einem Holzkern versehene Tumore, die bis zu 5 cm groß und mehrere Jahre alt werden können (Abb. 139 d). Bei reichlichem Besatz können

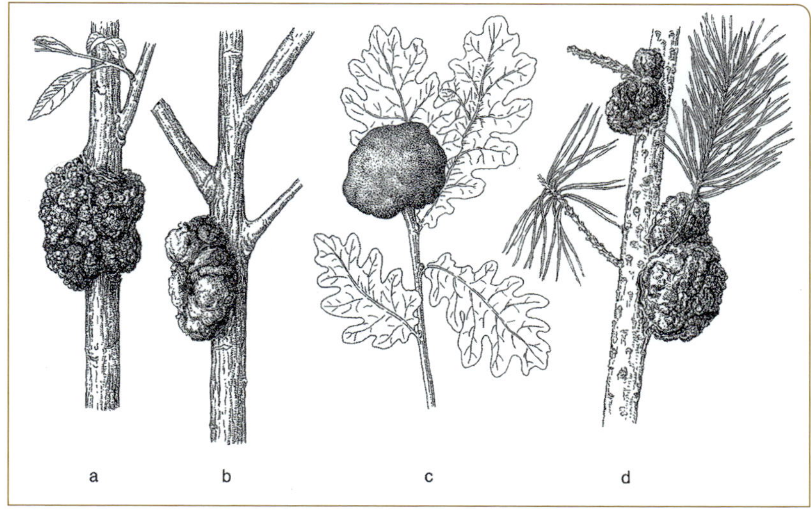

Abb. 139. Wachstumsanomalien an Zweigen.
a Tumorbildung durch *Rhizobium radiobacter* an Weide **(a)** und Pappel **(b)**; **c** durch *Biorhiza pallida* (Gallwespe) hervorgerufene Knospengalle;
d Zweigtuberkulose an Aleppo-Kiefer, verursacht durch *Pseudomonas pini*.

Zweige nach Jahren absterben. Ihre Verbreitung ist – entsprechend der Wirtspflanze – auf den Mittelmeerraum beschränkt.

- **Tumor an Olivenbaum** (Ölbaumkrebs), sind durch kleine, tuberkelartige Anschwellungen an Zweigen gekennzeichnet, ausgelöst durch ein Bakterium *(Pseudomonas syringae)*. Befallene Zweige finden gelegentlich als Grünschnitt den Weg aus mediterranen Ländern zu uns (z. B. zur besonderen Verwendung an Palmsonntag).

Nicht zu den Tumoren gerechnet werden die zahlreichen **Gallbildungen**, die zwar ebenfalls weichfleischig und morphologisch ähnlich sein können (Abb. 139 c); sie besitzen jedoch ein gesteuertes Wachstum mit differenzierter Gewebebildung. Urheber von Gallen sind überwiegend tierische Organismen (Bellmann 2012).

11.6 Verbänderung

Verbänderungen oder **Faszationen** sind bandartige Verbreiterungen von Trieben, die dadurch zustande kommen, dass sich die Zellen des Vegetationspunktes an der Sprossspitze nach zwei entgegengesetzten Richtungen hin vermehrt teilen. Der Vegetationspunkt erhält dadurch

Abb. 140. Verbänderung an Esche **(a)** und Lärche **(b)**.

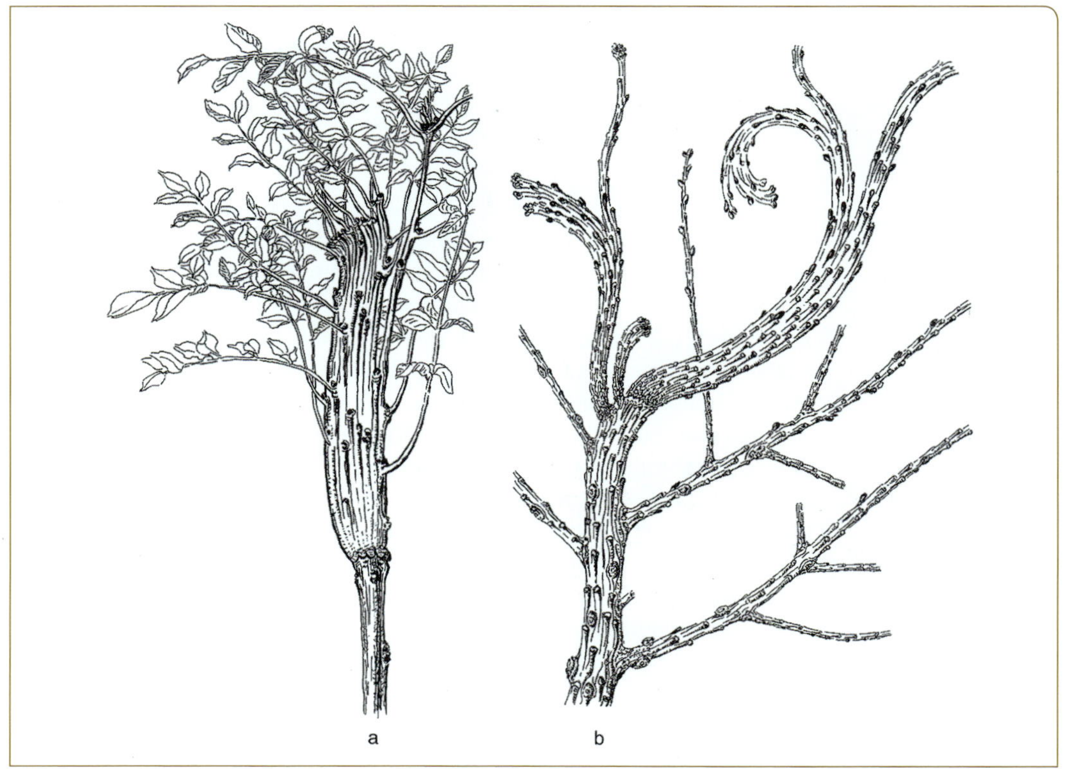

die Form einer Vegetationslinie. Im einfachsten Fall wächst eine solche verbreiterte Gipfelknospe zu einem abgeflachten, aufrechten Bandspross heran. Im nächsten Jahr kann sich die Verbänderung in gleicher Weise fortsetzen; allerdings ist hierzu nur die Gipfelknospe befähigt. Die Seitenknospen wachsen in der Regel wieder zu stielrunden, nicht verbänderten Seitenästen aus. Wird die eine Kante des verbänderten Sprosses stärker gefördert als die andere, so kommt es zu einseitiger Krümmung, die zur Ausbildung eines Krummsäbels oder ähnlicher Formen führt.

Verbänderungen treten an Holzgewächsen relativ selten auf. Bei den Nadelhölzern findet man sie noch am ehesten an Kiefer, Lärche (Abb. 140 b) und Fichte. Von den Laubhölzern scheinen Esche (Abb. 140 a), Robinie und Weide in besonderem Maße dazu veranlagt zu sein. Über ihre Entstehung ist noch wenig bekannt. In einigen Fällen scheinen sie durch äußere Reize ausgelöst zu werden, wobei ein offenbar fertiges Entwicklungsprogramm in Gang gesetzt wird, das später wieder von der normalen Wuchsform abgelöst wird. Bei einigen Baumarten hat sich die Anlage zur Verbänderung soweit genetisch stabilisiert, dass überwiegend Bandsprosse ausgebildet werden. Ein Beispiel dafür ist die Bandweide oder Drachenweide (*Salix udensis* 'Sekka'), deren abnorm geformte Triebe neuerdings gern von Blumenbindereien verwendet werden. Eine besonders attraktive dauerhafte „faszinierende" Faszination findet sich in der monströsen Rosskastanie (*Aesculus hippocastanum* var. 'monstrosa'), die allerdings nur in botanischen Gärten anzutreffen ist.

11.7 Zapfensucht

Als „Zapfensucht" wird eine Bildungsabweichung bezeichnet, die durch eine anormale Anhäufung zahlreicher Zapfen an den Ästen von Koniferen gekennzeichnet ist. Am bekanntesten ist diese Erscheinung bei der Kiefer, deren Zapfenstand bis zu 250 Zäpfchen aufweisen kann. Diese sitzen allerdings dort (am Grund der Langtriebe), wo normalerweise die männlichen Blüten gebildet werden. Man nimmt daher an, dass bei der Zapfensucht – durch eine spontane Änderung im Genom – die weiblichen und männlichen Gene unter Beibehaltung der Blütenzahl und des Ausbildungsortes miteinander vertauscht worden sind. Für diese Deutung spricht vor allem die Erblichkeit der Zapfensucht. Die Hoffnung, die Zapfensucht für eine gesteigerte Samenproduktion zu nutzen, hat sich allerdings nicht erfüllt, denn fast alle Samen solcher Fehlbildungen sind keimungsunfähig.

Tafel I

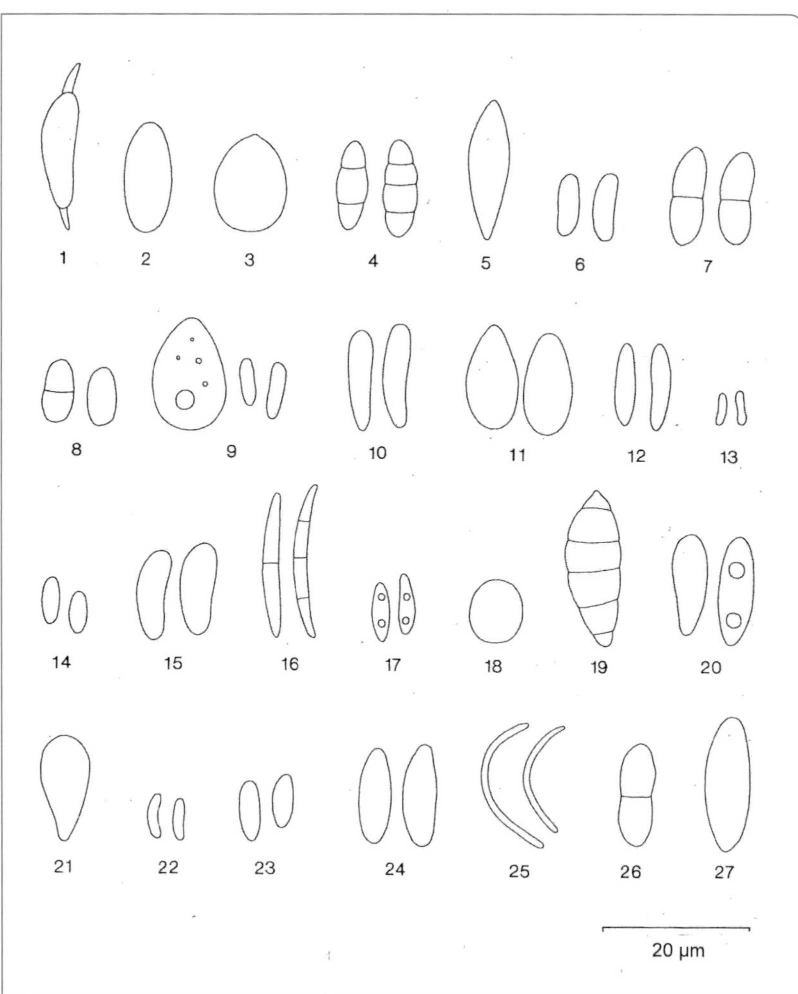

1 *Rosellinia thelena*
2 *Rhizosphaera pini*
3 *Rhizosphaera macrospora*
4 *Hendersonia acicola*
5 *Chloroscypha sabinae*
6 *Discula campestris*
7 *Metadiplodina acerina*
8 *Phyllosticta aceris*
9 *Phyllosticta minima*
10 *Discula betulina*
11 *Cryptocline cinerascens*
12 *Asteroma alneum*
13 *Asteromella bacteriiformis*
14 *Ascochyta populorum*
15 *Monostichella salicis*
16 *Brunchorstia laricina*
17 *Phomopsis occulta*
18 *Pithya cupressina*
19 *Seiridium cardinale*
20 *Discula devastans*
21 *Melanconium betulinum*
22 *Cytospora salicis*
23 *Myxofusicoccum salicis* f. *microspora*
24 *Fusicoccum galericulatum*
25 *Libertella faginea*
26 *Neonectria coccinea*
27 *Entoleuca mammata*

Tafel II

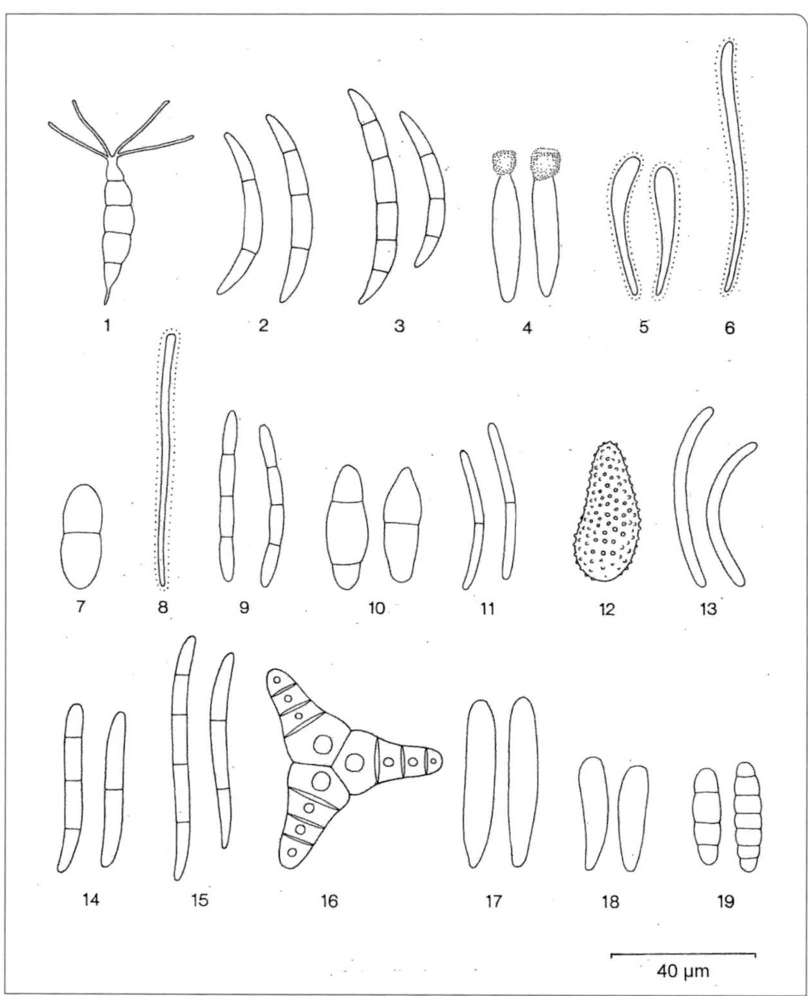

1 *Pestalotiopsis funerea*
2 *Fusarium oxysporum*
3 *Fusarium culmorum*
4 *Sphaeropsis parca*
5 *Lophodermella sulcigena*
6 *Lophodermella conjuncta*
7 *Neopeckia coulteri*
8 *Lophodermium juniperinum*
9 *Phloeospora aceris*
10 *Pollaccia elegans*
11 *Septoria populi*
12 *Melampsora laricis-populina*
13 *Cryptosporium betulinum*
14 *Cylindrocarpon cylindroides* var. *tenue*
15 *Cylindrocarpon willkommii*
16 *Asterosporium asterospermum*
17 *Fusicoccum macrosporum*
18 *Cryptosporiopsis abietina*
19 *Trichonectria hirta*

Tafel III

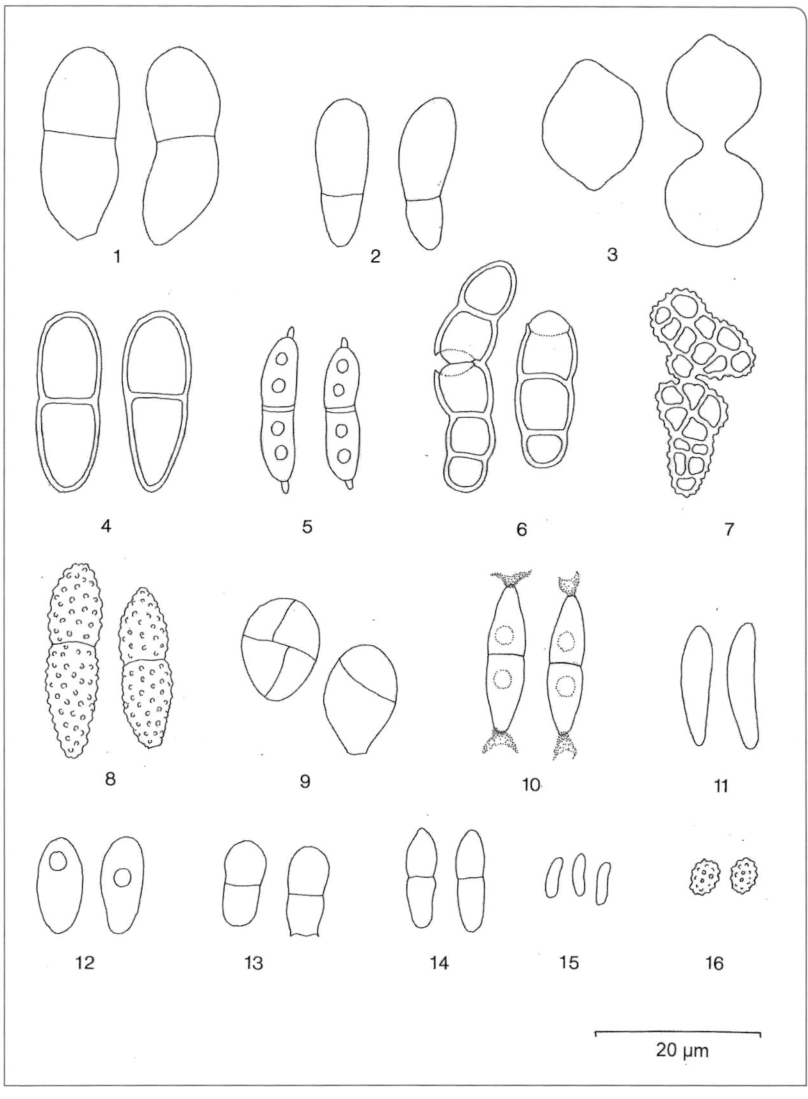

1 *Marssonina betulae*
2 *Marssonina castagnei*
3 *Monilinia johnsonii*
4 *Diplodia mutila*
5 *Cryptodiaporthe castanea*
6 *Neocatenulostroma abietis*
7 *Trimmatostroma betulinum*
8 *Fusicladium betulae*
9 *Dichomera saubinetii*
10 *Sphaerellopsis filum*
11 *Asteroma padi*
12 *Sclerophoma xenomeria*
13 *Phloeospora aceris*
14 *Mycosphaerella punctiformis*
15 *Asteromella maculiformis*
16 *Trichoderma viride*

Tafel IV

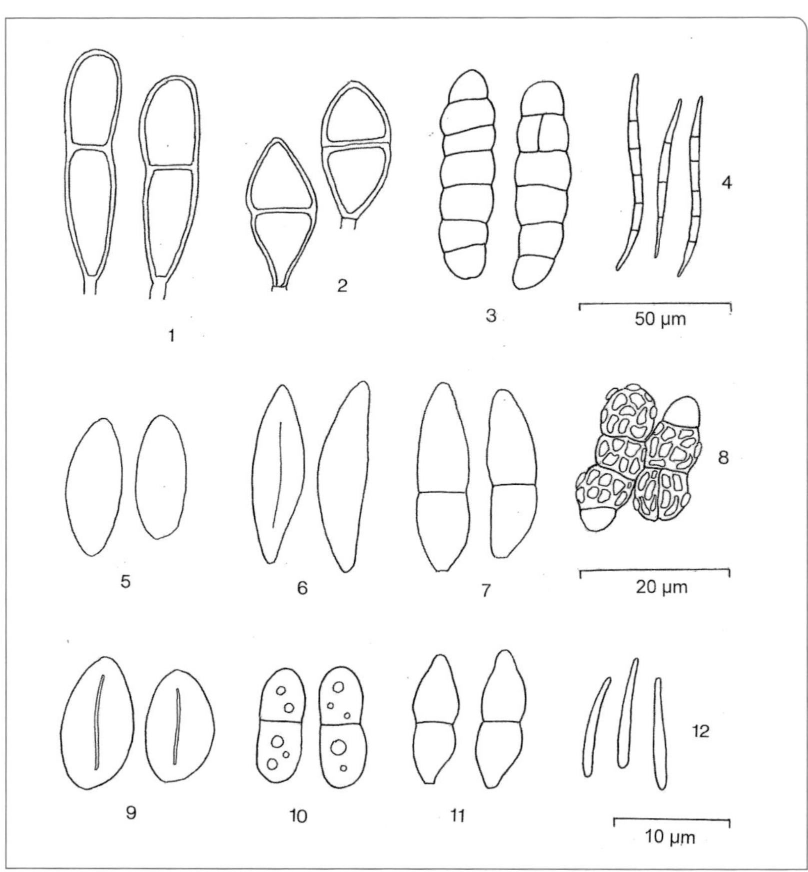

1 *Gymnosporangium clavariiforme*
2 *Gymnosporangium sabinae*
3 *Stigmina pulvinata*
4 *Septoria crataegi*
5 *Botryosphaeria dothidea*
6 *Kretzschmaria deusta*
7 *Fusicladium fraxini*
8 *Phaeosclera dematioides*
9 *Biscogniauxia nummularia*
10 *Ascochya velata*
11 *Fusicladium carpophilum*
12 *Asteroma frondicola*

Service

Erklärung der Fachbegriffe

abiotisch die unbelebte Umwelt betreffend (z. B. Witterung)

Acervulus (Pl. Acervuli) im Wirtsgewebe entstehendes flaches Sporenlager von Anamorphen; auf pathogene Pilze beschränkt

Äcidium (Pl. Äcidien, auch **Äzien** genannt) becherförmiges Sporenlager der Rostpilze; Entstehung aus einkernigem Myzel; nach Dikaryotisierung Bildung von zweikernigen Äcidiosporen

Äcidiospore in einem Äcidium (Äzium) gebildete zweikernige Spore der Rostpilze

aggr. in der Taxonomie: in einem Namen zusammengefasste, sehr ähnliche (und daher schwer unterscheidbare) Formen

Ätiologie Lehre der Ursachen von Krankheiten oder Schäden

akrogen an der Spitze (z. B. einer speziellen Hyphe) entstehend

Anamorphe imperfektes Stadium, Konidienform, Nebenfruchtform, ungeschlechtliches Entwicklungsstadium, das eine asexuell entstandene Fruktifikation einschließt

Antagonist Mikroorganismus, der durch Ausscheiden bestimmter Stoffwechselprodukte die Entwicklung anderer Organismen beeinträchtigt

Anthraknose Brennfleckenkrankheit, charakterisiert durch eingesunkene, nekrotische braune Flecke, verursacht durch Pilze; tiefer gelegene Gewebeschichten sterben ab

Apothecium (Pl. Apothecien) becher- oder schüsselförmiger, teleomorpher Fruchtkörpertyp der Ascomyceten

Appressorium Haftorgan, mit dem gewisse parasitische Pilze auf dem Wirt einen mechanischen Halt finden

Arthrosporen durch Zerfall von Hyphen entstehende, asexuell gebildete Gliedersporen

Ascoma (Pl. Ascomata) teleomorphe Fruktifikation der Ascomyceten

Ascomyceten (Schlauchpilze) Abteilung von Pilzen, deren geschlechtlich entstandene Sporen (Ascosporen) in einem sack- oder schlauchartigen Sporenbehälter (Ascus) gebildet werden

Ascospore im Ascus sexuell entstandene Spore

Ascus (Pl. Asci) schlauch- oder sackförmige Zelle (Sporenschlauch), in welcher Ascosporen entstehen

Basidie Trägerzelle der Basidiomyceten, an der (meist) vier Basidiosporen abgegliedert werden

Basidiomyceten (Ständerpilze) Abteilung von Pilzen, deren geschlechtlich entstandene Sporen (Basidiosporen) exogen von einer Basidie abgegliedert werden

biotisch die lebende Umwelt betreffend

Blastospore durch Sprossung entstandene, ungeschlechtliche Spore

Braunfäule enzymatische Holzzersetzung durch Pilze, die aus verholzten Zellwänden nur die Zellulose abbauen; Lignin als brauner Rückstand

Cellulase Cellulose spaltendes Enzym

Chasmothecium allseitig geschlossener teleomorpher Fruchtkörper der Echten Mehltaupilze (Erysiphales); frühere Bezeichnung: Kleisthothezien

Chlamydospore dickwandige Dauerspore, die auf ungeschlechtlichem Wege an einem Hyphenende oder interkalar (zwischen undifferenzierten Hyphenzellen) entsteht

Chlorose gelbliche bis weißliche Allgemeinverfärbung, im Zusammenhang entweder mit Chlorophyllabbau oder mangelnder Chlorophyllausbildung

Coelomyceten künstliche Formengruppe von Pilzen mit ungeschlechtlicher Entwicklung, bei denen die Konidien im Innern von zunächst geschlossenen Conidiomata (Pyknidien, Acervuli) entstehen

Conidioma (Pl. Conidiomata) anamorphe Fruktifikation der Deuteromyceten

Demarkationslinie mechanisch oder biochemisch bedingte, dunkel gefärbte Linie als Abwehrreaktion des Wirtes gegenüber Schaderregern oder als Abgrenzung verschiedener Pilzkolonien untereinander bzw. gegenüber unbefallenem Holz, andererseits auch als Schutz vor zu starker Austrocknung bzw. zu starker Befeuchtung des von Pilzen besiedelten Holzes

Deuteromyceten (Fungi imperfecti) traditionelle Bezeichnung einer Formengruppe von Pilzen mit ungeschlechtlicher Entwicklung

Diagnose das Erkennen und Benennen einer Krankheit anhand von Krankheitssymptomen

Dikaryontenwirt Wirtspflanze, auf der sich das Paarkernmyzel von Rostpilzen entwickelt

Dikaryophase Entwicklungsabschnitt im Kernphasenwechsel von Basidiomyceten und Ascomyceten, bei dem jeweils zwei verschiedengeschlechtliche Kerne in einer Zelle mitgeführt werden

Dikaryotisierung (Paarkernbildung) Vorgang, bei dem zwei konträrgeschlechtliche Kerne in einer Zelle zusammenkommen, ohne zu verschmelzen

diploid die doppelte Chromosomenzahl (in einem Kern) aufweisend

Discomyceten (Scheibenpilze) traditionelle Bezeichnung einer Gruppe von Ascomyceten mit scheiben- oder schüsselförmigen Apothecien

DNA (Desoxyribonucleinsäure) Träger der primären genetischen Information

Dormanz Ruheperiode von Organismenstadien mit reduziertem Stoffwechsel (z. B. Keimruhe von Samen); meist endogen gesteuert

Ektoparasit parasitischer Organismus, der seinen Wirt von dessen Oberfläche aus infiziert und parasitiert

Emittent Quelle von Luftschadstoffen oder anderen Störfaktoren

Endokonidie im Innern einer Pilzzelle gebildete ungeschlechtliche Spore

Endophyten Organismen, vorwiegend Pilze, die in pflanzlichem Gewebe zunächst symptomlos, möglicherweise symbiontisch leben, unter bestimmten Voraussetzungen jedoch schwach pathogen werden (und dann zur Entwicklung von Krankheitssymptomen beitragen können) oder saprophytisch auf absterbendem Wirtsgewebe weiterleben

Enzym Ferment, das von lebenden Zellen gebildet wird und als Biokatalysator bereits in kleinsten Mengen den Stoffwechsel steuert

Epidemie massenhaftes Auftreten von Infektionsfällen in einem begrenzten Gebiet

Epidemiologie Lehre von der Entstehung und der Ausbreitung von Massenerkrankungen innerhalb einer Population

Epidermis oberirdische Pflanzenteile überziehendes, meist einschichtiges Abschlussgewebe

Epiphyt Organismus, der auf einer Pflanze lebt, ohne diese zu parasitieren

Fungi imperfecti frühere Bezeichnung von Pilzen mit ungeschlechtlicher Sporenbildung; moderne Benennung: anamorphe Pilze oder Anamorphen

fungistatisch die Entwicklung von Pilzen hemmend

Fungizid Wirkstoff, der Pilze abtötet

haploid Bezeichnung für einen einfachen Chromosomensatz

Haplontenwirt Wirtspflanze, auf der sich das Einkernmyzel von Rostpilzen entwickelt

Haplophase Entwicklungsabschnitt von Pilzen mit einfachem haploidem Chromosomensatz

Hauptfruchtform (Teleomorphe) sexuelles Entwicklungsstadium, das eine geschlechtlich entstandene Fruktifikation einschließt

Haustorium spezialisiertes Saugorgan, das in eine lebende Wirtspflanze eindringt, um dieser Wasser sowie gelöste Stoffe zu entziehen

heterözisch auf zwei verschiedenen Wirtspflanzen sich entwickelnd

Histologie (Gewebelehre) Wissenschaft von der morphologischen Strukturierung der Gewebe, ihrer Funktion und Leistung

Hybride Nachkomme aus einer Kreuzung genetisch unterschiedlicher Eltern

Hymenium Fruchtschicht, bestehend aus fertilen Zellen (Asci oder Basidien); oft von sterilen Hyphen begleitet

Hyperparasit Parasit, der auf einem anderen parasitischen Organismus lebt und von diesem seine Nährstoffe bezieht

Hypertrophie übermäßige Volumenvergrößerung einer Zelle oder eines Gewebeabschnittes

Hyphe meist lang gestreckter Pilzfaden, der aus einer oder mehreren Zellen besteht

Hyphomyceten künstliche Formengruppe von ungeschlechtlich sich entwickelnden Pilzen mit sterilem Myzel oder mit Konidienbildung

Hypokotyl Stängelabschnitt zwischen Wurzel und Keimblatt

Hysterothecium (Pl. Hysterothecien) lang gestreckter, kissenförmiger, teleomorpher Fruchtkörpertyp der Ascomyceten mit meist kohlig schwarzen Wänden und präformiertem Längsspalt

Imago (Pl. Imagines) voll ausgebildetes, geschlechtsreifes Insekt

Immission Eintrag von Schadsubtanzen, vor allem Luftschadstoffen; auch Einwirkung anderer Störfaktoren (z. B. Lärm, Strahlen)

Infektion das Eindringen eines Parasiten in den Körper eines Wirtes mit Beginn eines stabilen, irreversiblen, parasitischen Verhältnisses

Inkubationszeit Zeitraum von Abschluss einer Infektion bis zum Ausbruch der Krankheit mit Ausprägung der ersten Symptome

Insektizid Wirkstoff, der Insekten oder deren Entwicklungsstadien abtötet

interkalar eingeschaltet, dazwischengeschaltet; bei Wachstumsvorgängen die Fähigkeit basaler Abschnitte oder Zellen zur meristematischen Gewebedifferenzierung

invasive Arten Organismen, die in ein sonst nicht von ihnen bewohntes Gebiet eindringen; hier auf Krankheitserreger oder Schädlinge bezogen

Kallus parenchymatische Gewebewucherung; Bezeichnung auch für den Überwallungswulst (Wundkallus) bei Holzgewächsen

Kambium teilungsfähiges Gewebe der höheren Pflanzen; bewirkt u. a. das sekundäre Dickenwachstum

Karyogamie Kernverschmelzung

Kernholz zentral gelegenes, aus älteren Splintholzbereichen entstandenes Holz mit vermindertem Wassergehalt; durch Farbstoffeinlagerungen oft dunkel gefärbt; besitzt keine lebenden Zellen mehr, kann jedoch physiologisch noch reagieren

Kladoptosis aktive Abtrennung von beblätterten Zweigen und Ästen (Gegensatz: passive Abgliederung durch Pilzbefall)

Klon die durch ungeschlechtliche, vegetative Vermehrung von einer Mutterpflanze abstammende Nachkommenschaft

Konidie ein- oder mehrzelliges, asexuell entstandenes Verbreitungsorgan (Spore)

konidiogene Zelle spezialisierte Zelle, die endo- oder exogen Konidien bildet

Konidiophore (Konidienträger) spezialisierte, einfache oder verzweigte Hyphe, die eine konidiogene Zelle trägt

Konsole waagrecht von der Unterlage abstehender kragsteinartiger Fruchtkörper der Porlinge

Koremium anamorphe Fruktifikationsform der Deuteromyceten mit gebündelten oder verzweigten Konidiophoren, an denen Konidien gebildet werden

Krebsfäule Krankheitsprozess, bei dem ein Erreger von der periodisch abgetöteten Rinde wiederkehrend in das Holz eindringt, eine Holzfäule verursachend

kryptische Arten (engl.: cryptic species) zwei oder mehrere bestimmte Arten, die nur genetisch, aber nicht morphologisch unterscheidbar sind

Kutikula aus Kutin bestehender, wachsartiger Überzug oberirdischer Pflanzenteile

Lignin hochpolymerer, aromatischer Pflanzenstoff, der neben Cellulose den Hauptbestandteil des Holzes ausmacht

Loculus (Pl. Loculi) in einem Stroma eingesenkte Höhlung

Makrokonidie ungeschlechtlich entstandene, größere Konidie (bei Vorkommen von Mikrokonidien)

Melanconiales traditionelle Bezeichnung einer Formengruppe von imperfekten Pilzen, deren Konidien in Acervuli gebildet werden

Mikrokonidie ungeschlechtlich entstandene, kleinere Konidie (bei Vorkommen von Makrokonidien); Bezeichnung auch für Spermatien

mikrozyklisch verkürzter Entwicklungszyklus von Rostpilzen, bei dem eine oder mehrere Sporenformen unterdrückt oder nicht mehr gebildet werden

Moderfäule enzymatischer Abbau der Sekundärwand verholzter Zellwände; Braunfäuletyp

Mosaik fleckige Verfärbung mit gelblicher, grüner und dunkelgrüner Abstufung

Mykoplasmen (MLO) (mykoplasma-like organisms) ältere Bezeichnung für Phytoplasmen (s. dort)

Mykorrhiza enges Zusammenleben von Pilzen mit Wurzeln höherer Pflanzen bei gegenseitigem Nutzen (mutualistische Symbiose)

Myzel Pilzgeflecht; vegetatives Stadium eines Pilzes, bestehend aus zahlreichen sterilen Hyphen

Nebenfruchtform (Anamorphe, Konidienstadium) ungeschlechtlicher Entwicklungsabschnitt von Pilzen

Nekrose lokaler Zell- oder Gewebetod, verbunden mit Kollabieren von Zellen nach Degeneration des Cytoplasmas; äußerlich durch braune, bisweilen weißliche Verfärbung der Zellen erkennbar (vergl. Wunde)

Neomycet Pilz, der erst in den letzten Jahren in unser Gebiet eingewandert ist und sich dort etabliert hat

obligater (biotropher) Parasit Schaderreger, der zu seiner Ernährung und Entwicklung überwiegend lebende Zellen benötigt (z. B. Mehltaupilz, Rostpilz)

Ökotyp Standortform, die sich als Sippe innerhalb einer Art an bestimmte Umweltbedingungen angepasst hat

Oogonium spezieller zellulärer Behälter, in dem eine Eizelle gebildet wird

Oomyceten Abteilung von Pilzen mit Bildung von Oosporen, begeißelten Zoosporen und (bei höher entwickelten Formen) auch Konidien; Myzel unseptiert; aquatische und terrestrische Lebensweise

Oospore aus einer befruchteten Eizelle hervorgegangene, dickwandige Dauerspore

orthotrop aufrecht; senkrecht aufwärts oder abwärts wachsend

Ostiolum (Pl. Ostiola) ursprünglich porenartige, meist mit Periphysen besetzte Öffnung am Scheitel von Perithecien; im erweiterten Sinn auch bei anderen Fruchtkörpertypen gebräuchlich (z. B. Pyknidien)

Pandemie zeitlich begrenztes Auftreten einer Infektionskrankheit in weitem geografischen Ausmaß

Paraphyse sterile, basal fixierte Hyphe zwischen Asci oder Basidien in einem Hymenium

Parasit Organismus, der sich von der Biomasse anderer lebender Organismen ernährt (Klenke und Scholler 2015)

Parenchym aus meist dünnwandigen, lebenden Zellen bestehendes Grundgewebe mit verschiedenen Funktionen

pathogen krankheitserregend, eine Krankheit verursachend

Pathogenese Entstehung und Verlauf einer Erkrankung

Pathogenität genetisch fixierte Fähigkeit eines Organismus (Pathogens), bei einem Wirt Krankheitssymptome zu verursachen

Pathotypen Gruppe von Organismen einer Art, die sich durch besondere pathogene Eigenschaften und Spezialisierung auf bestimmte Sorten oder Wirtspflanzen auszeichnet („physiologische Rasse“)

Peridie äußere Zellschicht bei Fruchtkörpern oder Sporenlagern (z. B. bei Rostpilzen); meist aus derben Hyphen bestehend

Perithecium (Pl. Perithecien) kugeliger, flaschenförmiger oder ovaler, teleomorpher Fruchtkörpertyp der Ascomyceten mit besonderer Mündung

Perthophyt pathogener Organismus, der durch seine toxischen Stoffwechselprodukte pflanzliches Gewebe abtötet, ehe er dieses besiedelt

Phellem vom Korkkambium nach außen gebildetes Korkgewebe

Phenoloxidase Enzym, das Phenole in Oxydationsprodukte umwandelt; bedeutsam bei pflanzlichen Abwehrreaktionen

Phialide flaschenförmige, spezialisierte Zelle (Konidiophore), an deren Spitze Konidien austreten

Phytoplasmen (Einz. Phytoplasma) kleinste, in Siebröhren des Phloems lebende pleomorphe Bakterien ohne Zellwand und echten Zellkern; Erreger von Blattverfärbungen, Deformationen, Kümmerwuchs oder Hexenbesen

pleurogen seitlich entstehend

Prädisposition aktuelles Reaktionsvermögen eines Organismus; sie variiert in Grenzen einer genetisch festgelegten, artspezifischen Reaktionsnorm (Disposition)

Provenienz (Herkunft) Lokalrasse, die sich durch Wuchs-, Blüh- oder Konkurrenzverhalten sowie durch ihre spezifische Wiederstandsfähigkeit gegenüber Schadeinflüssen oder Schädlingsbefall von anderen Rassen unterscheidet

Pseudothecium (Pl. Pseudothecien) teleomorpher Fruchtkörpertyp der Ascomyceten mit einem oder mehreren im Stroma eingesenkten, mündungslosen Loculi; Entwicklungsgang ascoloculär

Pyknidium (Pl. Pyknidien, auch **Pyknien** genannt) ungeschlechtlich entstandener, kugeliger oder flaschenförmiger mit apikaler Öffnung versehener Fruchtkörpertyp, in dem Pyknosporen (Konidien) ausgebildet werden

Pyrenomyceten (Kernpilze) traditionelle Bezeichnung einer Gruppe von Ascomyceten mit birn- oder kugelförmigen Perithecien

Reifholz Form des Kernholzes mit gleicher Färbung wie das Splintholz, jedoch mit geringerem Wassergehalt und ohne lebende Zellen

Rhizomorphe parallel wachsende, bündelartige Pilzhyphen, die zum Nährstoff- und Wassertransport dienen; auch Infektionsorgan

Rhizosphäre unmittelbare Umgebung einer Wurzel

RNS (Ribonucleinsäure) bei der Proteinsynthese sowohl Überträger von Aminosäuren (Transfer-RNS) als auch Informationsträger (Boten- oder Messenger-RNS); auch Bestandteil von Ribosomen (Partikel lebender Zellen)

Saprobionten (Saprophyten) Bakterien oder Pilze, die totes organisches Material zur Energiegewinnung und zur Synthese ihrer Körpersubstanz abbauen oder verwenden

saprobisch (saprotroph) auf faulendem organischen Material lebend und sich davon ernährend

Schütte Bezeichnung für vorzeitiges und massenhaftes Abfallen von Nadeln, ausgelöst durch Pilze oder abiotische Faktoren

Schwächeparasit Organismus, der nur an einem kränkelnden oder in seiner Wiederstandsfähigkeit beeinträchtigten Wirt Fuß fassen kann

s. l. (sensu lato) in der Taxonomie: in weitem Sinn, weit gefasst

s. str. (sensu stricto) in der Taxonomie: in engerem Sinn, enger gefasst

Semiparasit Halbschmarotzer, der einen Teil der erforderlichen Nährstoffe selbst assimiliert

Seneszenz (Alterung) Vitalitätsverlust bei Organismen oder Organen; natürlicher Vorgang, der durch belastende Umwelteinflüsse beschleunigt werden kann

Septe Querwand zwischen zwei Hyphen- oder anderen Pilzzellen (z. B. Sporen)

Sklerotium (Pl. Sklerotien) kompakte Myzelbildung von unterschiedlicher Form, umgeben von einer harten, pseudoparenchymatischen Rindenschicht; Überdauerungsorgan

Spermatium (Pl. Spermatien) bewegungsunfähiges, einkerniges Gebilde, das die Funktion männlicher Geschlechtszellen besitzt

Spermogonium (Pl. Spermogonien) aus haploiden Zellen gebildeter, pyknidienartiger Fruchtkörper, in welchem einkernige Spermatien (Mikrokonidien) entstehen

Sporangium spezieller zellulärer Behälter, in dem bewegliche oder unbewegliche Sporen gebildet werden

Spore ein- oder mehrzelliger Fortpflanzungskörper mit geschlechtlicher oder ungeschlechtlicher Entstehung

Sporodochium polsterförmiges Hyphengeflecht mit Konidienträgern und Konidien

Stoma (Pl. Stomata) Atemöffnung höherer Pflanzen

Stroma (Pl. Stromata) mehr oder weniger kompaktes Gebilde aus Pilzzellen, in welchem Fruchtkörper oder Sporenlager eingesenkt sind

Subiculum lockeres Hyphengeflecht, auf dem oder in dem Fruchtkörper ausgebildet werden

subletal starke Schädigung eines Organismus, Organs oder Organteils ohne vollständiges Absterben

Sukzession zeitliche Aufeinanderfolge von Organismen an einem bestimmten Ort

Symbiose Verbindung zweier artverschiedener Organismen mit gegenseitigem, mehr oder weniger ausgeglichenem Nutzen

Symptom einzelnes Krankheitsbild; äußere oder innere Veränderungen eines Organismus nach Einwirkung eines biogenen oder abiotischen Schadfaktors

Syndrom Gesamtheit der für eine Krankheit typischen Einzelsymptome

Synonym in der Taxonomie anderer, ungültiger Name für eine Art oder eine Gruppe

systemisch Ausbreitung eines Erregers oder eines Stoffes innerhalb der Pflanze

Teleomorphe (perfektes Stadium, Hauptfruchtform) geschlechtliches Entwicklungsstadium, das eine sexuell entstandene Fruktifikation einschließt

Teleutolager (auch **Telien** genannt) Sporenlager von Rostpilzen mit Teleutosporen

Teleutospore dickwandige, mobile oder fest sitzende Dauerspore (Winterspore) von Rostpilzen

Thyllenbildung, Verthyllung blasenartiges Einwachsen von parenchymatischen Geleitzellen durch einen Tüpfel in das Lumen von Gefäßen; kann ein Gefäßelement ganz oder teilweise verstopfen

Toxin Giftstoff, der von lebenden Organismen produziert wird und andere Organismen schädigen oder töten kann

Tracheiden tote Zellen des Xylems, die der Wasserleitung und der Festigung dienen

Tracheomykose eine durch Pilze bewirkte Gefäßkrankheit bei Pflanzen

Trama steriles Hyphengeflecht mit Stützfunktion im Innern von Basidiomyceten-Fruchtkörpern

Tüpfel lochartiger Verbindungsweg in der Sekundärwand zweier benachbarter Pflanzenzellen mit zentral gelegener Schließhaut

Uredolager (auch **Uredien** genannt) Sporenlager von Rostpilzen, auf dem Uredosporen (Sommersporen) gebildet werden

Uredospore paarkernige Sommerspore von Rostpilzen

Virose eine durch Viren verursachte Erkrankung

Virus (Pl. Viren) ultramikroskopische, infektiöse Partikel, bestehend aus Nucleinsäure (RNA oder DNA) und einer Proteinhülle; stäbchen-, fadenförmig oder sphärisch mit polyederförmiger Symmetrie; obligater Parasit; eigener Stoffwechsel fehlt, daher Replikation auf Kosten lebender Wirtszellen

Weißfäule enzymatische Holzzersetzung durch Pilze, die aus verholzten Zellwänden vorwiegend das Lignin, daneben auch Zellulose abbauen

Welke Erschlaffung von Geweben durch Turgorverlust, z. B. bei Wasserdefizit oder Toxineinwirkung

Wunde mechanisch entstandene Gewebezerstörung oder Gewebeverlust; in besonderen Fällen auch für wundähnliche, jedoch parasitäre Krankheitsbilder gebräuchlich (z. B. Krebswunde)

Wundparasit parasitisch auftretender Organismus, der über Wunden oder Verletzungen den Wirt infiziert

Wundperiderm nach Verwundung oder Nekrotisierung gebildetes sekundäres Abschlussgewebe der Rinde

Xylem Holzteil im Leitungsgewebe der Pflanzen; dient dem Transport von Wasser und Mineralstoffen; besitzt auch Stützfunktion

Zoospore ungeschlechtlich entstandene, begeißelte Zelle, die in einem Sporangium entsteht und in Wasser frei beweglich ist

Zystide steriles, schlauchartiges Element im Hymenium oder in der Trama von Basidiomyceten-Fruchtkörpern

Literatur

Anagnostakis, S. L. (1987): Chestnut blight: The classical problem of an introduced pathogen. Mycologia 79, 23–37.

Arondson, A. (1980): Frost hardiness in Scots pine. Stud. For. Suec. 155, 1–27.

Arx, J. A. von (1970): A revision of the fungi classified as Gloeosporium. Verlag J. Cramer, Lehre, 203 S.

Arx, J. A. von (1971): The genera of Fungi sporulating in pure culture. Verlag J. Cramer, Vaduz, 424 S.

Balder, H. (1990): Hundeurin als Schadagens an Bäumen. Das Gartenamt 39, 736–738.

Balder, H., Ehlebracht, K., Mahler, E. (1997): Straßenbäume. Patzer Verlag, Berlin-Hannover, 240 S.

Balder, H., Reuter, A., Semmler, R. (2009): Handbuch zur Baumkontrolle. 2. Aufl., Patzer Verlag, Berlin–Hannover, 151 S.

Bandte, M., Büttner, C.: Viruskrankheiten im öffentlichen Grün. Jahrbuch der Baumpflege 2004, 62–71.

Bandte, M., Hamacher, J., Büttner, C.: Virosen und Phytoplasmosen an Ahorn (Acer sp.). Jahrbuch der Baumpflege 2008, 208–212.

Baral, H. O. (1984): Taxonomische und ökologische Studien über die Koniferen bewohnenden europäischen Arten der Gattung Lachnellula Karsten. Beitr. Kenntn. der Pilze Mitteleuropas 1, 143–156.

Barnes, I., Crous, P. W., Wingfield, B. D., Wingfield, M. J. (2004): Multiple phylogenies reveal that red band needle blight of Pinus is caused by two distinct species of Dothistroma, D. septosporum and D. pini. Studies in Mycology 50, 551–565.

Bazzigher, G. (1976): Der Schwarze Schneeschimmel der Koniferen [Herpotrichia juniperi (Duby) Petrak and Herpotrichia coulteri (Peck) Bose]. Eur. J. Forest Path. 6, 109–122.

Bazzigher, G., Kanzler, E., Kübler, Th. (1981): Irreversible Pathogenitätsverminderung bei Endothia parasitica durch übertragbare Hypovirulenz. Eur. J. Forest Path. 11, 358–369.

Bellmann, H. (2012): Geheimnisvolle Pflanzengallen. Quelle & Mayer Verlag, Wiebelsheim, 312 S.

Bergmann, W. (1993): Ernährungsstörungen bei Kulturpflanzen. 3. Aufl., Gustav Fischer Verlag, Stuttgart, 835 S.

Blaschke, M., Bußler, H. Schmidt, O. (2008): Die Douglasie – (k)ein Baum für alle Fälle. Ber. Bayer. Landesanst. Wald- Forstwirtsch. (LWV) 59, 57–61.

Blaschke, M., Nannig, A. (2007): Dothistroma-Nadelbräune der Kiefer tritt wiederholt auch an Fichten auf. Forstschutz Aktuell (Wien) 41, 16–17.

Booth, C. (1959): Studies of Pyrenomycetes: IV. Nectria (Part. I). Commonw. Mycol. Inst., Mycol. Pap. 73, 115 S.

Bradshaw, R. E. (2004): Dothistroma (red band) needle blight of pines and the dothistromin toxin: a review. Forest Path. 34, 163–185.

Brasier, C. M. (1991): Ophiostoma novo-ulmi sp. nov., causative agent of current Dutch elm disease pandemics. Mycopathologia 115, 151–161.

Brasier, C. M., Buck, K. W. (2001): Rapid evolutionary changes in a globally invading fungal pathogen (Dutch elm disease). Biological Invasions 3, 223–233.

Brasier, C. M., Kirk, S. A., Delcan, J., Cooke, D. E. L., Jung, T., Man In't Veld, W A. (2004): Phytophthora alni sp. nov. and its variants: designation of emerging heteroploid hybrid pathogens spreading on Alnus trees. Mycol. Res. 108, 1172–1184.

Brasier, C. M., Strouts, R. G. (1976): New records of Phytophthora in Britain. I. Phytophthora root rot and bleeding canker of Horse chestnut (Aesculus hippocastanum L.). Eur. J. Forest Path. 6, 126–136.

Braun, H. J. (1977): Das Rindensterben der Buche, Fagus sylvatica L., verursacht durch die Buchenwollschildlaus Cryptococcus fagi. Eur. J. Forest Path. 7, 76–93.

Braun, U., Cook, R. T. A. (2012): Taxonomic Manual of the Erysiphales (Powdery Mildews). CBS Biodiversity Ser. 11, Utrecht, 707 S.

Butin, H. (1973): Morphologische und taxonomische Untersuchungen an Naemacyclus niveus (Pers. ex Fr.) Fuck. ex Sacc. und verwandten Arten. Eur. J. Forest Path. 3, 146–163.

Butin, H. (1980): Über einige Phomopsis-Arten der Eiche einschließlich Fusicoccum quercus Oudem. Sydowia 33, 18–28.

Butin, H. (1981): Der „Schwarze Rindenschorf" der Buche, verursacht durch Ascodichaena rugosa Butin. Eur. J. Forest Path. 11, 299–305.

Butin, H. (1985): Teleomorph- und Anamorph-Entwicklung von Scirrhia pini Funk & Parker auf Nadeln von Pinus nigra Arnold. Sydowia 38, 20–27.

Butin, H. (1986): Endophytische Pilze in grünen Nadeln der Fichte (Picea abies). Z. Mykologie 52, 335–346.

Butin, H. (1991): Mykologische Untersuchungen an vergrauten Holzoberflächen im Gebirge. Holz als Roh- u. Werkstoff 49, 235–238.

Butin, H. (1992): Effect of endophytic fungi from oak (Quercus robur L.) on mortality of leaf inhabiting gall insects. Eur. J. Forest Path. 22, 237–247.

Butin, H. (2006): Der Ahornrunzelschorf und seine Hyperparasiten. Der Tintling H. 4, S. 65.

Butin, H. (2008): Grüne Inseln auf Ahorn-Blättern. Der Tintling 14 (2), S. 7.

Butin, H. (2014): Die „Herpotrichia"-Nadelbräune der Tanne – Ein Irrtum und seine Berichtigung. Forstschutz Aktuell (Wien) 59,12–14.

Butin, H. (2017): Einblicke in die Entstehung von Giraffenholz. Der Tintling 22, 80.

Butin, H., Brand, Th. (2017): Farbatlas Gehölzkrankheiten. 5. Aufl., Eugen Ulmer Verlag, Stuttgart, 287 S.

Butin, H., Brand, Th., Maier, W. (2015): Sirococcus tsugae – Erreger eines Triebsterbens an Cedrus atlantica in Deutschland. Journal für Kulturpflanzen 67

Butin, H., Dohmen, H. (1981): Eine neue Rindenkrankheit der Roteiche. Forst- u. Holzwirt 36, 97–99.

Butin, H., Holdenrieder, O., Sieber, Th. N. (2013): The complete life cycle of Petrakia echinata. Mycol. Progress 12, 427–435.

Butin, H., Kehr, R. (1995): Leaf blotch of lime associated with Asteromella tiliae comb. nov. and the latter's connection to Didymosphaeria petrakiana. Mycol. Res. 99, 1191–1195.

Butin, H., Kehr, R. (2002): Myriellina cydoniae – Erreger einer neuen Blattkrankheit an Weißdorn (Crataegus). Nachrichtenbl. Deut. Pflanzenschutzd. 54, 273–274.

Butin, H., Kehr, R. (2009): Ceratobasidium-Nadelsterben – Eine neue Fichtenkrankheit. Allgem. Forstzeitschr. 23, 1252–1253.

Butin, H., Kowalski, T. (1983): Die natürliche Astreinigung und ihre biologischen Voraussetzungen. II. Die Pilzflora der Stieleiche (Quercus robur L.). Eur. J. Forest Path. 13, 428–439.

Butin, H., Maier, W. (2019): Rhizoctonia hartigii sp. nov. causing needle browning on silver fir (Abies alba). Mycol. Progress (im Druck).

Butin, H., Paetzholdt, M. (1974): Schäden an Juniperus virginiana L. durch Phomopsis juniperovora Hahn. Nachrichtenbl. Deut. Pflanzenschutzd. (Braunschweig) 26, 36–39.

Butin, H., Pehl, L. (1993): Kabatina abietis sp. nov., associated with browning of fir needles. Mycol. Res. 97, 1340–1342.

Butin, H., Richter, J. (1983): Dothistroma-Nadelbräune: Eine neue Kiefernkrankheit in der Bundesrepublik Deutschland. Nachrichtenbl. Deut. Pflanzenschutzd. 35, 129–131.

Butin, H., Volger, C. (1982): Untersuchungen über die Entstehung von Stammrissen („Frostrissen") an Eiche. Forstwiss. Centralbl. 101, 295–303.

Caspari, C.-O., Sachsse, H. (1990): Rißschäden an Fichte. Forst u. Holz 23, 685–688.

Cech, T. L. (2008): Phytopathologische Notizen 2008. Forstschutz Aktuell (Wien) 43, 21–23.

Cech, T. L., Krehan, H. (2009): Lecanosticta-Krankheit der Kiefer erstmals im Wald nachgewiesen. Forstschutz Aktuell (Wien) 45, 4–5.

Cech, T. L., Wiener, L. (2017): Pseudodidymella fagi, ein neuer Blattbräunepilz in Österreich. Forstschutz Aktuell (Wien) 62, 22–26.

Dam, B. C. van, Voet, H. van der (1991): Testing Fraxinus excelsior, Fraxinus americana and Fraxinus pensylvanica for resistance to Pseudomonas syringae, subsp. savastanoi pv. fraxini. Eur. J. Forest Path. 21, 365–376.

Dickenson, S., Wheeler, B. E. J. (1981): Effects of temperature, and water stress in sycamore, on growth of Cryptostroma corticale. Trans. Br. mycol. Soc. 76, 181–185.

Donaubauer, E. (1972): Distribution and hosts of Scleroderris lagerbergii in Europe and North America. Eur. J. Forest Path. 2, 6–11.

Dujesiefken, D. (Hrsg.) (1995): Wundbehandlung an Bäumen. Thalacker Medien, Braunschweig 172 S.

Dujesiefken, D., Gaiser, O., Jaskula, P., Kowol, T., Stobbe, H.: Das Rosskastanien-Sterben – ausgelöst durch Pseudomonas syringae pv. aesculi. Jahrbuch der Baumpflege 2016, 99–107.

Dujesiefken, D., Jaskula, P., Kowol, T., Wohlers, A. (2005): Baumkontrolle unter Berücksichtigung der Baumart. Thalacker Medien, Braunschweig, 296 S.

Dujesiefken, D., Liese, W. (2008): Das CODIT-Prinzip. Von den Bäumen lernen für eine fachgerechte Baumpflege. Haymarket Media, Braunschweig, 159 S.

Eisold, A.-M., Bandte, M., Langer, J., Rott., M., Büttner, C. (2014): Pflanzenpathogene Viren im Urbanen Grün. Jahrbuch der Baumpflege 2014, 215–225.

Elling, W., Heber, U., Polle, A., Beese, F. (2007): Schädigung von Waldökosystemen. Elsevier GmbH, Spektrum Akademischer Verlag, München, 422 S.

Ellis, M. B. (1971): Dematiaceous Hyphomycetes. Commonw. Mycol. Inst., Kew, 608 S.

Ellis, M. B. (1976): More Dematiaceous Hyphomycetes. Commonw. Mycol. Inst., Kew, 507 S.

Ellis, M. B., Ellis, J. P. (1985): Microfungi on Land Plants. An Identifaction Handbook. Croome Helm, London, 818 S.

Ferdinandsen, C., Jørgensen, C. A. (1938/39): Skogvtraernes Sygdomme. Gyldendal, Kopenhagen, 570 S.

FLL (Hrsg.) (2004): Richtlinie zur Überprüfung der Verkehrssicherheit von Bäumen/Baumkontrollrichtlinien. Forschungsgesellschaft Landschaftsentwicklung Landschaftsbau e. V., Bonn, 44 S.

Frank, B. (1885): Über die auf Wurzelsymbiose beruhende Ernährung gewisser Bäume durch unterschiedliche Pilze. Ber. Deutsch. Bot. Ges. 3, 128–145.

Frank, B. (1887): Über neue Mycorrhiza-Formen. Ber. Deutsch. Bot. Ges. 5, 395–408.

Fröhlich, H. J. (2005): Vitalisierung von Bäumen. Deut. Stiftung Denkmalschutz, 97 S.

Gäumann, E. (1951): Pflanzliche Infektionslehre. Verlag Birkhäuser, Basel, 681 S.

Gäumann, E. (1959): Die Rostpilze Mitteleuropas. Beitr. Kryptogamenfl. Schweiz 12, 1407 S.

Gäumann, E., Roth, C., Anliker, J. (1934): Über die Biologie der Herpotrichia nigra Hartig. Zeitschr. Pflanzenkrankh. u. Pflanzenschutz 44, 97–116.

Gerlach, W., Nirenberg, H. (1982): The genus Fusarium – a Pictorial Atlas. Mitt. Biol. Bundesanst. Land- u. Forstwirtsch. Heft 209, 405 S.

Gibson, I. A. S. (1979): Diseases of forest trees widely planted as exotics in the tropics and southern hemisphere. Part 11. The genus Pinus. Commonw. Mycol. Inst., Kew, UK.

Gremmen, J., de Kam, M. (1970): Erwinia salicis as the cause of dieback in Salix alba in the Netherlands and its identity with Pseudomonas saliciperda. Neth. J. Pl. Path. 76, 249–252.

Gruber, F., Brandl, J. (1998): Herbizide in Christbaumkulturen. Forstschutz Aktuell (Wien) 22, 10–11.

Guillaumin, J.-J. et al. (1993): Geographical distribution and ecology of the Armillaria species in western Europe. Eur. J. Forest Path. 23, 321–341.

Halmschlager, E., Butin, H., Donaubauer, E. (1993): Endophytische Pilze in Blättern und Zweigen von Quercus petraea. Eur. J. Forest Path. 23, 51–63.

Hanisch, B., Kilz, E. (1990): Waldschäden erkennen (Fichte und Kiefer).Verlag Eugen Ulmer, Stuttgart, 334 S.

Hariot, P. (1907): Note sur un oidium du chêne. Bull. Soc. Mycol. France 23, 157–159.

Hartig, R. (1880): Untersuchungen aus dem forstbotanischen Institut zu München. Springer Verlag, Berlin, 165 S.

Hartig, R. (1888): Herpotrichia nigra n. sp. Allgem. Forst- u. Jagdztg. 64, 15–17.

Hartig, R. (1890): Eine Krankheit der Fichtentriebe. Zeitschr. Forst- u. Jagdwes. 22, 667–670.

Hartig, R. (1900): Lehrbuch der Pflanzenkrankheiten. 3. Aufl., Springer Verlag, Berlin, 324 S.

Hartmann, G., Blank, R. (1992): Winterfrost, Kahlfraß und Prachtkäferbefall als Faktoren im Ursachenkomplex des Eichensterbens in Norddeutschland. Forst u. Holz 47, 443–452.

Hartmann, G., Blank, R., Kunca, A. (2005): Wurzelhalsfäule durch Phytopththora cambivora – Schäden, gefährdete Standorte und betroffene Baumarten in Nordwestdeutschland. Forst u. Holz 60, 139–144.

Hartmann, G., Blank, R., Lewark, S. (1989): Eichensterben in Norddeutschland – Verbreitung, Schadbilder, mögliche Ursachen – Forst u. Holz 44, 475–487.

Hartmann, G., Butin, H. (2017): Farbatlas Waldschäden. Diagnose von Baumkrankheiten. 4. Aufl., Eugen Ulmer Verlag, Stuttgart, 269 S.

Hauptman, T., Piskur, B. (2016): A new record of Rhizoctonia butinii associated wih Picea glauca 'Conica' in Slovenia. Forest Path.

Haut, H. van, Stratmann, H. (1970): Farbatlas über Schwefeldioxyd-Wirkung an Pflanzen. Verlag Giradet, Essen, 206 S.

Heiniger, U., Schmid, M. (1989): Association of Tiarosporella parca with reddening and needle cast in Norway spruce. Eur. J. Forest Path. 19, 144–150.

Hock, B.: Mykorrhiza – Möglichkeiten und Grenzen der Standortverbesserung. Jahrbuch der Baumpflege 2010, 145–158.

Horak, E. (2005): Röhrlinge und Blätterpilze in Europa. Elsevier GmbH, Spektrum Akademischer Verlag, München, 555 S.

Jahn, H. (1971): Stereoide Pilze in Europa mit besonderer Berücksichtigung ihres Vorkommens in der Bundesrepublik Deutschland. Westfäl. Pilzbriefe 8, 69–176.

Jahn, H. (2005): Pilze an Bäumen. 3. Aufl., überarb. von H. Reinartz und M. Schlag, Patzer Verlag, Berlin–Hannover, 276 S.

Janse, J. D. (1981): The bacterial disease of ash (Fraxinus excelsior), caused by Pseudomonas syringae subsp. savastanoi pv. fraxini. I. History, occurence and symptoms. Eur. J. Forest Path. 11, 306–315.

Janssen, Th., Wulf, A. (1999): Zur Bedeutung der Misteln im Forstschutz. Mitt. Biol. Bundesanst. Land-Forstwirtsch. H. 369, 141 S.

Jung, T., Cooke, D. E. L., Blaschke, H., Duncan, J. M., Oswald, W. (1999): Phytophthora quercina sp. nov., causing root rot of European oaks. Mycol. Res. 103, 785–798.

Jung, T. (2005): Wurzel- und Stammschäden an Buchen (Fagus sylvatica L.) durch bodenbürtige Phytophthora-Arten in Bayern. Forst u. Holz 60, 131–139.

Jung, T., Burgess, T. I. (2009): Re-evaluation of Phytophthora citricola isolates from multiple woody hosts in Europe and North America reveals a new species, Phytophtora plurivora sp. nov. Persoonia 22, 95–110.

Kehr, R. (2004): Triebschäden an Mammutbaum (Sequoiadendron giganteum) durch Botryosphaeria dothidea auch in Deutschland nachgewiesen. Nachrichtenbl. Deut. Pflanzenschutzd. 56, 37–43.

Kehr, R.: Neue Krankheiten an Platane, Linde und Ahorn. Jahrbuch der Baumpflege 2007, 144–156.

Kehr, R. (2018): Eschentriebsterben – Aktuelles zur Schadensdynamik. Jahrbuch der Baumpflege 2018, 192–201.

Kehr, R., Dujesiefken, D. (2006): Neuartige Kronenschäden an Linde – Lindentriebsterben durch Stigmina pulvinata. AFZ Der Wald 61, 883–885.

Kehr, R., Dujesiefken, D., Wohlers, A., Lorenz, G. (1999): Der Eschenbaumschwamm an Robinie. AFZ Der Wald 15, 783–784.

Kehr, R., Krauthausen, H.-J. (2004): Erstmaliger Nachweis von Schäden an Platane (Platanus × hispanica) durch den Pilz Splanchnonema platani in Deutschland. Nachrichtenbl. Deut. Pflanzenschutzd. 56, 245–251.

Kehr, R., Möhlenhoff, P., Petersen, K.: Pseudomonas-Rindenkrankheit der Rosskastanie – Anleitung zur Probenentnahme für den Schnellnachweis. Jahrbuch der Baumpflege 2010, 306–310.

Kehr, R., Schumacher, J. (2014): Neue Schadsymptome an Baum-Hasel. TASPO BaumZeitung 02, 27–29.

Kirisits, T., Kräutler, K. (2013): Hymenoscyphus albidus hat kein Chalara-Stadium. Forstschutz Aktuell (Wien) 57/58, 32–34.

Kirschbaum, U., Wirth, V. (1995): Flechten erkennen – Luftgüte bestimmen. Eugen Ulmer Verlag, Stuttgart, 128 S.

Klein, L. (1908): Bemerkenswerte Bäume im Großherzogtum Baden. Heidelberg, 372 S.

Klenke, F., Scholler, M. (2015): Pflanzenparasitische Kleinpilze. Springer Verlag Berlin–Heidelberg, 1172 S.

Korhonen, K., Holdenrieder, O. (2005): Neue Erkenntnisse über den Wurzelschwamm (Heterobasidion annosum s. l.) Eine Literaturübersicht. Forst und Holz 60, 206–211.

Kowalski, T. (2006): Chalara fraxinea sp. nov. associated with dieback of ash (Fraxinus excelsior) in Poland. Forest Path. 36, 264–270.

Kowalski, T., Kehr, R. (1992): Endophytic colonisation of branch bases in several forest tree species. Sydowia 44, 137–168.

Kowalski, T., Bartnik, C. (2008): Cristulariella depraedans as causal agent of leaf spots of maple and other trees and shrubs. Acta mycological 43, 5–12.

Kowalski, T., Schumacher, J., Kehr, R.: Das Eschentriebsterben in Europa – Symptome, Erreger und Empfehlungen für die Praxis. Jahrbuch der Baumpflege 2010, 184–195.

Kreisel, H. (1961): Die Entwicklung der Mykozönose an Fagus-Stubben auf norddeutschen Kahlschlägen. Feddes Repet., Beiheft 139, 227–232.

Krieglsteiner, G. J. (Hrsg.) (2000): Die Großpilze Baden-Württembergs. Bd. 1, Eugen Ulmer Verlag, Stuttgart, 629 S.

Laurence, J. A. (1981): Effects of air pollution on plant-pathogen interactions. Z. Pflanzenkrankh. Pflanzensch. 87, 156–172.

Lonsdale, D. (1980): Nectria infection of beech bark in relation to infestation by Cryptococcus fagisuga Lindiger. Eur. J. Forest Path. 10, 161–168.

Lösing, H.: Eschentriebsterben: Symptome und Toleranz von Arten und Sorten gegenüber dem Erreger. Jahrbuch der Baumpflege 2013, 197–202.

Mackenthun, G.: Konzepte zur Erhaltung von Ulmen. Jahrbuch der Baumpflege 2004, 72–82.

Melin, E. (1925): Untersuchungen über die Bedeutung der Baummykorrhiza. Eine ökologisch-physiologische Studie. Gustav Fischer Verlag, Jena, 152 S.

Metzler, B., Baumann, M., Baier, U., Heydek, P., Bressem, U., Lenz, H. (2013): Handlungsempfehlungen beim Eschentriebsterben. AFZ-DerWald 5, 17–20.

Metzler, B., Thumm, H., Scham, J. (2005): Stubbenbehandlung vermindert das Stockfäulerisiko an Fichte. Allgem. Forstz. 2, 52–55.

Mix, A. J. (1969): A monograph of the genus Taphrina. Bibl. Mycologica 18, 167 S.

Morelet, M. (1980): La maladie à Brunchorstia. I. Position systématique et nomenclature du pathogen. Eur. J. Forest Path. 10, 268–277.

Müller, K. (1912): Über das biologische Verhalten von Rhytisma acerinum auf verschiedenen Ahornarten. Ber. Deutsch. Bot. Ges. 30, 385–390.

Neely, D. (1976): Sycamore anthracnose. J. Arboricult. 2, 153–157.

Neely, D., Himelick, E. B. (1960): The early leaf and twig blight stage of sycamore anthracnose. Phytopathology 50, 648.

Niemelä, T., Korhonen, K. (1998):Taxonomy of the Genus Heterobasidion. In: Woodward, S., Stenlid, J., Karjalainen, R., Hüttermann, A. (eds.) (1998): Heterobasidion annosum – Biology, Ecology, Impact and Control. Wallingford: CABI, 27–35.

Nienhaus, F. (1979): Lärchen-Degeneration durch Rickettsien-ähnliche Bakterien. Allgem. Forstz. 34, 130–132.

Nierhaus-Wunderwald, D. (1994): Die Hallimasch-Arten. Biologie und vorbeugende Maßnahmen. Wald und Holz 75, 7, 8–14.

Nierhaus-Wunderwald, D. (1996): Pilzkrankheiten in Hochlagen. Wald und Holz 77, 18–24 (http://www.wsl.ch/lm/publications).

Nierhaus-Wunderwald, D. (2000): Rostpilze an Fichten. Eidgen. Forschungsanst. WSL, Birmensdorf/Schweiz, Merkbl. Praxis Nr. 32, 1–8 (http://www.wsl.ch/lm/publications).

Niesar, M., Hartmann, G., Kehr, R., Pehl, L., Wulf, A. (2007): Symptome und Ursachen der aktuellen Buchenrindenerkrankung in höheren Lagen von Nordrhein-Westfalen. Forstarchiv 78, 107–116.

Nuss, D. L. (1992): Biological control of chestnut blight: an example of virus-mediated attenuation of fungal pathogenesis. Microbiol. Rev. 56, 561–576.

Oberwinkler, F. (1977): Das neue System der Basidiomyceten. Beitr. Biologie der niederen Pflanzen. Gustav Fischer Verlag, Stuttgart, 59–105.

Oberwinkler, Fr., Riess, K., Bauer, R., Kirschner, R., Garnica, S. (2013): Taxonomic re-evaluation of the Ceratobasidium-Rhizoctonia complex and Rhizoctonia butinii, a new species attacking spruce. Mycol. Progress 12, 763–776.

Osorio, M., Stephan, B. R. (1991): Morphological studies of Lophodermium piceae (Fuckel) v. Höhnel on Norway spruce needles. Eur. J. Forest Path. 21, 389–403.

Oudemans, C. A. (1889): Contribution à la Flore mycologique des pays-bas XII. Nederl. Kruidk. Arch. 2. Ser., 5. Deel, 454–519.

Pehl, L., Butin, H. (1994): Endophytische Pilze in Blättern von Laubbäumen und ihre Beziehungen zu Blattgallen (Zoocecidien). Mitt. Biol. Bundesanst. Land- u. Forstwirtsch. Heft 297, 56 S.

Pehl, L., Kehr, R. (2002): Blattschäden und -krankheiten der Rosskastanie (Aesculus hippocastanum L.) – Schadsymptome und Differenzialdiagnose. Nachrichtenbl. Deut. Pflanzenschutzd. 54, 49–55.

Pehl, L., Wulf, A. (2001): Mycosphaerella-Nadelpilze der Kiefer. Schadsymptome, Biologie und Differentialdiagnose. Nachrichtenbl. Deut. Pflanzenschutzd. 53, 217–222.

Petercord, R., Delb, H.: Das Absterben von Buchen – Trockenschäden oder Buchen-Prachtkäfer? Jahrbuch der Baumpflege 2008, 165–174.

Petrini, L. E. (2013): Rosellinia – a world monograph. Bibl. Mycologica 205, 410 S.

Petrini, O., Müller, E. (1979): Pilzliche Endophyten, am Beispiel von Juniperus communis L. Sydowia 32, 224–251.

Petrini, O., Petrini, L., Laflamme, G., Quellette, G. (1989): Taxonomic position of Gremmeniella abietina and related species: a repraissal. Can. J. Bot. 67, 2805–2814.

Queloz, V., Holdenrieder, O. (2005): Wie groß wird Heterobasidion annosum s. l.? – Eine Literaturübersicht. Schweiz. Z. Forstwes. 156, 395–398.

Rack, K. (1982): Frühfrostschäden an Picea pungens-Knospen. Jahresber. Biol. Bundesanst. Land- u. Forstwirtsch., S. 40.

Rishbeth, J. (1979): Modern aspects of biological control of Fomes and Armillaria. Eur. J. Forest Path. 9, 331–340.

Robeck, P., Heinrich, R., Schumacher, J., Feindt, R., Kehr, R.: Status der Rußrindenkrankheit des Ahorns in Deutschland. Jahrbuch der Baumpflege 2008, 238–245.

Roll-Hansen, F. (1972): Scleroderris lagerbergii: Resistance and differences in attack between pine species and provenances. Eur. J. Forest Path. 2, 26–39.

Roloff, A. (Hrsg.) (2008): Baumpflege. Baumbiologische Grundlagen und Anwendung. Eugen Ulmer Verlag, Stuttgart, 172 S.

Roloff, A. (2001): Baumkronen. Verständnis und praktische Bedeutung eines komplexen Naturphänomens. Eugen Ulmer Verlag, Stuttgart, 164 S.

Roloff, A., Grundmann, B., Pietzarka, U.: Misteln an Bäumen – Fluch oder Segen? Jahrbuch der Baumpflege 2012, 177–188.

Rust, S., Weihs, U.: Geräte und Verfahren zur eingehenden Baumuntersuchung. Jahrbuch der Baumpflege 2007, 215–229.

Sachsse, H. (1991): Kerntypen der Rotbuche. Forstarchiv 62, 238–242.

Schmelzer, K. (1977): Zier-, Forst- und Wildgehölze. In Klinkowski, M.: Pflanzliche Virologie 4, 276–405.

Schmidt, O. (1994): Holz- und Baumpilze. Biologie, Schäden, Schutz, Nutzen. Springer Verlag, Berlin.

Schmidt, O., Butin, H., Kehr, R., Moreth, U. (2001): Bakterien in Radialrissen von Stiel-Eiche. Forstwiss. Cbl. 120, 375–389.

Schmidt, O., Dujesiefken, D., Stobbe, U., Moreth, U., Kehr, R., Schröder, Th. (2008): Pseudomonas syringae pv. aesculi associated with horse chestnut bleeding canker in Germany. Forest Path. 38, 124–128.

Schmithüsen, J. (1960): Die Nadelhölzer in den Waldgesellschaften der südlichen Anden. Vegetatio IX, 313–327.

Schneider, R., Arx, J. A. von (1966): Zwei neue, als Erreger von Zweigsterben nachgewiesene Pilze: Kabatina thujae n. g., n. sp. und K. juniperi n. sp. Phytopath. Z. 57, 176–182.

Schneidewind, A.: Stamm- und Rindenschutzmaterialien für Baumpflanzungen an der Straße und im Siedlungsraum. Jahrbuch der Baumpflege 2002, 73–80.

Schneidewind, A.: Untersuchungen zu Ursachen von Stammschäden an jüngeren Bergahorn-Bäumen in Sachsen-Anhalt. Jahrbuch der Baumpflege 2006, 66–80.

Scholian, U. (1996): Der Zunderschwamm (Fomes fomentarius) und seine Nutzung. Schweiz. Z. Forstw. 147, 647–665.

Schönbeck, E. (1978): Einfluß der endotrophen Mykorrhiza auf die Krankheitsresistenz höherer Pflanzen. Z. Pflanzenkrankh. Pflanzenschutz 85, 191–196.

Schreiner, M., Fehlhaber, I.: Echter Mehltau (Erysiphe platani Hove) und Schnittmaßnahmen an Platane in Berlin. Jahrbuch der Baumpflege 2013, 239–245.

Schröder, Th., Müller, P.,Veit, K.: Neue Schadorganismen an Bäumen in der EU – Situation, Management und Vorsorge. Jahrbuch der Baumpflege 2016. 117–134.

Schumacher, J., Delb, H. (2018): Neue Bedrohung durch Bakterien und Pilze in Europa: „Xylella-Bakterienbrand", „Tausend-Nekrosen-Krankheit" und „Dothistroma-Nadelbräune". Jahrbuch der Baumpflege 2018, 71–82.

Schumacher, J., John, R., Dounavi, A.: Der Lachnellula-Krebs an Abies alba – ein neuartiges Krankheitsphänomen in den Tannen-Gebieten des Schwarzwaldes. Jahrbuch der Baumpflege 2015, 289–295.

Schumacher, J., Schröder, Th.: Phytophthora-Erkrankungen an Bäumen – aktuelle Bedeutung in Deutschland und Europa. Jahrbuch der Baumpflege 2007, 126–143.

Schütt, P. (1977): Das Tannensterben. Forstwiss. Centralbl. 96, 177–186.

Schwarze, F. W. M. R., Engels, J., Mattheck, C. (1999): Holzzersetzende Pilze in Bäumen. Strategien der Holzzersetzung. Verlag Rombach, Freiburg/Br., 245 S.

Schwarze, F. W. M. R., Lonsdale, D., Mattheck, C. (1995): Detectability of wood decay caused by Ustulina deusta in comparison with other tree-decay fungi. Eur. J. Forest Path. 25, 327–341.

Schwerdtfeger, F. (1981): Die Waldkrankheiten. Parey Verlag, Hamburg-Berlin, 486 S.

Seemann, D., Zajone, J. (1994): Rindenkrebs der Eßkastanie (Cryphonectria parasitica) in Südwestdeutschland. Eur. J. Forest Path. 24, 241–244.

Shigo, A. L. (1994): Moderne Baumpflege – Grundlagen der Baumbiologie. Thalacker Medien, Braunschweig, 400 S.

Shigo, A. L., Marx, H. G. (1977): Compartmentalization of decay in trees. U.S. Dep. Agric. Inf. Bull. 405, 73 S.

Sieber, T. (1988): Endophytische Pilze in Nadeln von gesunden und geschädigten Fichten. Forest. Path. 18, 321–342.

Siepmann, R. (1977): Fomes annosus (Fr.) Cke. und andere Stammfäuleerreger in einem Douglasienbestand, Pseudotsuga menziesii (Mirb.) Franco. Eur. J. Forest Path. 7, 287–296.

Sinclair, W. A., Lyon, H. H. (2005): Diseases of trees and shrubs. 2. Aufl., Cornell Univ. Press, 660 S.

Sivanesan, A. (1984): The Bitunicate Ascomycetes and their anamorphs. Verlag J. Cramer, Vaduz, 701 S.

Smith, D. E., Bronson, J. J., Stanosz, G. R. (2003): Host-related variation among isolates of the Sirococcus shoot blight pathogen from conifers. Forest Path. 33, 141–156.

Spanos, Y. A., Woodward, S. (1994): The effect of Taphrina betulina infection on growth of Betula pubescens. Eur. J. Forest Path. 24, 277–286.

Spirbilli, T. et al. (2016): Basidiomycete yeasts in the cortex of ascomycete macrolichens. Science 353, Heft 6298, 488–492.

Steineck, H. (1990): Pilze im Garten. Eugen Ulmer Verlag, Stuttgart, 152 S.

Stephan, B. R., Butin, H. (1980): Krebsartige Erkrankung an Pinus contorta-Herkünften. Eur. J. Forest Path. 10, 410–419.

Stetzka, K. M. (2008): Die Lebensgemeinschaft Baum Epiphyten – Kletterpflanzen. In: Roloff, A. (Hrsg.): Baumpflege. Eugen Ulmer Verlag, Stuttgart, 98–105.

Sury, R. von (1992): Baumkrankheiten und Umweltbelastungen. ECOMED, Landsberg, 147 S.

Sutton, B. C. (1980): The Coelomycetes. Commonw. Mycol. Inst., Kew, 696 S.

Thomas, F. M., Blank, R., Hartmann, G. (2002): Abiotic and biotic factors and their interactions as causes of oak decline in Central Europe. Forest Path. 32, 377–307.

Tomiczek, C. (1999): Schäden durch Stammschutzsäulen. Forstschutz Aktuell (Wien) 23/24, S. 24.

Weihs, U., Dujesiefken D.: Eignung äußerlich sichtbarer Zwieselmerkmale als Weiser für eingewachsene Rinde. Jahrbuch der Baumpflege 2010, 266–273.

Werres, S.: Verticillium-Erkrankungen an Gehölzen. Jahrbuch der Baumpflege 1997, 89–109.

Werres, S., Richter, J., Veser, I. (1995): Untersuchungen von kranken und abgestorbenen Roßkastanien (Aesculus hippocastanum L.) im öffentlichen Grün. Nachrichtenbl. Deut. Pflanzenschutzd. 47, 81–85.

Wet, J. de, Burgess, T., Slippers, B., Preisig, O., Wingfield, B., Wingfield, M. J. (2003): Multiple gene genealogies and microsatellite markers reflect relationships between morphotypes of Sphaeropsis sapinea and distinguish a new species of Diplodia. Mycol. Research 107, 557–566.

Wohlers, A., Kowol, Th., Dujesiefken, D. (2003): Pilze bei der Baumkontrolle. Erkennen wichtiger Arten an Straßen- und Parkbäumen. 2. Aufl., Thalacker Medien, Braunschweig, 64 S.

ZTV-Baumpflege (2006): Forschungsges. Landschaftsentw. Landschaftsbau e. V., Bonn, 71 S.

Zycha, H. (1960): Die kranken Buchen – Ursachen und Folgerungen. Holz-Zentralbl. 86, 3–8.

Zycha, H., Kató, F. (1967): Untersuchungen über die Rotfäule der Fichte. Schriftenr. Forstl. Fak. Univ. Göttingen u. Mitt. Nieders. Forstl. Versuchsanst. Bd. 39, 120 S.

Verzeichnis der wissenschaftlichen Namen

Verzeichnis der Schäden, Krankheiten und Krankheitserreger

Prof. Dr. Heinz Butin war Leiter des Instituts für Pflanzenschutz im Forst an der Biologischen Bundesanstalt für Land- und Forstwirtschaft in Braunschweig, zudem war er als Dozent für Mykologie und Forstpathologie an der ehemaligen Forstlichen Fakultät der Georg-August-Universität Göttingen tätig.

Umschlagfoto: Nadelverfärbung an Tanne durch Frosttrocknis. (Foto: Butin)

Bibliografische Information der Deutschen Nationalbibliothek
Die Deutsche Nationalbibliothek verzeichnet diese Publikation in der Deutschen Nationalbibliografie; detaillierte bibliografische Daten sind im Internet über http://dnb.d-nb.de abrufbar.

Wollgrasweg 41, 70599 Stuttgart (Hohenheim)
E-Mail: info@ulmer.de
Internet: www.ulmer.de
Lektorat: Pia Fehrenbach
Herstellung: Jürgen Sprenzel
Umschlag-Gestaltung: Verlag Eugen Ulmer
Satz: r&p digitale medien, Echterdingen
Druck und Bindung: Pustet, Regensburg
Printed in Germany

ISBN 978-3-8186-0728-9

Hier können Sie weiterlesen:

Farbatlas Gehölzkrankheiten.
Ziersträucher, Allee- und Parkbäume.
Heinz Butin, Thomas Brand.
5., erweiterte Auflage 2017.
288 Seiten, 631 Farbfotos,
3 Sporentafeln, geb.
ISBN 978-3-8186-0073-0.

In diesem Buch werden die häufigsten und auffälligsten Krankheiten an insgesamt 60 Gehölzgattungen dargestellt und ausführlich beschrieben. Durch ein breit angelegtes Merkmalsspektrum können Sie Krankheiten an Ihren Gehölzen sicher erkennen. Als Fachmann haben Sie die Möglichkeit, mikroskopische Merkmale für Diagnosen zu verwenden. Ergänzt wird der Text durch Hinweise auf die Vermeidung bzw. Bekämpfung der jeweiligen Schadursache. Besonders aktuell ist dieses Buch durch die Aufnahme erstmals aufgetretener gebietsfremder Schadorganismen, von denen einige bereits die Existenz unserer heimischen Baumarten bedrohen.